新魚類解剖図鑑

New Atlas of Fish Anatomy

緑書房

序

　魚の生物学を研究し，学生に講義し，時にはマスコミ等の問い合わせに回答する場合に，自分が研究対象にしている，あるいは過去にしてきた魚類とは異なる分類群についての解剖学的知見が必要になることがある．もちろん，必要としている魚類の標本が手近にあり，時間も十分にあるときには自分で解剖に挑むこともある．しかし，初めて解剖する分類群では事前に情報や知識がない場合，満足できる解剖学的情報を得ることができず失敗することが多い．

　そんなときに便利なものは，文献による情報である．一般的な魚類学の教科書にも代表的な魚類についての解剖学的情報は掲載されているが，魚類の形態的多様性がきわめて高いこともあって，このような教科書では満足できる情報が得られることは少なかった．このため必要に迫られるときや自らの知識欲を満足させるためには，個々の分類群についての文献，あるいはそれぞれの器官についての文献を探さざるを得なかった．

　そんな中で骨格についてはGregory（1933）や堀田（1961），高橋（1962），また消化管についてはSuyehiro（1942）などの文献が役に立った．一方，総合的な魚類の解剖図説としては富永（1967）が知られているが，個々の種についての解剖学的知見は残念ながら十分なものではなかった．このような状況を打破した画期的な図鑑が1987年に発行された『魚類解剖図鑑』（落合明　編）であった．ここには養殖対象魚を中心とした36種の解剖図，骨格図，さらにそれぞれの器官の解剖カラー写真が掲載され，上記の情報を得るにはきわめて便利な本であった．この後，1991年にニシンなど6種の解剖図，骨格図，解剖写真が『魚類解剖図鑑第Ⅱ集』として刊行された．さらに，1994年には24種が追加され，総論部分に軟骨魚類の情報を加えて，『魚類解剖大図鑑』としてリニューアルデビューした．一方，魚類解剖大図鑑には掲載されていない観賞魚を対象にした『観賞魚解剖図鑑1』（落合明・鈴木克美共編）が1997年に刊行され，魚類学的に非常に興味深い種の解剖学的情報が公開された．

　魚類解剖図鑑が刊行されて既に23年が経過した．いかに優れた図書であっても20年以上も経過すると，その科学的情報には誤りや不完全さが目につくようになる．このようなことから，魚類解剖大図鑑の全面改訂が計画された．

　2008年春に，突然緑書房の編集者から魚類解剖大図鑑の改訂について電話があった．落合先生が私に改訂の労をとるように言われているとのことであった．最初の魚類解剖図鑑でイサキなど4種の骨格図を描いて著者の仲間入りをさせていただき，第Ⅱ集ではタチウオとアイゴの記載を行い，さらに魚類解剖大図鑑ではカツオなど4種の記載を追加したことなど，私自身，魚類解剖図鑑とは本当の意味で古い付き合いであり，また落合先生からのご指名ということもあって，改訂版の監修を引き受けることになった．この改訂は内容の刷新だけでなく，今風の「ビジュアル化」が強く要求され，概説については旧版の線画ではなくカラー写真および彩色図の利用が求められた．また，概説部分を大幅に増やし，一方，掲載する魚種は減らして，1冊の本にまとめることとなった．

　改訂の話を聞いてから2年が経過した．最初の1年は各魚種の解剖図，骨格図の改訂を進め，2年目から本格的に概説の記述を始めた．必要に応じて新たに解剖写真を撮り，また，これまで撮りためた写真も使って，編集者の言う「ビジュアル化」に近づくように改訂を進めた．そして，ようやくカラー写真や彩色画を多用した概説，および軟骨魚類3種，硬骨魚類29種の解剖図，骨格図，解剖写真が掲載された新しい魚類解剖図鑑が完成した．

　この新魚類解剖図鑑の出版にあたり，多くの方々からの支援や協力を得た．本著の基礎となる上記の解剖図鑑を監修され，新魚類解剖図鑑の監修の機会を与えていただいた落合明先生，私の苦手な分野について最近の情報をいただいた岩井保先生，新たに筆を起こしていただいた概説の著者の方々，旧版の内容を再度チェックいただいた各種の著者の方々，そのほかさまざまな資料や情報を提供していただいた方々に対して，心からの謝意を表する．

　最後に，本書の編集に関わるさまざまな難題を処理していただいた緑書房の月刊養殖編集部，川音いずみさんに厚く御礼申し上げる．本書が，緑書房の創業50周年記念出版として刊行されることを大変喜ばしく思っている．

2010年4月　　木村　清志

新魚類解剖図鑑

目次

序 3

第Ⅰ章　概説

1. 体形 8
   木村清志

2. 体各部の名称 11
   木村清志

3. 鰭 15
   木村清志

4. 皮膚 18
   木村清志

5. 鱗 20
   木村清志

6. 体色 24
   木村清志

7. 軟骨魚類の骨格系 26
   須田健太・仲谷一宏

8. 硬骨魚類の骨格系 34
   中坊徹次・木村清志

9. 筋肉系 44
   中江雅典・佐々木邦夫

10. 消化系・鰾 46
    木村清志

11. 神経系 58
    中江雅典・佐々木邦夫

12. 循環器系・内臓 60
    河合俊郎

13. 感覚器 66
    中江雅典・佐々木邦夫

第Ⅱ章　各種の解説

1. ホシザメ 72
   白井滋（解剖図元・骨格図）

2. アブラツノザメ 76
   白井滋（解剖図元・骨格図）

3. アカエイ 80
   石原元（解剖図元・骨格図）

4. ウナギ 84
   城泰彦（解剖図元）・佐々木邦夫（解剖図元・骨格図）

5. ニシン 88
   長澤和也（解剖図元・骨格図）・丸山秀佳（解剖図元）

6. コノシロ 92
   佐々木邦夫（解剖図元・骨格図）

7. ソウギョ 96
   鈴木栄（解剖図元）・藤田清（骨格図）・Chavalit Vidthayanon（骨格図）

8. ドジョウ 100
   鈴木栄（解剖図元）・村井貴史（骨格図）・中坊徹次（骨格図）

9. ナマズ 104
   小原昌和（解剖図元・骨格図）

10. ワカサギ 108
    小原昌和（解剖図元・骨格図）

11. アユ 112
    城泰彦（解剖図元）・石田実（骨格図）

12. アマゴ 116
    荒井眞（解剖図元）・村井貴史（骨格図）・中坊徹次（骨格図）

13. マダラ 120
    長澤和也（解剖図元・骨格図）

14. キアンコウ 124
    宮正樹（解剖図元・骨格図）

15. ボラ 128
    谷口順彦（解剖図元）・村井貴史（骨格図）・中坊徹次（骨格図）

16. サンマ 132
    長澤和也（解剖図元・骨格図）

17. カサゴ 136
    山本賢治（解剖図元）・石田実（骨格図）

18. コチ ... 140
    山岡耕作（解剖図元・骨格図）、神田優（解剖図元・骨格図）

19. アイナメ ... 144
    木村清志（解剖図元・骨格図）

20. ブリ ... 148
    楳田晋（解剖図元）・木村清志（骨格図）

21. シマガツオ ... 152
    長澤和也（解剖図元・骨格図）

22. マダイ ... 156
    楳田晋（解剖図元）・赤崎正人（骨格図）

23. シログチ ... 160
    佐々木邦夫（解剖図元・骨格図）

24. ナイルティラピア ... 164
    城泰彦（解剖図元）・木戸芳（解剖図元・骨格図）

25. マハゼ ... 168
    木村清志（解剖図元・骨格図）

26. アイゴ ... 172
    木村清志（解剖図元・骨格図）

27. タチウオ ... 176
    木村清志（解剖図元・骨格図）

28. ヒラメ ... 180
    塩満捷夫（解剖図元）・内藤一明（骨格図）

29. マガレイ ... 184
    西内修一（解剖図元・骨格図）

30. アカシタビラメ ... 188
    木村清志（解剖図元・骨格図）

31. ウマヅラハギ ... 192
    松岡学（解剖図元）・西田清徳（骨格図）

32. トラフグ ... 196
    塩満捷夫（解剖図元）・瀬崎啓次郎（解剖図元）・西田清徳（骨格図）

索引（和文） ... 200

索引（欧文） ... 208

執筆者一覧 ... 215

第 I 章　概説

- 体形
- 体各部の名称
- 鰭
- 皮膚
- 鱗
- 体色
- 軟骨魚類の骨格系
- 硬骨魚類の骨格系
- 筋肉系
- 消化系・鰾
- 神経系
- 循環器系・内臓
- 感覚器

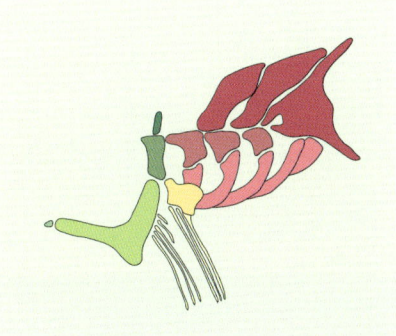
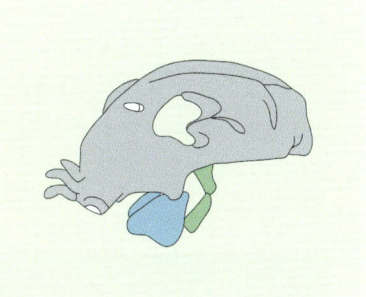

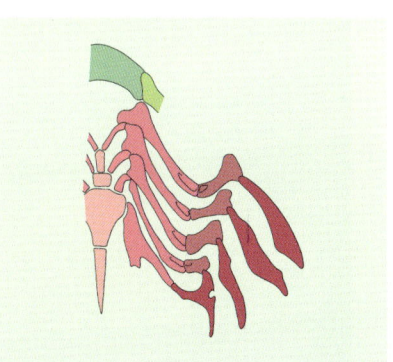
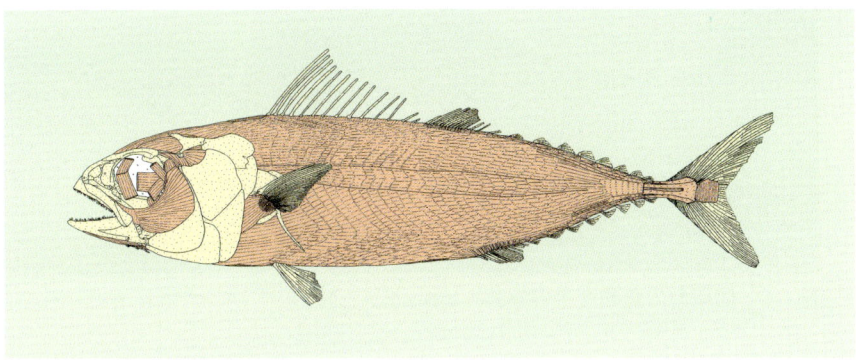

体形

木村清志

　魚類の体形は，他の脊椎動物と比較して極めて多様に変化し，同じ目あるいは科に属する種でも体形に顕著な差が見られる場合もある．これは，魚類の体形が生息環境への適応の結果であることをよく示すものであるが，より下位の分類群である属内では，一般に種間の体形差は小さくなる．

◆側扁型

　魚類で最も代表的な体形は，体幅が体高より狭く，左右方向に扁平な体をもつ側扁型（compressed form）と呼ばれるものである（図1-1）．この体形を示す魚類はギンザメ目ギンザメ，カライワシ目カライワシ，ニシン目コノシロ，ネズミギス目サバヒー，コイ目ゲンゴロウブナ，サケ目アマゴ，ワニトカゲギス目ムネエソ，ヒメ目ミナミヤリエソ，アカマンボウ目クサアジ，ギンメダイ目ギンメダイ，アシロ目ヨロイイタチウオ，キンメダイ目キンメダイ，マトウダイ目マトウダイ，トゲウオ目イトヨ，トウゴロウイワシ目ヤクシマイワシ，ダツ目バショウトビウオ，カサゴ目トゴットメバル，スズキ目スズキ，マアジ，ヒイラギ，マダイ，チョウチョウウオ，フグ目カワハギなど，さまざまな目で非常に多く見られる．

　特に沿岸性の魚類に側扁した体形を呈するものが非常に多い．側扁の程度は通常体高−体長比で表されることが多く，この比は側扁型の魚類の中でも大きく変化する．例えば，アマゴやスズキ，マアジなどは側扁の程度が低く（体高は体長の25％程度），一方スズキ目のギンカガミやツバメウオなどは体形が円あるいはひし形に近くなって，体高が高く，側扁の程度が極めて高くなる（体高は体長の70〜80％程度）．

　側扁型は体の向きによって進行方向に対する水の抵抗

図1-1　側扁型の魚類とその断面． 縦線は断面位置を示す．A：アマゴ，B：マアジ，C：ギンカガミ，D：マダイ，E：クロウシノシタ．（木村，原図）

が大きく変わり，遊泳速度や進行方向を急激に変化させるのに適した体形と考えられ，沿岸性魚類，特に岩礁域やサンゴ礁域での生活様式によく対応している．なお，ヒラメ科やカレイ科，ウシノシタ科などのカレイ目魚類の成魚は，眼が体の片側に移動し，体の片側を水底に付けて生活するようになって，体は強い左右不相称を示すが，これらの魚類も側扁型である．

◆リボン型

体が強く側扁し，かつ延長した体形がリボン型（ribbon-like form）である（図1-2）．この体形を示す魚類にはアカマンボウ目リュウグウノツカイ，スズキ目アカタチ，ウナギギンポ，ダイナンギンポ，タチウオ科の各種などがある．リボン型はさまざまな分類群で見られるが，海底の泥中に潜ったり，岩の割れ目に潜んだり，比較的深い海に生息したりする魚類に多い．

◆縦扁型

体が左右ではなく，背腹方向に扁平になった体形が縦扁型（depressed form）である（図1-3）．ガンギエイや

アカエイなどすべてのエイ目魚類やアンコウ，キアンコウなどのアンコウ目アンコウ科魚類が縦扁型の代表である．このほか，カサゴ目コチ科，スズキ目ネズッポ科の大部分なども縦扁型である．これらの大部分は底生性で，腹部を水底に接するか，水底に浅く潜るようにして生活する．ただし，エイ目のトビエイやイトマキエイなどは，例外的に水塊中を遊泳する魚類で，底生生活をしていない．縦扁型の魚類は，特に腹部が平らになるものが多い．これは水底に定位した時の体の安定を保つためである．エイ目やアンコウ科の魚類でも，頭部や躯幹部は縦扁型であるが，尾部は後方ほど縦扁の程度が低くなり，尾鰭基部では側扁型になる種も多い．底生性魚類であるナマズ目ナマズやコチ科，ネズッポ科などの魚類では頭部は縦扁型であるが，徐々に縦扁の程度は低くなり，尾部では側扁型を示している．

◆紡錘型

外洋を高速で遊泳する魚類には潜水艦や魚雷のような体形をしたものが多く見られる．このように，体幅が広く体高とほぼ同程度で体の断面がほぼ円形を示し，かつ

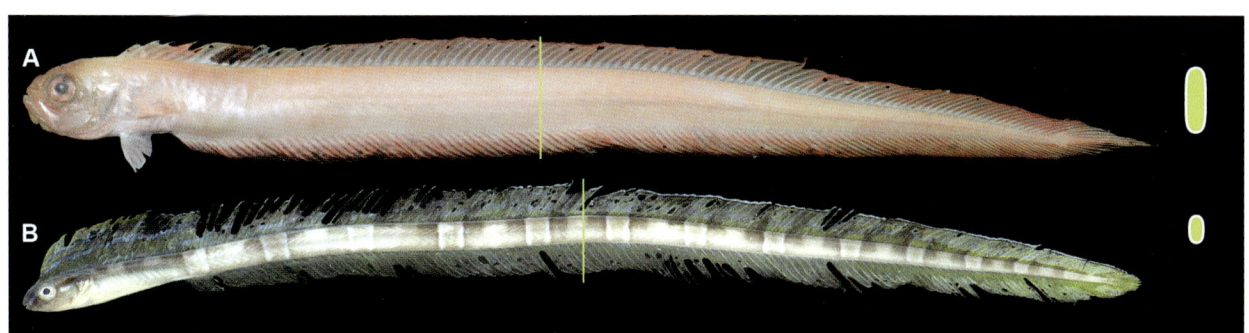

図1-2　リボン型の魚類とその断面．縦線は断面位置を示す．A：イッテンアカタチ，B：ウナギギンポ．（木村，原図）

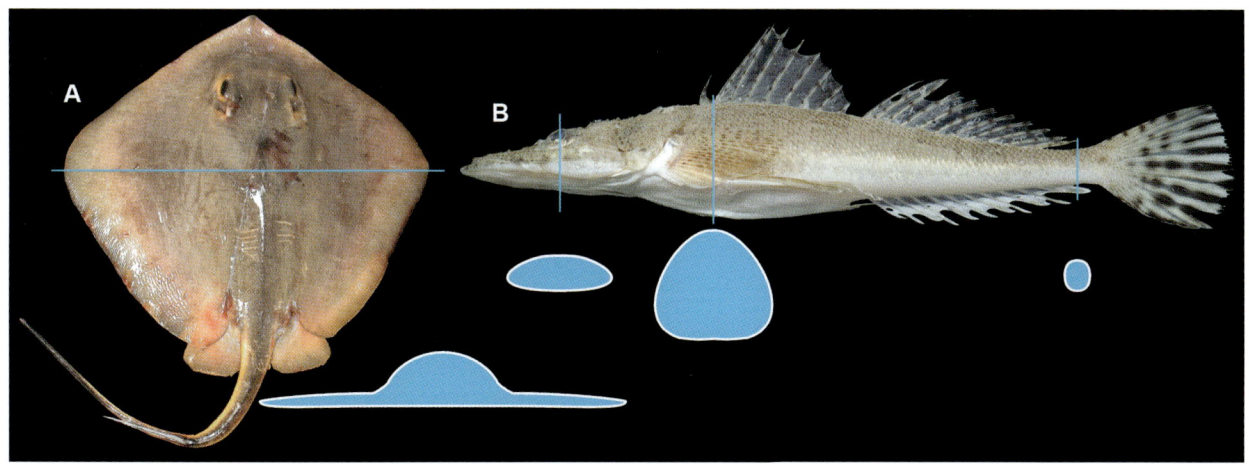

図1-3　縦扁型の魚類とその断面．縦線は断面位置を示す．A：アカエイ，B：トカゲゴチ．（木村，原図）

体が極端に延長しない体形を紡錘型（fusiform）と呼ぶ（**図1-4**）．紡錘型は前方からの水の抵抗が非常に少なく，長時間にわたって高速で泳ぐ回遊性魚類に適した体形で，スズキ目サバ科のカツオやクロマグロが代表的である．ネズミザメ目のネズミザメも持続的遊泳を行う魚類で，本種も紡錘型の体形をもつ．典型的な紡錘型の魚類は細くて強靭な尾柄をもち，このような魚類では尾柄部は縦扁している．

一般に魚類の推進力は尾鰭を左右に振ることによって生じる．従って，尾柄を縦扁させることによって尾鰭の横降り運動の抵抗を減らしている．

◆ウナギ型

体の断面が丸く，体が非常に延長し，円筒形を延ばしたような体形をウナギ型（eel-like form）と呼ぶ（**図1-5**）．ウナギ型の魚類には，ウナギ目のウナギ，アナゴ科，ウツボ科，コイ目のドジョウ，タウナギ目のタウナギなどが知られている．これらの大部分は，水底の泥や砂に潜ったり，岩の割れ目や礫の間に入ったりするような生態を示している．これらの魚類の遊泳は通常体を蛇行させることによって行う．

◆フグ型

体全体が球形を示しているような魚類はフグ型（puffer-like form）と呼ばれている（**図1-5**）．フグ型は全体的に体長，体高，体幅がほぼ同長を示すが，尾部は側扁していることが多い．このような体形を示す魚類は代表的なフグ目フグ科のほか，カジカ目ダンゴウオ科などが知られている．球形の体は遊泳には不利であるが，捕食者からの防御には有効と考えられている．フグ科の大部分は，通常は体高と体幅がほぼ等しく，体の断面は四角形に近い．また，体は延長し，球形ではない．しかし，危険を感じると周囲の水（空中では大気）を多量に飲み込み，腹部を膨満させて体は球形を呈するようになる．

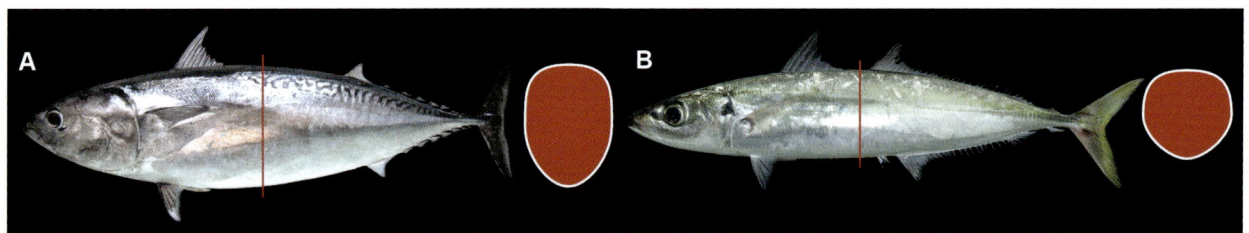

図1-4　紡錘型の魚類とその断面．縦線は断面位置を示す．A：マルソウダ，B：クサヤモロ．（木村，原図）

図1-5　ウナギ型およびフグ型の魚類とその断面．縦線は断面位置を示す．A：ギンアナゴ，B：アミウツボ，C：シマドジョウ，D：ムシフグ，E：サザナミフグ，F：ダンゴウオ．（木村，原図）

体各部の名称

木村清志

◆ 体区分

魚類の体は，頭（head），躯幹（あるいは胴，trunk），尾（tail），および鰭（fin）の4部分に分けることができる．頭部は硬骨魚類と全頭類では鰓蓋（operculum）の後縁より前の部分，板鰓類では最後の鰓裂（gill slit）より前の部分を指す．頭部の後方は躯幹部で一般的には，肛門（anus）あるいは総排泄腔（cloaca）までをいう．しかし，トウゴロウイワシ（トウゴロウイワシ科）やアイゴ（アイゴ科）などでは肛門が腹鰭付近まで前進しており，このような魚類では，躯幹部は通常臀鰭始部までを指すことが多い．

尾部は躯幹部の後方に位置し，硬骨魚類では尾鰭基底（下尾骨の後縁）まで，軟骨魚類では尾鰭下葉始部までを指す（図2-1）．

◆ 頭部

頭部には外観的に確認できる上顎（upper jaw），下顎（lower jaw），鼻孔（nostril, 前鼻孔：anterior nostrilと後鼻孔：posterior nostrilに分かれる場合が多い），眼（eye），頭部感覚管（cephalic sensory canal）などのほか，脳や内耳，鰓など，中枢神経や感覚器官，呼吸器官，摂餌器官などの生命活動に不可欠な重要な器官を備えて

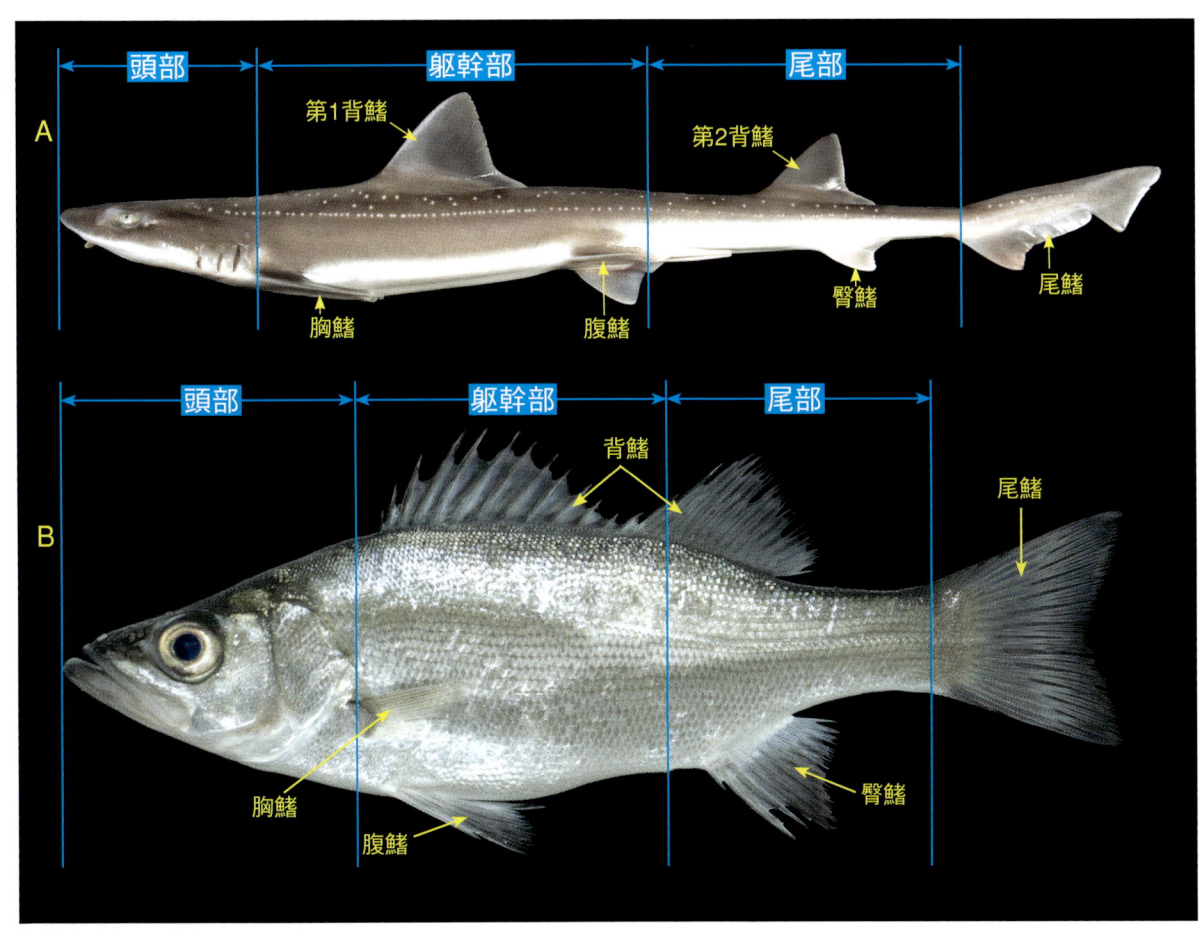

図2-1　体の区分と鰭．A：軟骨魚類（ホシザメ），B：硬骨魚類（ヒラスズキ）．（木村，原図）

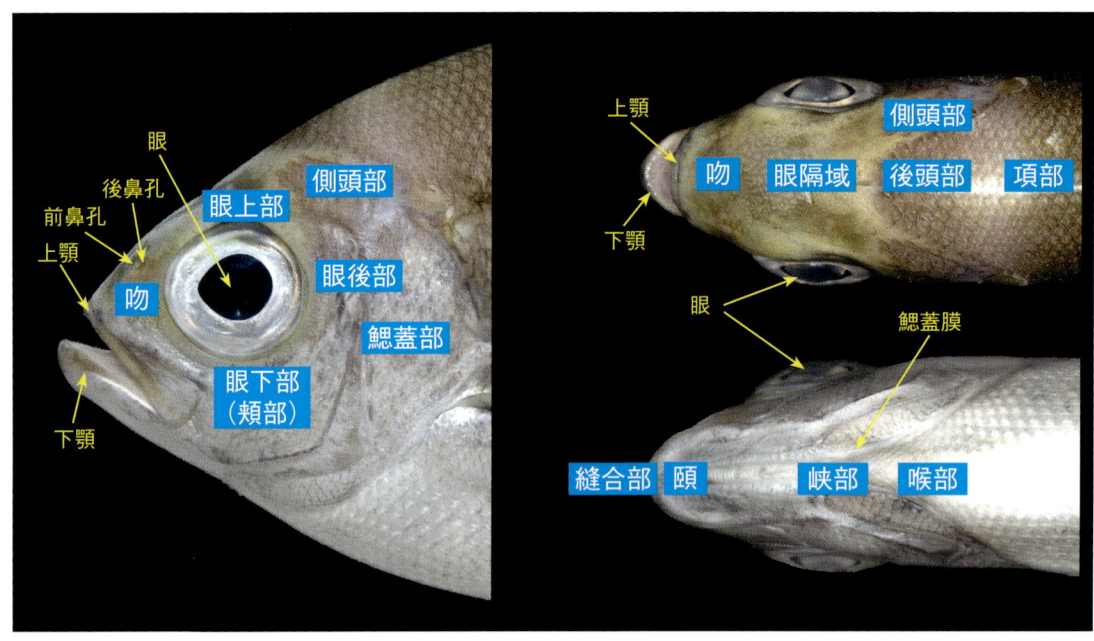

図2-2　頭部の名称．ヤンバルシマアオダイ．（木村，原図）

図2-3　躯幹部尾部の名称．ヤンバルシマアオダイ．（木村，原図）

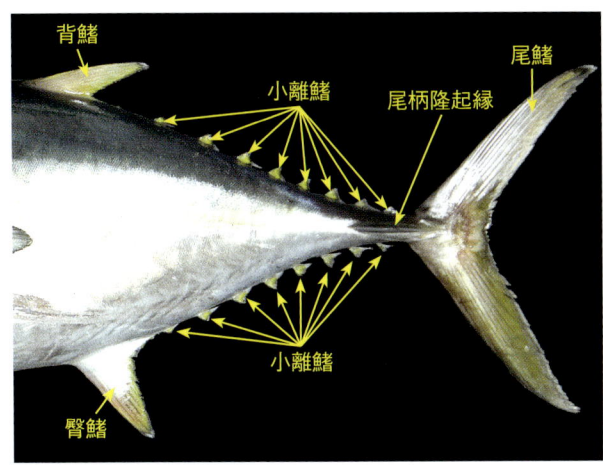

図2-4　尾柄隆起縁と小離鰭．キハダ．（木村，原図）

◆ 躯幹部と尾部

一般に躯幹部と尾部を合わせて体（body）と呼ぶことが多い（鰭を除く頭部，躯幹部，尾部を合わせて体と呼ぶ場合もあるが，ここでは体は躯幹部＋尾部とする）．体の側中線付近を体側面，これより背方を背側面，下方を腹側面と呼ぶ（図2-3）．

胸鰭基底付近とその腹方を胸部（breast），躯幹部の腹面を腹部（belly）と呼ぶ．臀鰭基底後端と尾鰭基底（軟骨魚類では尾鰭下葉始部）との間が尾柄（caudal peduncle）である．カツオやクロマグロなどの遊泳性の魚類では，尾柄の側中線に沿って左右に広がった尾柄隆起縁（caudal keel）をもつ（図2-4）．

◆ 側線

多くの硬骨魚では体に側線（lateral line）がある．側線は通常体側面に1本のものが多いが，トビウオ科では側線は体腹側面にある．また，ニジョウサバ（サバ科）やイヌノシタ（ウシノシタ科）などでは側線は2本，アカシタビラメ（ウシノシタ科）では3本，アイナメ（アイナメ科）では5本と，少なくとも部分的には複数の側線をもつものがよく知られている．

また，ベニツケギンポ（タウエガジ科）などでは，側線が体軸方向だけではなく，背腹方向にもあり，網の目のような構造になる．トビウオ科やカレイ科などでは，側線が分岐する種もある．さらに，ネズミゴチやトビヌメリなどのネズッポ科ネズッポ属では，尾柄部に左右の側線を連結する分岐がある．

側線は躯幹部の前端から尾鰭基底を越え，尾鰭上まで達するものが多いが，尾鰭基底まで達しないもの（アゴアマダイ科，ヒイラギ科ウケグチヒイラギ属など），躯幹部で終わるもの（タナバタウオ科フチドリタナバタウオなど）もあり，また，中断するもの（メギス科メギス，タカサゴ科ナンヨウタカサゴイシモチ，ブダイ科など）も知られている（図2-5）．

いる．

頭部はさらに次のような各部に分けられる．頭部側面の眼の前縁より前方を吻（snout），眼の上方を眼上部（supraorbital region），眼の後方を眼後部（postorbital region），眼の下方を眼下部（suborbital region）あるいは頬部（cheek）と呼ぶ．眼の後上方を側頭部（temporal region），その下方，鰓蓋の部分を鰓蓋部（opercular region）と呼ぶ．頭部背面は，眼の前縁より前方を吻の背面，左右両眼の間を眼隔域（interorbital space）あるいはそのやや後方までを含んで前頭部（frontal region），その後方を後頭部（occiput），さらにその後方にかけて項部（nape）と呼ぶが，それらの境界は厳密には定義されていない．頭部腹面は，口の先端よりも前方が吻の腹面，下顎の先端の左右の歯骨が縫合する箇所を縫合部（symphysis），その後方尾舌骨付近を頤（chin），さらにその後方で左右の鰓条骨（branchiostegal ray）および鰓蓋膜（opercular membrane）に挟まれた部分を峡部（isthmus），その後方を喉部（jugular）と呼ぶが，これらについてもその境界は明確ではない（図2-2）．

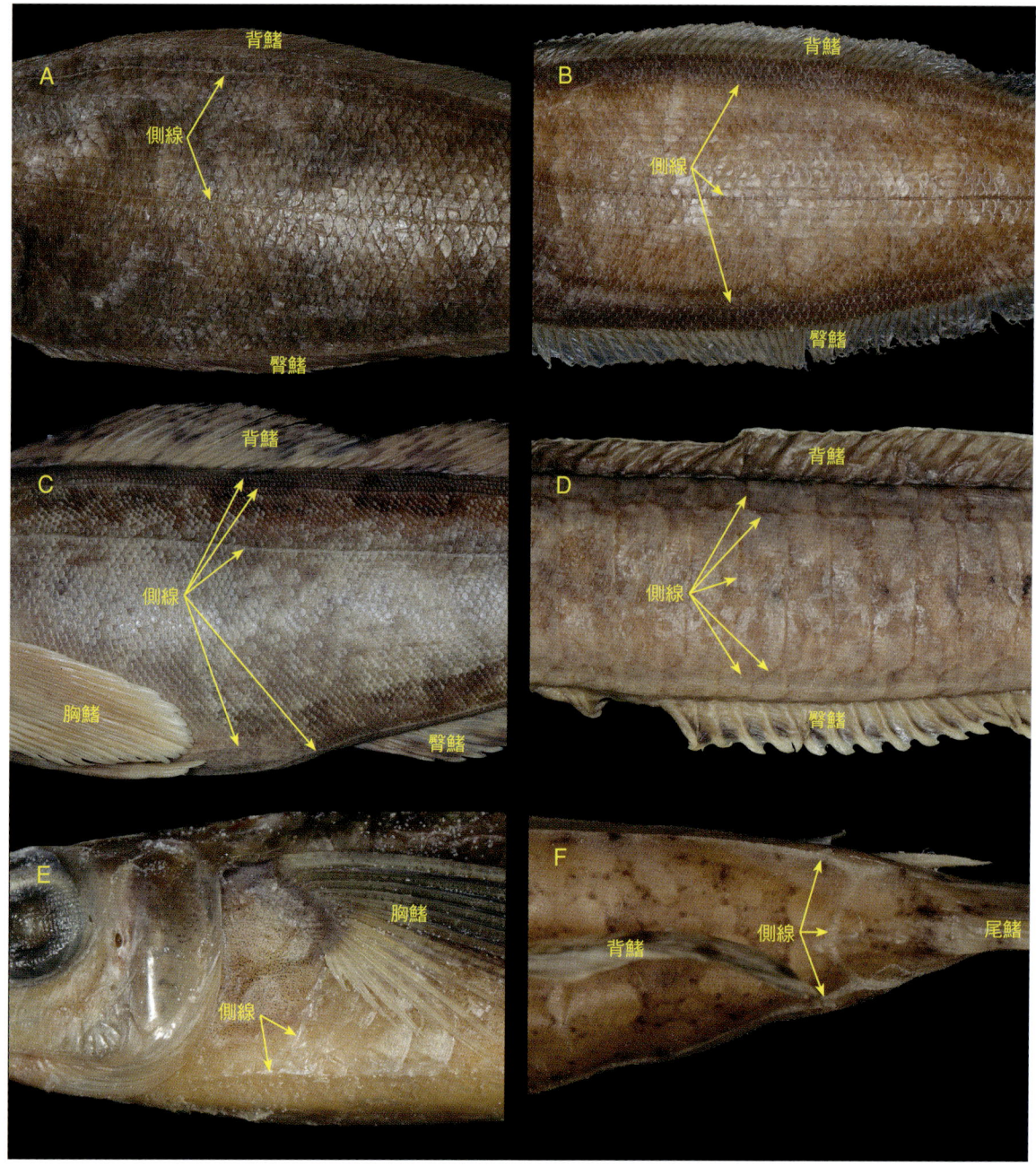

図2-5　側線．A：イヌノシタ（固定標本；側線2本），B：アカシタビラメ（固定標本；側線3本），C：アイナメ（固定標本；側線5本），D：ダイナンギンポ（固定標本；網目状側線），E：バショウトビウオ（固定標本；側線は胸部で分岐），F：トビヌメリ（固定標本；左右の側線を連結する側線分岐がある）．（木村，原図）

鰭

木村清志

◆鰭の名称

魚類は通常背鰭（dorsal fin），臀鰭（anal fin），尾鰭（caudal fin），胸鰭（pectoral fin），腹鰭（pelvic fin）をもつ．背鰭，臀鰭，尾鰭は体の背中線あるいは腹中線上およびその延長上にあって対をなさない．このような鰭を不対鰭（unpaired fin）という．一方，胸鰭と腹鰭はそれぞれ四足動物の上肢，下肢に相当し，左右一対あり，これらを対鰭（paired fin）と呼ぶ．背鰭や臀鰭が複数ある場合，体前方のものから第1背鰭（臀鰭），第2背鰭（臀鰭）と呼ぶ．

ナマズ目やカラシン目，ヒメ目，ハダカイワシ目の魚類では，背鰭の後方に鰭条のない脂鰭（あぶらびれ，adipose fin）がある（図3-1）．また，サンマやアジ科ムロアジ属，クロタチカマス科の大部分，サバ科の魚類では，尾柄部に1軟条からなる遊離した小離鰭（finlet）をもつ．エイ類の体盤（disk）は胸鰭と頭部，躯幹部が癒合したものである．また，トビエイ科イトマキエイ属の頭部には耳状の遊離した鰭があり，これを頭鰭（cephalic fin）と呼ぶ．

軟骨魚類板鰓類の鰭は角質鰭条（ceratotrichia）で構成され，通常皮膚で覆われている．硬骨魚類条鰭類の鰭は鰭条（fin ray）と鰭膜（fin membrane）で構成され，さらに鰭条は棘（spine）と軟条（soft ray）に分けられる．軟条には関節があり，また分岐しているものもある．分岐しているものを分岐軟条（branched soft ray），分岐していないものを不分岐軟条（unbranched soft ray）という．コイ科などでは背鰭の前部の軟条が棘のようになるものがあり，このような軟条を棘状軟条（spiny soft ray）と呼ぶ．鰭と体とが接する部分を基底（fin base）と呼ぶ．ただし，硬骨魚類の場合，尾鰭では下尾骨，胸鰭では輻射骨，腹鰭では腰骨と鰭条との関節点を基底と呼ぶ（図3-2）．

◆鰭式

硬骨魚類では，鰭を構成する鰭条の数が重要な分類形質になっている場合が多い．この鰭条の数を表すのに，通常以下のような鰭式を用いる．各鰭は次の記号で表される．D：背鰭，A：臀鰭，C：尾鰭，P_1：胸鰭，P_2：腹

図3-1 脂鰭．A：オオサカハマギギ（ナマズ目），B：*Brycinus rhodopleura*（カラシン目），C：ヒメ（ヒメ目），D：アラハダカ（ハダカイワシ目）．（木村，原図）

鰭．棘数と軟条数はそれぞれローマ数字，アラビア数字で表記される．不分岐軟条は小文字のローマ数字で表される場合もある．同一の鰭で棘と軟条がある場合，棘数と軟条数の間にコンマを入れる．

また，複数の背鰭あるいは臀鰭がある場合は，それぞれの鰭の鰭条数間にハイフンあるいはプラス記号を挿入する．例えば，「D XI + I, 20」と表記された場合は，「第1背鰭11棘，第2背鰭1棘20軟条」を意味している（図3-2）．

◆ 尾鰭

尾鰭は構造的にも外形的にも多様性が高い鰭である．尾鰭は唯一脊柱に直接支持されている鰭で，脊柱がどのように尾鰭を支持しているかによって，異尾（heterocercal tail），両尾（diphicercal tail），正尾（homocercal tail），橋尾（gephyrocercal tail）に大別される．

異尾はサメ類などの軟骨魚類やチョウザメ類などに見られる上下不相称の尾鰭で，脊柱の後部は大きく上方に曲がり，尾鰭上葉の後端付近まで達している．なお，北米東部に分布するアミアの尾鰭はほぼ上下相称に見えるが，構造的には異尾によく類似するため，略式異尾（abbreviated heterocecal tail）と呼ばれる．

両尾は脊柱が鰭の後端付近までまっすぐに延長し，上葉と下葉は相称で，通常背鰭および臀鰭と連続する．このような尾鰭は，ヌタウナギ目やヤツメウナギ目，肺魚類などで見られる．

正尾は硬骨魚類の大部分を占める真骨類で広く見られる尾鰭である．上葉と下葉は外見的には相称であるが，脊椎骨の後端は上屈し，それに付随する下尾骨なども上下不相称である．正尾は異尾から脊柱後端が退縮したもので，尾部後端の血管棘が下尾骨や準下尾骨に変化し，尾鰭鰭条を支えている．尾部後端の神経棘も，上尾骨や尾神経骨に変化し，これらは前尾鰭条を担っている．

ウナギ類では脊柱が後端までまっすぐに伸び，尾鰭は上下対称となり，葉形尾（leptocercal tail）と呼ばれている．タラ科で見られる同尾（isocercal tail）も脊柱が後端までまっすぐに延長している．これらの葉形尾や同尾は正尾から二次的に変形したものである．

橋尾はマンボウ科で見られるもので，発生初期には真の尾鰭が形成されるが，仔魚後期になると尾柄部および尾鰭が消失して体後端は截形となり，その部分に背鰭と臀鰭が伸びて橋尾が形成される（図3-3）．

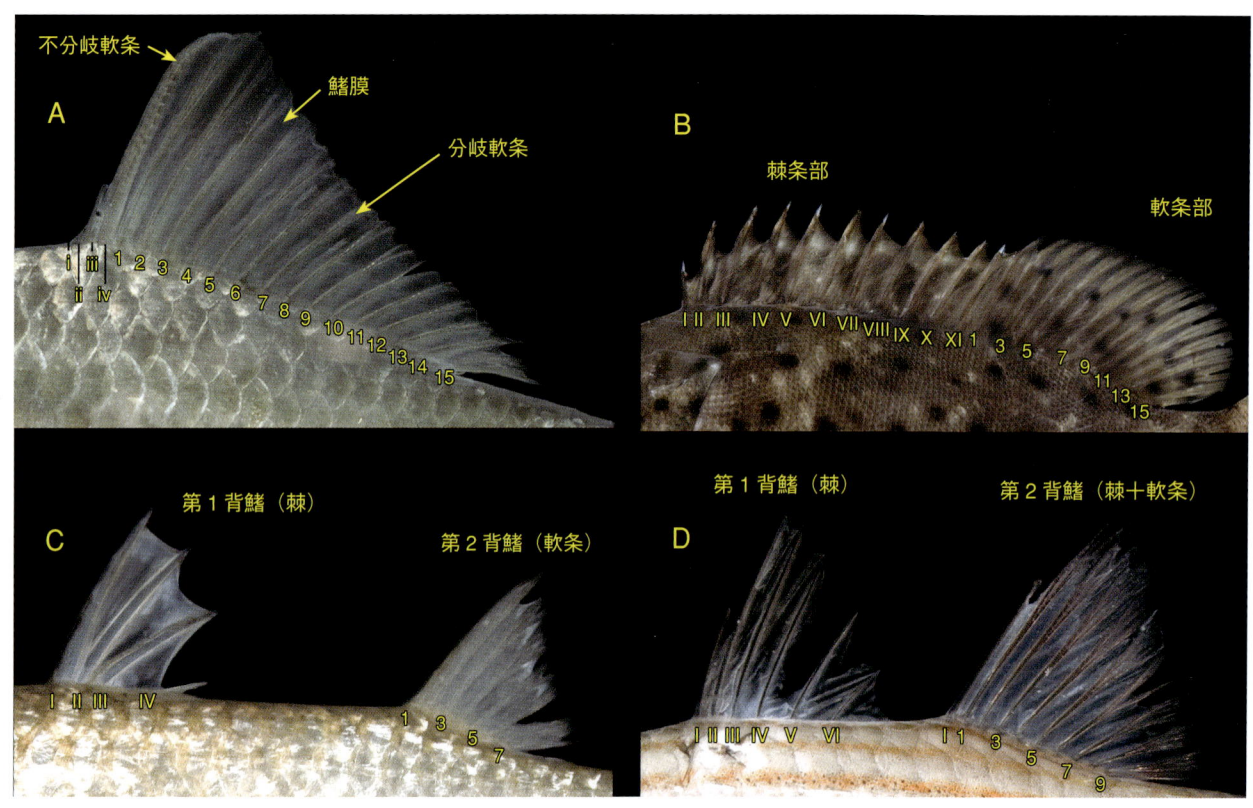

図3-2　硬骨魚類の鰭の構造と鰭式．A：ギンブナ背鰭（D iv, 15），B：ヤイトハタ背鰭（D XI, 15），C：ヒルギメナダ（D IV + 7），D：リュウキュウヤライシモチ（D VI + I, 9）．（木村，原図）

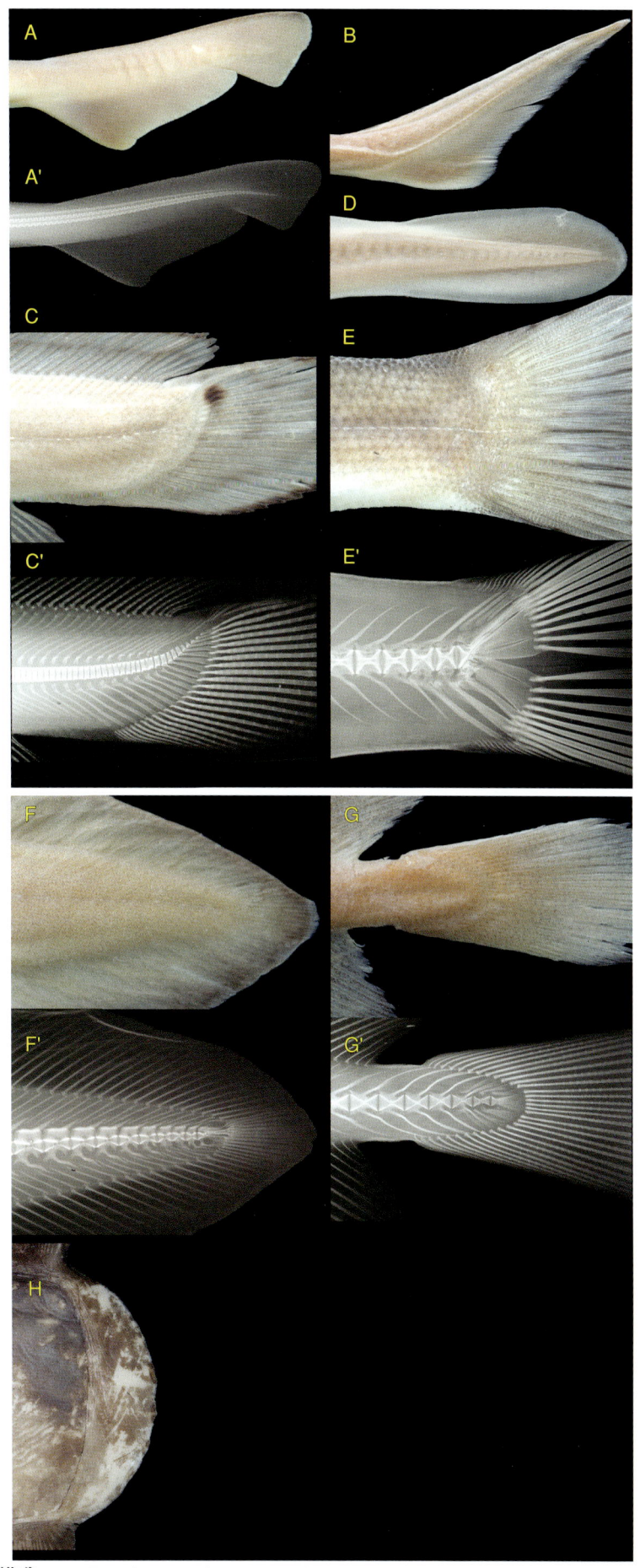

図3-3 尾鰭の形態と構造. A：異尾（ドチザメ），B：異尾（ホワイトスタージョン，チョウザメ科），C：略式異尾（アミア），D：両尾（スナヤツメ），E：正尾（ヒラスズキ），F：葉形尾（ウナギ），G：同尾（エゾイソアイナメ），H：橋尾（マンボウ）．A′C′E′F′G′はレントゲン写真．（木村，原図）

皮膚

木村清志

◆表皮と真皮

魚類の体表は皮膚（skin，外皮：integument）で覆われる．皮膚は外側から表皮（epidermis）と真皮（dermis）の2層に大別され，表皮と真皮との境には基底膜（basal membrane）がある．真皮の内側には皮下組織があり，これで筋肉層と接している．

魚類の表皮は10～30層に重なった上皮細胞から構成される（多層扁平上皮）．陸上四足動物の表皮が角質化するのに対し，魚類の表皮は最外層まで生きた細胞からなる．上皮細胞の大きさは変異が激しいが，平均的な長さは約250μm程度である．最外層の表皮細胞の表面には多数の微小隆起縁（小皮縁：microvilli）があり，それぞれの細胞表面は指紋状の紋様を呈している（図4-1）．

表皮に血管は分布していないが，味蕾（taste bud）や感丘（neuromast）などの神経末端部，色素胞（chromatophore, pigment cell）が散在する．また，表皮には粘液細胞（mucous cell）があり，鱗のない，あるいは退化した魚類では，これらがよく発達する．

粘液細胞の形は変異に富み，皿形，楕円形，管形などが知られている．粘液は糖タンパク質からなり，遊泳時の水との摩擦を軽減し，水や電解質の通過を制御して浸透圧を調節し，また，表皮の物理的な損傷の緩和にも役立っている．カワスズメ科のディスカス類では親の体表にある粘液細胞からの分泌物を仔魚の餌料としている（図4-2）．ヌタウナギ類では体節ごとに多数の腺粘液細胞（gland mucous cell）と糸細胞（thread cell）からなる粘液腺（slime gland）があり（図4-3），捕食者からの攻撃を受けたときなどには長さ数cmになる粘液糸を放出する．放出された粘液糸は捕食者に絡みつき，捕食者の鰓呼吸を妨げることが示唆されている（Lim et al., 2006）．

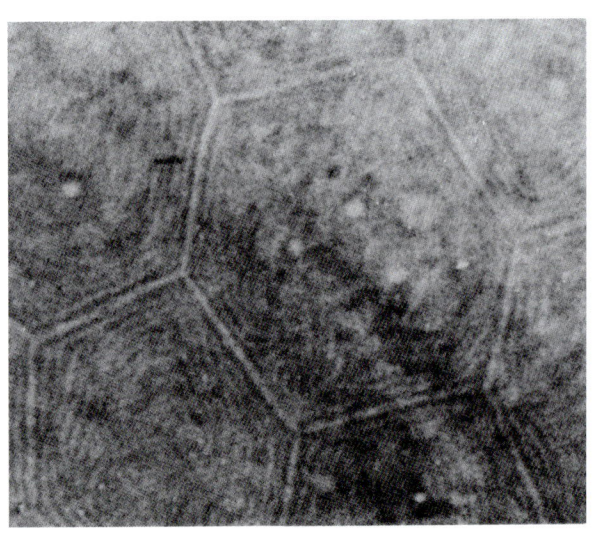

図4-1　メダカの表皮の小皮縁．（山田，1966）

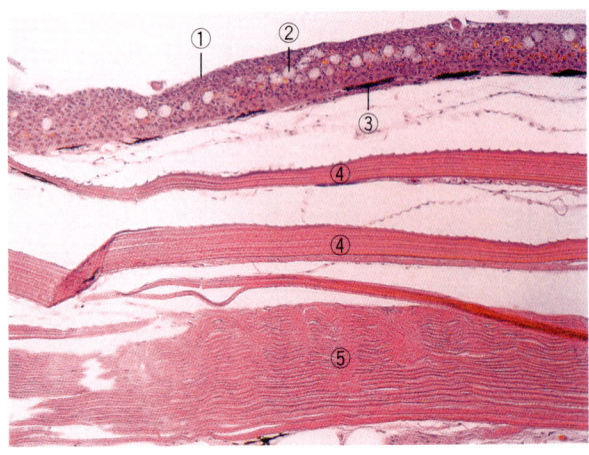

図4-2　ディスカスの皮膚組織．①扁平上皮組織，②粘液細胞（粘液物が出されて仔魚の餌となる），③黒色素胞，④鱗，⑤皮下組織．（木村，1997）

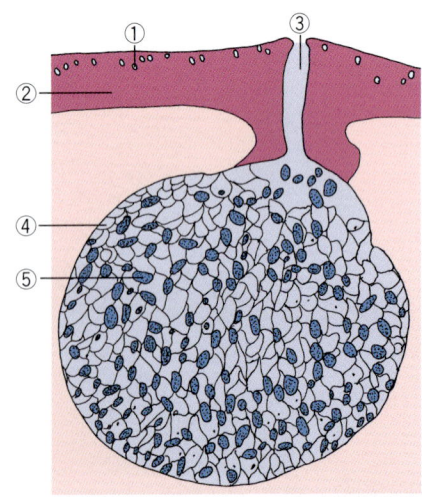

図4-3　*Eptatretus stoutii*（ヌタウナギ科）の粘液腺．
①粘液細胞，②表皮，③粘液腺，④腺粘液細胞，⑤糸細胞．
（Downing et al., 1984より略写）

多くの硬骨魚類真骨類の表皮には棍棒状細胞（club cell）が見られる．棍棒状細胞はその形状や機能が種によって大きく異なり，コイ目などでは警報フェロモンを分泌するとされている．ナマズ目のゴンズイでは背鰭，胸鰭にある棘の基部にある毒腺が棍棒状細胞で構成されている．ウナギでは棍棒状細胞がよく発達して表皮の大部分を占め，これに蓄積されているレクチンは赤血球やバクテリアを凝集させる作用をもつ（図4-4）．

このほか，ナトリウムイオンや塩素イオンなどを排出する塩類細胞も表皮中に存在する．深海性魚類などでは発光器（luminescent organ）が表皮中にあるものも多く，またコイ科などでは繁殖期に追星（pearl organ, nuptial tubercle）と呼ばれるケラチン質の小突起物が表皮に出現する（図4-5）．

真皮は表皮に比較してかなり厚い．ヌタウナギ類やヤツメウナギ類では均質の繊維性結合組織からなる．一方，軟骨魚類と硬骨魚類では一般に真皮は2層からなり，表皮に近いところに疎性結合組織からなる海綿層（stratum spongiosum）とその下層に密生結合組織からなる緻密層（stratum compactum）から構成されている．海綿層には多くの血管や神経，多数の色素胞が分布し，多くの魚類では鱗が並ぶ．硬骨魚類では鱗の周囲や色素胞周辺などにマスト細胞（mast cell）が分布し，外傷になどに反応してヒスタミンを放出する．緻密層には血管が少なく，コラーゲン繊維束が密に並ぶ．

皮下組織は疎性結合組織が網目状に並び，非常に柔軟である．また，皮下組織には色素胞が含まれ，多量の脂質が蓄積されることがある．

一部の魚類は皮膚毒をもつことが知られている．皮膚毒は特殊化した表皮細胞で構成される毒腺（venom gland）から分泌される．スズキ目ハタ科のルリハタやヌノサラシなどのキハッソク族，ヌノサラシ族魚類は表皮中の粘液細胞に類似した大型の細胞や，真皮に達する毒腺から有毒のグラミスチンを分泌する．カレイ目ササウシノシタ科のミナミウシノシタでは，背鰭，臀鰭，腹鰭の各鰭条の基部の皮膚に毒腺が並ぶ．フグ科の魚類では内臓だけではなく，皮膚にフグ毒であるテトロドトキシンを含む細胞を備え，外部からの刺激によりフグ毒が体外に放出される．

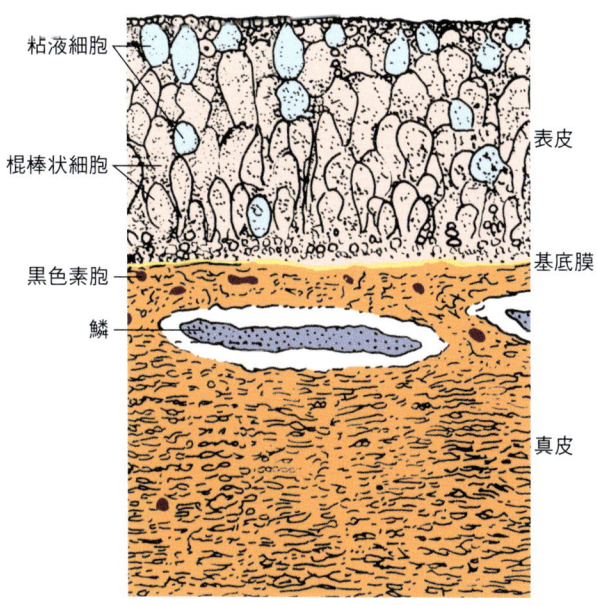

図4-4　ウナギの皮膚の構造．特に表皮に棍棒状細胞がよく発達する．（落合，1987を改変）

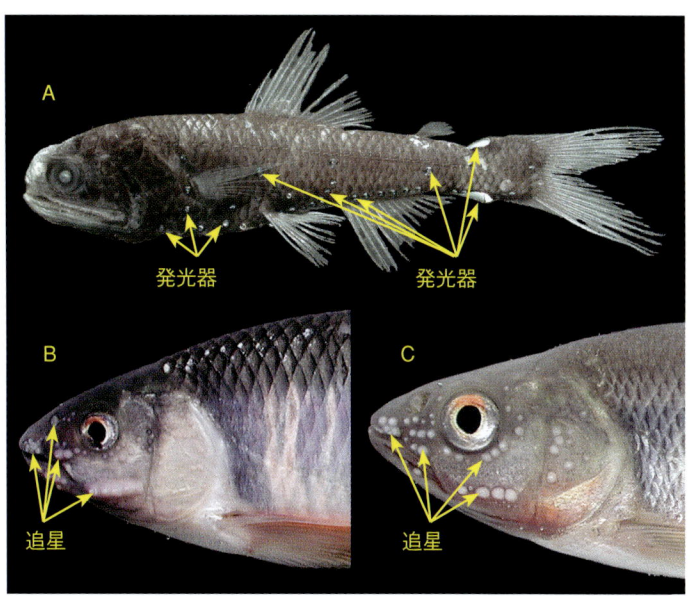

図4-5　発光器と追星．A：カガミイワシ（ハダカイワシ科）の発光器，B：オイカワの追星，C：カワムツの追星．（木村，原図）

鱗

木村清志

多くの現生魚類は，体表を保護するために，体表に鱗（scale）をもつ．魚類の鱗は真皮の細胞から形成され，歯や骨と同系であるため，皮骨（dermal boneまたはdermal skeleton）ともいう．これに対し，爬虫類や哺乳類の鱗は表皮の角質層が発達したもので，角鱗と呼ばれる．魚類の鱗は，その構造や形態から楯鱗（placoid scale），コズミン鱗（cosmoid scale），硬鱗（ganoid scale），円鱗（cycloid scale），櫛鱗（ctenoid scale）に分けられる（図5-1～5-4）．

鱗の形態や配列は分類群に特有のものであるため，種の分類や系統解析などに利用される．また，円鱗や櫛鱗を被る魚類には，鱗上の輪紋から年齢を推定できるものもある．

◆ **楯鱗**

楯鱗は軟骨魚類に特有の鱗で，一般に棘状を呈し，基部は基底板（basal plate）と呼ばれ真皮中に広がる（図5-2）．棘部は外側からエナメル層（enamel layer），歯質層（dentine），および血管や神経が入り込む髄（pulp）から構成され，歯と同様の構造である．このため，楯鱗は皮歯（dermal tooth）とも呼ばれることがある．楯鱗はサメ類でよく発達し，いわゆるサメ肌を作り出す．エイ目では楯鱗は発達せず，体表に散在あるいは部分的に形成される小棘および，アカエイなどの尾部にある大型の棘を形成する．なお，ギンザメ目の体表は円滑で無鱗であるが，側線管内に楯鱗の変形物が残存している．

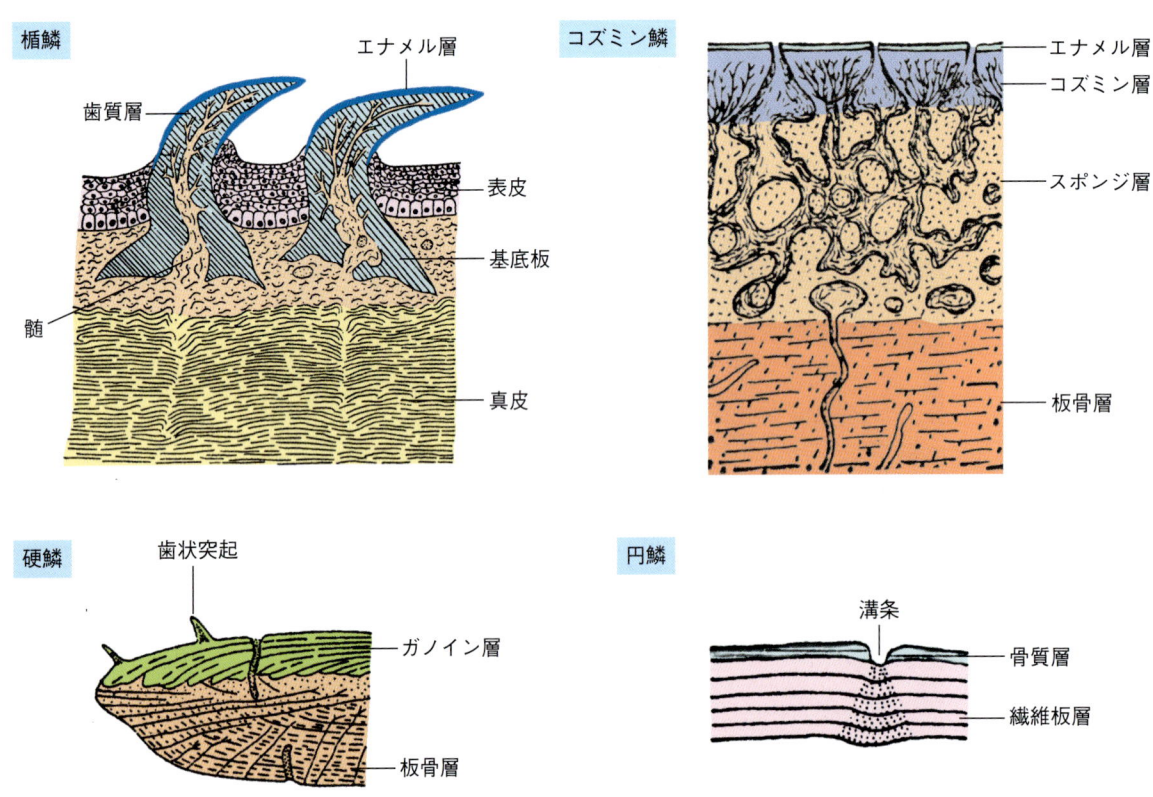

図5-1　鱗の断面模式図．楯鱗（岩井，1965を改変），コズミン鱗と硬鱗（Smith，1960を改変），円鱗（Neave，1940を改変）

図5-2　楯鱗．A：ホソフジクジラ，B：メガマウス．（木村，原図）

図5-3　硬鱗．A：*Polypterus senegalus*（ポリプテルス科），B：ホワイトスタージョン（固定標本，チョウザメ科）．（木村，原図）

◆コズミン鱗

　コズミン鱗は，化石のシーラカンス類や肺魚類に見られる非常に厚くて複雑な構造をした鱗である．この鱗は，表面からエナメル層あるいは硬歯質（viterodentine），コズミン層（cosmine layer），スポンジ層（spongy layer），および基部の板骨層（lamellar bony layer）あるいはイソペディン層（isopedine）の4層から構成されている．現生のシーラカンスの鱗は外観的には円鱗様であるが，これはコズミン鱗が変化したものと考えられている．現生の肺魚類の鱗も円鱗状を呈するが，これも退化的なコズミン鱗である．

◆硬鱗

　硬鱗はチョウザメ目チョウザメ科やポリプテルス目，ガー目などの魚類に見られる鱗で，表面のガノイン層（ganoine layer）と板骨層の2層からなる（図5-3）．硬鱗は，コズミン鱗のコズミン層が退化し，エナメル層がガノイン層に変化したものと考えられている．チョウザメ科の硬鱗はひし形で大きく，体軸に沿って5列に並ぶ．ポリプテルス目やガー目の硬鱗も四角形をしており，前縁にある間接突起で前後の硬鱗が強固に連結している．

◆円鱗と櫛鱗

　円鱗と櫛鱗は現生の硬骨魚類真骨類に普通に見られる鱗で，楯鱗やコズミン鱗，硬鱗に比べてはるかに薄く，柔軟である（図5-4）．円鱗と櫛鱗は構造的にはほとんど同一で，両者をまとめて葉状鱗（leptoid scale）あるいは板状鱗（elasmoid scale）と呼ぶ．これらは，表面の硬い骨質層（bony layer）と下層の平行に並んだコラーゲン繊維からなる繊維板層（fibrillary layer）の2層から構成されている．円鱗や櫛鱗は一般に真皮中に覆瓦状に並び，前方および上下列の鱗と重なり合い，鱗の後部は露出する．前方および上下列の鱗に覆われる部分を被覆部（embedded part），周囲の鱗に覆われていない部

分を露出部 (exposed part) という.

円鱗はニシン目やコイ目などに見られる鱗で, 露出部縁辺 (鱗の後縁) が円滑である. これに対し, 櫛鱗はカサゴ目やスズキ目の多くの種に見られる鱗で, 露出部縁辺に小棘 (cteni) をもち, 手で体表を触れると粗雑な感じがする. 櫛鱗をもつ魚種でも部分的に円鱗が出現する場合もある. カレイ目では通常有眼側は櫛鱗で覆われるが, 無眼側は櫛鱗ではなく円鱗で覆われる種もある. なお, トウゴロウイワシ目トウゴロウイワシなどでは鱗の後縁に細かな切れ込みがあり, 一見, 小棘のように見えるが, これは櫛鱗ではなく円鱗である.

一般に円鱗や櫛鱗の表面 (骨質層の表面) には, 中心 (focus) から同心円状あるいは環状に隆起線 (ridge) が並んでいる. また, 鱗の中心付近から前縁に向かって放射状に伸びる細い溝があり, これを溝条 (groove) と呼ぶ. なお, ニシン目やトウゴロウイワシ目では, 隆起線が環状ではなく, 上下 (背腹方向) に並び, 溝条も放射状ではなく, 上下に走るものもある.

◆ 隆起線

隆起線の間隔は魚体の成長に影響され, 一般に成長速度の速い時期は間隔が広く, 遅い時期は間隔が狭い. また, 成長が停止し, その後成長が再開するような場合は, 隆起線の裁ち切りや分岐が見られることもある. さらに, 産卵期になると隆起線の間隔が狭まったり, 配列が乱れたりすることもある.

このように, 隆起線の配列様式は, 魚体の成長や成熟のリズムと呼応して変化することが知られており, これによって魚体の年齢を査定できる場合がある. 通常は隆起線の間隔が狭いところを休止帯 (resting zone) と呼び, これを年輪 (year ring, annulus) として利用することが多い.

円鱗や櫛鱗で, 中心付近に広く隆起線のないものがある. これは再生鱗で, 鱗が剥がれた後に同じ場所に再生し, 急速に成長するために中心付近の構造が正常な鱗と大きく異なっている.

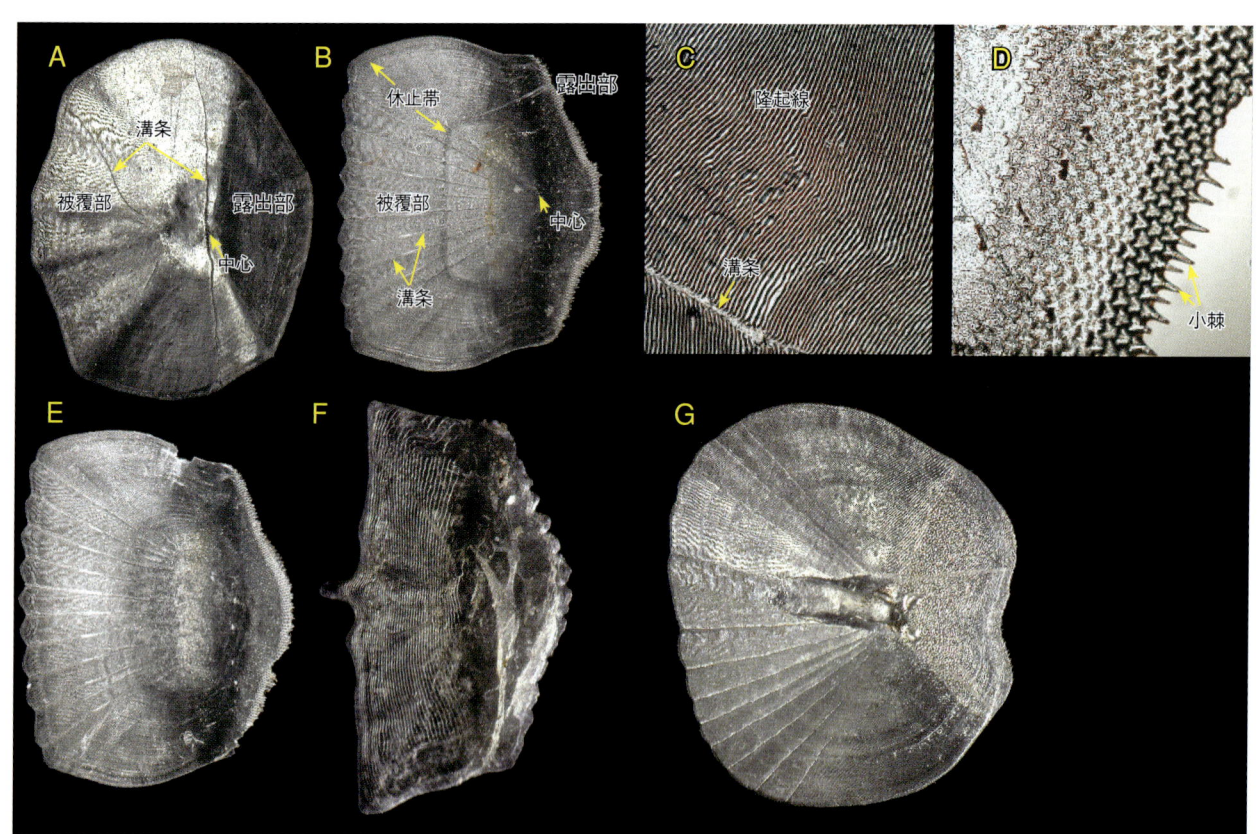

図5-4 円鱗と櫛鱗. A: 円鱗 (リュウキュウドロクイ), B: 櫛鱗 (マダイ), CとD: マダイ鱗の拡大写真, E: 再生鱗 (マダイ), F: 後縁に切れ込みのある円鱗 (トウゴロウイワシ), G: 側線鱗 (ナンヨウチヌ). (木村, 原図)

◆ **側線鱗と稜鱗**

側線上の鱗は側線鱗（lateral-line scale）といい，通常孔や管をもち，外界の物理刺激を側線管内の受容器に伝えやすくしている．開孔した鱗を特に有孔側線鱗（pored scale）と呼ぶ．側線鱗は通常1本の粘液管（mucous tube）をもち，内側に側線孔（pore）がある．側線鱗数や有孔側線鱗数はしばしば重要な分類形質として利用される．

アジ科魚類の多くに見られる側線上の肥厚し棘をもった鱗や，ニシン目魚類によく見られる腹中線上の鋭い棘をもった鱗を稜鱗（scute）と呼ぶ（図5-5）．また，ヨウジウオ科やハコフグ科の体は硬い装甲で覆われるが，これは鱗が変形したものである．

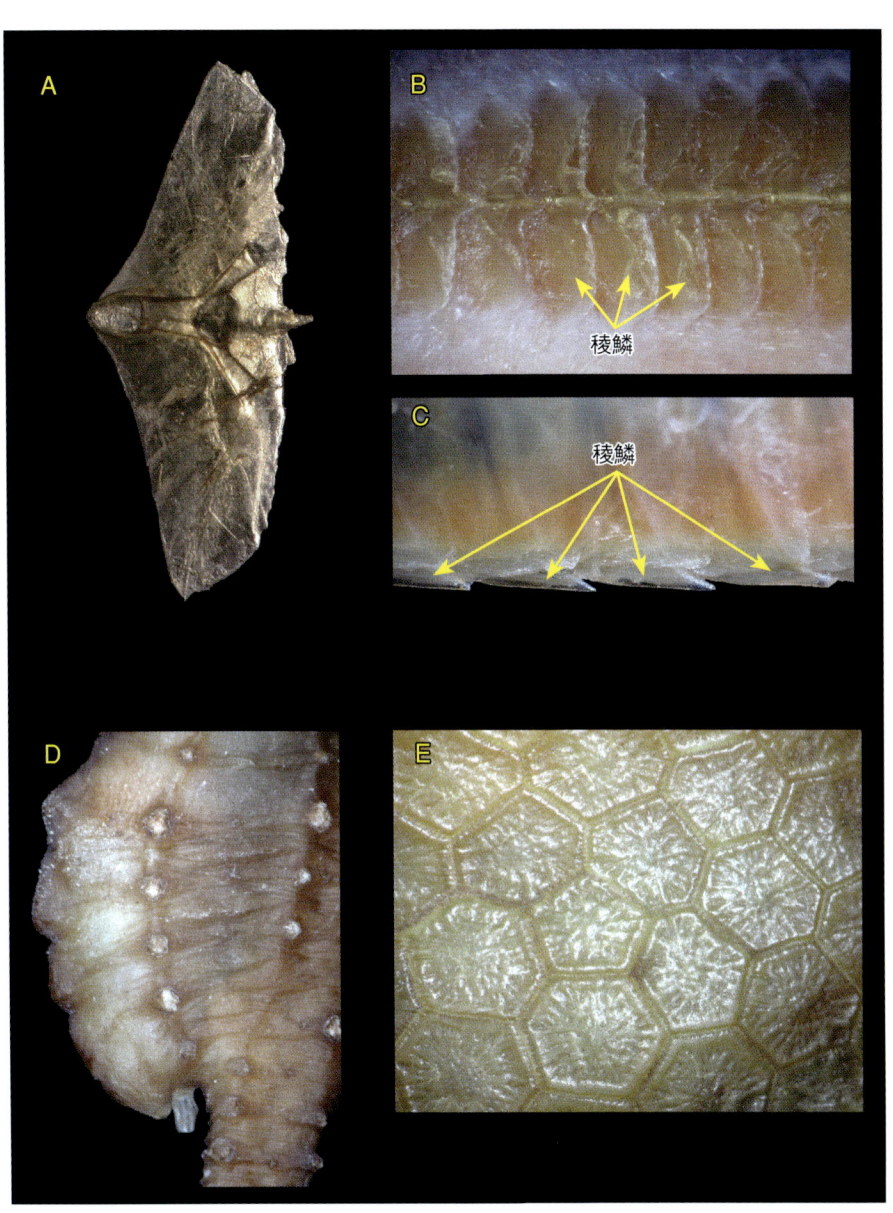

図5-5 稜鱗と骨板．AとB：稜鱗（マルアジ），C：稜鱗（サッパ），D：サンゴタツの体輪，E：ハコフグの鱗．（木村，原図）

体色

木村清志

◆ **色素胞**

　魚類の体色は，皮膚に存在する色素胞の種類やその挙動によって発現し，変化する．色素胞は含有する顆粒によって生じる色で，黒色素胞（melanophore），黄色素胞（xanthophore），赤色素胞（erythrophore），白色素胞（leucophore），および虹色素胞（iridophore）に分けられる．これらの色素胞は形態的に樹枝状（branched），星状（stellate），顆粒状（punctate）に分けられることが多い．色素胞の多くは真皮中に存在するが，表皮や皮下組織中にも見られる（図6-1）．

　黒色素胞には黒あるいは褐色を表す色素顆粒メラノソーム（melanosome）が多数存在している．赤色素胞は赤色素顆粒のエリスロソーム（erythrosome），黄色素胞は黄色素顆粒のザンソソーム（xanthosome）を含み，これらはカロチノイドに起源している．また，黄色や赤色の発現にはプテリジンも関係している．白色素胞と虹色素胞は色素以外の物質を固体として含有する．この物質は薄板あるいは扁平な顆粒状の結晶体で，グアニンおよびヒポキサンチンなどで構成されている．この結晶は高い屈折率示し，このため光をよく反射する．鈍い白色を呈する白色素胞では，この結晶は小型で細胞内を移動する．一方，虹色素胞はこの結晶が大型で成層し，細胞内で移動しない．虹色素胞は結晶による光の屈折，反射，干渉などにより，いわゆる金属光沢の銀色や青色を呈する．また，虹色素胞と他の色素胞により，金色や緑色などのさまざまな色彩を発現する．

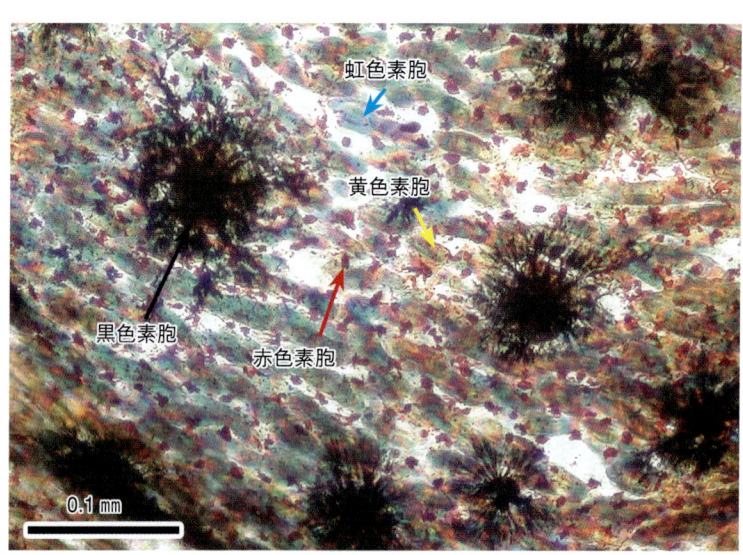

図6-1　マダイ真皮中の色素胞．（木村，原図）

◆ 体色と斑紋

　魚類の体色や斑紋の多様性は，前述の色素胞の分布様式によってもたらされる（図6-2）．海洋の表層近くに分布する魚類は，一般に背部は暗青色，腹部は銀白色で，これは海面から水中を見たとき，および水中から海面を見たときと同じ色彩であり，いわゆる保護色である．深海性の魚類の体色は黒か赤が多い．これも光のほとんど届かない環境での保護色と考えられる．熱帯から温帯の沿岸域に生息する魚類は，さまざまな紋様をもつものが多い．代表的なものは縦および横の縞模様，斑点，虫喰斑である．これらは複雑な海中の景観の中で，体の輪郭を不鮮明にすると考えられている．

図6-2　体色と斑紋．A：表層魚（バショウトビウオ），B：深海魚（ヨコエソ），C：縦縞（ヨスジシマイサキ），D：横縞（シマタレクチベラ），E：斑点（オオモンハタ），F：虫喰い斑（ムシクイアイゴ）．（木村，原図）

軟骨魚類の骨格系

須田健太・仲谷一宏

軟骨魚類の骨格系は軟骨のみで構成され，板鰓類の多くは椎体の中心が石灰化する．軟骨魚類の骨格系は板鰓類（サメ，エイ類）と全頭類（ギンザメ類）でその構造が大きく異なっているが，本書では主に板鰓類について述べ，全頭類については補足程度に留める．用語は従来使用されているものを採用したが，一部の和名は筆者らが命名，または改訂して採用した．

◆ 神経頭蓋

神経頭蓋（neurocranium，または軟骨性頭蓋chondrocranium）は縫合線をもたない滑らかなひと続きの函状構造をしており，表面に神経孔や血管孔が開孔する（図7-1）．板鰓類の神経頭蓋は大きく7つの部位に分けられる．それぞれ前方から吻部（rostrum），鼻殻（nasal capsule），脳函天蓋（cranial roof），眼窩（orbit），基板（basal plate），耳殻（otic capsule），後頭部（occiput）である．

吻部は神経頭蓋の正中線上にある，鼻殻より前方の部位で，主に吻軟骨（rostral cartilage）によって構成される．吻軟骨の形は分類群によって大きく異なり，ツノザメ類，カスザメ類では単一形で背面の中央が溝状であるのに対し，ネズミザメ類，メジロザメ類では三脚状である．ネコザメ類では吻軟骨がない．ガンギエイ類では吻軟骨の形状は変異に富む．

鼻殻は吻の後側方に位置し，嗅覚を司る嗅神経と嗅球を保護する．シュモクザメ類では鼻殻および眼窩は著しく外方に張り出す．

脳函天蓋は吻部の後方に位置し，脳函の背面を保護する．最前端には前方泉門（anterior fontanelle）が開口し，前方泉門のわずかに後方には上生孔（epiphysial foramen）が開口する．後方は中央部が窪み，中央溝（parietal fossa）を形成し，中央溝の内部にはそれぞれ一対の内リンパ孔（endolymphatic foramen）と外リンパ窓（perilymphatic fenestra）が開口する．

眼窩は鼻殻の後方に位置し，前方の眼窩前壁（preorbital wall），背方の眼窩冠状隆起（supraorbital crest），後方の眼窩後壁（postorbital wall），内方の眼窩

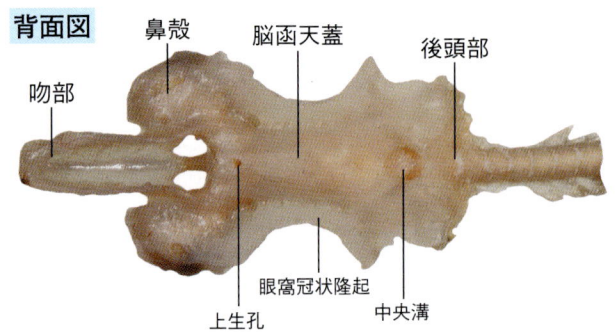

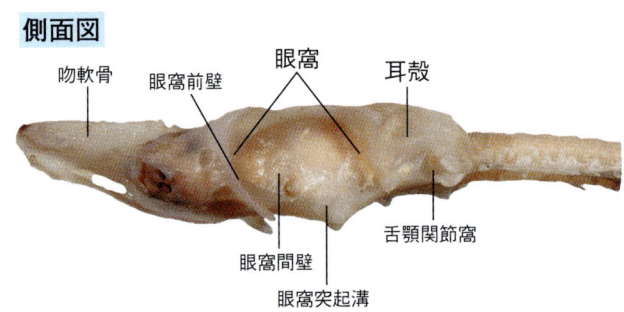

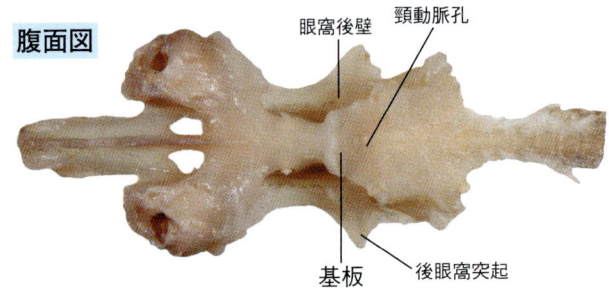

図7-1　トガリツノザメの神経頭蓋．（須田・仲谷，原図）

間壁（interorbital wall）に囲まれた，左右一対の大きな窪みである．眼窩冠状隆起は分類形質としてよく用いられ，特にトラザメ科の中ではその有無が重要な分類形質である．

眼窩には眼球と，眼球に付随する筋肉と神経が収まり，眼窩間壁には神経が貫通する小孔が多数開口する．ツノザメ類では眼窩間壁に眼窩突起溝（groove of orbital process）が存在し，後述する上顎の眼窩突起と関節する．眼窩後壁の後方は外方に張り出し，後眼窩突起（postorbital process）を形成する．

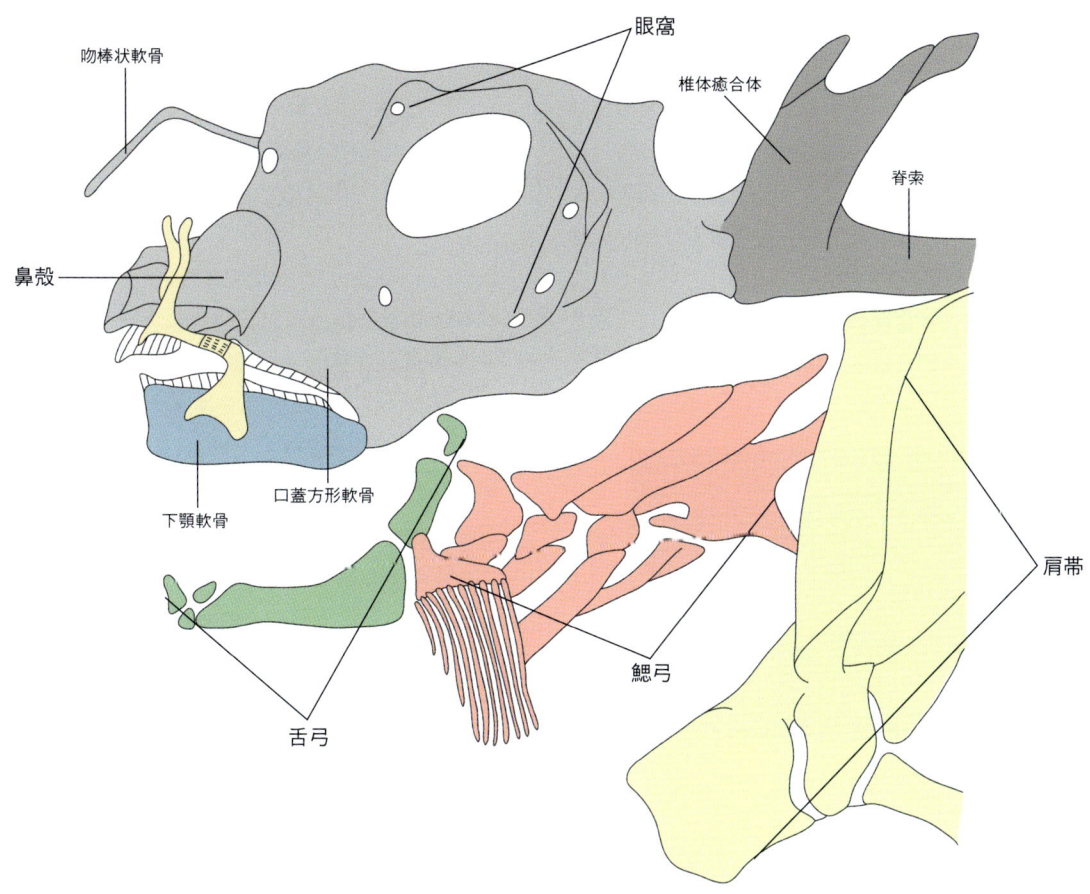

図7-2 アカギンザメ属の一種 *Hydrolagus novaezealandiae* 頭部周辺の骨格系．（Didier，1995を改変）

神経頭蓋腹面は基板が脳函を保護し，左右一対の頸動脈孔（carotid foramen）がほぼ中央部に開口する．サメ類の基板は，眼窩腹面にまで張り出し眼窩床（suborbital shelf）を形成するメジロザメ類と，眼窩床を欠くツノザメ類に大別される．

耳殻は後眼窩突起のさらに後方にあり，聴覚を司る内耳（inner ear）と内耳を取り巻く三半規管（semicircular canal）を保護する．側面には凹構造の舌顎関節窩（hyomandibular facet）があり，舌顎軟骨と関節する．

後頭部は神経頭蓋の最後方部で，後部中央に大孔（foramen magnum）が開口し，脊椎骨と関節する．また舌咽神経孔（glossopharyngeal foramen），迷走神経孔（vagus foramen）がそれぞれ対をなして開口する．

全頭類の神経頭蓋も板鰓類同様にひと続きの函状の軟骨からなるが，その形状は板鰓類と異なり，おおむね側扁する（図7-2）．前方には鼻殻があり，背面正中線上には吻を支持する1本の吻棒状軟骨（medial rostral rod）が前方に伸びる．吻棒状軟骨はテングギンザメ科では著しく長く，ギンザメ科では短い．

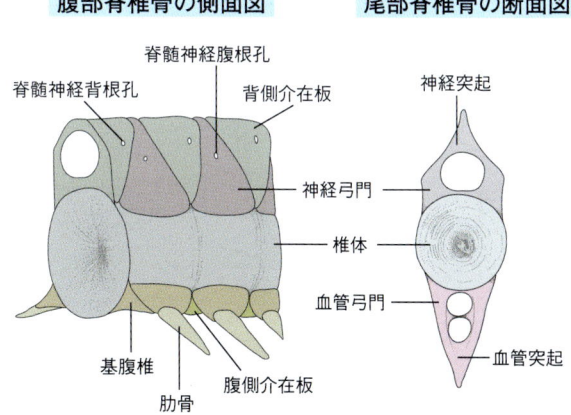

図7-3 脊椎．（Ashley and Chiasson，1988を改変）

◆脊柱

神経頭蓋の最後端から，中軸骨格として脊柱（vertebral column）が尾鰭後端まで走る．脊柱は数多くの脊椎骨（vertebrae）から構成され（図7-3），1個の脊椎骨は，背方に神経弓門（neural arch），中央に脊椎骨の中心を

形成する椎体（centrum）がある．

腹部の脊椎骨では，椎体の外方腹面に基腹椎（basiventral）と肋骨（rib）が付着するが，尾部の脊椎骨ではそれらを欠き，血管弓門（hemal arch）が椎体の腹方にある．神経弓門の背方突出部を神経突起（neurapophysis），血管弓門の腹方突出部を血管突起（hemapophysis）と呼ぶ．

神経弓門の内部には脊髄が，血道弓門の内部には尾動脈と尾静脈が走る．肋骨は多くのサメ類，サカタザメ類とノコギリエイ類ではよく発達するが，エイ類ならびにネズミザメ類の一部では縮小または消失する．前後の神経弓門の間には背側介在板（dorsal intercalary plate），血道弓門の間には腹側介在板（ventral intercalary plate）が存在する．背側介在板には脊髄神経背根孔（dorsal root foramen）が，神経弓門には脊髄神経腹根孔（ventral root foramen）が開口する．

脊椎骨は総排出腔周辺を境に大きさが急激に変化し，前方の長い脊椎骨を単椎性脊椎骨（monospondylous vertebra），後方の短い脊椎骨を複椎性脊椎骨（diplospondylous vertebra）と呼ぶ（図7-4）．また尾鰭下葉起部より前の脊椎骨を尾鰭前脊椎骨（precaudal vertebra）と呼ぶ．

椎体の中心は石灰化するが，その形状は分類群によって大きく異なる．石灰化の程度も，カグラザメ類やツノザメ類などのように石灰化の程度が弱いものや，メジロザメ類のような石灰化が進み硬い椎体を形成するものなど多様である．古くは石灰化の形状をいくつかのタイプに区分していたが，タイプの定義が難しいことなどの理由から現在用いられることは少ない．

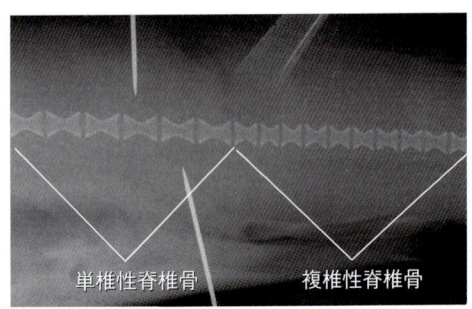

図7-4　軟X線写真によるカスミザメの単椎性脊椎骨と複椎性脊椎骨．（須田・仲谷，原図）

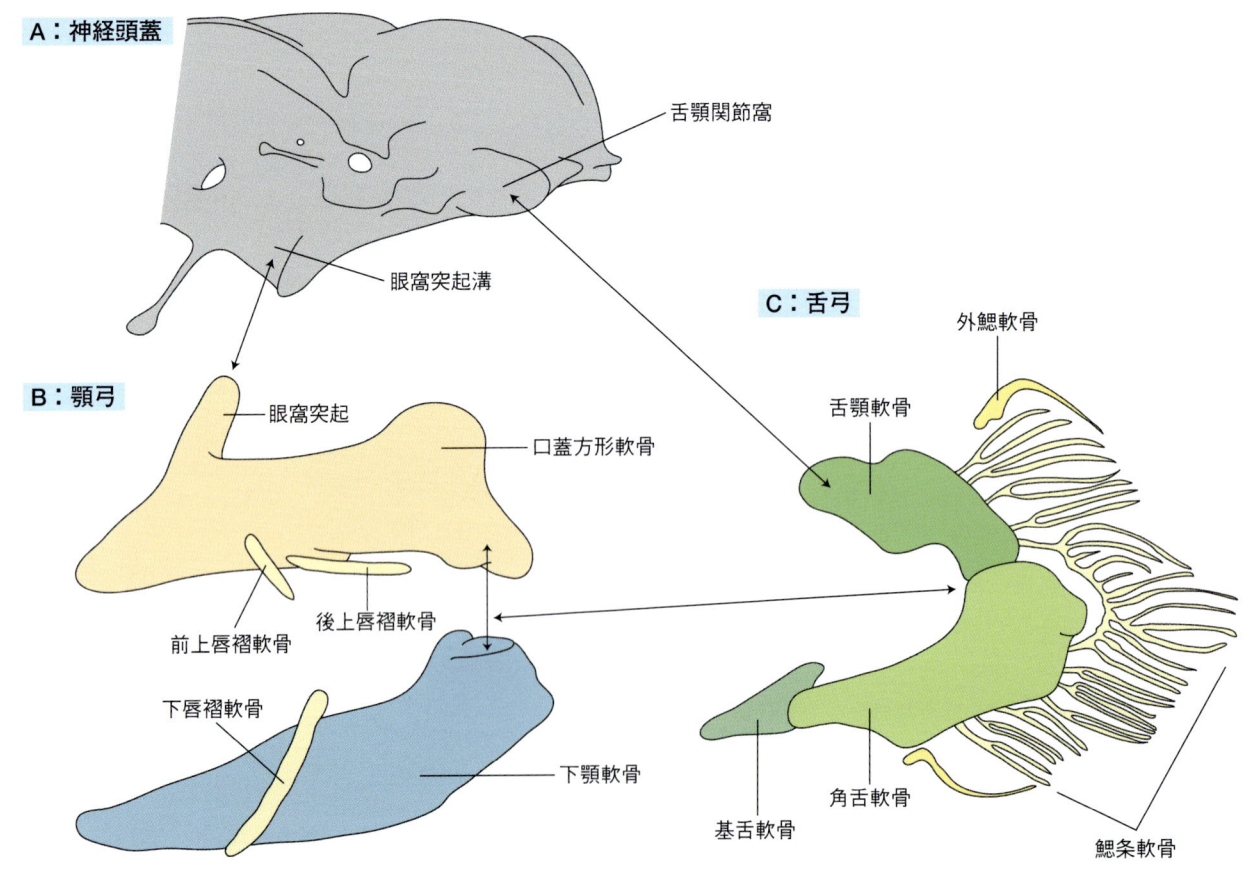

図7-5　ツノザメ類の神経頭蓋（一部），顎弓および舌弓とその関節様式（矢印）．矢印は関節関係を示す．（Shirai, 1992を改変）

全頭類の脊柱は脊索（notochord）で構成される．全頭類とエイ類では脊柱の最前方の複数個が癒合し，椎体癒合体（synarcual）を形成する．

◆ 顎弓

顎弓（mandibular arch）は神経頭蓋の腹方に位置し，それぞれ左右一対の上顎を形成する口蓋方形軟骨（palatoquadrate cartilage）と，下顎を形成する下顎軟骨（mandibular cartilage，またはメッケル軟骨 Meckel's cartilage）から構成される（図7-5B）．カグラザメ類，ツノザメ類では口蓋方形軟骨の前方背面に眼窩突起（orbital process）と呼ばれる突起がある．メジロザメ類もツノザメ類同様に眼窩突起によく似た突起を備えるが，機能的に眼窩突起とは異なる．口角部には遊離した唇褶軟骨（labial cartilage）が存在する．唇褶軟骨は基本的には，上顎にある前上唇褶軟骨（anterodorsal labial cartilage）と後上唇褶軟骨（posterodorsal labial cartilage），そして下顎にある下唇褶軟骨（ventral labial cartilage）の3つの軟骨からなる．分類群によって一部またはすべての唇褶軟骨を欠く．

全頭類の顎弓は，口蓋方形軟骨が神経頭蓋と癒合し，下顎軟骨のみが独立して存在する（図7-2）．全頭類は口角部に唇褶軟骨に似た複雑な軟骨を持つが，板鰓類の唇褶軟骨とはその形状が大きく異なる．全頭類の中でその名称は分類群により異なる．

舌弓（hyoid arch）は顎弓の後方に位置し，一対の舌顎軟骨（hyomandibular cartilage）と角舌軟骨（ceratohyal cartilage），そして単一の基舌軟骨（basihyal cartilage）から構成される（図7-5C）．舌顎軟骨と角舌軟骨の外縁には細い鰓条軟骨（branchial ray cartilageまたはgill ray cartilage）が多数付着し，鰓条軟骨の最背方と最腹方には遊離した外鰓軟骨（extrabranchial cartilage）があるが，分類群により片方または両方を欠く．舌顎軟骨と角舌軟骨は両顎と関節し，顎の突出と開閉に関与する．全頭類では舌顎軟骨を欠き，上舌軟骨（epihyal cartilage），咽舌軟骨（pharyngohyal cartilage）が角舌軟骨の背方に位置する．しかし舌弓は顎弓に関節しておらず，顎の突出に関与しない（図7-2）．

◆ 顎懸垂様式

軟骨魚類の顎懸垂様式については，従来上顎が神経頭蓋と癒合した全接型（holostyly），上顎が神経頭蓋と2カ所で関節し，後方で舌顎軟骨により懸垂される両接型（amphistyly），そして上顎が頭蓋骨と関節せず後方で舌顎軟骨により懸垂される舌接型（hyostyly）の3つの型があるとされてきた．しかし，近年その3つの型では類型化できないことが明らかになり，本書で以下のように再定義する．

全接型（holostyly）：上顎は神経頭蓋と癒合し，顎は突出しない（図7-6A）．全頭類のみが含まれる．

両接型（amphistyly）：上顎は前方と後方の2カ所で神経頭蓋と関節し，最後方で舌顎軟骨により懸垂される（図7-6B，C）．上顎の突出は極めて限定的である．化石サメ類およびカグラザメ類が含まれる．上顎前方における関節部位は，化石サメ類では眼窩前方で（図7-6B），カグラザメ類では眼窩内である（図7-6C）．上顎後方の関節部位は神経頭蓋の後眼窩突起で，この関節様式を後眼窩関節（postorbital articulation）と呼ぶ．

眼窩接型（orbitostyly）：上顎の眼窩突起は神経頭蓋の眼窩突起溝と関節し，上顎は後方で舌顎軟骨により懸垂される．この関節様式を眼窩内関節（orbital articulation）と呼ぶ（図7-6D）．ツノザメ類が含まれる．

舌接型（hyostyly）：上顎は前方では眼窩前壁の腹面または鼻殻の腹面と靱帯で繋がり，後方では舌顎軟骨により懸垂される（図7-6E）．ネコザメ類，テンジクザメ類，ネズミザメ類，メジロザメ類が含まれる．

真舌接型（euhyostyly）：上顎は舌顎軟骨のみで懸垂される（図7-6F）．すべてのエイ類が含まれる．

◆ 鰓弓

舌弓の後方には5～7対の鰓弓（branchial arch）がある（図7-7）．各鰓弓は背方から咽鰓軟骨（pharyngobranchial cartilage），上鰓軟骨（epibranchial cartilage），角鰓軟骨（ceratobranchial cartilage），下鰓軟骨（hypobranchial cartilage）の4対の軟骨と，腹中線上の不対の基鰓軟骨（basibranchial cartilage）からなる．基鰓軟骨の数は分類群によって異なる．

多くの板鰓類では第1鰓弓には下鰓軟骨がない．最後方の鰓弓を除き，鰓条軟骨が上鰓軟骨と角鰓軟骨の外方に付着する．鰓条軟骨の最背方と最腹方に外鰓軟骨が遊離して存在するが，一部の分類群では片方または両方の外鰓軟骨を欠く．最後方の2個の咽鰓軟骨は互いに癒合し，1個の嘴鰓軟骨（gill pickax）を形成する．カグラザメ類やネコザメ類の嘴鰓軟骨は前後の咽鰓軟骨が接するが癒合しない．鰓弓腹面の最後方には，基鰓軟骨とは形状の異なる五角形または六角形の心鰓軟骨（cardiobranchial cartilage）と呼ばれる軟骨が存在する．心鰓軟骨は基鰓軟骨，下鰓軟骨の後方の要素数個が癒合して出来たと考えられる．

全頭類では鰓弓の基本構造は板鰓類と同じだが（図7-8），咽鰓軟骨は3対存在し，最後方の咽鰓軟骨は前の2対と比べて大きい．最後方の咽鰓軟骨は，後方の咽鰓軟

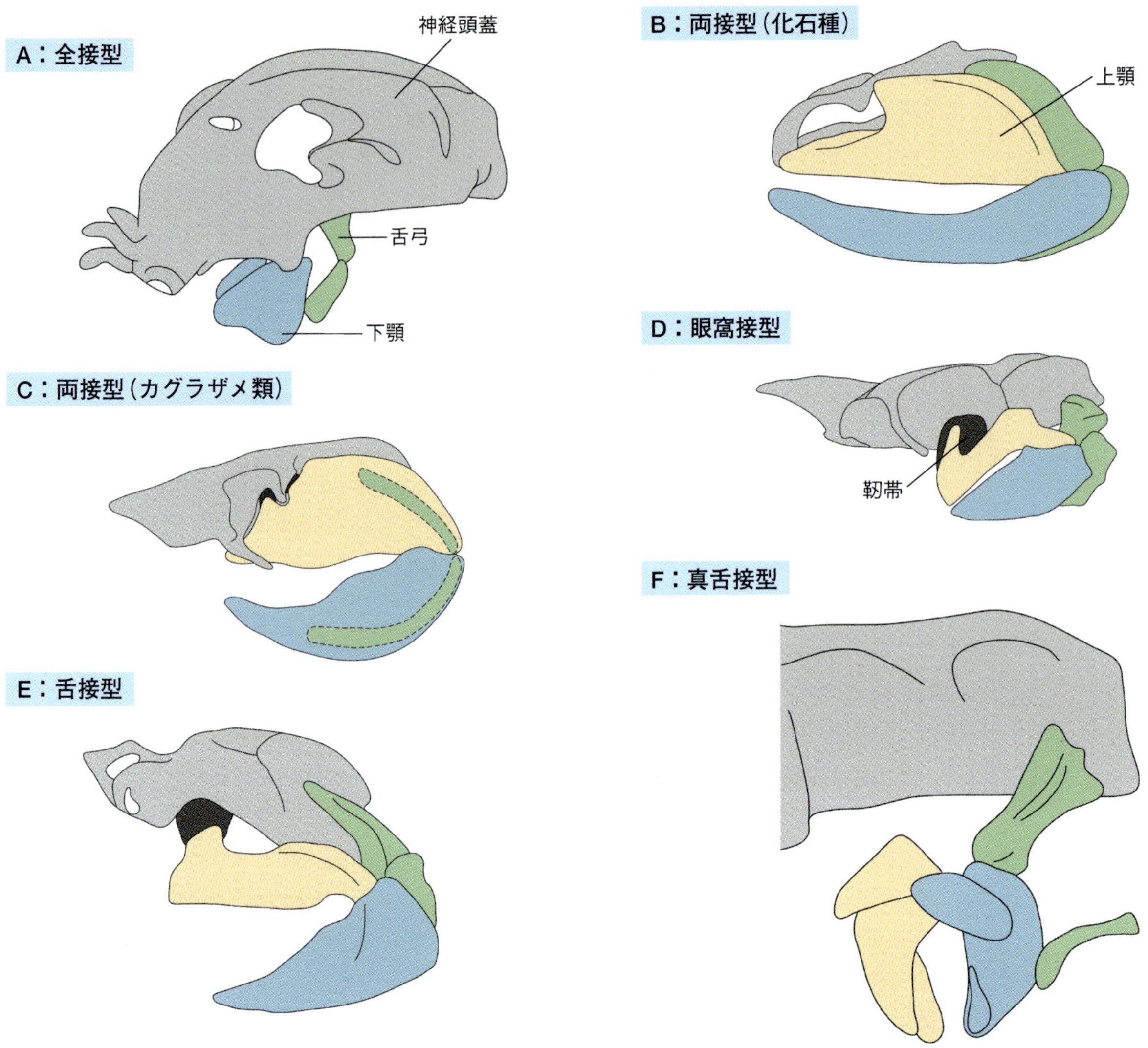

図7-6 顎の懸垂様式．灰色は神経頭蓋，淡黄色は上顎，青色は下顎，緑色は舌弓，黒色は靭帯を示す．（Wilga，2005を改変）

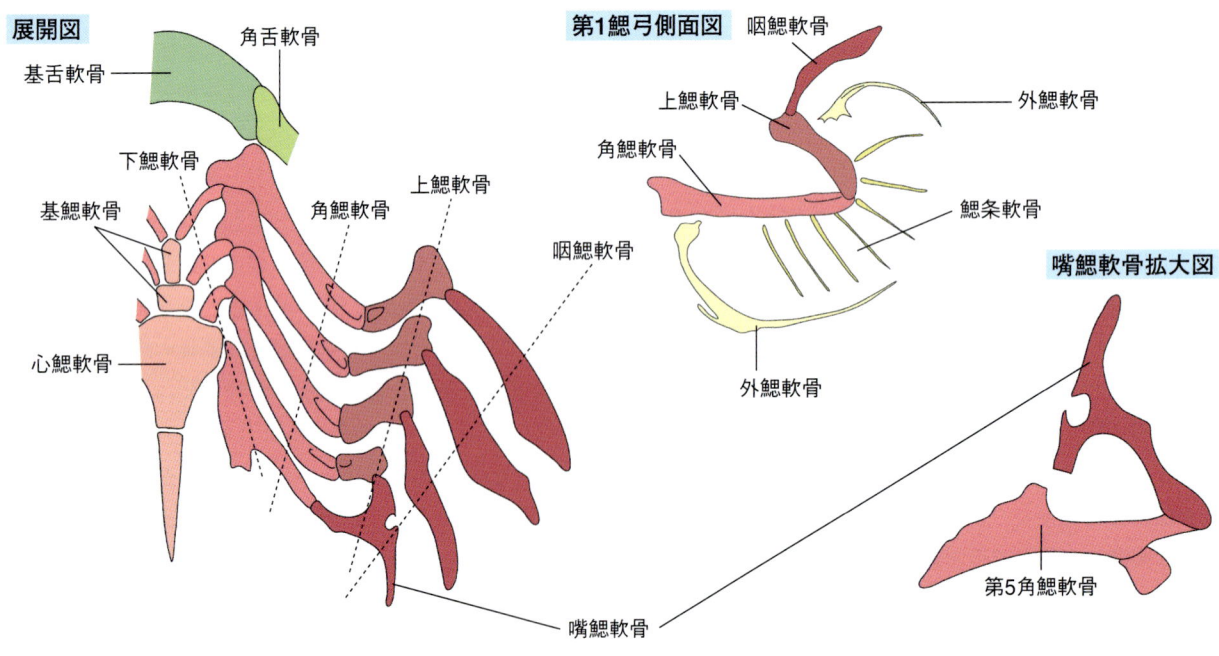

図7-7 板鰓類の鰓弓．（Shirai，1992を改変）

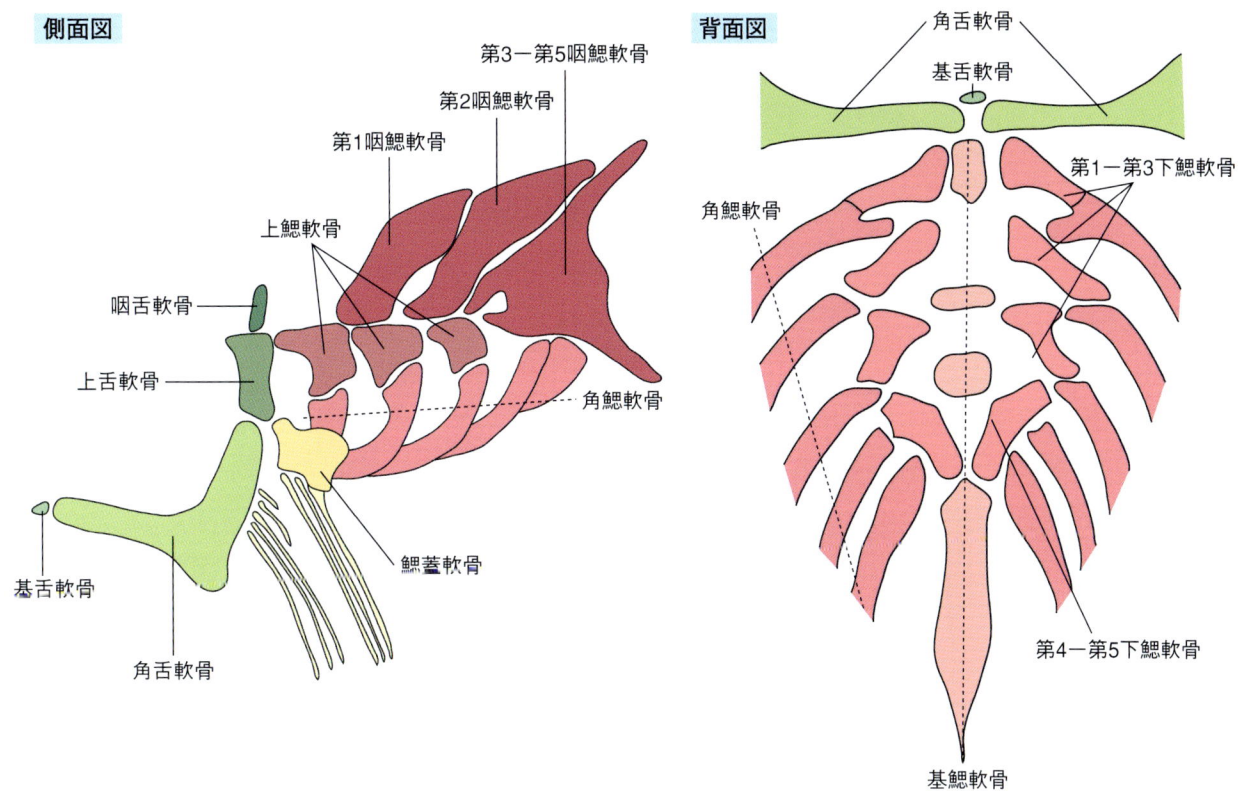

図7-8　ギンザメ類の一種 *Callorhinchus milii* の舌弓と鰓弓．（Didier，1995を改変）

骨と数個の上鰓軟骨が癒合して構成されたと考えられる．また，全頭類では鰓蓋軟骨（opercular cartilage）が第1鰓弓腹方側面に存在するが，その形状は分類群により異なる．鰓弓は神経頭蓋腹方に位置する．

◆肩帯

鰓弓の後方には胸鰭を支持する肩帯（pectoral girdleまたはshoulder girdle）があり，肩帯は背方が開いた弓状を呈する（図7-9）．肩帯は腹方の烏口軟骨（coracoid cartilage），背方の肩甲軟骨（scapular cartilage），そして最背方の突起部分の肩甲突起（scapular process）からなる．

通常，肩帯は腹中線上で左右の烏口軟骨が癒合し単一構造を示すが，カグラザメ類やキクザメ類では左右の烏口軟骨が分かれ，対をなす．エイ類の肩帯は平らで外方に強く張り出し，左右の肩甲突起が背方で互いに癒合するか，それぞれが椎体癒合体と接する．

◆胸鰭

胸鰭は鰭を支える基底軟骨（basal cartilageまたはbasipterygium）と輻射軟骨（radial cartilage）で構成され，基底軟骨は外側方から前担鰭軟骨（propterygium），中担鰭軟骨（mesopterygium），そして後担鰭軟骨（metapterygium）の3つの軟骨から構成され，肩

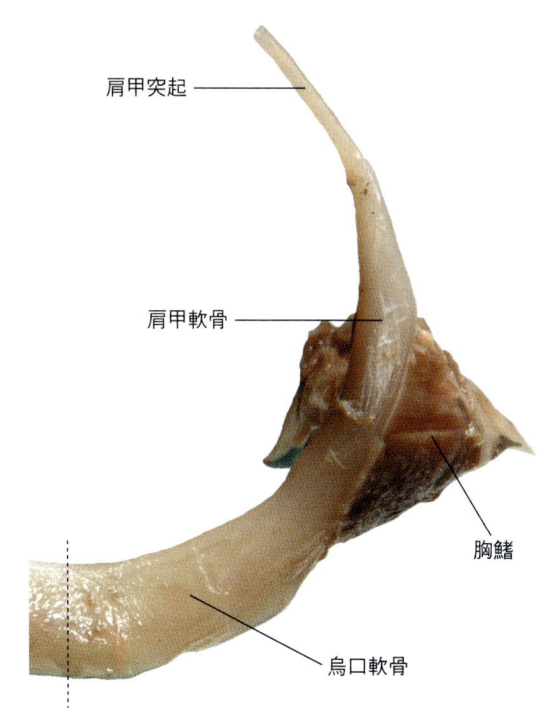

図7-9　トガリツノザメの肩帯前面図．破線は正中線を示す．（須田・仲谷，原図）

帯と関節する（図7-10）．分類群によって基底軟骨は癒合し，2個，または1個のみになるものもある．輻射軟骨は分類群によってその太さや長さが異なる．

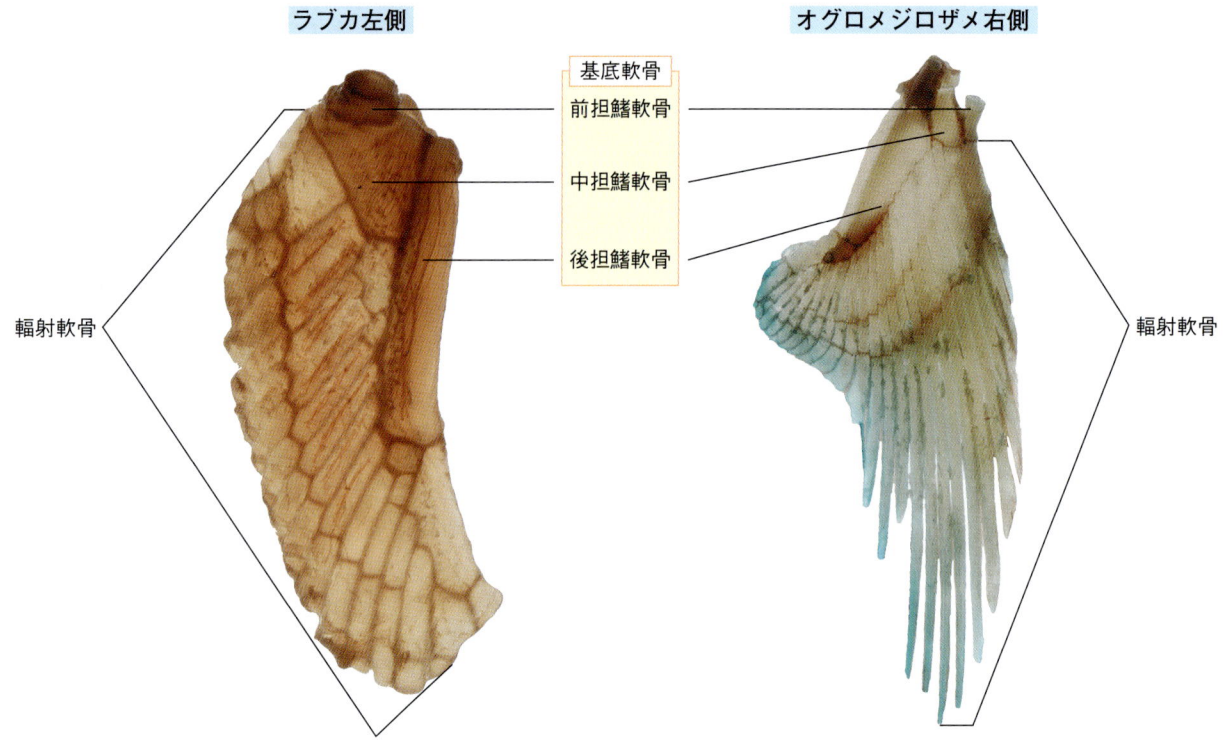

図7-10　胸鰭骨格．（須田・仲谷，原図）

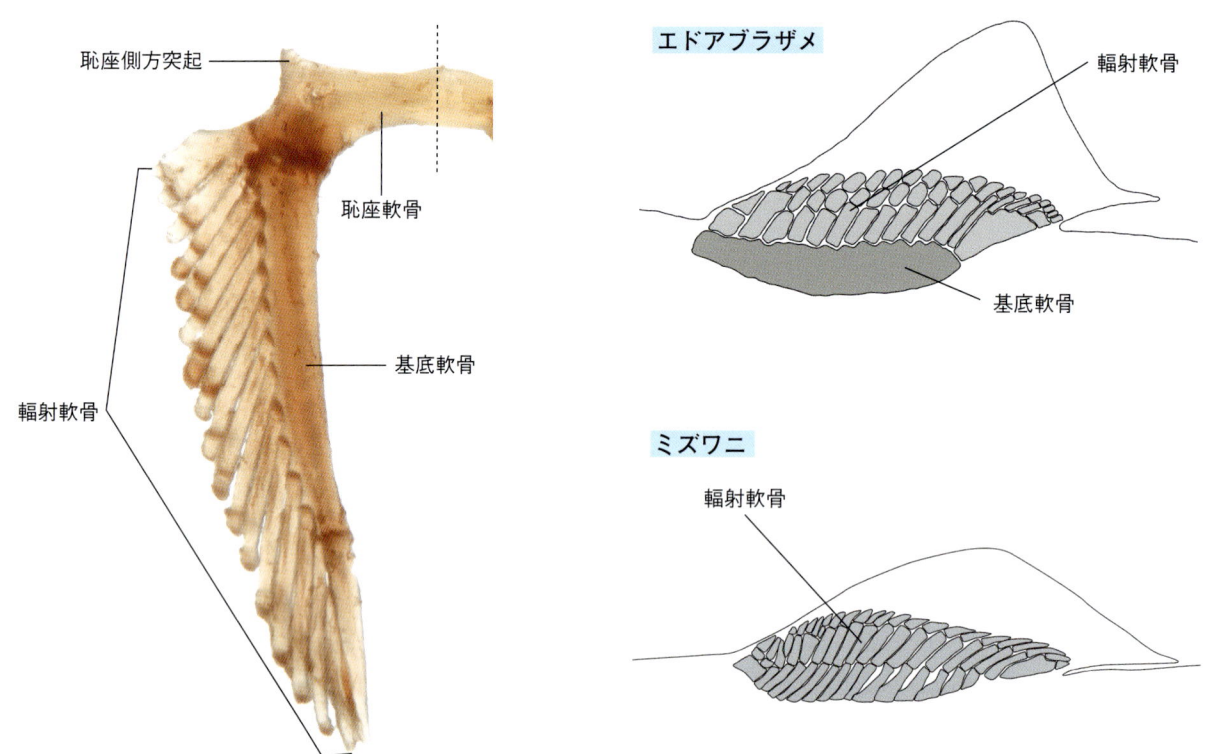

図7-11　カスミザメの腰帯と腹鰭骨格．破線は腹中線を示す．（須田・仲谷，原図）

図7-12　背鰭骨格．（須田・仲谷，原図）

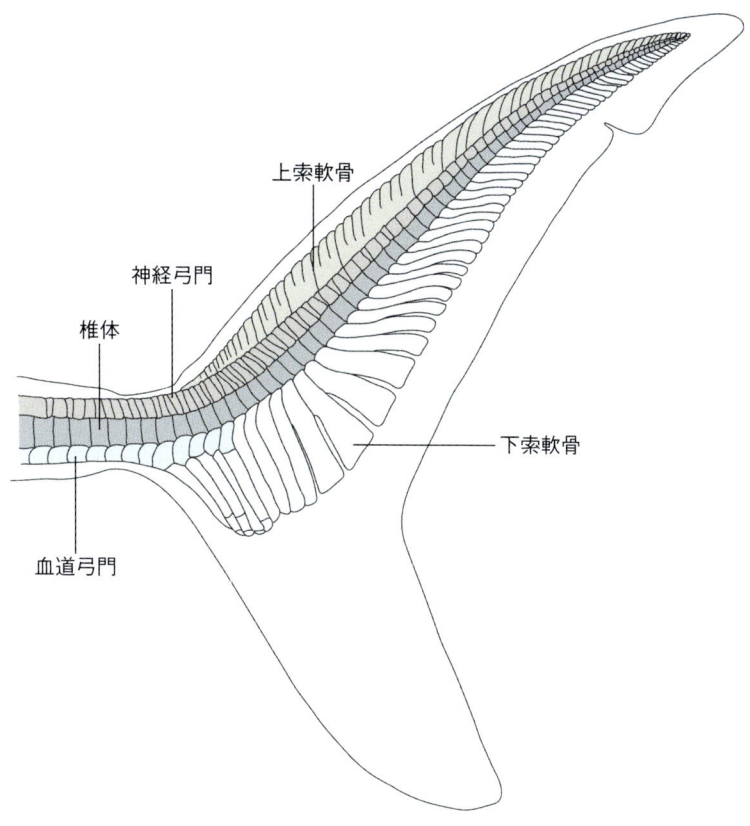

図7-13　ニシネズミザメの尾鰭骨格．（Cappetta，1987を改変）

◆腰帯

　腰帯（pelvic girdle）は腹腔の最後端の腹面に位置し，1個の板状の恥座軟骨（pubic barまたはpuboischiadic bar）からなり，腹鰭を支持する（図7-11）．恥座軟骨には両端に小さな張り出しの恥座側方突起（lateral prepubic process）がある．恥座軟骨の側方には複数の神経孔が開口する．一部の分類群では，恥座軟骨の中央が前方に伸び，恥座中央突起（medial prepubic process）を形成する．全頭類では左右の腰帯が分離する．

◆腹鰭

　腹鰭は対をなす大きな腹鰭基底軟骨（basipterygium）と輻射軟骨から構成される．雄の腹鰭基底軟骨の最後端には，複雑な構造の交尾器（clasper）がある．軟骨魚類の交尾器は分類群により形態や構成要素が異なり，その名称には統一見解がない．

◆不対鰭（背鰭，臀鰭，尾鰭）

　背鰭，臀鰭は主に輻射軟骨から形成される（図7-12）．ツノザメ類やネコザメ類は基部に大きな板状の基底軟骨をもつものがいるが，相同性については明らかではない．尾鰭骨格は脊椎骨と，神経弓門の背方の上索軟骨（epichordal ray）と，血道弓門の腹方の下索軟骨（hypochordal ray）からなり，主に尾鰭上葉を支持する（図7-13）．

硬骨魚類の骨格系

中坊徹次・木村清志

硬骨魚類の骨格系は外部骨格（exoskeleton）と内部骨格（endoskeleton）に分けられる．外部骨格は体表にあるものをいい，鱗や鰭条を指す．内部骨格は体内にあるものをいい，脳や脊髄などの中枢神経および内臓などの重要な器官を保護している．また，内部骨格は多数の骨からなり，各筋肉と関係をもって摂食や遊泳など体の動きを機能的にしている．ここでは，硬骨魚類の内部骨格について述べる．

内部骨格は脊索（notochord），軟骨（cartilage），および硬骨（bone）からなる．硬骨は発生学的起源によって，軟骨が二次的に骨化して形成される軟骨性硬骨（cartilage bone），結合組織から直接骨化して形成される膜骨（membrane bone），および外皮に由来する皮骨（dermal boneまたはdermal skeleton）に分けられる．これらの硬骨の区別は系統発生を調べるのに重要である．

また，内部骨格は中軸骨格（axial skeleton）と付属骨格（appendicular skeleton）に分けられ，存在部位によって次のように分けられる．

内部骨格
　中軸骨格
　　・頭骨（skull）
　　　神経頭蓋（neurocranium：頭部中枢神経や感覚器官の保護）
　　　内臓頭蓋（splanchnocranium：両顎や舌，鰓を支持）
　　・脊索（脊髄の直下を縦走し，これを支持）
　　・脊柱（vertebral column：脊髄と脊索を包み，これらを保護）
　付属骨格
　　・肩帯（shoulder girdle：胸鰭を支持）
　　・腰帯（pelvic girdle：腹鰭を支持）
　　・担鰭骨（pterygiophore：各鰭条を支持）

これらの内部骨格のほかに，眼下骨（infraorbitalあるいはsuborbital bone）および口腔部と鰓蓋部を支持する懸垂骨（suspensorium）がある．各骨格を解剖しやすい順序（図8-1）に従って，以下に記述する．

◆眼下骨（図8-2A，図8-3）

眼の下縁から後縁に沿って並ぶ5個前後の骨．最前のものは特に涙骨（lachrymal）と呼ばれることもある．カサゴ亜目やカジカ亜目の魚類では，第3眼下骨（涙骨を第1眼下骨とする）が後方に伸長し，前鰓蓋骨に達する．この伸長部分を眼下骨棚（suborbital stay）と呼ぶ．眼下骨は種によって発達程度に差があり，第1眼下骨以外は完全に消失しているものもある．

◆上顎（upper jaw，図8-2B，図8-3）

内臓頭蓋の一部で，前上顎骨（premaxillary）と主上顎骨（maxillary）からなる．ニシン目やサケ目などでは上顎縁辺の大半は主上顎骨で占められる（図8-4A）．一方，スズキ目などの進化程度の進んだ魚類では，上顎の伸出機構の発達と関連して前上顎骨が発達し，上顎は前上顎骨のみで縁取られるようになり，主上顎骨は前上顎骨を上方から支持するようになる．前上顎骨の前端には上方に伸びる柄状突起があり，ヒイラギ科のように上顎を大きく伸出させる種では，この突起が著しく長い（図8-4B）．また，主上顎骨の上後方に1～2個の上主上顎骨（supramaxillary）をもつ種もある（図8-4A）．チョウザメ類では上顎を支える口蓋方形軟骨（palatoquadrate cartilage）があり，前上顎骨と主上顎骨の癒合体が接着している．

◆下顎（lower jaw，図8-2B，図8-3）

内臓頭蓋の一部で，歯骨（dentary），角骨（angular）および後関節骨（retroarticular）からなる．アミアやカライワシ目では，痕跡的に関節骨（articular）が存在する．チョウザメでは下顎軟骨（madibular cartilage）があり，歯骨が接着している．

◆懸垂骨（図8-2C，図8-3）

口腔部と鰓蓋部に分けられる．口腔部は口蓋骨（palatine），方形骨（quadrate），後翼状骨（metapterygoid），内翼状骨（endopterygoid），外翼状骨（ectopterygoid），接続骨（sympletic），舌顎骨（hyomandibular）からなり，口腔の背面と側面を支持

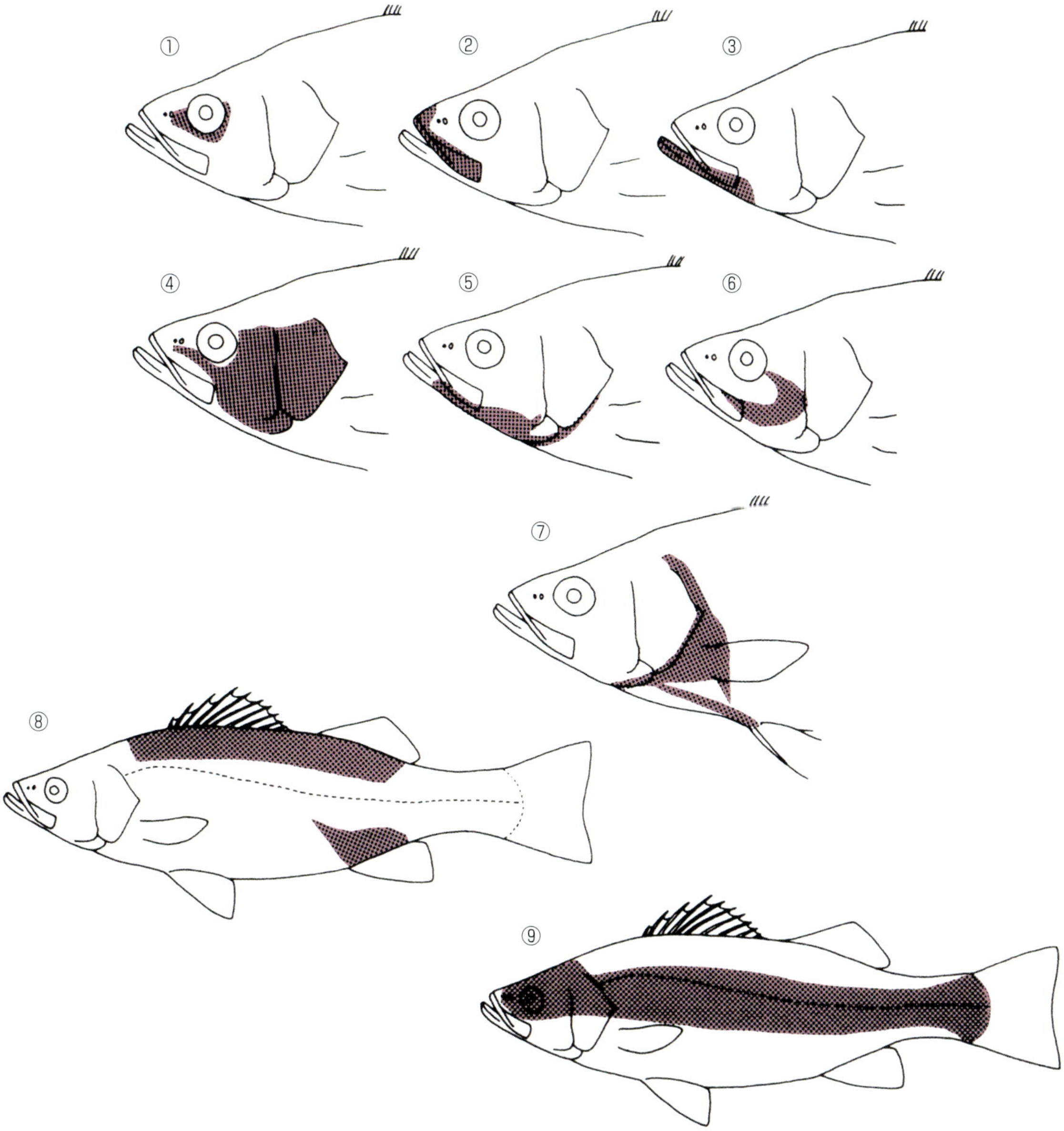

硬骨魚類の骨格系　Ⅰ−8

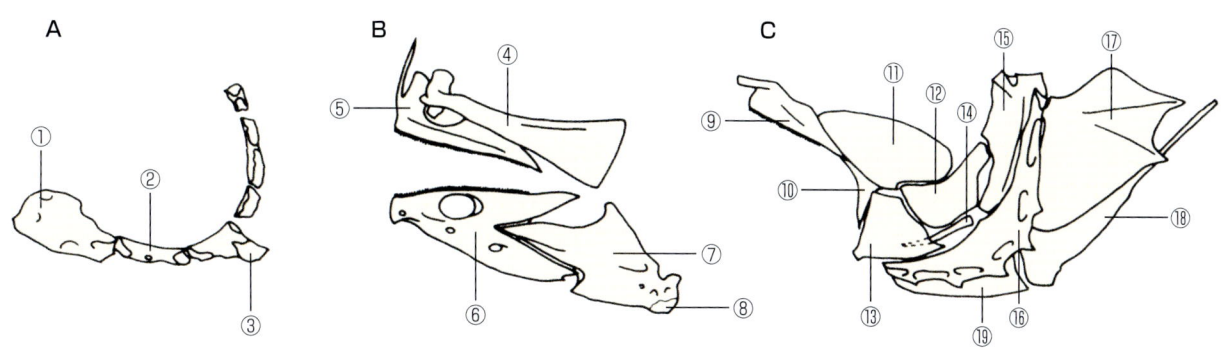

図8-1　硬骨魚類内骨格解剖手順（①から順に取り外していく）．
①眼下骨，②上顎，③下顎，④懸垂骨，⑤舌弓，⑥鰓弓，⑦肩帯・腰帯，⑧背鰭・臀鰭の担鰭骨，⑨神経頭蓋・脊柱・尾部骨格．
（中坊，原図）

図8-2　ハツメ（カサゴ目カサゴ亜目）の眼下骨（A），両顎（B）および懸垂骨（C）．
①第1眼下骨（涙骨），②第2眼下骨，③眼下骨棚，④主上顎骨，⑤前上顎骨，⑥歯骨，⑦角骨，⑧後関節骨，⑨口蓋骨，⑩外翼状骨，⑪内翼状骨，⑫後翼状骨，⑬方形骨，⑭接続骨，⑮舌顎骨，⑯前鰓蓋骨，⑰主鰓蓋骨，⑱下鰓蓋骨，⑲間鰓蓋骨．
（中坊，原図）

35

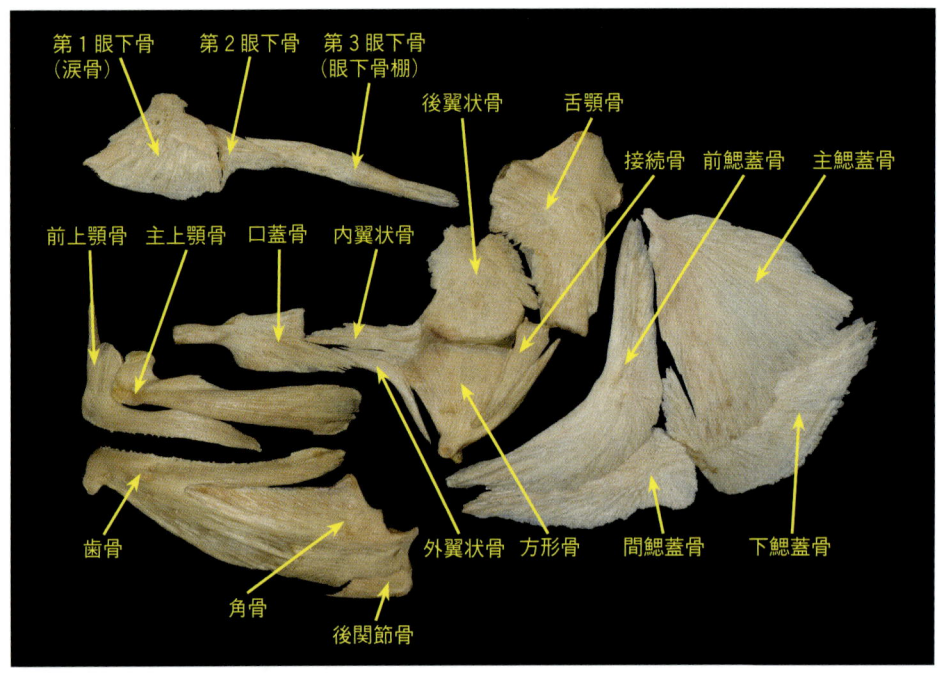

図8-3 アブラボウズ（カサゴ目カジカ亜目）の眼下骨，両顎および懸垂骨．（木村，原図）

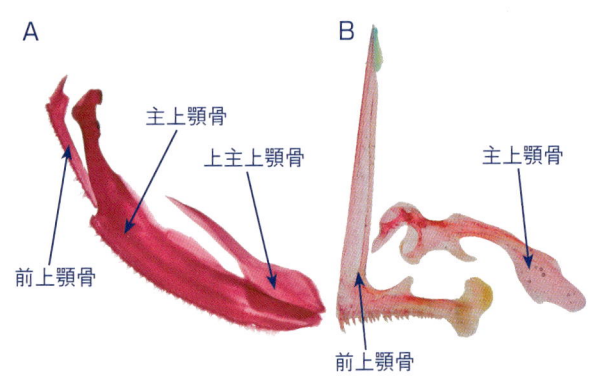

図8-4 ワカサギ（サケ目，A）およびオオメコバンヒイラギ（スズキ目，B）の上顎．（木村，原図）

している．鰓蓋部は前鰓蓋骨（preopercle），主鰓蓋骨（opercle），下鰓蓋骨（subopercle），間鰓蓋骨（interopercle）からなる．内翼状骨は神経頭蓋の副蝶形骨から皮膜で，舌顎骨は神経頭蓋の翼耳骨と関節でそれぞれ懸垂している．また，口蓋骨の前端は主上顎骨と関節し，方形骨は下顎の角骨と関節する．

◆舌弓（hyoid arch，図8-5A，図8-6）

内臓頭蓋の一部．口腔床部前方正中線上に舌を支持する基舌骨（basihyal）が位置し，その後方に尾舌骨（urohyal）がある．基舌骨の後方には左右1対の下舌骨（hypohyal），角舌骨（ceratohyal），上舌骨（epihyal），間舌骨（interhyal）が並び，間舌骨は懸垂骨の接続骨と関節する．下舌骨はしばしば上下に分かれ，それぞれ上位下舌骨，下位下舌骨と呼ばれる．角舌骨と上舌骨の下縁には鰓蓋膜（opercular membrane）を支持する数本の鰓条骨（brachiostegal ray）があり，鰓条骨の数はしばしば分類形質に用いられている．尾舌骨は口腔の体積を変化させたり，口を開く時に重要な役割をする．

◆鰓弓（gill arch，図8-5B，図8-7）

内臓頭蓋の一部で，通常5対からなる．口腔床部正中線上の基舌骨後方に通常3個からなる基鰓骨（basibranchial）が位置する．基鰓骨から下鰓骨（hypobranchial），角鰓骨（ceratobranchial），上鰓骨（epibranchial），咽鰓骨（pharyngobranchial）が左右対に並ぶ．角鰓骨と上鰓骨は＞型に関節し，この関節より下部の下鰓骨と角鰓骨を鰓弓下枝（lower arch），上部の上鰓骨と咽鰓骨を鰓弓上枝（upper arch）と呼ぶ．

第4および第5鰓弓の咽鰓骨は，多くの場合，癒合して上咽頭骨（upper pharyngeal）に，第5鰓弓の下鰓骨と角鰓骨は変形して下咽頭骨（lower pharyngeal）となる．これらの咽頭骨は通常咽頭歯と呼ばれる歯（pharyngeal tooth）を備える（図8-8）．鰓弓は第1鰓弓の咽鰓骨によって神経頭蓋に関節する．

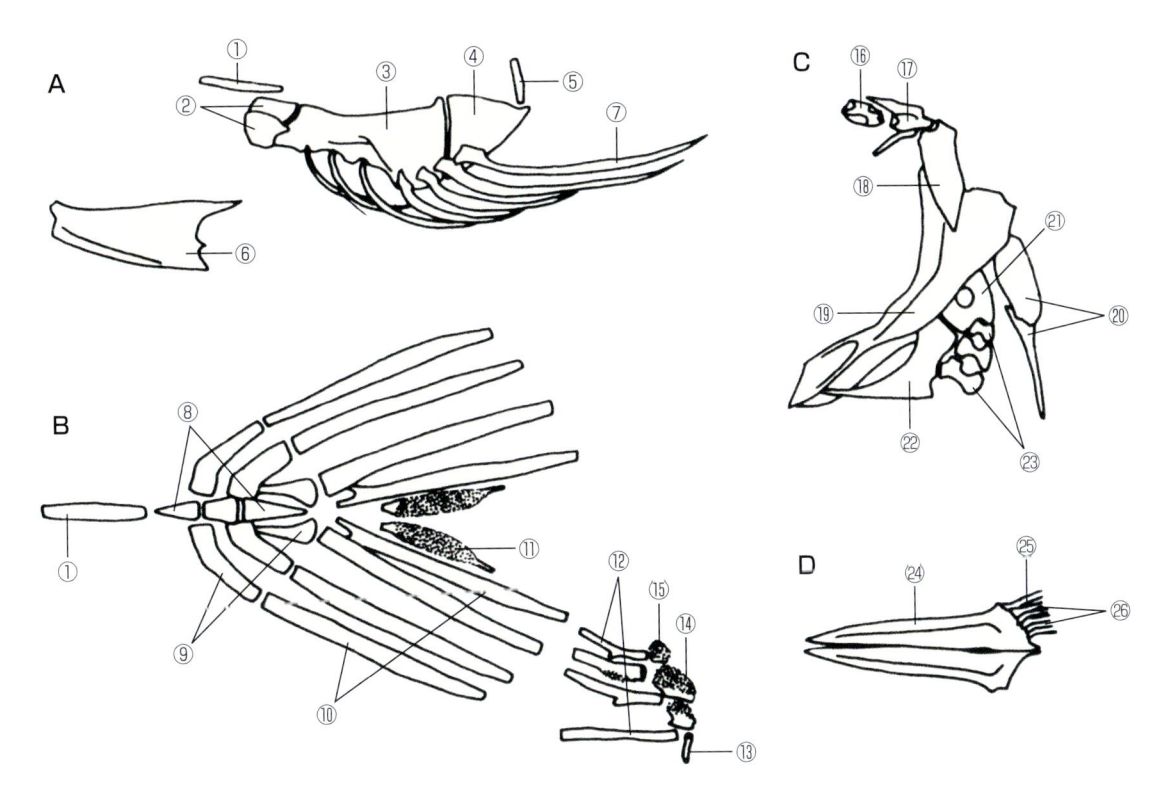

図8-5 ハツメの舌弓（A），鰓弓（B），肩帯（C）および腰帯（D）．
① 基舌骨，② 下舌骨，③ 角舌骨，④ 上舌骨，⑤ 間舌骨，⑥ 尾舌骨，⑦ 鰓条骨，⑧ 基鰓骨，⑨ 下鰓骨，⑩ 角鰓骨，⑪ 下咽頭骨，⑫ 上鰓骨，⑬ 第1咽鰓骨，⑭ 第3咽鰓骨，⑮ 上咽頭骨，⑯ 上側頭骨，⑰ 後側頭骨，⑱ 上擬鎖骨，⑲ 擬鎖骨，⑳ 後擬鎖骨，㉑ 肩甲骨，㉒ 烏口骨，㉓ 射出骨，㉔ 腰帯，㉕ 腹鰭棘，㉖ 腹鰭軟条．（中坊，原図）

◆肩帯（図8-5C, 図8-9）

後側頭骨（posttemporal），上擬鎖骨（supracleithrum），擬鎖骨（cleithrum），後擬鎖骨（postcleithrum），肩甲骨（scapula），烏口骨（coracoid），射出骨（actinost）からなる．肩帯は後側頭骨によって神経頭蓋の上耳骨，翼耳骨の後部に関節し，胸鰭条は数個の射出骨に直接支持されている．後擬鎖骨は腋下部に位置し，通常2個あるいは3個からなる．後側頭骨の前方の体表に1〜2個の上側頭骨（supratemporal）がある．ニシン目，コイ目，サケ目などでは肩甲骨と烏口骨の間に中烏口骨（mesocoracoid, 図8-10）がある．肉鰭類やチョウザメ目，アミアなどは，擬鎖骨の下に鎖骨（clavicle）をもつ．

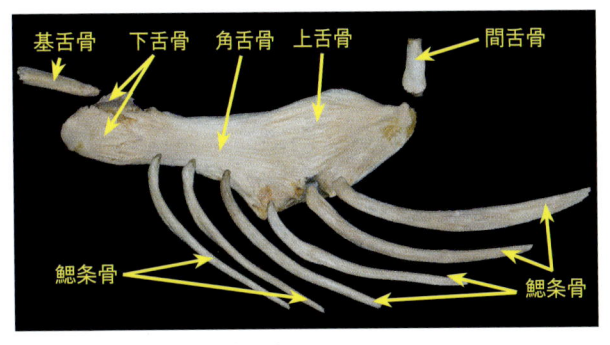

図8-6 アブラボウズの舌弓（木村，原図）

◆腰帯（図8-7D, 図8-9）

三角形あるいは棒状の骨で，腹鰭を支持する．この骨を腰骨（pelvic bone）と呼ぶ場合もある．腹鰭の位置は分類群によって異なり，ニシン目，コイ目，サケ目などでは，腰帯は腹部にあって筋肉中に埋没しており，その先端は擬鎖骨に達しない．タラ目やスズキ目では通常腰帯は喉部あるいは胸部にあり，その先端は擬鎖骨に接する．

◆担鰭骨（図8-11C, 図8-12）

背鰭や臀鰭の鰭条を支持する担鰭骨は，脊柱に近いところに位置する棘状の近位担鰭骨（proximal pterygiophore）とその外側に位置する間担鰭骨（median pterygiophore），および遠位担鰭骨（distal pterygiophore）からなる．また，間担鰭骨と遠位担鰭骨は癒合していることが多い．アジ科やサバ科などに見られる小離鰭はそれぞれ担鰭骨をもつ（図8-13）．カラシン目や

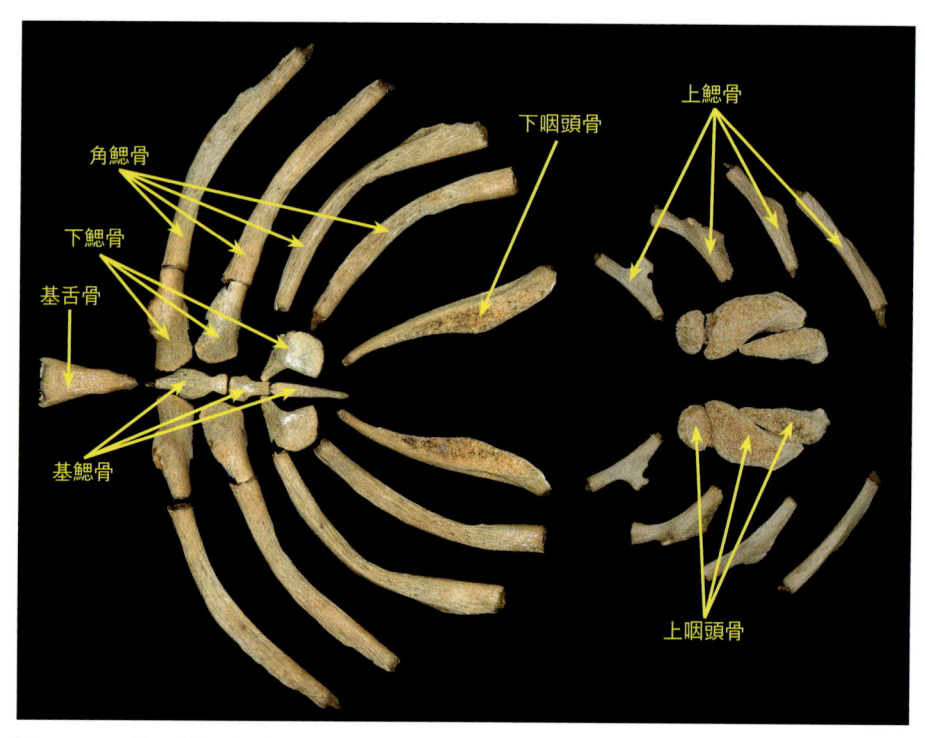

図8-7 アブラボウズの鰓弓.（木村，原図）

図8-8 イシダイの下咽頭歯.（木村，原図）

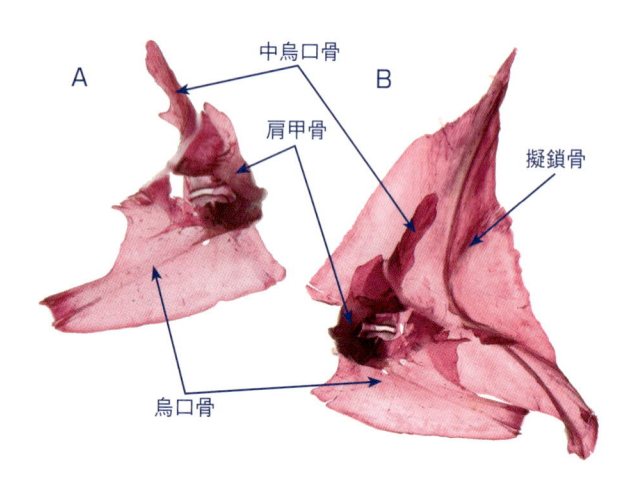

図8-10 アユ（サケ目）の左側肩帯. A：外面（擬鎖骨を除去），B：内面.（木村，原図）

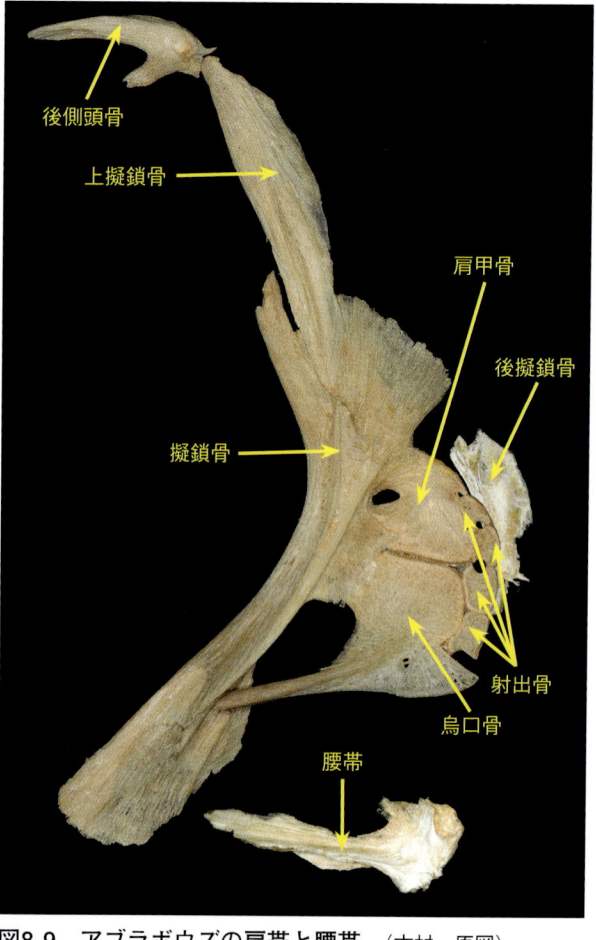

図8-9 アブラボウズの肩帯と腰帯.（木村，原図）

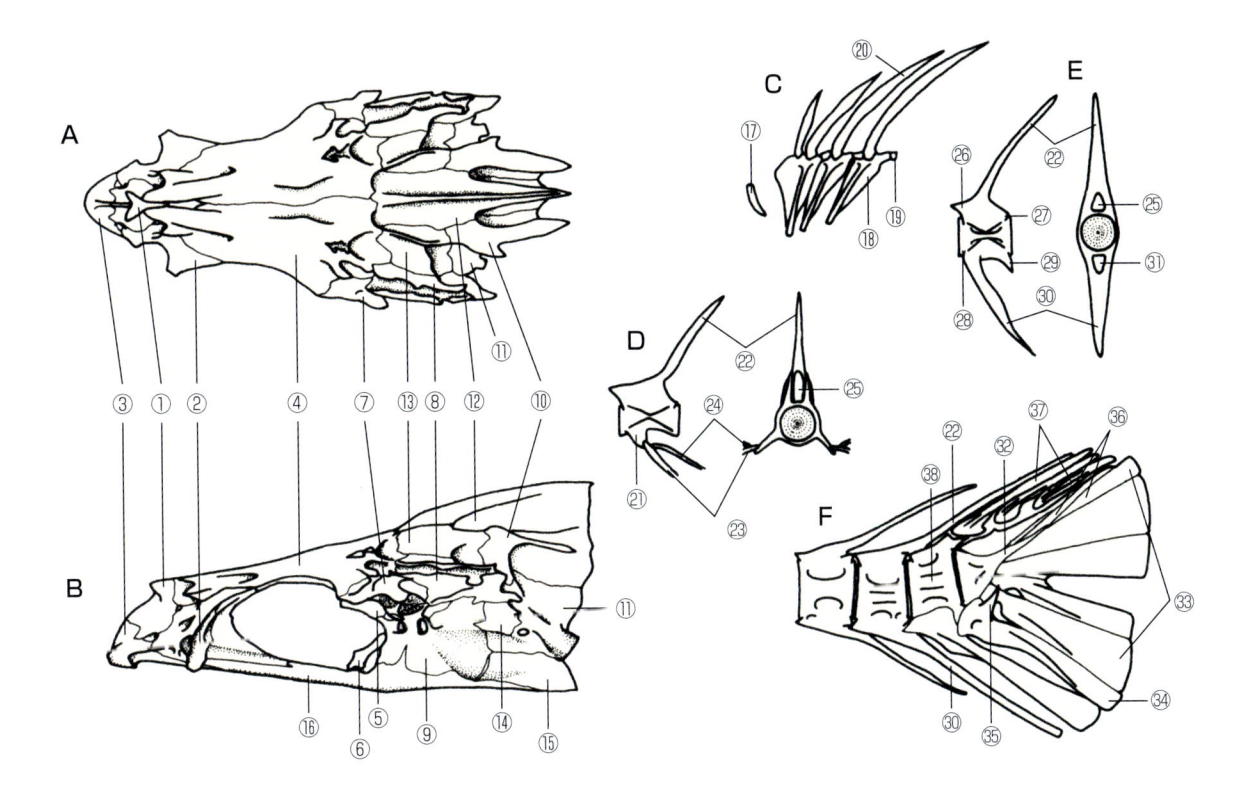

図8-11　スズキの神経頭蓋（A：背面，B：側面），ハツメの担鰭骨（C），ハツメの腹椎骨（側面，前面，D），ハツメの尾椎骨（側面，前面，E）およびスズキの尾骨（F）．
①篩骨，②側篩骨，③鋤骨，④前頭骨，⑤翼蝶形骨，⑥基蝶形骨，⑦蝶耳骨，⑧翼耳骨，⑨前耳骨，⑩上耳骨，⑪外後頭骨，⑫上後頭骨，⑬頭頂骨，⑭間在骨，⑮基後頭骨，⑯副蝶形骨，⑰上神経棘，⑱近位担鰭骨，⑲遠位担鰭骨，⑳背鰭棘，㉑横突起，㉒神経棘，㉓肋骨，㉔上肋骨，㉕神経弓門，㉖前神経関節突起，㉗後神経関節突起，㉘前血管関節突起，㉙後血管関節突起，㉚血管棘，㉛血道弓門，㉜尾部棒状骨，㉝下尾骨，㉞準下尾骨，㉟下尾骨側突起，㊱尾神経骨，㊲上尾骨，㊳第2尾鰭椎前椎体．
（中坊，原図）

ナマズ目，サケ目，ハダカイワシ目に見られる脂鰭は脂鰭軟骨（adipose fin cartilage）で支持される場合と，そのような軟骨組織が見られない場合とがある．背鰭の前方にある鰭条を伴わない担鰭骨様の骨を上神経棘（supraneural）と呼ぶ．胸鰭の鰭条は肩帯の射出骨によって支持され，腹鰭の鰭条は腰骨に直接支持される．

🔷 神経頭蓋（図8-11AとB，図8-14）

脳や鼻，眼，内耳などの中枢神経系および重要な感覚器を収容し，保護している．神経頭蓋は多くの骨要素からなり，それぞれ左右1対のものと，正中線上に1個のものとがある．神経頭蓋の形態は分類群によって多様で，また一部の骨要素が癒合や退化，消失している場合もある．しかし，各骨要素の位置関係はほぼ同様である．存在位置別の各骨は次の通りである．

鼻殻域：前篩骨（preethmoid）1個，篩骨（ethmoid）1個，上篩骨（supraethmoid），1個，側篩骨（paraethmoid）1対，鋤骨（vomer）1個，（ウナギ目では篩骨，鋤骨が前上顎骨と癒合して，前上顎骨-篩骨-鋤骨板を形成している），鼻骨（nasal）1対（頭蓋骨から遊離する）．このうち前篩骨や上篩骨はニシン目やコイ目，サケ目には存在するがスズキ目などでは存在しない．

眼窩域：前頭骨（frontal）1対，眼窩蝶形骨（orbitosphenoid）1個（ニシン目やコイ目，キンメダイ目などに存在し，スズキ目などにはない），翼蝶形骨（pterosphenoid）1対，基蝶形骨（basisphenoid）1個（タラ目にはない），鞏膜骨（sclerotic）1対．

耳殻域：蝶耳骨（sphenotic）1対，翼耳骨（pterotic）1対，前耳骨（prootic）1対，上耳骨（epiotic）1対，外後頭骨（exoccipital）1対，上後頭骨（supraoccipital）1個，頭頂骨（prietal）1対，間在骨（intercalar）1対．

床域：基後頭骨（basioccipital）1個，副蝶形骨（parasphenoid）1個．

🔷 脊柱（図8-11DとE，図8-15）

神経頭蓋の後端から尾端にいたる体の中軸部に1列に並ぶ多数の脊椎骨（vertebra，複数形はvertebrae）よりなる．脊椎骨は椎体（centrum）とこれに付属するい

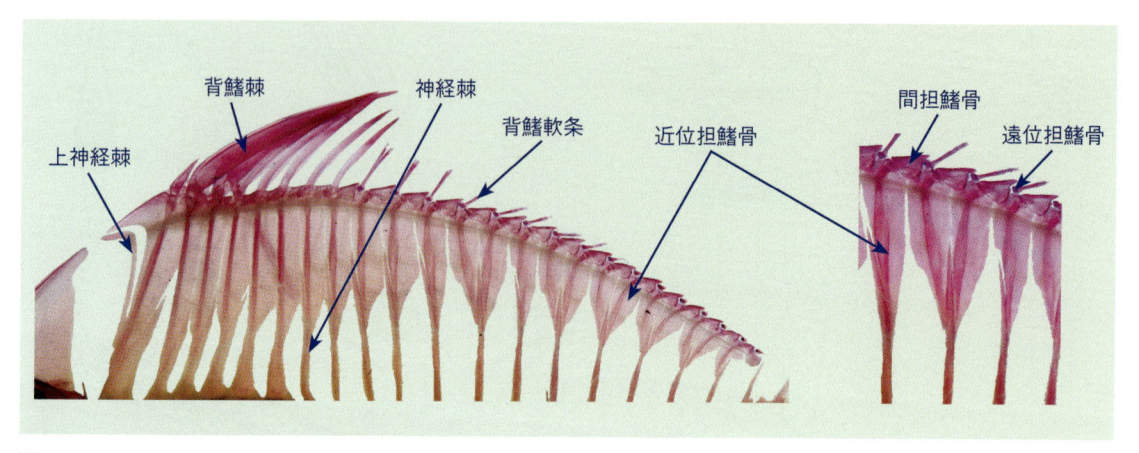

図8-12　タイワンヒイラギの背鰭担鰭骨．（木村，原図）

くつかの骨からなる．椎体は脊索を包み，椎体の前端および後端の背腹には関節突起（zygapophysis）があり，椎体間の関節を強くしている．さらに，神経頭蓋から尾端にいたるまで，椎体背縁に沿って靱帯が縦走し，脊柱に弾力性を与えている．

　脊椎骨は腹椎骨（abdominal vertebra）と尾椎骨（caudal vertebra）に分けられる．腹椎骨は体躯幹部にあるもので，左右に横突起（parapophysis）があり，そこに肋骨（rib）が接している．尾椎骨は尾部にあるもので，通常腹部に血道弓門（hemal arch）があり，その先端に血管棘（hemal spine）がある．一般に最後の腹椎骨と最初の尾椎骨とは，前者には横突起があって血道弓門がないこと，後者には横突起がなくて血道弓門があることで区別できる．腹椎骨も尾椎骨も各椎体の背方には神経弓門（neural arch）があり，その先端に神経棘（neural spine）がある．神経弓門の中には脊髄が，血道弓門の中には尾動脈が通る．

　肋骨の外側（体表側）には上肋骨（epipleural）がある．ニシン目などでは，椎体の側面に上椎体骨（epicentral），神経棘の後側方に上神経骨（epineural），体側筋の上部屈曲部と下部屈曲部に平行して並ぶ筋骨竿（myorabdoi）があり，それぞれ体側筋中に埋まる．これらの諸骨を総称して肉間骨（intermuscular bones）と呼ぶ（図8-16）．

◆ **尾骨**（図8-11F，図8-17）

　硬骨魚類の多くは最後の数個の脊椎骨が変形して，尾鰭を支持する．これらを尾骨（caudal skeleton）と総称する．尾骨の中心となるのは三角形または棒状の尾鰭椎（ural vertebra）である．尾鰭椎は，カライワシ目，ニ

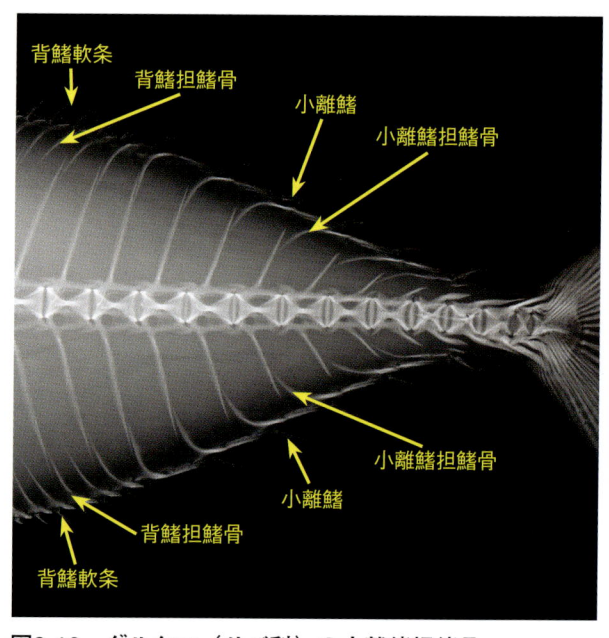

図8-13　グルクマ（サバ科）の小離鰭担鰭骨．（木村，原図）

シン目，サケ目（図8-18A）などでは数個に分かれているが，多くの硬骨魚類では第1尾鰭椎前椎体（preural centrum）と癒合して，1個の尾部棒状骨（urostyle）となっている．尾鰭椎の背側には左右対にとなった尾神経骨（uroneural bone）がある．

　さらに，その前背方には上尾骨（epural bone）がある．尾神経骨や上尾骨の数は種によって異なる．尾鰭椎の後下方には，血管棘が変化した数枚の下尾骨（hypural bone）が扇状に広がる．第1尾鰭椎前椎体

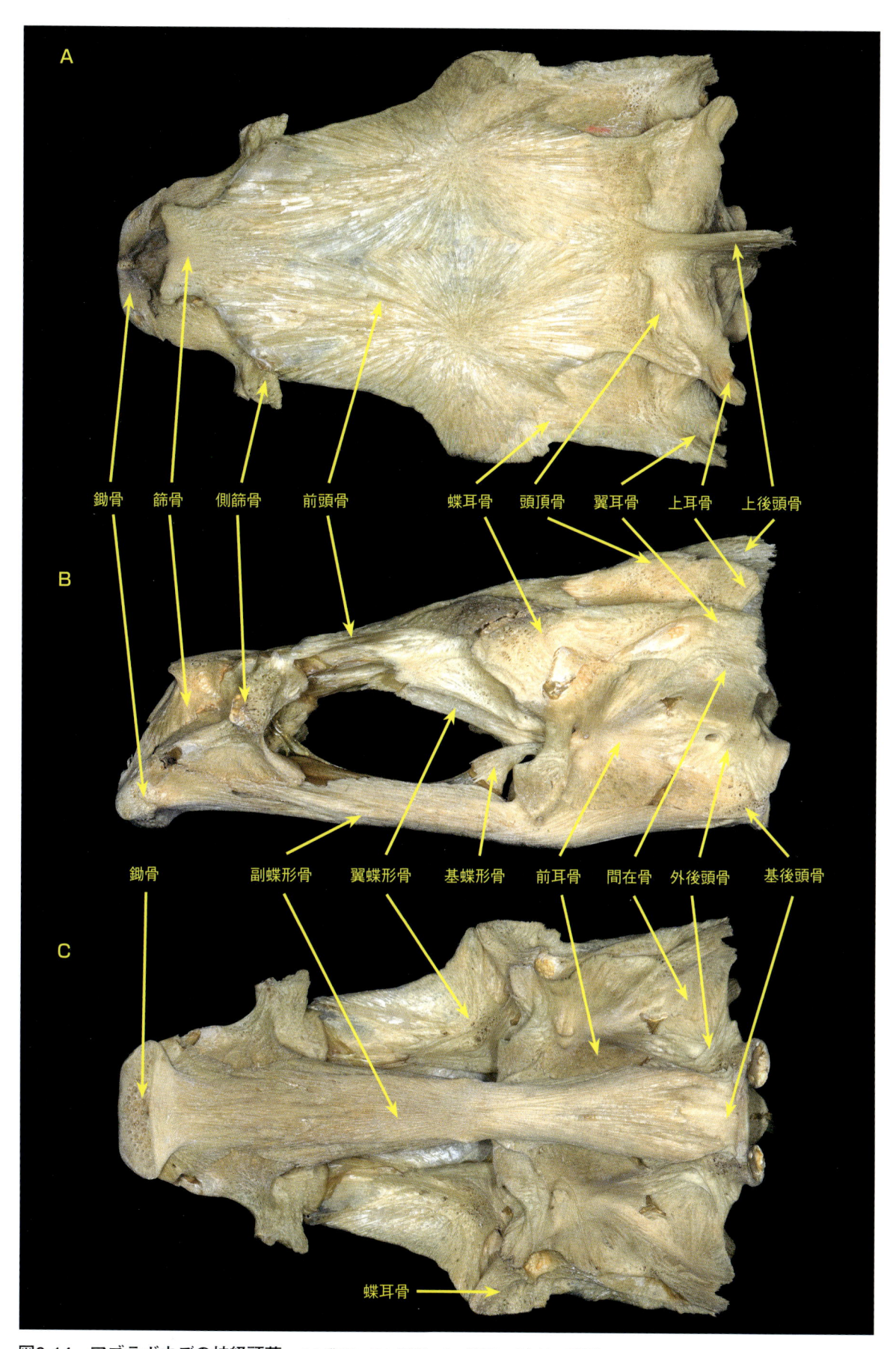

図8-14　アブラボウズの神経頭蓋．A：背面，B：側面，C：腹面．（木村，原図）

A の標識：鋤骨　篩骨　側篩骨　前頭骨　蝶耳骨　頭頂骨　翼耳骨　上耳骨　上後頭骨

B の標識：鋤骨　副蝶形骨　翼蝶形骨　基蝶形骨　前耳骨　間在骨　外後頭骨　基後頭骨

C の標識：蝶耳骨

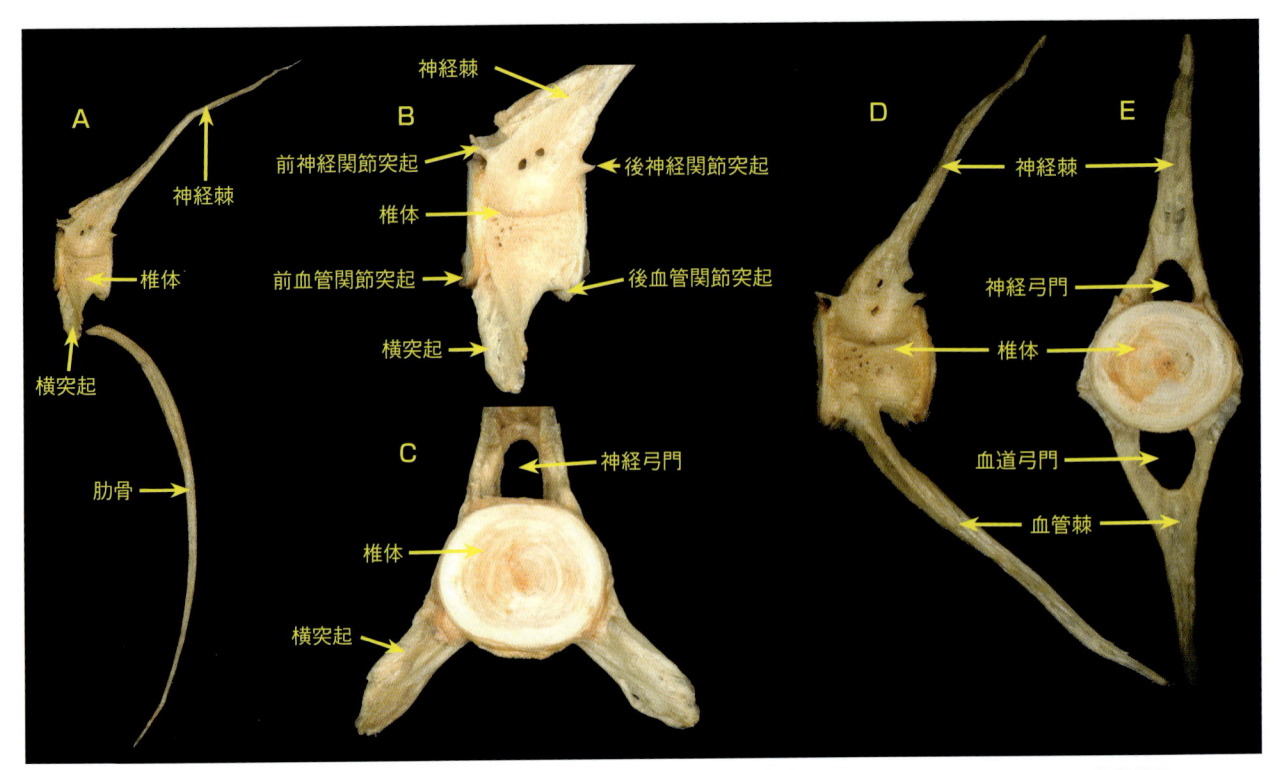

図8-15 アブラボウズの脊椎骨．A：腹椎骨，B：腹椎骨拡大側面，C：腹椎骨拡大前面，D：尾椎骨側面，E：尾椎骨前面．（木村，原図）

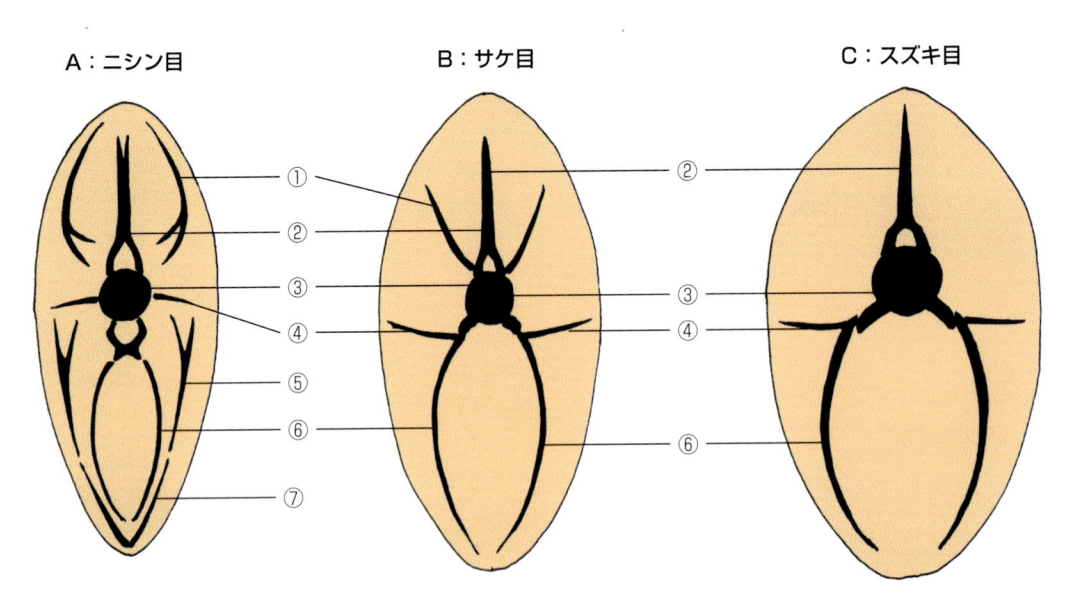

図8-16 硬骨魚類の肉間骨．① 上神経骨，② 神経棘，③ 椎体，④ 上椎体骨，⑤ 上肋骨，⑥ 肋骨，⑦ 稜鱗．（谷口，1987を改変）

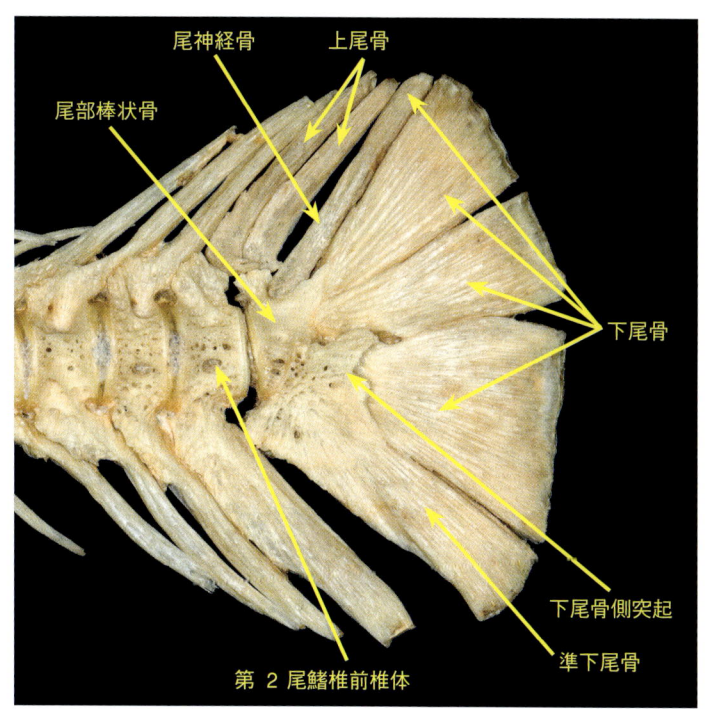

図8-17　アブラボウズの尾骨．（木村，原図）

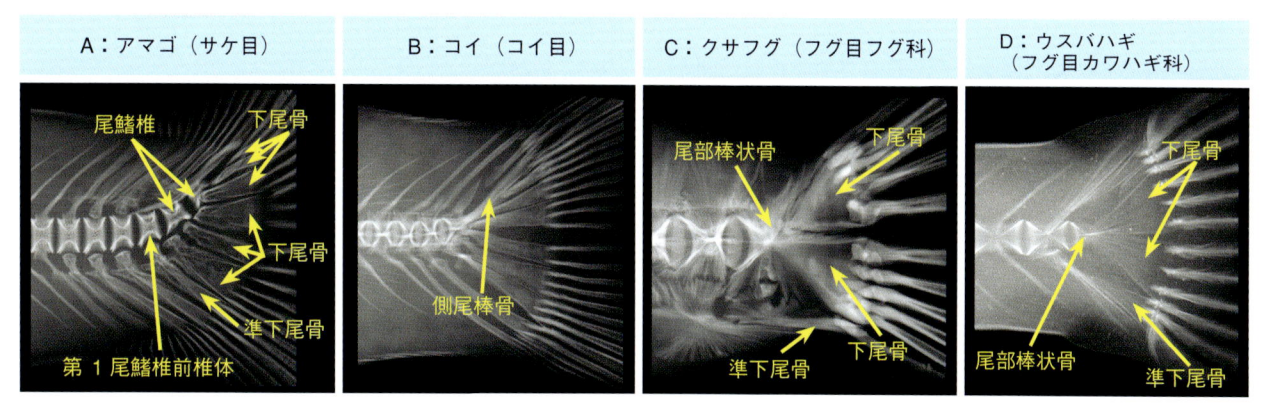

図8-18　アマゴ，コイ，クサフグおよびウスバハギの尾骨．（木村，原図）

（多くの硬骨魚類では，尾部棒状骨の前半部）の下方の血管棘を準下尾骨（parhypural）と呼ぶ．

下尾骨も準下尾骨も尾鰭軟条を支持するが，準下尾骨の基部には下尾骨側突起があり，尾動脈と尾静脈が通っていることで，両者は区別できる．下尾骨の数は魚種によって異なる．コイ目では尾神経骨と尾鰭椎が癒合して側尾棒骨（pleurostyle，図8-18B）となっている．フグ科では下尾骨下半分と尾部棒状骨は癒合し（図8-18C），またカワハギ科ではすべての下尾骨と尾部棒状骨が癒合してひとつの骨になる（図8-18D）．

脊椎骨は原則として尾部棒状骨を含めて計数される．多くの場合，腹椎骨数（AVと略記）＋尾椎骨数（CV）の形で表される．

筋肉系

中江雅典・佐々木邦夫

　筋肉には横紋筋（striated muscle）と平滑筋（smooth muscle）が含まれる．横紋筋は骨格筋（skeletal muscle）と心筋（cardiac muscle）を構成する．骨格筋は遊泳，摂餌，呼吸などの運動に，心筋は心臓壁を構成して心臓拍動に関わる．平滑筋は内臓筋として内臓諸器官の運動をつかさどる．筋肉は収縮性の繊維状細胞である筋繊維からなり，筋繊維はさらに微小な筋原繊維からなる．筋原繊維は筋繊維の中に規則正しく配列し，筋繊維ひいては筋肉の収縮の源となる．筋肉中のタンパク質は20～35％が筋漿タンパク質であるミオゲンとアルブミンなどであり，60％前後が主に筋原繊維に含まれるミオシン，アクチンおよび両者が結合したアクトミオシンである．ミオシン，アクチンおよびアクトミオシンは筋肉の収縮に機能する．

　頭部（鰓蓋部や鰓弓部を含む）には摂餌や呼吸に関わる筋肉が発達している（図9-1）．なかでも，頬部と鰓弓部の筋肉は摂餌に深く関わり，摂餌様式により筋肉の発達程度が大きく変化する．頭部後方から尾柄にかけて発達する体側筋（lateral muscle）は規則正しく並ぶ筋肉の束からなり，そのおのおのを筋節（myomer）という．筋節は筋隔（myoseptum）によって前後に隔てられる．体側筋はさらに水平隔壁（horizontal septum）により，背側筋（epaxialis）と腹側筋（hypaxialis）に分割され，これらの境界表層には表層血合筋（superficial red muscle，またはlateralis superficialis）がある．腹側筋は多くの魚類において，さらに上下の筋肉（obliquus superioris, obliquus inferioris）に分かれる．

　硬骨魚類の背鰭と臀鰭，胸鰭と腹鰭に関連する筋肉はそれぞれ構造が類似する．尾鰭には最も多くの筋要素が関与する．背鰭・臀鰭の筋肉は鰭条の起伏に関わる起立筋（erectores）と下制筋（depressores）および側方への倒伏に関わる傾斜筋（inclinatores）で構成される（図9-1, 9-2A）．

　背鰭，臀鰭を波立たせて遊泳するカレイ，ヒラメ類やカワハギ類では傾斜筋がよく発達し，俗に「縁側」と呼ばれる．胸鰭，腹鰭の筋肉は鰭を体の外側へ動かす外転

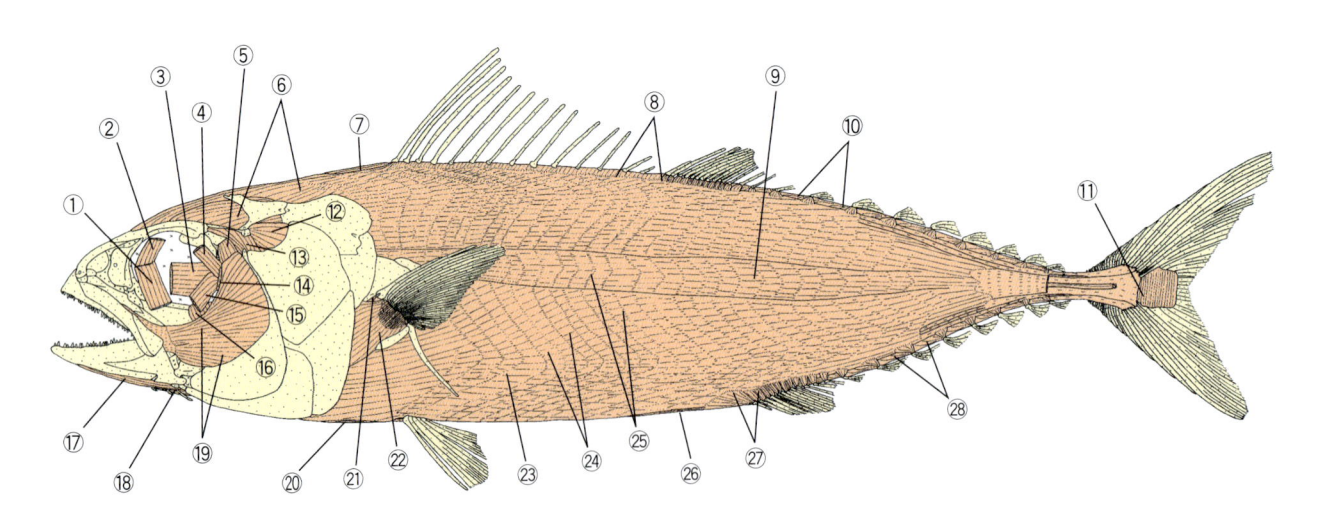

図9-1　クロマグロ の筋肉要素
① 下斜筋 obliquus inferior　② 上斜筋 obliquus superior　③ 内側直筋 rectus internus　④ 上直筋 rectus superior　⑤ 口蓋弓挙筋 levator arcus palatini　⑥ 背側筋 epaxialis　⑦ 前竜骨上筋 supracarinalis anterior　⑧ 背鰭傾斜筋 inclinatores dorsales　⑨ 表層血合筋 lateraris superficialis　⑩ 背鰭起立筋 erectores dorsales　⑪ 鰭条間筋 interradials　⑫ 鰓蓋挙筋 levator operculi　⑬ 鰓蓋拡張筋 dilatator operculi　⑭ 外側直筋 rectus externus　⑮ 下直筋 rectus inferior　⑯ 口蓋弓内転筋 adductor arcus palatini　⑰ 舌骨伸出筋 protractor hyoidei　⑱ 舌骨外転筋 hyohyoidei abductores　⑲ 閉顎筋 adductor mandibulae　⑳ 前竜骨下筋 infracarinalis anterior　㉑ 腹側立筋 arrector ventralis　㉒ 浅外転筋 abductor superficialis　㉓ 腹側筋 hypaxialis　㉔ 筋節 myomer　㉕ 筋隔 myoseptum　㉖ 中竜骨下筋 infracarinalis medius　㉗ 臀鰭傾斜筋 inclinatores anales　㉘ 臀鰭起立筋 erectores anales．（中江，原図）

筋と内側へ動かす内転筋で主に構成され，それぞれの外転，内転筋はさらに表層と深層の2区分からなる．両鰭の第1鰭条には外転に関わる腹側立筋と内転に関わる背側立筋が挿入する．従って，胸鰭の筋肉は浅外転筋（abductor superficialis），深外転筋（abductor profundus），腹側立筋（arrector ventralis），浅内転筋（adductor superficialis），深内転筋（adductor profundus），背側立筋（arrector dorsalis）で構成され（図9-1, 図9-2B），腹鰭もこれと同様である．腹鰭の各筋肉の名称は，日本語表記では先頭に腹鰭を（例：腹鰭浅外転筋），英語表記では末端にpelvicus（例：abductor superficialis pelvicus）を付ける．尾鰭の筋肉の構造は遊泳様式や尾鰭の形により大きく異なるが，多くの種で10以上の筋肉要素で構成される．

◆血合筋

筋肉中にはチトクローム，ヘモグロビン，ミオグロビンなどの赤い色素が含まれ，このうちミオグロビンの量によって筋肉の色合いが特に左右される．ミオグロビンは血液中のヘモグロビンが運び込んだ酸素を受けとって筋肉中に貯蔵し，必要なときに放出する．カツオ・マグロなどの回遊魚では多く含まれ，筋肉が赤い（赤身の魚）．

これに対して，カレイ・ヒラメ類やタラ類などの底生魚では遊泳時間が短く，ミオグロビン量が少ない（白身の魚）．回遊魚の多くの種では，表層血合筋よりも体の中心近くにある真正血合筋（true red muscle）がより発達する．血合筋は名前の通り多くの血液のほか，ミオグロビン・ヘモグロビン・チトクロームなどの呼吸色素を多く含む．このため，血合筋は多くの酸素が要求される長時間の遊泳を可能にする．カツオ・マグロ類などの大規模回遊をする魚では，血合筋が体側筋の20%以上を占める．しかし，白身の魚では血合筋は少なく，数%にも満たない種が多い（図9-3）．

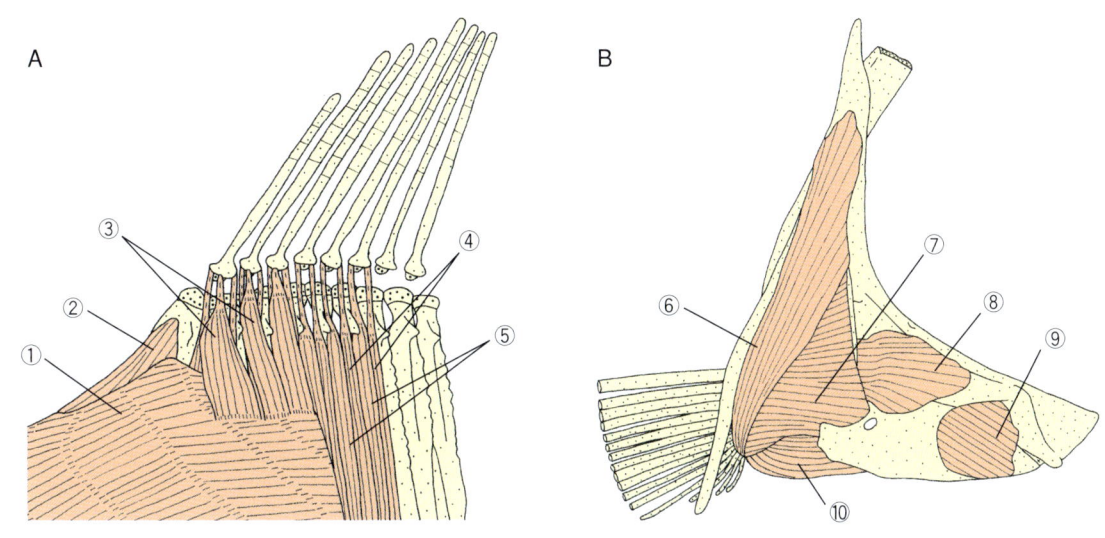

図9-2 硬骨魚類の背鰭（A）と肩帯内側（B）の筋肉要素．A：カワハギ（カワハギ科），B：オイカワ（コイ科）．
① 背側筋 epaxialis　② 前竜骨上筋 supracarinalis anterior　③ 背鰭傾斜筋 inclinatores dorsales　④ 背鰭下制筋 depressores dorsales　⑤ 背鰭起立筋 erectores dorsales　⑥ 浅内転筋 adductor superficialis　⑦ 深内転筋 adductor profundus　⑧ 背側立筋 arrector dorsalis　⑨ 腹側立筋 arrector ventralis　⑩ 浅外転筋 abductor superficialis．（中江，原図）

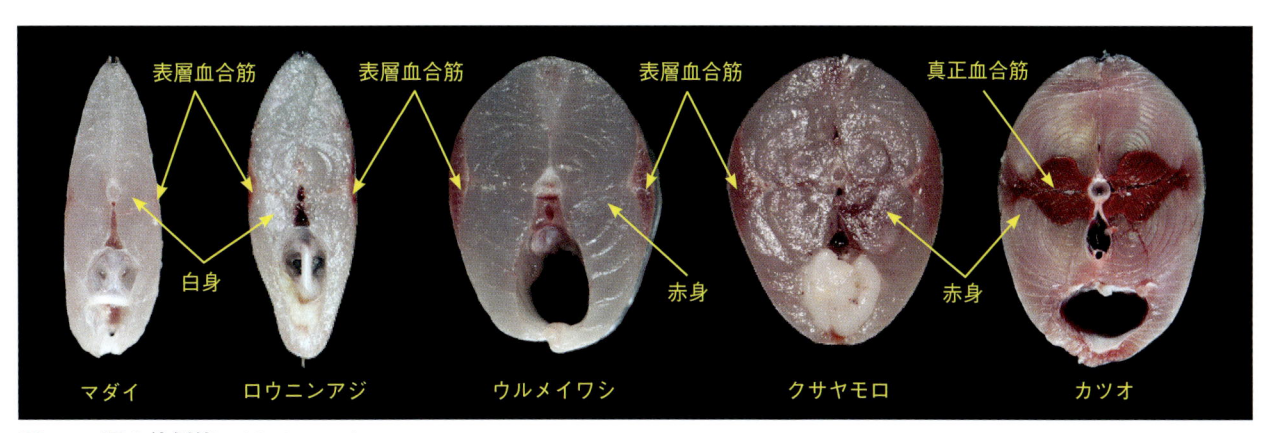

図9-3 胴の体側筋．（木村，原図）

消化系・鰓

木村清志

　餌料生物を捕らえ，それを消化・吸収する器官を広義的に消化系（digestive system）と呼ぶ．消化系は機械的に餌を捕捉し，咀嚼，ろ過する摂餌器官（feeding organ, feeding apparatus），化学的な消化・吸収を行う消化管（digestive tract, alimentary canal），および消化液を分泌する消化腺（digestive gland）に大別される．摂餌器官には顎（jaw），歯（tooth），それらを含む口（mouth）や口腔（oral cavity, buccal cavity），咽頭歯（pharyngeal tooth），鰓耙（gill raker）などがある．

　消化管は食道（esophagus）と胃（stomach）および腸（intestine）に分けられる．また消化腺は肝臓（liver）と膵臓（pancreas）からなり，肝臓から分泌された消化液は胆嚢（gall bladder）で貯蔵される．これらの消化系諸器官の形態は魚類の食性（feeding habit）と深く関係し，形態から食性を類推することも可能である．

◆口と顎

　現生種ではヌタウナギ目とヤツメウナギ目で構成される無顎類には顎がなく，口は裂孔状（ヌタウナギ目）（図10-1A）あるいは円盤状（ヤツメウナギ目）（図10-1B）である．一方，軟骨魚類や硬骨魚類の口は上顎（upper jaw）と下顎（lower jaw）で構成される．口は頭部の先端付近に位置し，端位（terminal），亜端位（subterminal），下位（inferior），および上位（superior）に分けられる（図10-2）．

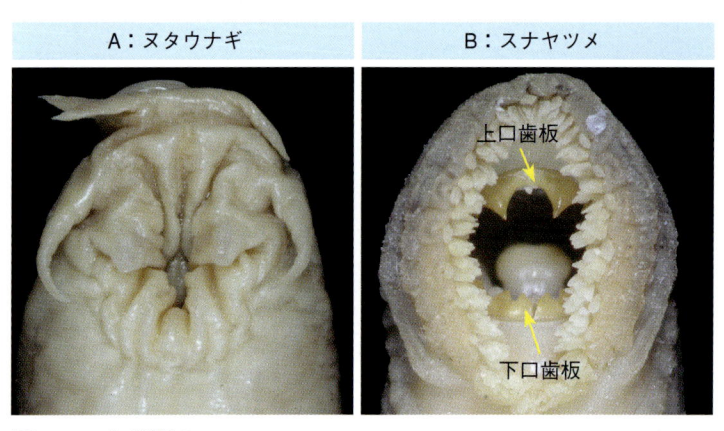

図10-1　無顎類の口．（木村，原図）

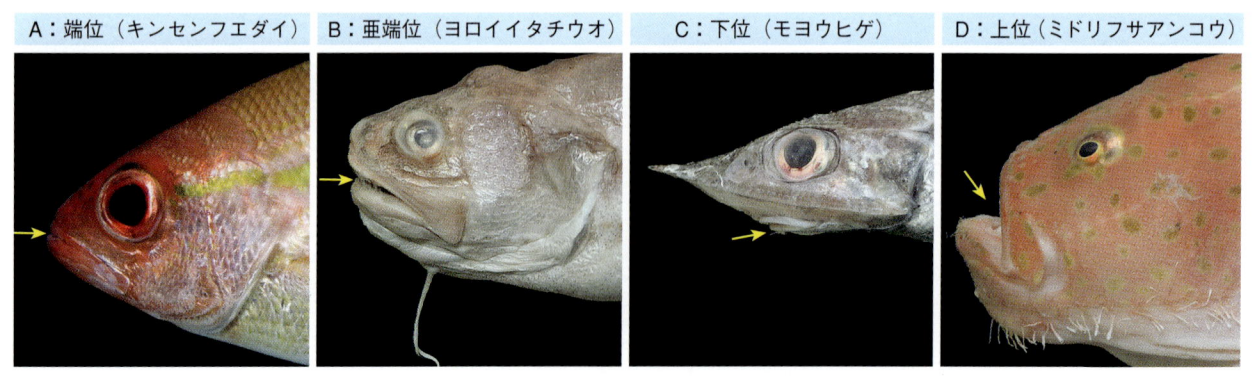

図10-2　口の位置．（木村，原図）

消化系・鰓　Ⅰ-10

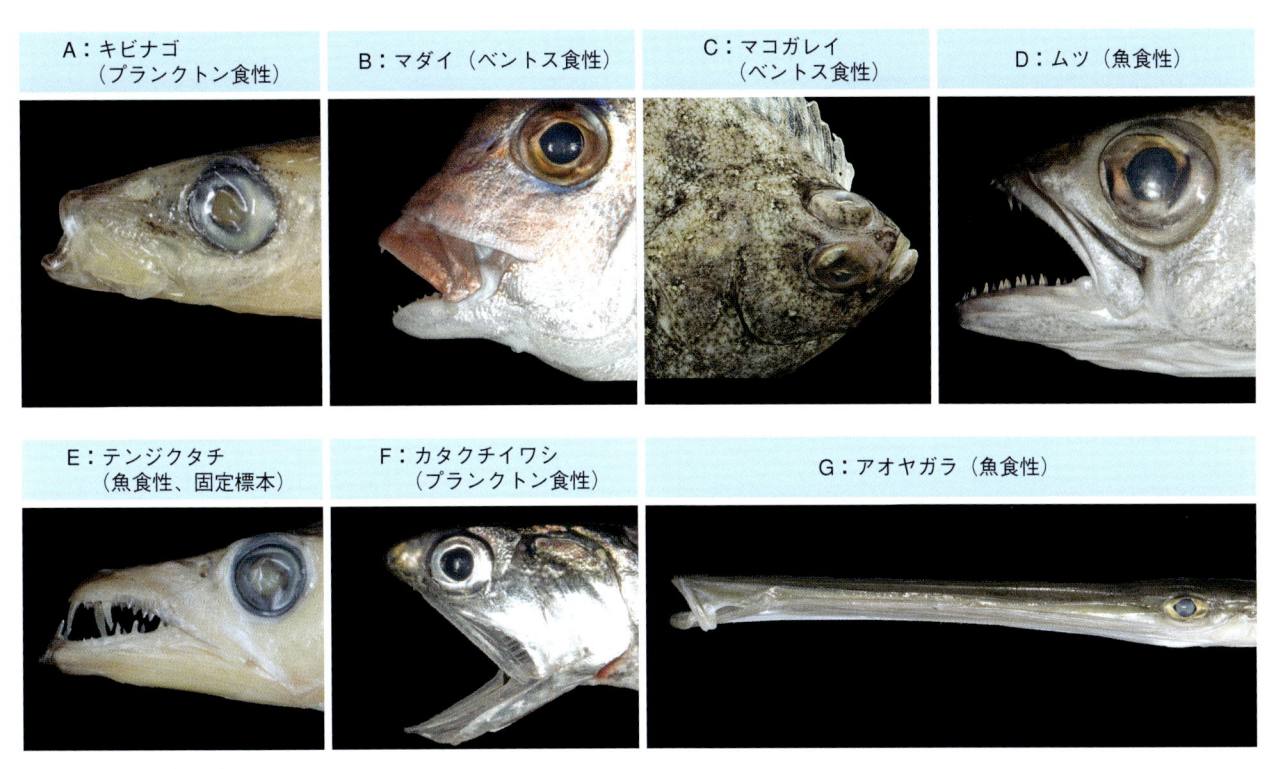

A：キビナゴ（プランクトン食性）　B：マダイ（ベントス食性）　C：マコガレイ（ベントス食性）　D：ムツ（魚食性）

E：テンジクタチ（魚食性、固定標本）　F：カタクチイワシ（プランクトン食性）　G：アオヤガラ（魚食性）

図10-3　口の大きさ．（木村，原図）

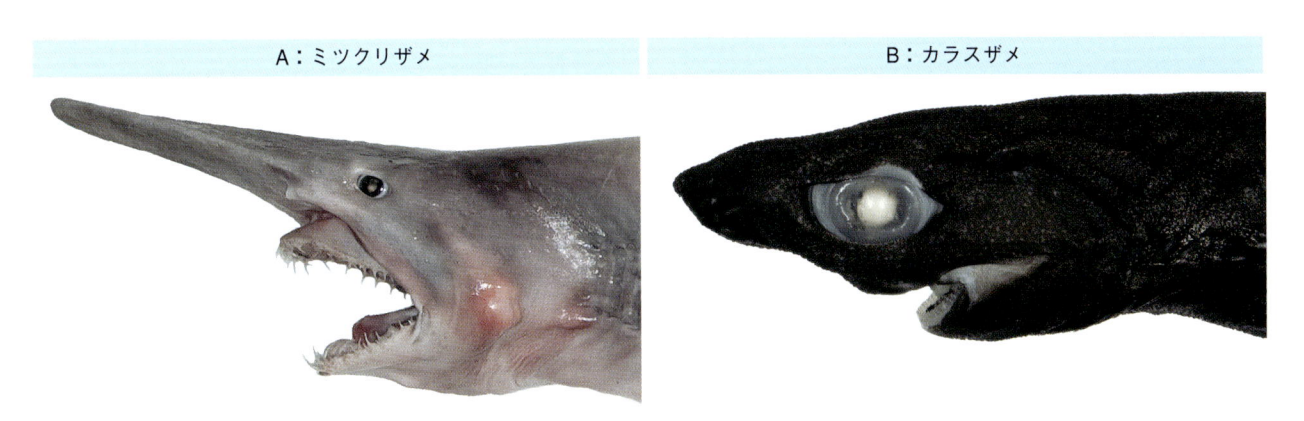

A：ミツクリザメ　B：カラスザメ

図10-4　軟骨魚類の口．（木村，原図）

　口の大きさ，すなわち顎の相対的な長さはさまざまで，これも食性と関連している．一般に小型の餌料，例えばゴカイ類などのベントスやプランクトンを捕食する魚類の口は小さく（図10-3A～C），魚類を主餌料としている種では口は大きい傾向にあるが（図10-3D, E），例外も多い（図10-3F, G）．

　軟骨魚類では，ミツクリザメのようにある程度上顎を伸出させる種もあるが（図10-4A），多くの種では上顎は大きく伸出させることはできない（図10-4B）．一方，硬骨魚類中でも真骨類では，上顎を大きく伸出させることによって，餌料を効率良く吸引するものもある．特にヒイラギ科やクロサギ科魚類は，上顎を前下方あるいは前方，前上方に伸出させることができる（図10-5）．多くの魚類では両顎に歯を備えるが，コイ科やヨウジウオ科などでは両顎に歯がない．コイ科のハスは魚食性で，両顎歯はないが，上顎が「へ」の字型に屈曲し，餌料を咥えやすくしていると考えられる（図10-6）．

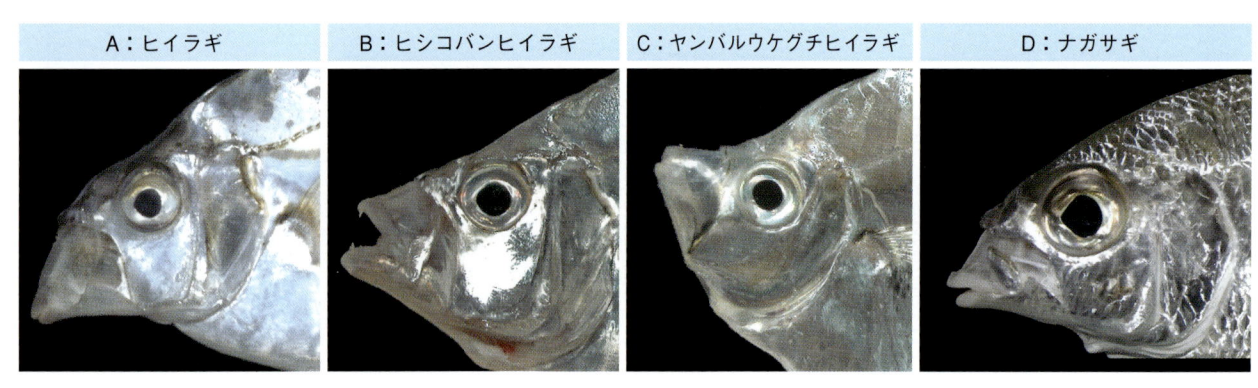

| A：ヒイラギ | B：ヒシコバンヒイラギ | C：ヤンバルウケグチヒイラギ | D：ナガサギ |

図10-5　突出する口．A〜Cはヒイラギ科，Dはクロサギ科．（木村，原図）

図10-6　ハス（コイ科，固定標本）の口．（木村，原図）

◆口腔と鰓腔

　捕らえられた餌生物は口腔から鰓腔（branchial cavity）の内側を通り，咽頭（pharynx）から消化管に運ばれる．口腔の内面は粘膜で被われ，多くの粘液細胞や味蕾が分布している．口腔の天井部を口蓋（palate），底部を口腔床部（oral floor）と呼ぶ．

　口蓋を形成する鋤骨，副蝶形骨，口蓋骨，内翼状骨に，種によって歯を備える場合がある（図10-7A，B）．口腔床部には基舌骨で支持される不動性の舌があり，種によって舌上にも歯がある（図10-7C，D）．このほか，基舌骨や基鰓骨にも歯がある場合がある（図10-7C）．口腔の前部，両顎の内縁には膜状の口腔弁（oral valve）がある（図10-7B，D）．口腔弁は口の容積を縮小する際に逆止弁として機能し，口腔内の呼吸水や餌料が口から外に出るのを防いでいる．

　多くの真骨類では，鰓腔の後方に咽頭歯をもつ．咽頭歯は，第5鰓弓が変形した咽頭骨が備える歯で，さまざまな形が知られている．ベラ科やブダイ科，カワスズメ科などでは上咽頭歯，下咽頭歯ともによく発達し，咽頭顎（pharyngeal jaw）とも呼ばれる（図10-8A）．顎歯をもたないコイ科では下咽頭歯がよく発達し，頭蓋骨下面にある肉質の咀嚼台（chewing pad，図10-8B）との組み合わせで咀嚼する．

◆歯

　無顎類であるヌタウナギ目やヤツメウナギ目の歯は角質歯（horny tooth）と呼ばれ，ケラチン質と星状細胞で構成される．一方，軟骨魚類や硬骨魚類の歯は，外側から，エナメル層（enamel layer），象牙質（dentine），歯髄（dental pulp）の3層からなる．エナメル質は動物体の中で最も硬い物質で，魚類の歯の表面全体あるいは一部を被う．歯髄は歯の中心部にあり，血管や神経が入り込む．

　歯の形態や配列様式は，その種の摂餌生態と深く関係していることが多い．軟骨魚類では，魚類などの遊泳性生物を捕食する種は鋭く尖った歯をもち，切縁には細かな鋸歯が見られる場合もある（図10-9A〜C）．一方，貝類などの底生動物を捕食する種では，臼歯状歯や敷石状歯が見られる（図10-9D，E）．ギンザメ類の歯は癒合し，上顎では2対の，下顎では1対の歯板を形成する（図10-9F）．サメ類やエイ類では，最前列の作用歯の後方に数列の歯があり，この後列の歯はベルトコンベヤー式に前方に送られ，作用歯となる（図10-9B）．歯の交換は速く，平均で1，2週間とされる．また，作用歯が脱落した場合も同様の方法で更新される．

　硬骨魚類でもさまざまな形態の歯が見られ，それらは

消化系・鰓　Ⅰ-10

A：ムツの口蓋

上顎歯
口蓋骨歯
鋤骨歯

B：ホソオビヤクシマイワシの口蓋（固定標本）

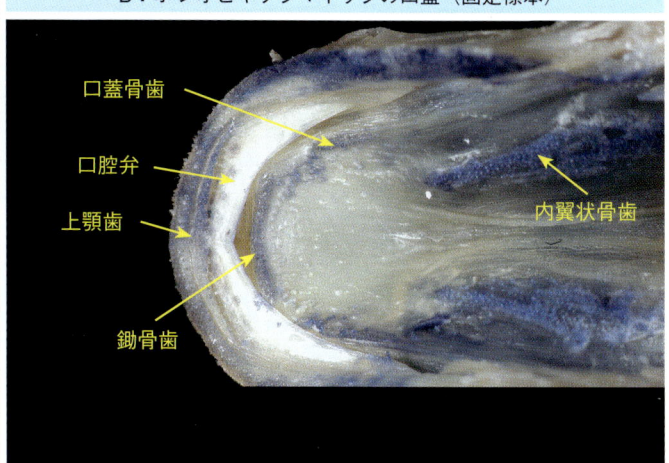

口蓋骨歯
口腔弁
上顎歯
鋤骨歯
内翼状骨歯

C：ムツの口腔床部と鰓腔床部

下顎歯
舌
舌上歯
基鰓骨歯
下枝鰓耙
下咽頭歯

D：アマゴの舌上歯（固定標本）

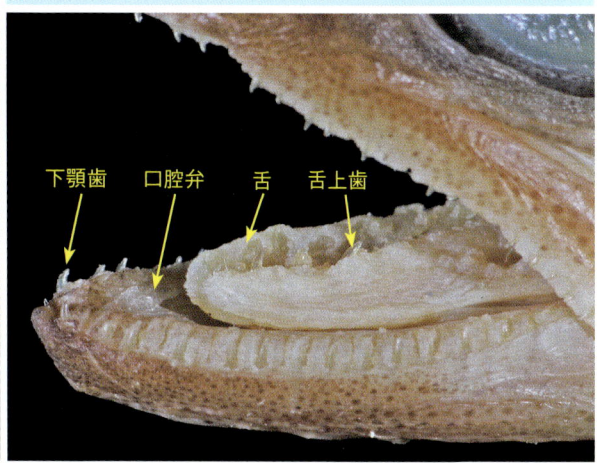

下顎歯
口腔弁
舌
舌上歯

図10-7　硬骨魚類の口腔．（木村，原図）

A：ヒブダイ（ブダイ科、固定標本）の咽頭顎

上咽頭歯
下咽頭歯

B：コイ（コイ科、固定標本）の咀嚼台と咽頭歯

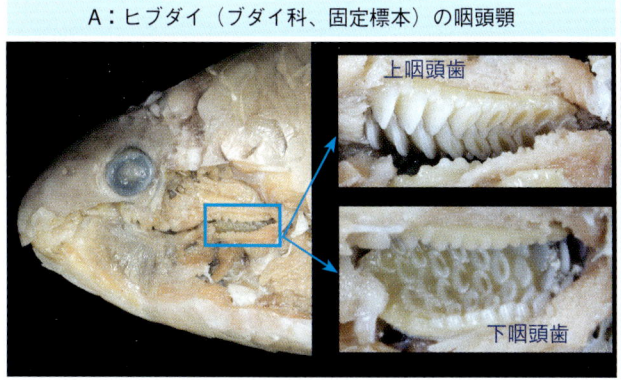

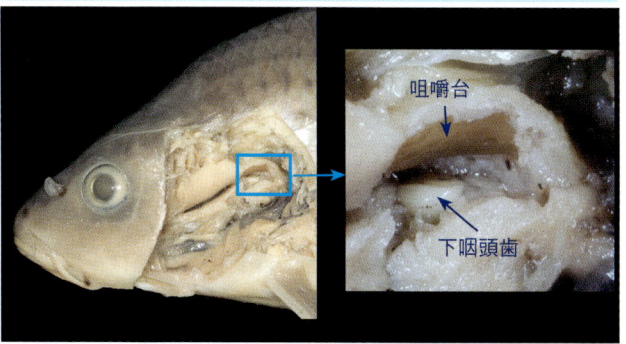

咀嚼台
下咽頭歯

図10-8　発達した咽頭歯．（木村，原図）

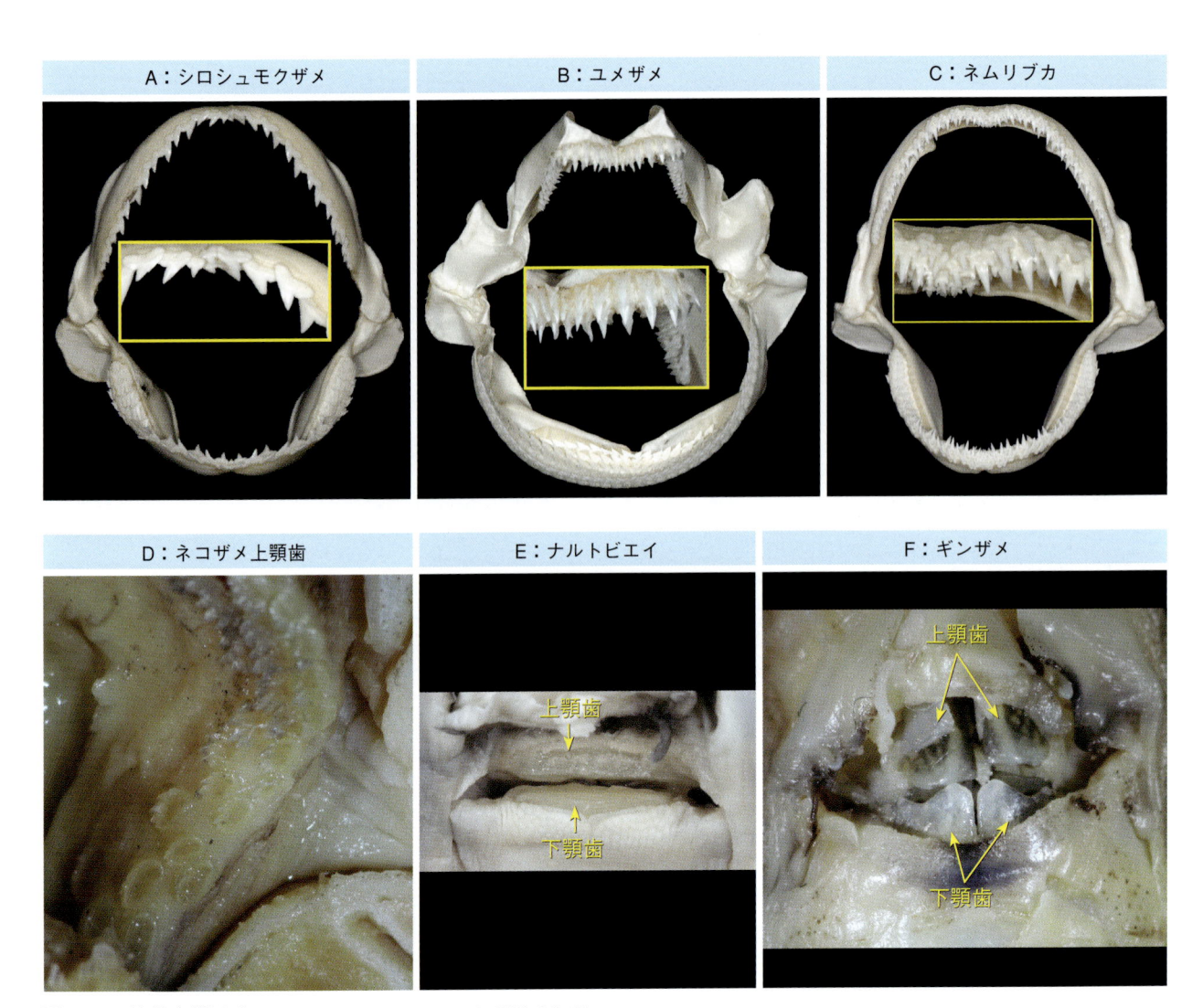

A：シロシュモクザメ	B：ユメザメ	C：ネムリブカ
D：ネコザメ上顎歯	E：ナルトビエイ	F：ギンザメ

図10-9　軟骨魚類の歯．（木村，原図；A～Cは平賀英樹氏作成）

多くの場合，食性と関連している．最も一般的な硬骨魚類の歯は円錐歯（conical tooth）であるが，その大きさや配列状態には大きな変異がある．

一般に，水塊中を高速で遊泳して魚類を捕食するシイラなどの魚類では比較的歯は小さく，アンコウやウツボなど待ち伏せ式に捕食する魚類や夜行性の魚類は相対的に歯が大きい（図10-10A，B）．鋭くて長い剣状あるいは槍状の歯を犬歯状歯（caninelike tooth）あるいは牙状歯（fanglike tooth）と呼ぶ（図10-10C～F）．このような歯は，先端が鉤状になる場合もある（図10-10F）．

貝類などの固い殻を備える生物を捕食する魚類には，太短く先端が平坦，あるいは鈍い臼歯（molar tooth）が発達する．タイ科やフエフキダイ科では先端のやや尖った臼歯状円錐歯（molarlike conical tooth）をもつ（図10-10G, H）．イシダイでは臼歯が癒合して，上顎，下顎ともに1対の歯板を形成する（図10-10I）．

切縁を形成し，餌料生物を噛み切る歯を切歯状歯（incisorlike tooth）という．切歯状歯には，メジナなどのように小型で板状の歯が並んで切縁を形成するタイプと（図10-10J），フグ科やアオブダイ属の歯のように，癒合した大型の歯で構成されるタイプがある（図10-10K）．なお，ブダイ属の歯は癒合が不完全で，瓦状に並ぶ（図10-10L）．

イケカツオの幼魚は切歯状歯をもち，これによって他の魚の鱗を剥ぎ取り，これを餌としている（図10-10M）．アユは付着藻類食の開始にともなって，両顎に櫛状歯（comblike teeth）が発達する（図10-10N）．

消化系・鰓　Ⅰ-10

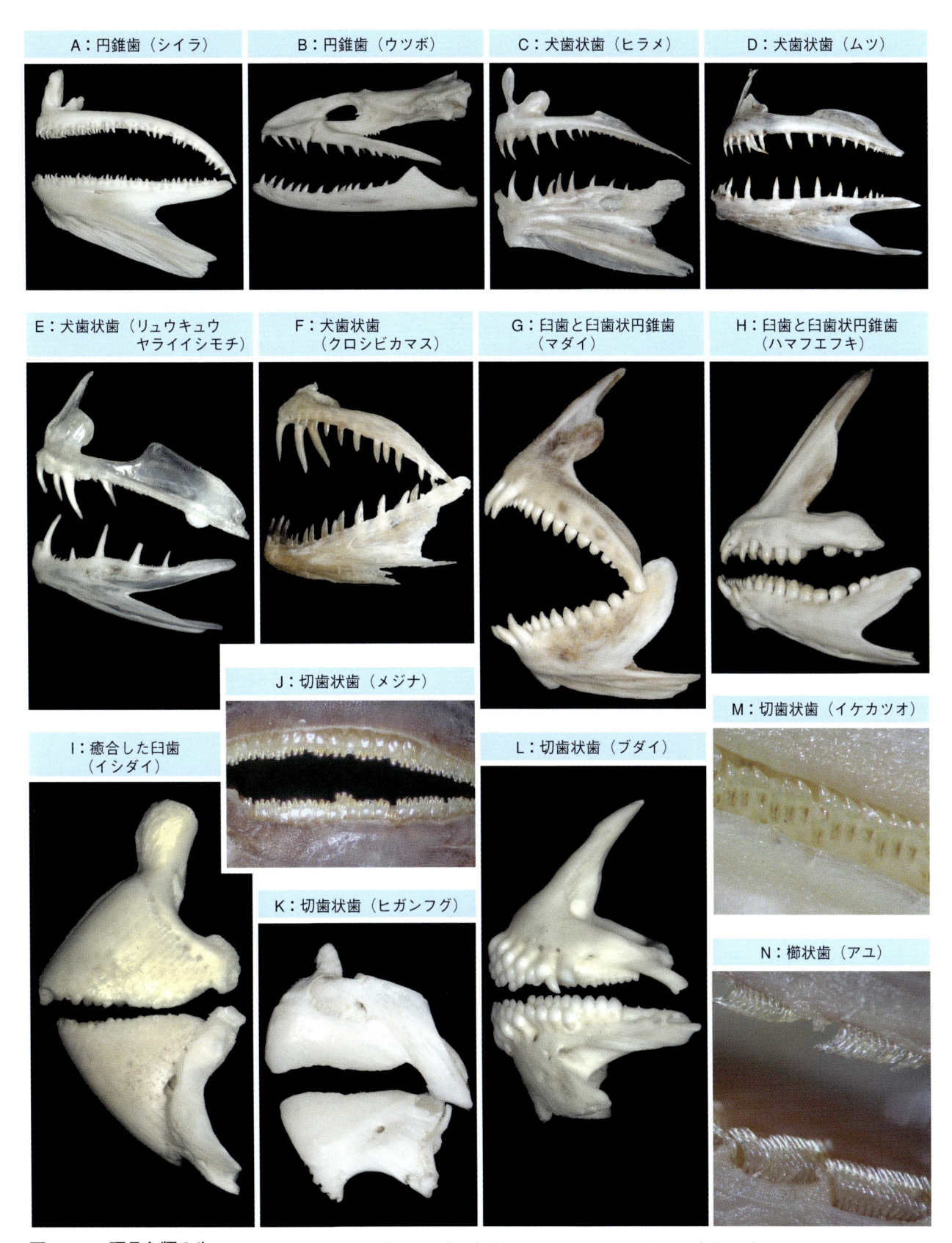

A：円錐歯（シイラ）
B：円錐歯（ウツボ）
C：犬歯状歯（ヒラメ）
D：犬歯状歯（ムツ）
E：犬歯状歯（リュウキュウヤライイシモチ）
F：犬歯状歯（クロシビカマス）
G：臼歯と臼歯状円錐歯（マダイ）
H：臼歯と臼歯状円錐歯（ハマフエフキ）
I：癒合した臼歯（イシダイ）
J：切歯状歯（メジナ）
K：切歯状歯（ヒガンフグ）
L：切歯状歯（ブダイ）
M：切歯状歯（イケカツオ）
N：櫛状歯（アユ）

図10-10　硬骨魚類の歯．（A, B, E～I, Lは平賀英樹氏作成，木村撮影，C, D, J, K, M, Nは木村原図）

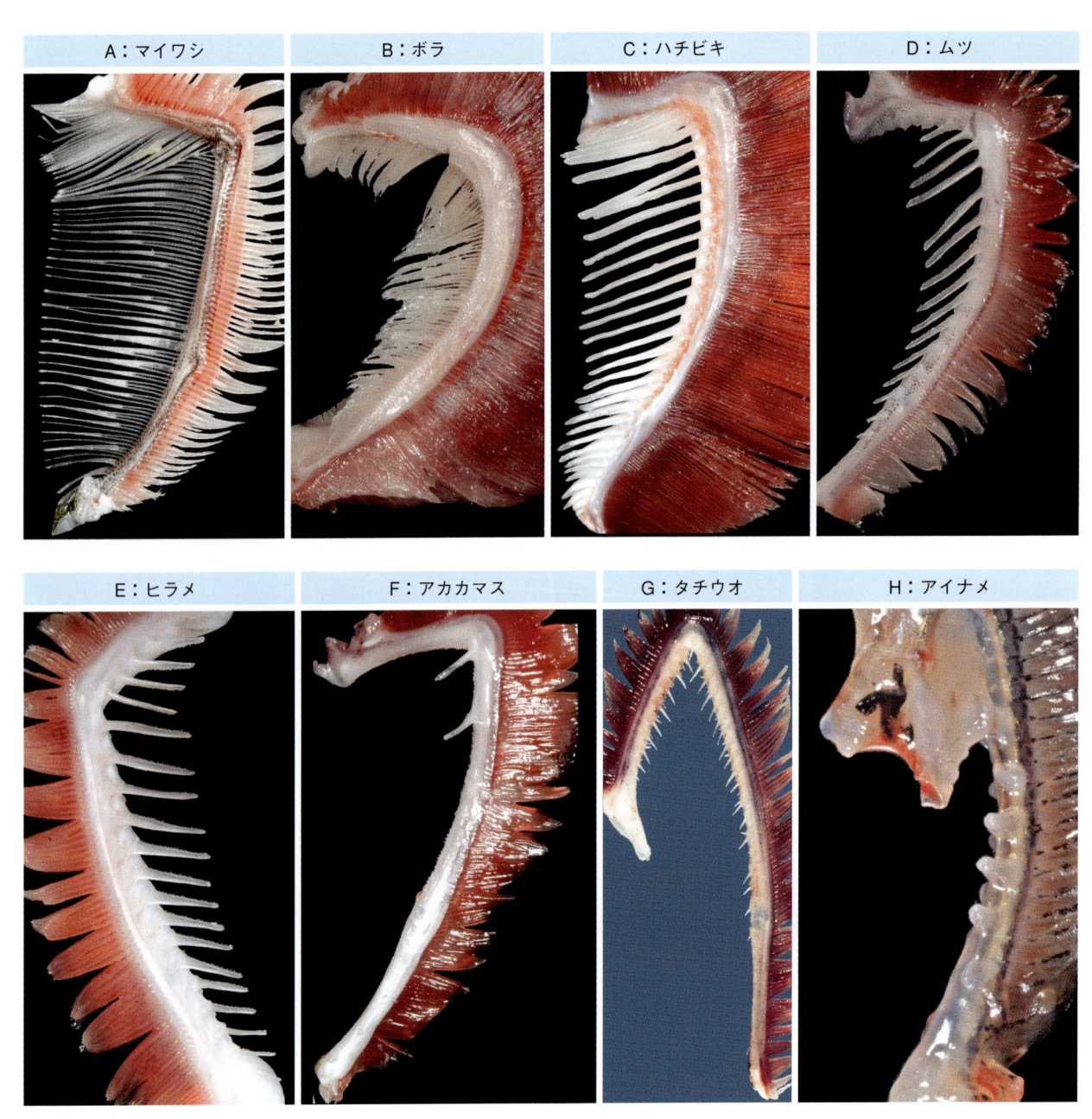

図10-11 鰓耙．（木村，原図）

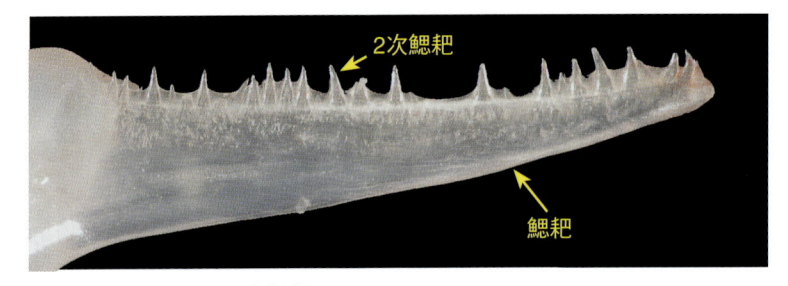

A：マイワシ　B：ボラ　C：ハチビキ　D：ムツ
E：ヒラメ　F：アカカマス　G：タチウオ　H：アイナメ

図10-12 ヒラメの2次鰓耙．（木村，原図）

2次鰓耙
鰓耙

◆鰓耙

　鰓耙は鰓弓の前縁に沿って2列に並ぶ突起物で，通常第1鰓弓の前列（外列）の鰓耙が最も発達する（図10-11）．鰓耙は餌料や異物から鰓弁を保護する役割のほかに，餌料を効率良く食道へ送る役割もある．このため，一般に鰓耙の形や数は食性と関連が高いと考えられているが，例外も多い．

　また，鰓耙数は分類形質としてもよく用いられ，上鰓

A：I型（アオヤガラ）

B：U型（コノシロ、固定標本）

C：V型（マダイ）

D：Y型（カタクチイワシ）

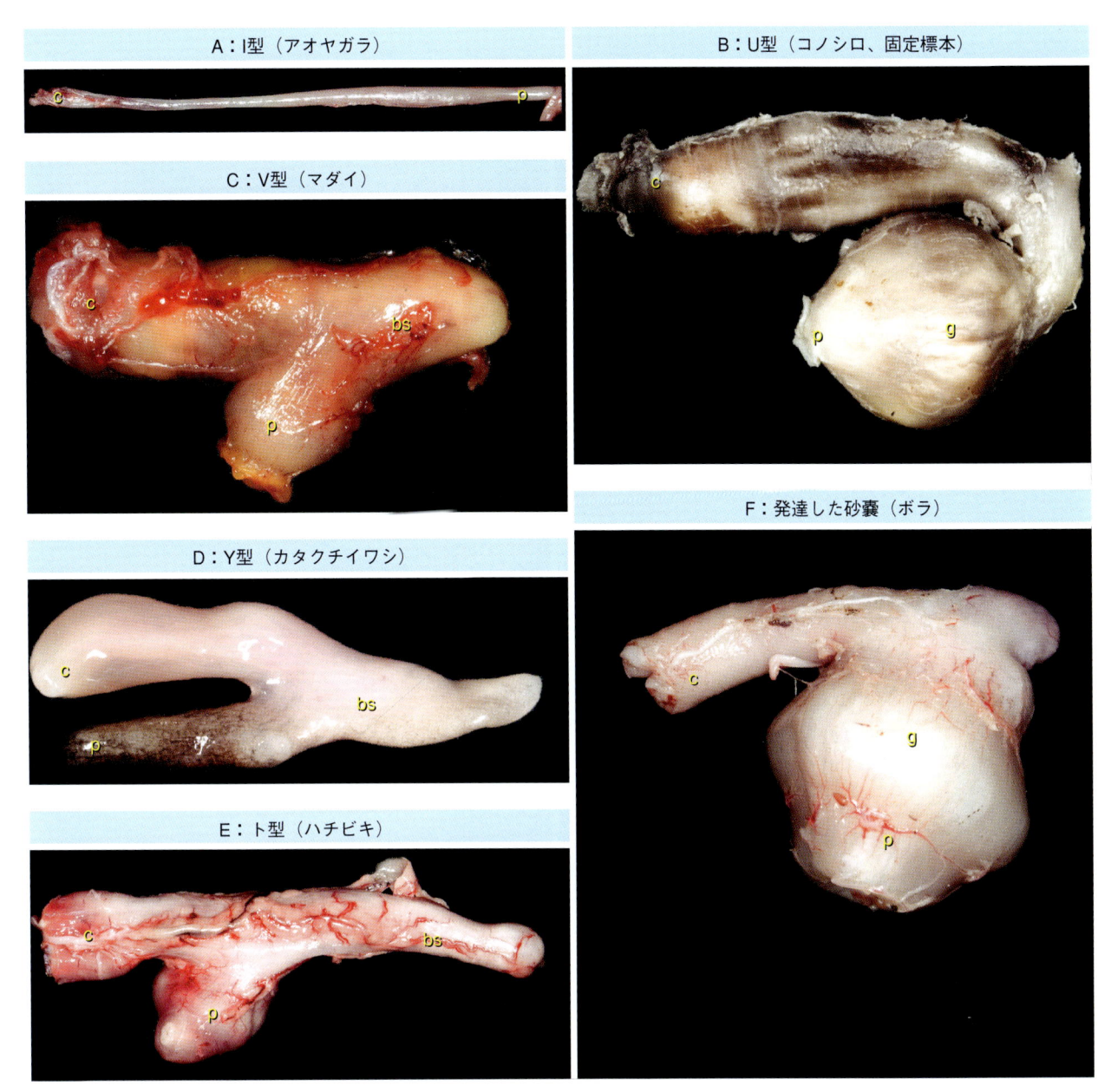

E：ト型（ハチビキ）

F：発達した砂嚢（ボラ）

図10-13　胃．bs：盲嚢部，c：噴門部，g：砂嚢，p：幽門部．（木村，原図）

骨上の鰓耙数を上枝鰓耙数，角鰓骨と下鰓骨上の鰓耙数を下枝鰓耙数と呼ぶ．上鰓骨と角鰓骨の関節上にある鰓耙は別に数えるか，あるいは下枝鰓耙数に含める．

鰓耙は櫛状を示すものが多く，通常細長いへら状をし，各鰓耙は2次鰓耙と呼ばれる微小な突起をもつ（図10-12）．プランクトン食性の種では鰓耙は長くて密生し，マイワシやボラでは約140本（図10-11A, B），ゲンゴロウブナでは約100本程度ある．魚食性あるいは底生性物食性の魚類では，一般に鰓耙は短く，疎生し，鰓耙数は数本〜50本程度である（図10-11C〜H）．これらの魚類では鰓耙の形態も棒状（図10-11F）や歯状（図10-11G），瘤状（図10-11H）に変化する場合もある．さらに，魚食性のハモやオニカマスでは鰓耙が全くない．一方，餌料を吸引するヨウジウオ科やヤガラ科でも鰓耙はない．

◆ 食道

消化管の最前部にあり，咽頭と胃の間の短い管で，内面はひだに富む粘膜で被われる．

◆ 胃

胃は食物の貯蔵と消化を行う器官で，胃壁は他の消化管に比較して頑丈で，極めて伸縮性が高い．胃は食道に

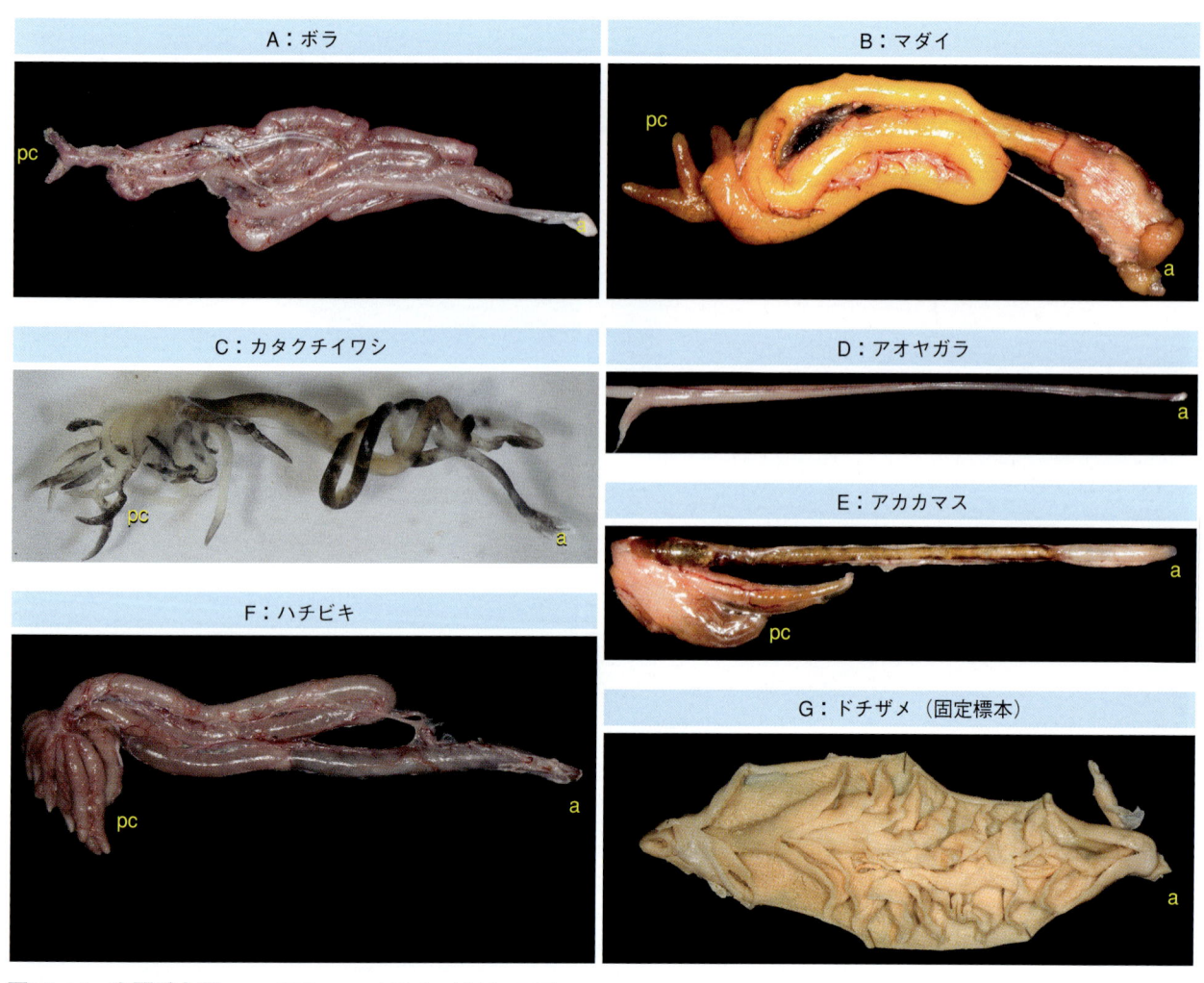

図10-14 幽門垂と腸. a：肛門, pc：幽門垂. (木村, 原図)

続く噴門部 (cardiac portion), 食べ物を貯蔵する盲嚢部 (blind sac), および腸への出口である幽門部 (pyloric portion) の3部から構成され, これらの発達程度によって一般に次の5型に分けられる.

I型：各部の発達が悪く, 胃は直線状. シラウオやヤガラ科など (図10-13A).

U型：盲嚢部は不明瞭で, 胃は緩やかにU型に屈曲する. 軟骨魚類やコノシロ, ニジマスなど (図10-13B).

V型：噴門部と幽門部はV字型につながり, 盲嚢部はやや発達する. サケやマダイなど多くの魚類で見られる (図10-13C).

Y型：盲嚢部は後方に伸びて発達する. マイワシ, カタクチイワシ, ウナギなど (図10-13D).

ト型：盲嚢部は著しく発達し, 幽門部は盲嚢部の側面に位置する. マエソ, アカマス, カツオなど魚食性魚類でよく見られる (図10-13E).

胃の内面は粘膜が発達し, 特に噴門部では粘膜が肥厚し, 胃腺 (gastric gland) が発達する. 胃腺はペプシンの前駆体であるペプシノゲンと塩酸を分泌する. コイ科やダツ科, サンマ, トビウオ科, ベラ科などでは胃がない. コノシロやボラの幽門部は筋肉層が著しく発達して, 砂嚢 (gizzard) あるいはソロバン玉と呼ばれる (図10-13B, F).

◆**幽門垂**

多くの硬骨魚類や一部の軟骨魚類には, 胃の幽門部と腸の始部との境界付近に盲嚢が付属し, これを幽門垂 (pyloric caecum) と呼ぶ. 幽門垂の形や数は種によってさまざまで, 分類形質に使われる場合もある. 幽門垂の形状は, ボラなどで見られる少数の比較的短い指状のもの (図10-14A, B), カタクチイワシなどのように細長いもの (図10-14C), さらにはカツオなどのように無数の微小な幽門垂が集まって, 幽門垂塊を形成するものもある. 幽門垂の構造は腸と同様で, 食物の消化, 吸収を行う.

消化系・鰾　Ⅰ-10

A：アオヤガラ

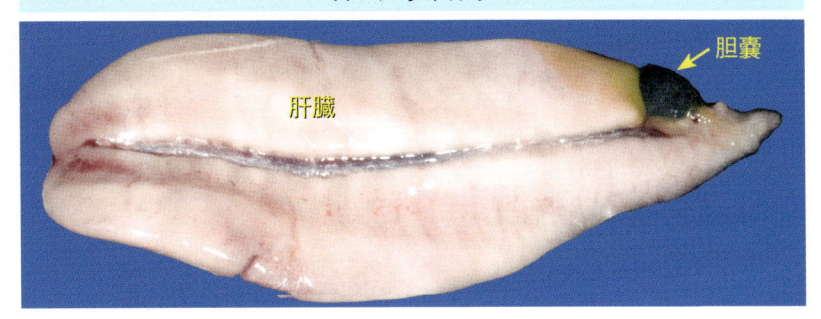

肝臓　　胆嚢

B：ヒラメ

肝臓

胆嚢

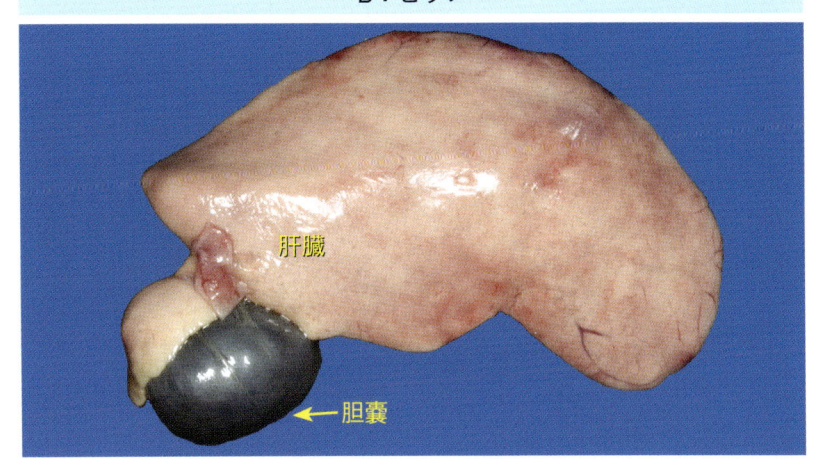

図10-15　肝臓と胆嚢．（木村，原図）

◆腸

　胃の幽門部（無胃魚では食道後端）から肛門あるいは総排泄腔までの管で，食物の消化，吸収を行う．腸壁は胃壁より薄い．内面の粘膜はひだ状構造が発達し，吸収面を増大させている．腸内には種々の消化酵素を含む腸液が分泌される．

　魚類の腸は十二指腸（duodenum），中腸（midgut），直腸（rectum）などに区分される場合もあるが，分化程度が低く，境界が不明瞭である．しかし，魚種によっては直腸前端が明瞭にくぼみ，容易に区別できる場合もある．軟骨魚類などでは直腸に塩類排出機能を有する直腸腺（rectal gland）をもつ．

　腸の長さは食性に関連するとされ，一般に動物食性の種では短く，植物食性の種では長い場合が多い．最も単純な形は幽門から直線的に肛門までつながるもので，ヤガラ科やカマス科などで見られる（**図10-14D，E**）．次いで単純な形は多くの肉食性魚類に見られるいわゆるN型で，腹腔内で2度屈曲する（**図10-14F**）．さらに，腸管が伸長すると腹腔内での屈曲が増加し，複雑な形状を示すようになる（**図10-14A，C**）．軟骨魚類やチョウザメ目，肺魚類では，腸は太短いが，内壁は螺旋状になり，吸収面を著しく増大させている（**図10-14G**）．

◆肝臓

　肝臓は消化液である胆液を産生するほか，栄養分の蓄積や合成，分解，および異物の分解，解毒など生体維持に関して極めて重要な役割を果たしている．肝臓は通常，肌色から茶褐色を呈し，腹腔の前部，胃の周囲に位置するが，腸管に沿って後方まで伸びている種もある．左右2葉に分かれている場合が多いが（**図10-15**），3葉のもの（マダラやクロマグロなど），単葉のもの（アユやフグ亜目など）もある．

　マグロ属では肝臓の形態が分類形質になる一方，コイなどでは不定形の肝臓をもつ．肝臓の大きさは種によってさまざまで，硬骨魚類の多くは体重の1～数％である．軟骨魚類はこれより大きく，通常体重の10％以上で，特に深海性のサメ類は体重の30％を超えるものも知られている．また，相対的な肝臓の大きさは同種内でも雌雄や季節に大きく変化する場合がある．

◆胆嚢

　肝臓で産出された胆液（bile）は胆細管（bile canaliculus）を通って，胆嚢に集められる．胆嚢は黄緑色から濃緑色の球形から楕円形あるいは細長い袋状の臓器で（**図10-15**），多くの硬骨魚類では肝臓と腸の間に位

55

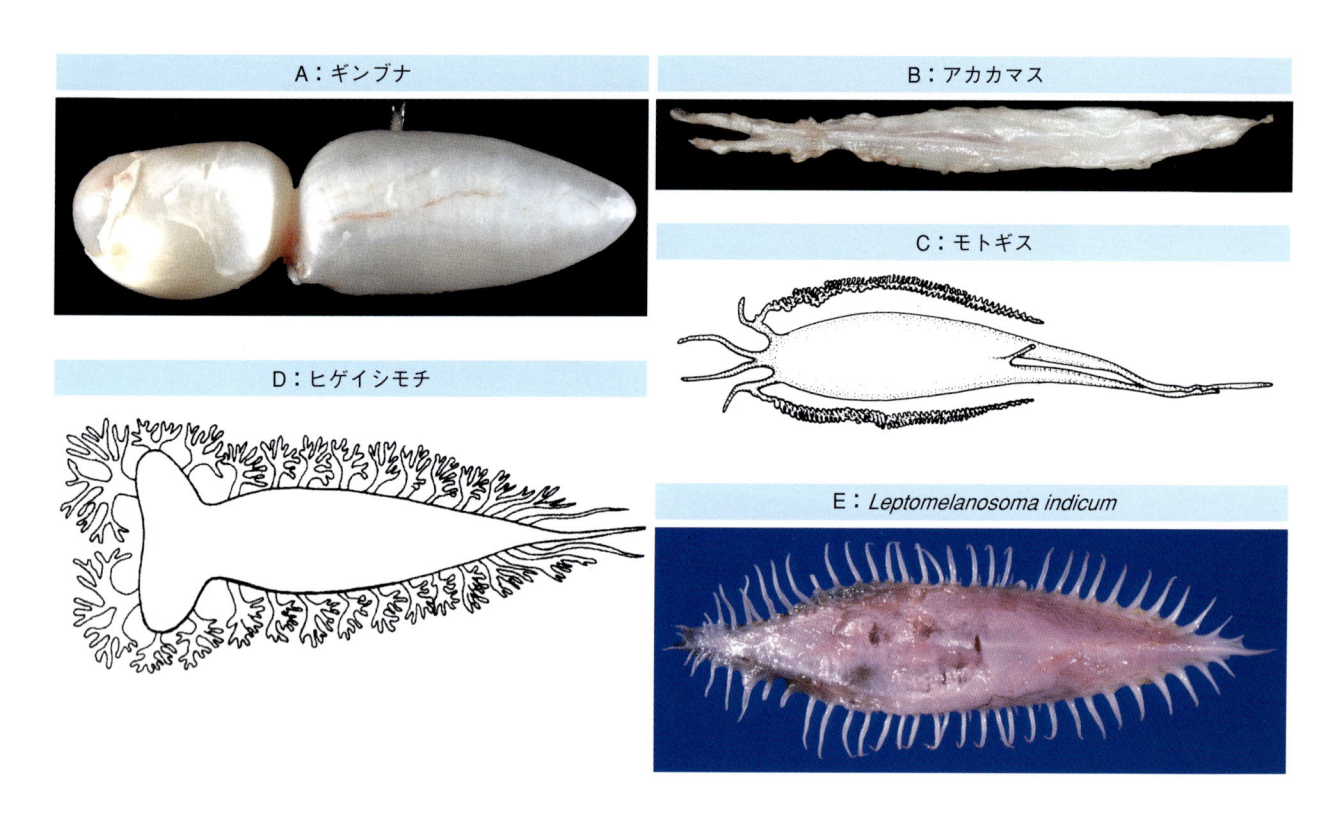

図10-16　鰾． A（淀，原図），B（木村，原図），C（Mckay，1992），D（Sasaki，2001），E（Motomura，原図）

A：ギンブナ
B：アカカマス
C：モトギス
D：ヒゲイシモチ
E：*Leptomelanosoma indicum*

置するが，軟骨魚類では肝臓中に埋没している場合が多い．胆液は胆嚢中で濃縮され，食物が消化管に入ると，総胆管（bile duct）を通って腸始部から分泌される．

◆膵臓

膵臓はトリプシノゲン，プロテアーゼ，アミラーゼ，リパーゼなどタンパク質や炭水化物，脂肪を消化する多数の酵素を含む膵液を産生するとともに，血糖代謝を調節するインシュリンとグルカゴンの2種のホルモンを血液中に分泌する，重要な器官である．これらのホルモンは膵臓組織中にある膵島（insula pancreatica）あるいはランゲルハンス島（islet of Langerhans）と呼ばれる細胞群から分泌される．

軟骨魚類の膵臓は単葉あるいは2葉からなる充実した臓器として存在するが，無顎類では腸粘膜中に細胞群として存在する．硬骨魚類では，臓器として存在するウナギやナマズなどを除いて，膵臓組織は腸周辺や腸間膜，幽門垂の間隙などに分散して存在し，肉眼での観察は困難である．

また，コイ，サヨリ，メバル，マダイ，キュウセン，ヒラメなど多くの硬骨魚類で，膵臓組織が肝臓内に広がり，いわゆる肝膵臓（hepatopancreas）を形成する．

◆鰾

鰾（swim bladder, gas bladder, air bladder）は硬骨魚類に特有の器官で，消化管の一部が膨出し，起源的には空気呼吸を行うための呼吸嚢として発達したものである．これは，酸素濃度が著しく低くなる古代の淡水域での生命維持には必要な器官であったと考えられる．現生種でも肺魚類やポリプテルス類では肺として機能する鰾を有している．しかし，現生種の大部分では鰾は既に呼吸器官としての機能を失い，主として浮力調節および発音や聴覚補助の器官として利用されている．

鰾は白色～銀白色，あるいは透明の袋状の器官で，腹腔の背部，腎臓と消化管あるいは生殖腺との間に位置する．鰾の形態は一般に卵形から細長い楕円形で，コイ科などでは深いくびれによって前後に2室に分かれている（図10-16A）．また，鰾の前端（アカカマスなど，図10-16B）あるいは後端（モトギスなど，図10-16C）が二叉する場合もある．ニベ科（図10-16D）やキス科（図10-16C），ツバメコノシロ科（図10-16E）などでは，鰾の前端あるいは側面に複雑な付属突起（appendage）を有する種もあり，これらの付属物の形態が分類形質になることもある．

鰾壁の厚さは種によって違いがあるが，構造的には内

外2層からなる．内膜は上皮細胞と筋肉，外膜は粘膜下組織とコラーゲン繊維からなる．

消化管の膨出によって形成される鰾は，胚期にはすべての種で消化管と連絡している．この連絡管が気道（pneumatic duct）である．ニシン目やコイ目，ナマズ目，サケ目などでは成魚になっても気道があり，このような鰾を有気管鰾（physostomous swimbladder）と呼ぶ．真骨類のほか，チョウザメ類やアミアなどでは気道は消化管の背面に開くが，空気呼吸をする肺魚類やポリプテルス類では気道は消化管の腹面に開く．一方，タラ目やスズキ目では気道は仔魚期に消失し，鰾は消化管との連絡がなくなる．このような鰾を無気管鰾（physoclistous swimbladder）と呼ぶ．またハゼ科やヒラメ科では，仔魚期には機能的な鰾をもつが，成魚では鰾が消失する種もある．

鰾によって浮力調節を行うためには，鰾内部のガス量を変化させる必要がある．このため，有気管鰾では水面から空気を取り込み，消化管，気道を通じて鰾に空気を送る．逆に気道を通じて鰾内のガスを体外に放出する．しかし，有気管鰾であっても無気管鰾と同様あるいは類似した方法で，いくらかは鰾内ガスの出し入れを行っていると考えられる．

無気管鰾では鰾壁の一部に動脈や静脈が多数集合したガス腺（gas gland）が発達し，ここで血液からガスを取り込む．鰾内ガスの放出は鰾壁にある卵円体（oval body）で行う．卵円体には毛細血管が密に分布し，鰾内ガスを吸収する．通常は括約筋によって鰾内面上皮と血管とは遮断されているが，ガス放出時にはこの連絡が開き，余剰ガスが血液中に放出される．

鰾はいわゆる空洞状の構造であるため，水中の音が共鳴し増幅することによって，魚類の聴覚を補助する役割も果たしている．コイ目やナマズ目などでは，鰾の前部から前方に向かって靱帯でつながった4個の小骨があり，さらにその前方から頭蓋骨内に伸びる細管によって，振動が内耳に伝えられる．この器官をウェーバー器官（Weberian apparatus）と呼ぶ．また，ニシン目の多くの種では鰾の前端が細管になって内耳と連絡し，聴覚を高めている．このほか，イットウダイ科などでは鰾の前端にある角状の付属突起が膜を介して頭蓋骨の耳殻と接し，聴覚を高める種もある．

鰾に接する発音筋（sonic muscle, drumming muscle）が鰾壁あるいは鰾内の隔壁を振動させ，発音することがある．タラ科やイットウダイ科，カサゴ科，ホウボウ科，シマイサキ科，ニベ科などの魚類はこのようにして発音する．魚類の発音は威嚇のほか，ニベ科などでは産卵行動と関連していることが知られている．

神経系

中江雅典・佐々木邦夫

◆ 中枢神経系

　魚類の脳（brain）（図11-1）は前方から後方にかけ終脳（telencephalon），間脳（diencephalon），中脳（mesencephalon），小脳（cerebellum），延髄（medulla oblongata）に分けられる．各部の相対的な大きさは種によって異なる．

　終脳の先端には嗅覚に関わる嗅球（olfactory bulb）があり，そこから嗅房（olfactory rosette）につながる嗅神経（olfactory nerve）が前方に伸長する．ただし，コイ，ナマズ類では嗅球が嗅房の直下にあり，嗅索（olfactory tract）によって嗅球と終脳が連絡する．間脳には成熟・産卵を制御する視床下部（hypothalamus）やホルモン中枢部の脳下垂体（hypophysis）などがある．硬骨魚類では間脳背側の大部分は，中脳上蓋部に発達する視蓋（optic tectum）によって覆われる．視蓋は視覚中枢として働く．小脳は視蓋の後部にある不対の膨出部で，小脳体（corpus cerebelli）と小脳弁（valvula cerebelli）からなる（内耳側線野を小脳に含める場合もある）．小脳体の前部腹側の隆起を顆粒隆起（eminentia granularis）と呼び，側線神経と内耳神経が投射する．小脳弁は小脳体の前方，縦走堤（torus longitudinalis）の下方にあり，外からは見えない．小脳体は体の運動や平衡保持をつかさどる．延髄には内耳側線野（area octavolateralis），顔面葉（facial lobe），迷走葉（vagal lobe）などがあり，後方で脊髄と連絡する．

　魚類の脳の形は，種の生態や生息環境を反映するため，変化に富む．例えば，嗅球は採餌などで嗅覚を主に使用する夜行性の魚類では大きく，構造も複雑である．視蓋は視覚によって餌を探す魚類では大きいが，夜行性の魚類では小さい．遊泳が敏捷な種では小脳体が大きく，緩慢な種では小さい．

　脊髄は中心管（central canal）を取り囲む灰白質（gray matter）とそれを囲む白質（white matter）からなる（図11-2）．灰白質はニューロンの集合体であり，

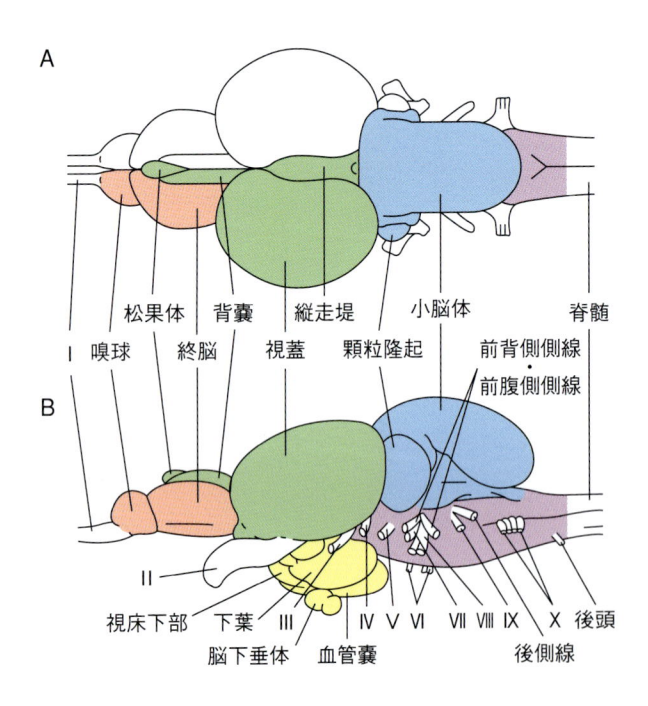

図11-1　ニジマス *Oncorhynchus mykiss* の脳の背面（A）と側面（B）．ローマ数字で表される脳神経は表11-1を参照．（主にMeek and Nieuwenhuys, 1998をもとに作図）

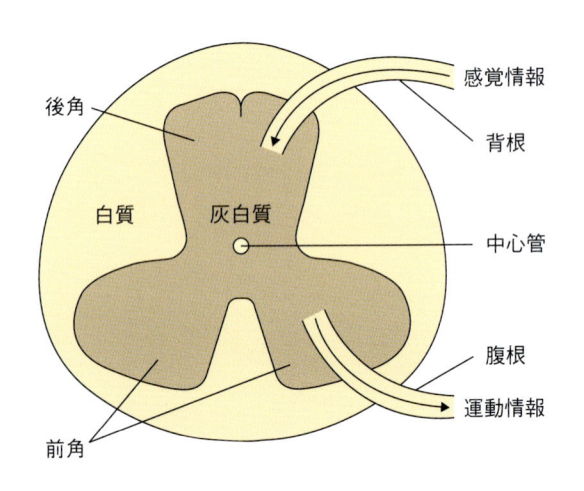

図11-2　硬骨魚類の脊髄横断面．（植松，2002をもとに作図）

白質は神経繊維の通路である．灰白質の背側を後角(dorsal horn)，腹側を前角（ventral horn）と呼び，前者には感覚系の介在ニューロンが，後者には主に運動ニューロンが分布する．

◆末梢神経系

　魚類の脳神経は爬虫類やほ乳類と同様に13対で構成されるが（表11-1），その構成要素はいくつかで異なる（例えば，魚類には側線神経があるが爬虫類やほ乳類にはない）．また，嗅神経，視神経および後頭神経を脳神経に含めない場合もある．終神経は終脳と嗅嚢(olfactory sac，嗅房を包む膜）を連絡する．働きは性行動と関係があるとされるが，はっきりとはしていない．

　嗅神経は終脳の前にある嗅球から出て嗅上皮（嗅房）に入る．視神経は視蓋の前方下部から，動眼神経は視蓋の腹面からそれぞれ出て，前者は網膜，後者は上斜筋・外側直筋以外の動眼筋（図9-1参照，44頁）に入る．

　滑車神経は小脳下部から出て，上斜筋に入る．深眼神経は哺乳類では三叉神経の一部（眼神経：ophthalmic-nerve）となっているが，魚類では独立した脳神経として存在する．三叉・外転・顔面・聴・側線・舌咽・迷走の各神経は延髄から出て，それぞれの部位へ向かう．

　側線神経（lateral line nerves）は1対の脳神経として扱われることがあるが（表11-1でも1対として扱っている），サメ類では6対（前背側・前腹側・耳・中央・上側頭・後）の独立した脳神経として存在する．ポリプテルスなどでは耳側線神経（otic lateral line nerve）が前背側側線神経（anterodorsal lateral line nerve）と融合し，5対となる．コイ科などではこれに加え，上側頭側線神経（supratemporal lateral line nerve）も後側線神経（posterior lateral line nerve）と融合し，4対となる．さらにタラ科やスズキ科では，中央側線神経（mid lateral line nerve）も消失または後側線神経（posterior lateral line nerve）と融合し，3対（前背側・前腹側・後）となる．

　脊髄神経は感覚系ニューロンの軸索が通る背根（dorsal root）と主に運動系ニューロンの軸索が通る腹根（ventral root）からなり，両根が合流した後，体の各部位に向かう．皮膚感覚などは背根を通って脊髄の後角に伝わり，運動情報は前角から腹根を通って体側筋などに伝わる．

　魚類の自律神経系は従来，頭部自律神経系（cranial autonomic nervous system），脊髄部自律神経系（spinal autonomic nervous system）といった区分が用いられてきたが，研究の発展により，近年は爬虫類や哺乳類と同様に交感神経系（sympathetic nervous system）・副交感神経（parasympathetic system）といった概念で説明されるようになった．交感・副交感神経は拮抗的な作用で各器官の調整を行い，心臓や血管，腎臓，生殖腺などを支配する．

表11-1　脳神経

名称	Name	知覚	運動	支配部位
終神経	terminal	+	−	嗅嚢
嗅神経（Ⅰ）	olfactory	+	−	嗅上皮
視神経（Ⅱ）	optic	+	−	網膜
動眼神経（Ⅲ）	oculomotor	−	+	上斜筋・外側直筋以外の動眼筋
滑車神経（Ⅳ）	trochlear	−	+	上斜筋
深眼神経	profundal	+	−	吻
三叉神経（Ⅴ）	trigeminal	+	+	閉顎筋や鰓蓋部の筋肉の一部、吻・口腔など
外転神経（Ⅵ）	abducens	−	+	外側直筋
顔面神経（Ⅶ）	facial	+	+	鰓蓋部の筋肉や頬、味蕾など
内耳神経（Ⅷ）	octaval (or vestivulocochlear)	+	−	内耳
側線神経	lateral line	+	−	側線器官（感丘）
舌咽神経（Ⅸ）	glossopharyngeal	+	+	第1鰓弓の筋肉や咽頭部、味蕾など
迷走神経（Ⅹ）	vagal	+	+	鰓弓部の筋肉、咽頭部、内臓、味蕾など
後頭神経	occipital (or spino-occipital)	+	+	舌弓後方や肩帯（筋肉含む）

循環器系・内臓

河合俊郎

◆心臓

　心臓は鰓の後方に位置する囲心腔（pericardial cavity）の中にあり，心房（atrium），心室（ventricle），心臓球（conus arteriosus）および静脈洞（sinus venosus）の4室からなる（図12-1〜12-5）．

　体内を循環した静脈血は囲心腔の後端に位置する静脈洞へ帰ってくる．静脈洞の前端は心房へ開き，その境界はくびれ，洞房弁（S-A valve）があって血流の逆流を防ぐ．心房は心室へつながり，この境界もくびれ，房室弁（A-V valve）がある．

　心房と心室はともに無花果形をしている．心室の前端は心臓球へ開き，腹大動脈（ventral aorta）へ連絡する．心臓球は内面に多くの弁を備えるのが特徴で，軟骨魚類と一部の原始的な硬骨魚類では心臓球は発達し漏斗状である．一方，多くの硬骨魚類では心臓球は退縮し，代わりに動脈球（bulbus arteriosus）が発達する．動脈球は弾力に富み，腹大動脈へ向かう血流を保持する．

◆鰓

　大部分の魚類は水中の呼吸に適応した鰓を備えている．鰓は一般的に4〜5対の鰓弓（gill arch）で構成される．各鰓弓の内側から前方に向かう突起を鰓耙（gill raker）という．鰓耙は数や形，大きさが種類によって

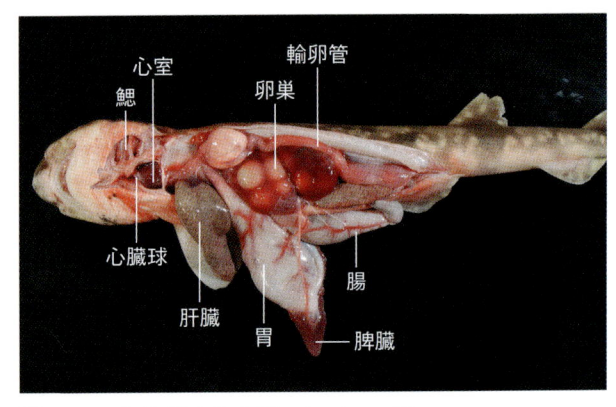

図12-1　トラザメの内臓．（河合，原図）

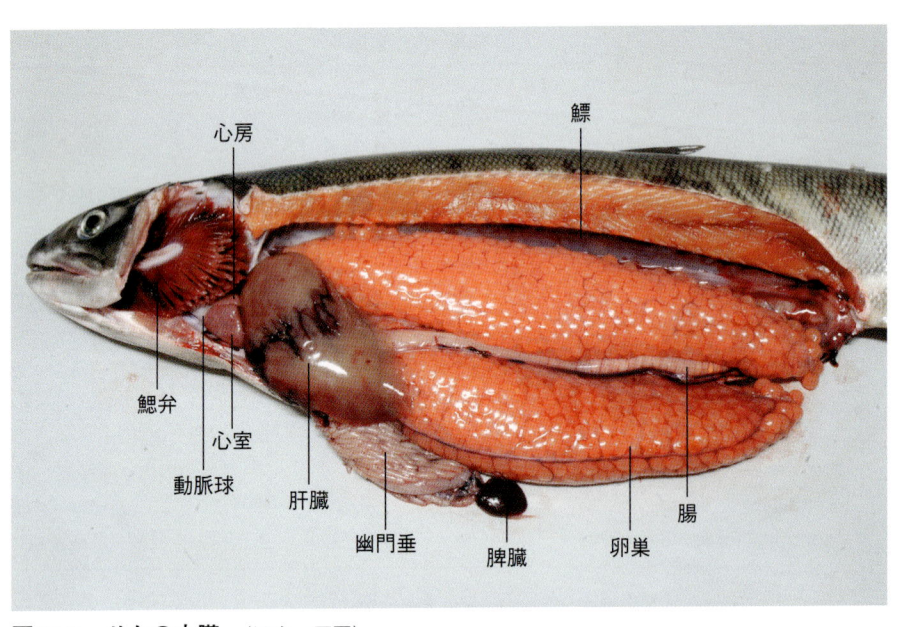

図12-2　サケの内臓．（河合，原図）

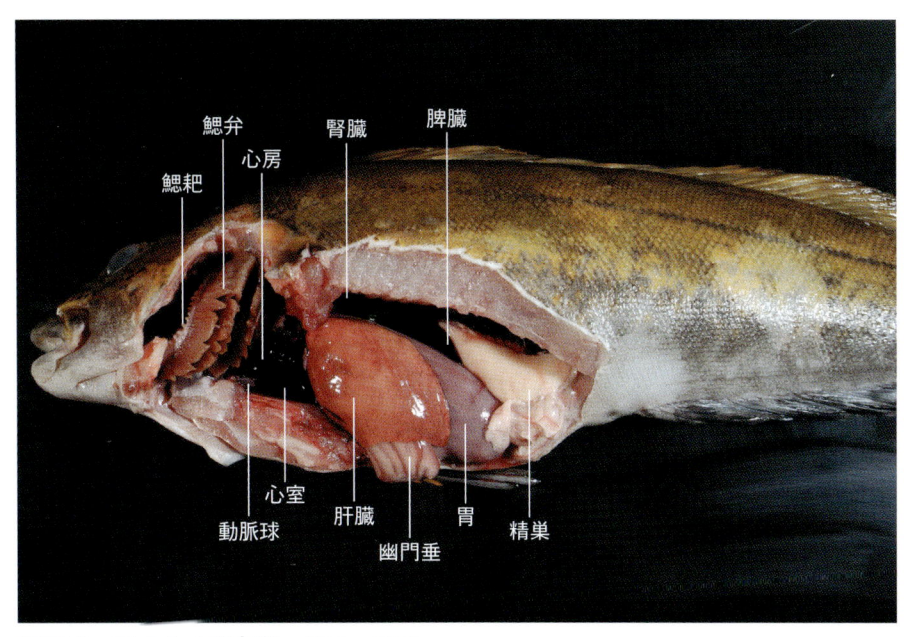

図12-3　アイナメの内臓．（河合，原図）

図12-4　エゾイソアイナメの内臓（肝臓を除去）．（河合，原図）

著しく異なる．プランクトンを食べる魚類では長く板状を呈し，数も多い．一方，魚や底生生物を捕食する魚類では短くこぶ状を呈し，数も少ない．第1鰓弓外側の鰓耙の数や形は，分類学上の重要な形質となる（図12-5～12-7）．

鰓弓から後方へ2列に密接して並んだ弁状物を，鰓弁（gill filament）または鰓葉（gill lamella）という．各鰓弁の両側面には葉状の2次鰓弁（secondary gill lamella）が多数に並ぶ．2次鰓弁は薄く，赤血球が通るほどの毛細血管が網目状に並び，ここでガス交換が行われる．入鰓動脈から入った静脈血は鰓弁の中の小入鰓動脈を通り，2次鰓弁でガス交換を行う．ガス交換を行った動脈血は鰓弁の小出鰓動脈，鰓弓の出鰓動脈を通り，全身へと送り出される．各2次鰓弁では流れ込む水と逆方向に血液が流れ，ガス交換の効率を上げている（図12-7）．

軟骨魚類では5～7対の鰓弓があり，最後の鰓弓を除く各鰓弓に2列に並ぶ鰓弁の間にある鰓隔膜（interbranchial septum）は伸長し体表に達するため，鰓孔は

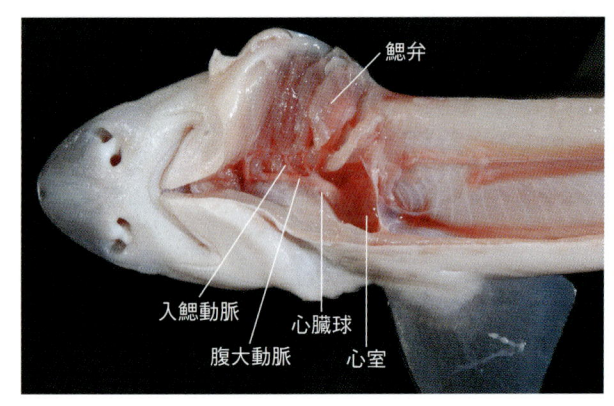

図12-5 ホシザメの心臓と鰓.（河合, 原図）

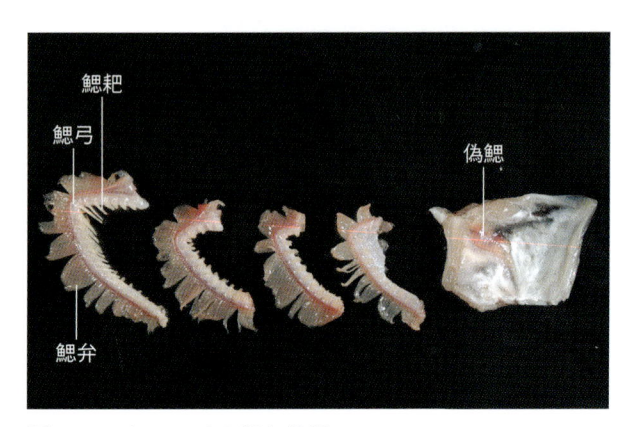

図12-6 クロソイの鰓と偽鰓.（河合, 原図）

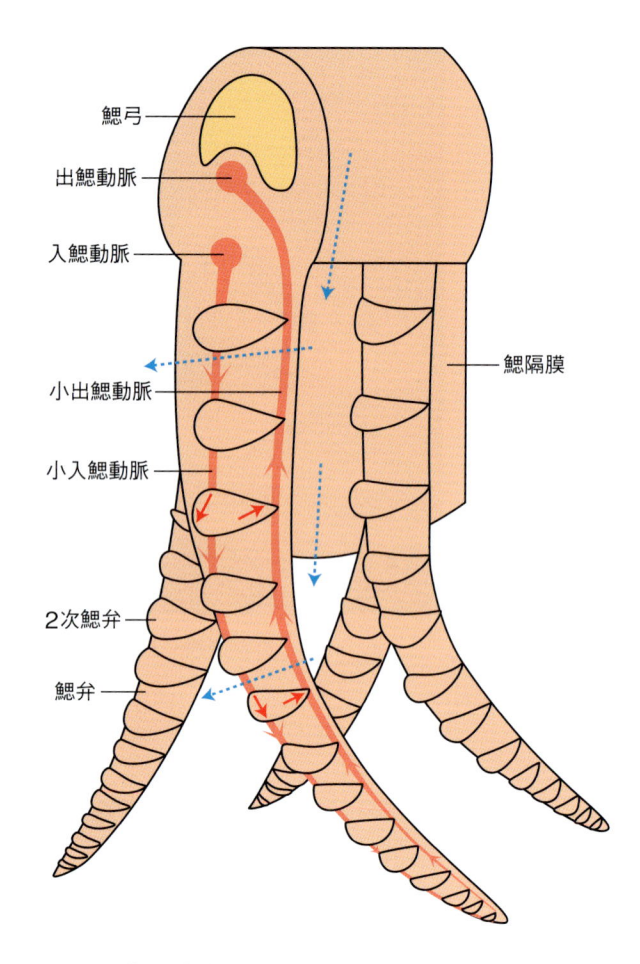

図12-7 鰓の構造模式図. 矢印の実線（赤）は血流, 破線（青）は水流を示す.（Datta Munshi and Singh, 1968より略写）

5〜7対ある（図12-5）. ギンザメ類は鰓隔膜が退化傾向にあり, 鰓腔は薄い鰓蓋状構造によって覆われ, 1対の鰓孔になる.

多くの硬骨魚類は5対の鰓弓からなり, 前方の4対の鰓弓に鰓弁がある. 鰓隔膜は退縮する. 鰓腔の外側は鰓蓋に覆われる（図12-6）.

肺魚類や多鰭類などでは, ふ化前後から幼生期に一時的に, または一生にわたって外鰓が出現する. 外鰓は鰓孔の上方から羽毛状または樹枝状に突出する. 中軸には骨格がなく筋肉が発達し, 運動や収縮によって, 水から酸素を吸収する. 酸素の少ない水域で生活するために発達したと考えられる.

軟骨魚類の呼吸孔および多くの真骨魚類の鰓蓋の内面に偽鰓（pseudobranch）と呼ばれる鰓弁状構造が見られる. 偽鰓は動脈血のみが通過し, 静脈血は通らない. この機能については血液中の酸素と二酸化炭素の分圧の受容器や眼圧の調節などの諸説がある. 鰓弁の有無や数は分類形質として用いられる（図12-6）.

◆脾臓

脾臓（spleen）は軟骨魚類では赤色の三角形または葉状を, 硬骨魚類では楕円形を呈する. 胃の後方に位置し, 靱帯によって消化管に付着する. 脾臓は造血器官であり, 貯血の場所でもある. 内部は多くの血管と毛細血管の分枝が散在する（図12-1〜12-4）.

◆腎臓

腎臓（kidney）は左右対をなし, 腹腔背壁の脊柱腹縁に沿って縦走する. 腎臓の形は葉状, Y字型など種によってさまざまである. 体内の老廃物や体内の浸透圧を維持する上で過剰な塩分の排出器官である. 発生の初期には前腎（pronephros）が出現し, 中腎（mesonephros）が形成されると退縮する. 成魚の腎臓は2部に分かれ, 前部位を頭腎（head kidney）, 中・後部位を体腎（body kidney）と呼ぶ（図12-3〜12-4）.

頭腎は前腎が退化したもので, この部位での排出作用は行われない. コルチゾル, コルチコステロン, コルチ

ゾンなどの多種のホルモンを分泌する．

体腎は腎小体（renal corpuscle）と尿細管（renal tubule）からなる多数のネフロンとその間質を満たすリンパ様組織で構成される．腎小体は複数の毛細血管が入り組んで形成する糸球体（glomerulus）とこれを包むボーマン嚢（Bouman's capsule）からなる．糸球体の毛細血管ではタンパク質以外の多くの成分が水とともにろ過され，尿細管へ送り出される．尿細管は細長い管で，ブドウ糖などの有用な成分は再吸収され，不用なものは水とともに輸尿管（ureter）を通り，尿として排出される．

◆膀胱

膀胱（uninary bladder）は輸尿管の最後部に形成される尿を一時的に貯える袋状の器官である．

◆生殖線

生殖腺は通常体腔背部の正中線の両側に左右1対ある．雄の生殖腺は精巣（testis），雌の生殖腺は卵巣（ovary）と呼ばれ，精子（spermatozoon，複数形ではspermatozoa）と卵（eggあるいはovum，複数形ではova）をそれぞれつくる．生殖腺は体腔の背側壁が隆起して形成される生殖隆起の発達したものである（図12-1〜12-4）．

軟骨魚類では，生殖隆起は間腎組織由来の髄質と体腔上皮由来の皮質からなり，硬骨魚類ではすべて体腔上皮に由来する．この部分が精巣または卵巣に分化する．精巣または卵巣の分化の時期は軟骨魚類では胚期に，硬骨魚類では仔稚魚期に始まる．

生殖線は未成魚では小さく，成熟して産卵期になると肥大する．特に卵巣は著しく大きくなる．成熟の度合は生殖腺重量指数（生殖腺重量×100÷体重）で示されることが多い．

精巣：精巣は精巣間膜（mesorchium）によって体腔背壁に付着する．軟骨魚類の精巣は多数の細精管が密に並び，その中で精子形成が進む．硬骨魚類の精巣は多数の精小葉から構成される型と，多数の精細管からなる型に分けられる．精細管または精小管には多数の生殖細胞とセルトリ細胞（Sertoli cell）が存在する．セルトリ細胞は生殖細胞に栄養を補給している．精細管または精小葉周辺の結合組織中には間質細胞があり，雄性ホルモン（テストステロンほか）を分泌する．

精子形成（spermatogenesis，図12-8）は精小葉あるいは精細管内で行われ，セルトリ細胞に接して存在する精原細胞（spermatogonium）の増殖によって始まる．脳下垂体から分泌される生殖腺刺激ホルモンが，間質細胞に作用して雄性ホルモンの分泌を促し，その雄性ホルモンが精子形成を促す．増殖期には精原細胞は細胞分裂を繰り返し，精原細胞の数は急増する．増殖後は休止期を経て，精原細胞は第1次精母細胞（primary spermatocyte）になり，核内で染色体対合が起こる．その後，第1次成熟分裂をして，2個の第2次精母細胞（secondary spermatocyte）になる．第2次精母細胞は第2次成熟分裂を行い2個の精細胞（spermatid）となる．精細胞は成熟すると，核を中心とする頭部・中片部，長い鞭毛状の尾部からなる精子となる．

軟骨魚類では雄の生殖輸管（gonoduct）は輸精小管（vasa efferentia）と輸精管（vas deferens）からなる．輸精管は中腎輸管で，尿と精子の輸管となっている．精

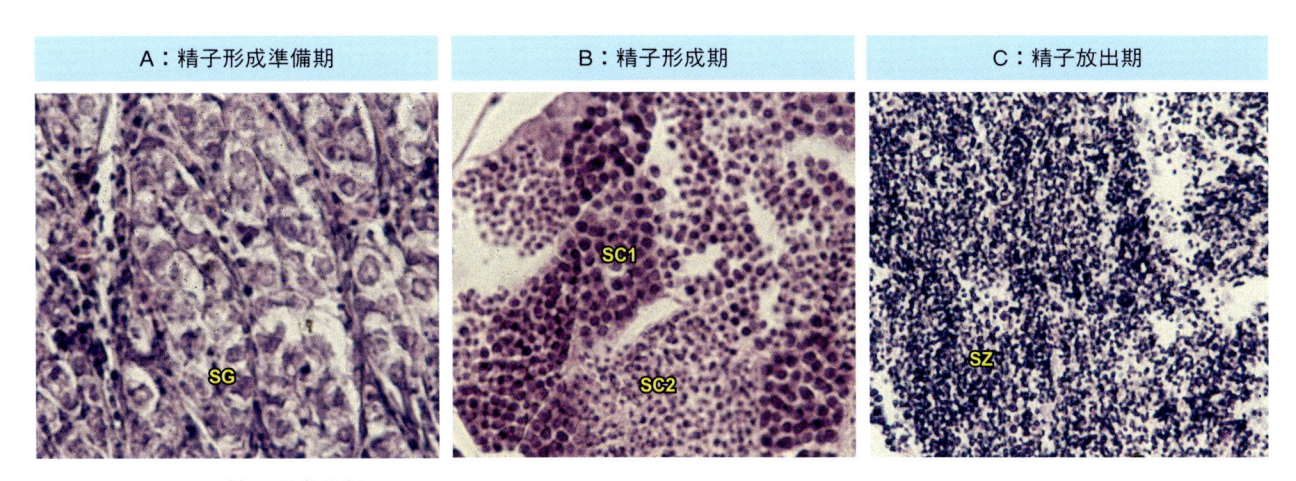

A：精子形成準備期	B：精子形成期	C：精子放出期

図12-8　イサキの精子形成過程．SC1：第1次精母細胞，SC2：第2次精母細胞，SG：精原細胞，SZ：精子．（木村，原図）

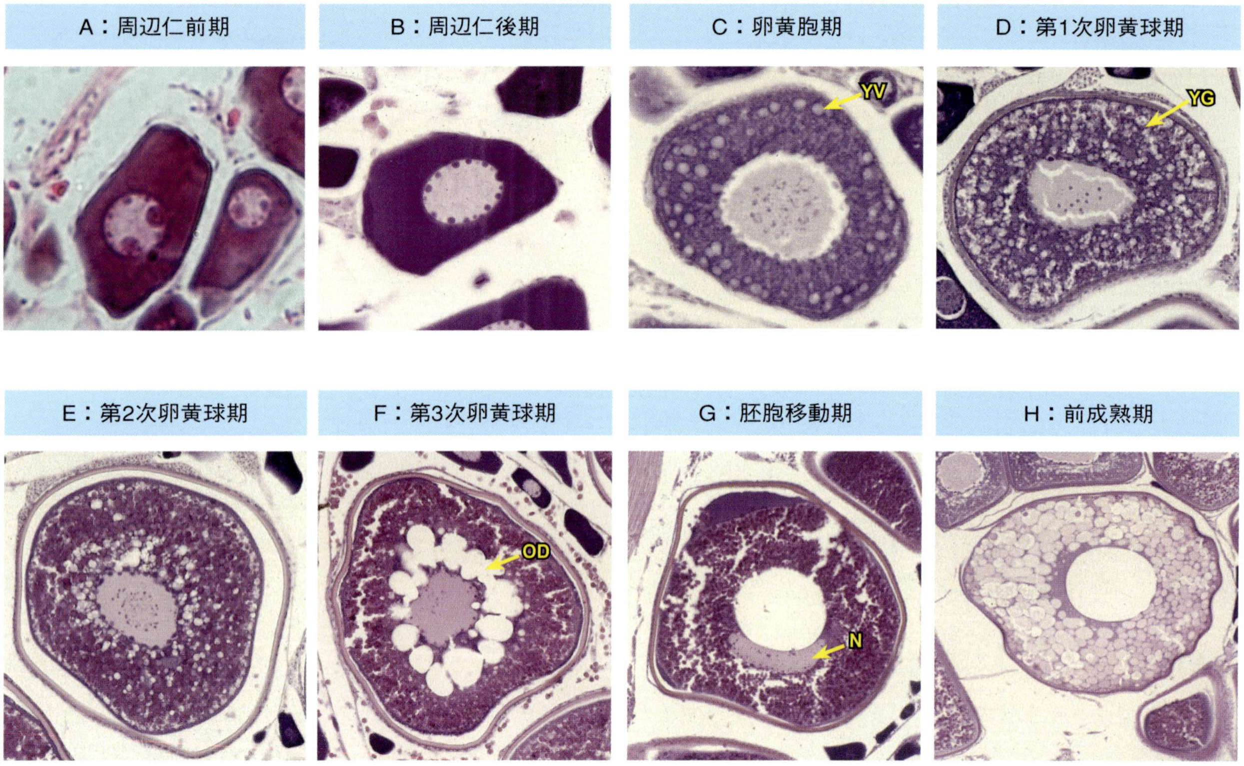

図12-9　イサキの卵形成過程．N：核，OD：油球，YG：卵黄球，YV：卵黄胞．（木村，原図）

細管から排精された精子は輸精小管を経て中腎輸管へ入る．その後端は総排出腔へ開く．硬骨魚類の精巣は精巣間膜（mesorchium）によって体腔背壁に付着し，輸精管を経て生殖孔に開く．生殖孔に開口する直前で輸尿管と合流し，泌尿生殖孔（urinogenital pore）として開口する種もいる．

卵巣：卵巣は卵巣膜（ovarian membrane）で包まれた囊状の器官で，卵巣間膜によって体腔背壁に付着している．卵巣の形態は完全な囊状で成熟卵が卵巣腔に排卵され直接輸卵管を経て産卵される囊状型（cystovarium）と，完全な囊状ではなく，輸卵管と直接連絡せず，成熟卵がいったん体腔に排卵される裸状型（gymnovarium）とに分けられる．軟骨魚類の多くは裸状型である．硬骨魚類では，ウナギ類やサケ類は裸状型で，そのほかの多くは囊状型である．

卵巣には多数の卵巣薄板が並び，この中で濾胞組織に包まれて卵細胞が存在する．濾胞組織は外側の莢膜細胞の層と内側の顆粒膜細胞の層からなり，卵の成熟や排卵に重要な働きをする．魚類の卵は多量の卵黄を含む．卵黄の蓄積は脳下垂体からの生殖腺刺激ホルモンGTHの作用によって濾胞組織でエストロゲンが産出・分泌される．エストロゲンは肝臓に作用し，卵黄前駆物質といわれるビテロゲニン（vitellogenin）の合成が進む．ビテロゲニンは血液によって卵巣に運ばれて成長期の卵母細胞に取り込まれ，卵黄物質が蓄積して卵の成熟が進む．

卵形成（oogenesis，図12-9）は増殖期，成長期および成熟期に大別される．増殖期には卵原細胞（oogonium）が有糸分裂を繰り返して増殖する．有糸分裂はしばらく続くと停止し，休止期を経て成長期に入り，卵母細胞（oocyte）と呼ばれるようになる．

成長期には卵母細胞の形態は次のような段階を経て変わっていく．①染色仁期（chromatin nucleolus stage）：比較的大型の核内に少数の染色仁が存在する．②周辺仁前期（early perinucleoulus stage）：染色仁は数を増やしながら核の周辺部に並ぶ．③周辺仁後期（late perinucleoulus stage）：細胞質は大きくなり，好塩基性から好酸性へと移行する．④卵黄胞期（yolk vesicle stage）：卵母細胞は大きさを増し，ムコタンパク質と多糖類を主成分とする卵黄胞（yolk vesicle）が細胞質の縁辺部に出現し，大きさを増しつつ内側に広がる．⑤第1次卵黄球期（early yolk stage）：卵黄胞の間からリポタンパク質と脂質を主成分とする卵黄球（yolk globule）が出現し，細胞質の内半部に広がる．核は多角形に変形する．⑥第2次卵黄球期（middle yolk stage）：卵黄球

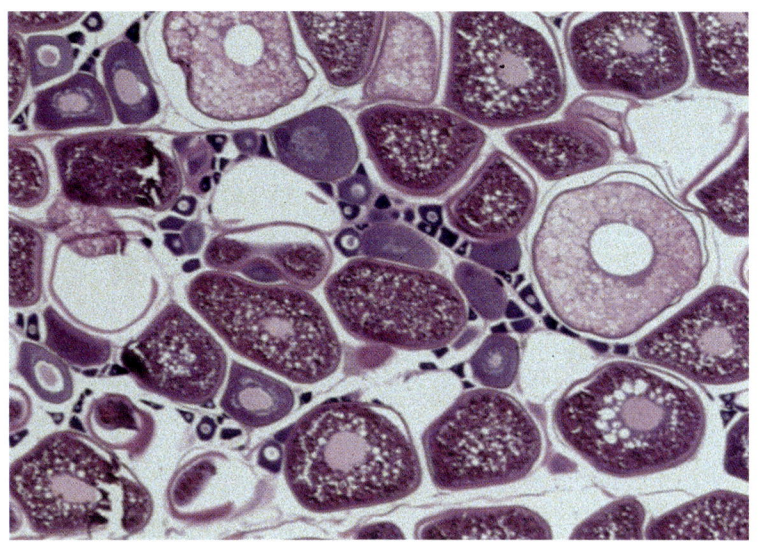

図12-10　成熟期のイサキの卵巣. さまざまな成熟段階の卵母細胞が混在する.（木村，原図）

は急速に細胞質の中心部へ広がり，卵黄胞は細胞質の周辺部に並ぶ．核は卵形に戻る．⑦第3次卵黄球期（late yolk stage）：卵黄球は大きくなり，数も増え，細胞質内部の大半を占めるようになる．卵黄胞は細胞質の周辺部に1〜2列に並ぶ．核は球形に近くなる．細胞質の一端に卵門が認められるようになる．⑧胚胞移動期（migratory nucleus stage）：核は動物極へ向かって移動し，卵門の直下に位置する．成長期の間に卵母細胞自身の卵黄膜（vitelline membrane）の外側を卵膜（chorion）が取り囲む．卵膜には無数の微小管があって，これを通して卵母細胞は濾胞組織と連絡している．卵膜は卵母細胞の成長とともに魚卵特有の厚い硬タンパク質性の卵膜となる．

核が動物極へ到達した後，核の輪郭が不明瞭になり卵母細胞は第1次成熟分裂，第2次成熟分裂を経て成熟卵（ripe egg）になる．成熟卵は十分に大きくなり半透明になる．卵の成熟の最終段階では脳下垂体から生殖腺刺激ホルモンが大量に分泌され，これが濾胞組織に作用して，卵成熟誘起ホルモンの産出・分泌を促し，成熟卵の形成を誘起する．卵が成熟すると濾胞組織の顆粒膜細胞との接着がゆるみ，卵は吸水（hydration）し，膨らんで濾胞が破れて排卵（ovulation）が起こる．

軟骨魚類では成熟卵は体腔へ排卵され，受卵口から輸卵管へ入る．硬骨魚類の裸状型の卵巣では成熟卵は体腔へ排卵され，サケ類では溝状の輸卵管，ウナギ類では直接生殖孔を経て産卵される．硬骨魚類の嚢状型では成熟卵は卵巣腔へ排卵され，輸卵管を経て産卵される．

卵巣内の卵は一様に成熟するものと，そうでないものとがあり，発達様式には次の3型がある．①完全同時発生型（total synchronism）はサケのように一生に1回の産卵で産卵後に死ぬ魚類に見られ，卵巣卵はすべて一様に発達する．②部分同時発生型（group synchronism）はニシンやニジマスのように年1回，一生に何回か産卵する魚類に見られるもので，産卵期の卵巣にはよく発達した卵母細胞と未発達の卵母細胞とが混在する．③非同時発生型（metachrone）は1回の産卵期中に何回か産卵する魚類に見られる．卵巣卵の発達は小群ごとに異なるので，卵巣内には発達段階の異なるいくつかの卵群が混じる（**図12-10**）．卵巣卵の成熟過程に3つの型があり，卵巣卵の卵径組成で，単峯型，双峯型，多峯型に分けられる．

感覚器

中江雅典・佐々木邦夫

水中で生活をする魚類では，水を媒体として多くの刺激を受容する．従って，魚類の感覚器官は陸上で生活をする爬虫類やほ乳類のそれと比較し，構造や機能が著しく異なる．

◆鼻

陸上の脊椎動物の鼻は揮発した化学物質を感受するが，魚類の鼻は水溶性の化学物質を感受する．同一の水溶性アミノ酸が匂いとしても味物質としても受容されるが，魚類での嗅覚と味覚は受容器と中枢神経系への投射部位によって区別される．嗅覚は採餌や回遊行動，繁殖行動，捕食者からの回避行動に関わり，夜行性の魚類や深海魚，サケ・マス類のような母川回帰性の魚類ではよく発達する．

魚類の鼻腔（nasal cavity）は基本的に吻の両側にあり，鼻孔（nostril）を通じて外界とつながる．鼻孔は通常，各側に前後１対で，前鼻孔から水が入り後鼻孔から流れ出る．鼻腔には嗅板（olfactory lamella）と呼ばれるひだ様の構造が集合した嗅房（olfactory rosette）がある（図13-1）．

嗅房は膜状の嗅嚢（olfactory sac）で包まれる．嗅板の数や配列様式は種によって著しく異なり，生態と関連があると考えられている．嗅板上には嗅細胞（olfactory cell），支持細胞（supporting cell），基底細胞（basal cell）などが並び，嗅上皮（olfactory epithelium）が形成される．さらに嗅細胞には繊毛細胞（ciliated cell），微絨毛細胞（microvillar cell）および潜伏細胞（crypt cell）と呼ばれる細胞があり，それぞれアミノ酸などに反応するが，役割分担などは明解にされていない．

◆味蕾

魚類では味覚も水溶性の化学物質を感受する重要な感覚である．味覚の感覚器は味蕾（taste bud）と呼ばれ，明細胞（light cell：t 細胞とも呼ばれる），暗細胞（dark cell：f 細胞），基底細胞（basal cell）などからなる．味蕾は口唇，口腔，ひげ，鰓弓，鰓耙，体表（特に頭部），鰭などにあり，その分布は種によって異なる．味蕾のア

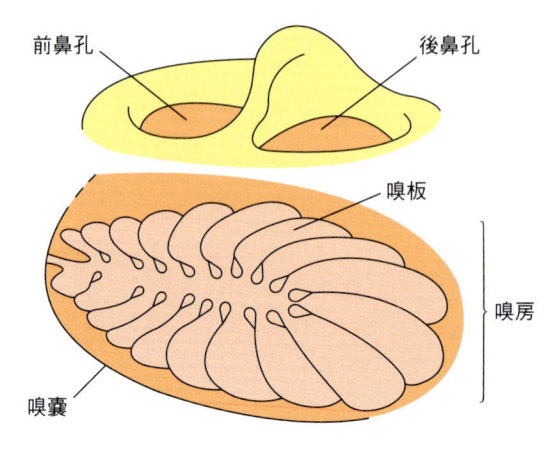

図13-1　硬骨魚類の鼻の模式図（中江，原図）

ミノ酸に対する感受性は優れ，ヒトの味覚器よりも著しく高い．

◆眼

魚類の眼（eye）は視覚器として水中で機能するため，陸上生物であるヒトの眼とはピントの調節法が異なる．魚類の角膜には像をつくる機能がなく，ピントの調節も水晶体の前後移動で行う．遠近調節の能力は高く，かなりの距離まで目視可能とされる．明暗感覚や色彩感覚も優れ，視覚情報に依存した生活をする種も多い．

硬骨魚類の眼は角膜（cornea），虹彩（iris），水晶体（lens），水晶体筋（retractor lentis），ガラス体（vitreous body），網膜（retina），脈絡膜（choroid），強膜（sclera）などで構成される（図13-2）．

角膜は透明で，光の透過と眼の保護の役割をもつ．水晶体は球形で，懸垂靱帯（suspensory ligament）でつられている．下部には水晶体筋が付着し，これの収縮によって水晶体が移動し，遠近調節が行われる．虹彩は水晶体の周囲を覆う膜で，虹彩の中央部に開いた円形部分を瞳孔（pupil）と呼ぶ．多くの硬骨魚類では明暗によって瞳孔の大きさが変化しないが，軟骨魚類の多くでは虹彩に収縮機能があり，その大きさが変化する．網膜はガラス体の奥に位置し，光受容に最も重要な部位である．

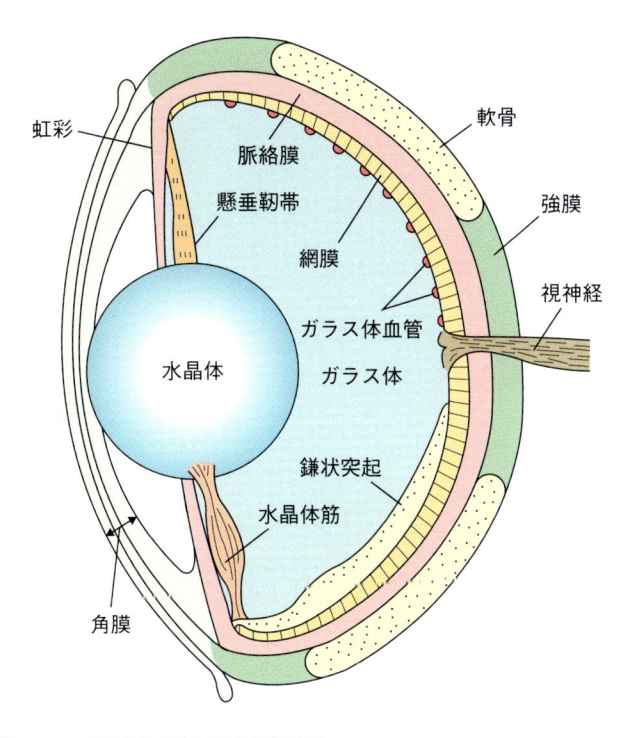

図13-2　硬骨魚類の眼の断面図. 鎌状突起が発達する種にはガラス体血管はなく，ガラス体血管が発達する種（コイ科など）には鎌状突起がない．本図では両方を示す．（小林，1987を改変）

網膜には視細胞（visual cell），水平細胞（horizontal cell），双極細胞（bipolar cell），視神経節細胞（ganglion cell）などがあり，これらが多層構造を形成する．光受容細胞には錐体（cone）と桿体（rod）が含まれ，前者は色覚と視精度に，後者は薄明視に関わる．網膜の奥には血管が密に分布した脈絡膜があり，網膜に栄養を供給する．眼の周囲を覆う強膜は眼球の保護をする．

魚類は水中で生活をするので眼が乾燥せず，眼瞼や涙腺をもたない．ドチザメやメジロザメなどがもつ瞬膜（nictiating membrane）は，異物が眼に接近したときに閉じられ，保護の役目をする．ニシン，ボラ，サバなどでは，眼が脂瞼（adipose eyelid）と呼ばれる半透明の膜で覆われる．

深海魚などの眼にはタペータム（tapetum lucidum）と呼ばれる反射板がある．これは薄明環境下での光受容を効率化するための装置で，光受容細胞を通過した光を反射させて網膜の光感受性を高める．タペータムは存在部位で2タイプに分けられる．網膜色素上皮細胞層にある場合は網膜タペータム（choroidal tapetum），脈絡膜にある場合は脈絡膜タペータム（retinal tapetum）と呼ばれる．網膜タペータムには反射物質の違いによりグアニン型（guanine type），尿酸型（uric acid type），リピッド型（lipid type），プテリジン型（pteridine type），メラノイド型（melanoid type），アスタキサンチン型（astaxanthin type）の6タイプが含まれる．脈絡膜タペータムではグアニン型のみが知られている．タペータムは軟骨魚類からコイ，キンメダイ，アカメ，キントキダイなど硬骨魚類に至るまで，幅広い分類群で認められる．

◆松果体

眼に加え，松果体（pineal body：図11-1参照，58頁）も光の受容器官として働く．松果体は光の強度を識別し，メラトニンの分泌，体色変化，生殖腺の生理機能などに関与する．近年では生物時計との関連も明らかになっている．アユやニジマスの頭部背面には，皮膚の色が薄く，脳の一部が透けて橙色を呈する部分がある．これは松果体窓（pineal window）と呼ばれ，松果体の光感知を効率的にすると考えられている．

◆耳

魚類には外耳と中耳がなく，内耳（inner ear）で聴覚と平衡感覚を担う．内耳は頭骨の中にあり，ほとんどの魚類で外界とは直接つながらない．肺魚，チョウザメ類，軟骨魚類では内耳と外界が頭骨背面に開く1本の細い内リンパ管でつながる．

硬骨魚の内耳は3つの半規管（前・後・水平半規管），卵形嚢（または通嚢：utriculus），球形嚢（または小嚢：sacculus），壺嚢（lagena）からなる（図13-3, 13-4）．各半規管の一端は丸く膨らみ，びん（または膨大部；ampulla）と呼ばれる．

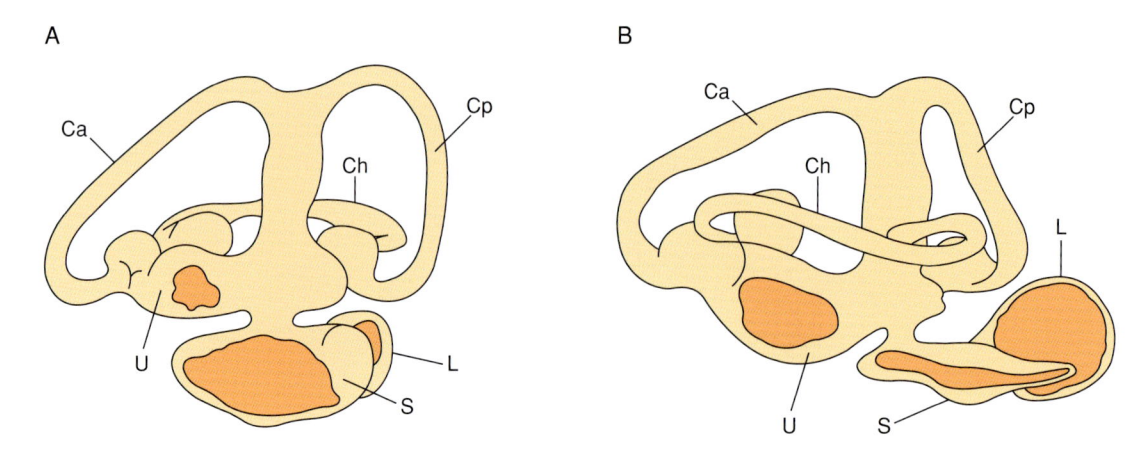

図13-3　硬骨魚類の内耳. A：ブラウントラウト（サケ科）の右内耳を内側から，B：コイ科魚類 *Phoxinus laevis* の左側内耳を外側から．Ca：前半規管，Ch：水平半規管，Cp：後半規管，L：壺嚢，S：球形嚢，U：卵形嚢．各半規管の一端にある膨らみがびん，オレンジ色部分が耳石である．（von Frisch, 1936を改変）

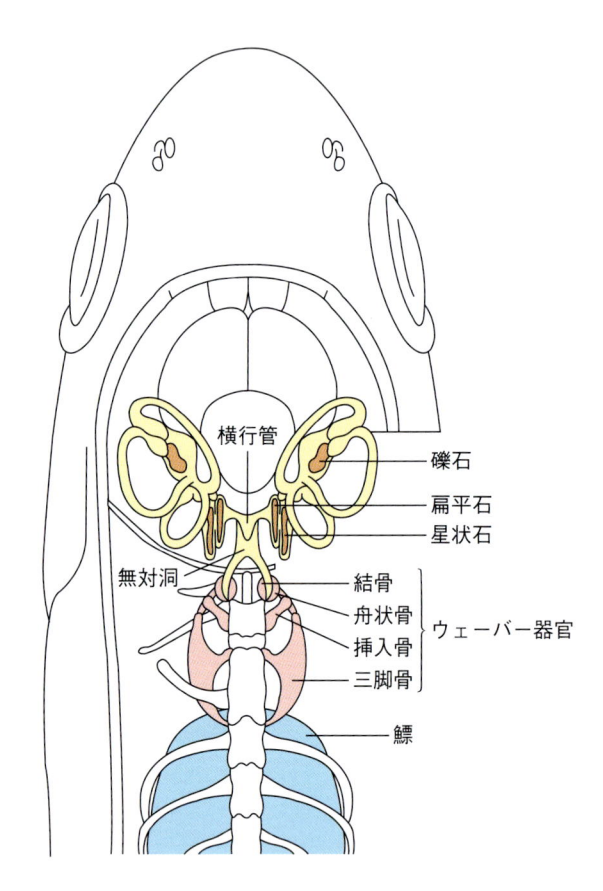

図13-4　骨鰾類の内耳と鰾を連絡するウェーバー器官
（von Frisch, 1936を改変）

　硬骨魚の卵形嚢，球形嚢，壺嚢は，炭酸カルシウムからなる耳石（otolith）と平衡斑（macula）と呼ばれる感覚上皮を備え，耳石器と総称される．卵形嚢，球形嚢，壺嚢の中の耳石をそれぞれ礫石（lapillus），扁平石（sagitta），星状石（asteriscus）と呼ぶ．扁平石が最も大きく，年齢査定や分類形質に「耳石」として用いられるのはこれである．軟骨魚類は耳石の代わりに耳砂（otoconia）を含むゼラチン質の塊をもつ．半規管や耳石器の中はリンパ液で満たされる．

　魚類の聴覚は球形嚢と壺嚢が担当していると以前は考えられていたが，種によっては卵形嚢も関与することが分かってきた．すべての種で球形嚢が聴覚に関わり，ある種では壺嚢や卵形嚢も追加的に聴覚に関わるとされている．例えば，ニシン類では内耳に隣接して聴胞器（otic bulla）があり，卵形嚢も聴覚器として働く．コイ科魚類などの骨鰾類では，鰾の振動がウェーバー器官（図13-4）を通して球形嚢へ伝わり，聴覚の感度が非常に高い．ウェーバー器官をもたない魚種においても鰾は共振器として作用し，聴覚を高める．鰾をもたないサバ科のスマでは，コイ科やタイ科と比較して，聴覚が随分と劣ることが知られている．

　内耳の本来の機能は平衡感覚とされており，3つの半規管と3つの耳石器が平衡感覚に関わる．各半規管が接する部位であるびんには，有毛細胞からなる感覚上皮があり，その上にクプラ（感覚毛を覆う寒天状の器官；cupula）が並ぶ．各半規管は前垂直・後垂直・水平方向に伸長しているので，魚が何らかの回転運動を始めるといずれかの半規管内のリンパ液が回転とは逆の方向に流動し，びんにあるクプラを刺激する．その刺激が神経を介して脳に伝えられ，運動・平衡として知覚される．各耳石器内の平衡斑は耳石と接しており，運動のときなどに生じる耳石の振動によって有毛細胞が刺激される．

　一般にマグロ類のような外洋性の魚類では耳石（扁平石）が小さく，カサゴ類のような沿岸の底生性の魚類では耳石が大きい．特に大きな耳石をもつ分類群（ニベ科など）は，「イシモチ」と称されることがある．

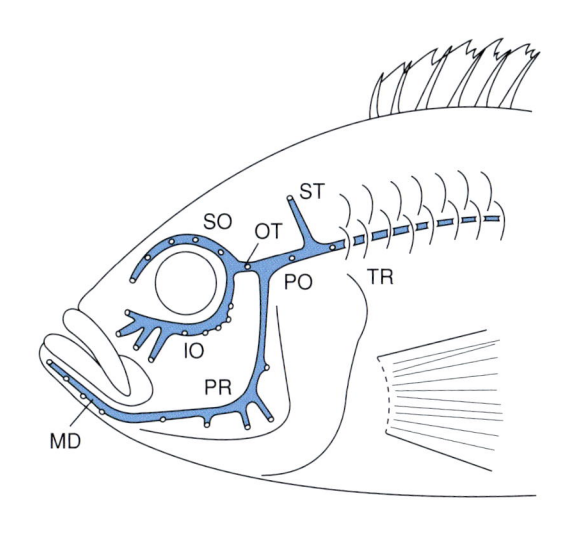

図13-5　真骨魚類の側線管の模式図．IO：眼下管，MD：下顎管，OT：耳管，PO：後耳管，PR：前鰓蓋管，SO：眼上管，ST：上側頭管，TR：躯幹管．（Webb，1989を改変）

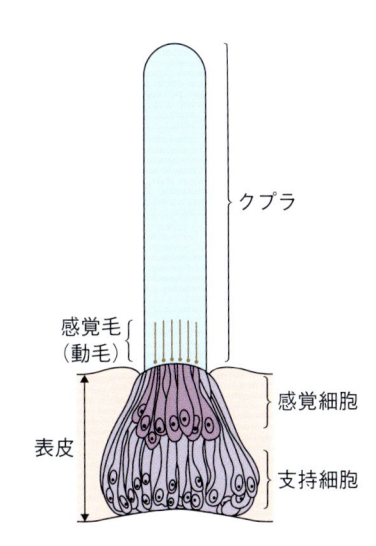

図13-6　コイ科魚類 *Phoxinus* の表在感丘．（Dijkgraaf，1963を改変）

◆側線系

側線系（lateral line system）は魚類や両生類（幼生および水棲の成体）に特有の器官で，周囲の水の動きを感受する．一般的に「側線」は側線鱗（lateral-line scale）によって構成される体側部の管のみを指す場合が多い．しかし，正確には頭部の頭部側線系（cephalic lateral-line system）と体側部の躯幹側線（trunk lateral line）からなる．

頭部側線系は7本の側線の総称で，眼上側線（supraorbital line），眼下側線（infraorbital line），前鰓蓋側線（preopercular line），下顎側線（mandibular line）耳側線（otic line），後耳側線（postotic line）および上側頭側線（supratemporal line）から構成される．多くの種では頭部側線系は7本だが，種によって増減する．躯幹側線も1本の種が多いが，アイナメのように複数列をもつ種もいる．各側線が管で構成される場合は側線管（lateral line canal）と呼ばれ，各部位も眼上管（supraorbital canal）や眼下管（infraorbital canal）などのように呼ばれる（図13-5）．

側線の実質的な受容器官は感丘（neuromast）で，支持細胞（supporting cell），感覚細胞（または有毛細胞：hair cell），感覚毛（または繊毛：sensory hair）およびクプラから構成される（図13-6）．個々の感覚細胞には1本の長い動毛（kinocilium）と30～40本の短い不動毛（stereocilia）があり，動毛がクプラの中に入り込んでいる．水流によりクプラが曲がると動毛も曲げられ，それにより感覚細胞が興奮する．感覚細胞の刺激は側線神経を介して脳・延髄へと伝えられる．側線管内に納められた感丘は管器感丘（canal neuromast）と呼ばれる．

表皮にある感丘の名称には同一の構造に複数が充てられ，孔器（pit organ），遊離感丘（free neuromast），表面感丘または表在感丘（superficial neuromast）などとされる．ここでは便宜上，表在感丘を使用する．管器感丘は発生学的には表在感丘が管器内に埋没して形成されるが，一般的に表在感丘よりも大きい．

側線の発達や走行状態は種の生態をある程度反映している．また，分類形質としてもよく利用される．一般に急流に生息する種や高速で遊泳する種では，側線管が細く，表在感丘の数が少ない．一方，止水域に生息する種や低速で遊泳する種では，側線管が太く，表在感丘の数が多い．これは管器感丘が20～40Hzの周波数帯で高い感度を示すのに対して，表在感丘が20Hz以下の低周波数帯で高い感度を示すとの実験結果と整合的である．

躯幹側線はトビウオやダツなどの表層性の種では腹側に，砂に潜るミシマオコゼなどでは背側にあり，これは生態的特徴の反映とされている．ハゼ科魚類では頭部側線系が詳細に観察され，分類形質として種の識別に利用されている．

◆電気受容器

軟骨魚類のロレンチニ瓶，ゴンズイ科のアンプラ器官，ナマズ類の小孔器，弱電魚（モルミルス科など）のモルミロマスト（mormyromasts）などが電気受容器として知られている．これらは側線系から分化した受容器で，特殊型側線器とも呼ばれる．ロレンチニ瓶はサメ類の吻部腹面やエイ類の体盤腹面に多く分布し，餌生物の発する生体電気を感知する．弱電魚では発電器と受容器を用いて電気的コミュニケーションを行う．

引用文献

Ashley, L.M. and R.B. Chiasson. 1988. Laboratory anatomy of the shark. Fifth edition. McGraw-Hill College, New York, pp. 84.

Cappetta, H. 1987. Handbook of Paleoichthyology. Volume 3B: Chondrichthyes II: Mesozoic and Cenozoic Elasmobranchii. Gustav Fischer Verlag, Stuttgart, pp. 193.

Datta Munshi, J. S. and B. N. Singh. 1968. On the micro-circulatory system of the gills of certain freshwater teleostean fishes. Journal of Zoology, 154: 365–376.

Didier, D. 1995. Phylogenetic systematics of extant chimaeroid fishes (Holocephali, Chimaeroidei). American Museum Novitates, 3119: 1–86.

Dijkgraaf, S. 1963. The functioning and significance of the lateral-line organs. Biological Reviews, 38: 51–105.

Downing, S. W., R. H. Spitzer, E. A. Koch, and W. L. Salo. 1984. The hagfish slime gland thread cell. I. A unique cellular system for the study of intermediate filaments and intermediate filament-microtublule interactions. Journal of Cell Biology, 98: 653–669.

Gregory, W., K. 1933. Fish skulls: a study of the evolution of natural mechanisms. American Philosophical Society, Philadelphia, pp. 481.

堀田秀之．1961．日本産硬骨魚類の中軸骨格の比較研究．農林水産技術会議事務局，東京，pp. 155+10, pls. 70．

岩井　保．1965．形態．松原喜代松・落合　明・岩井　保，pp. 26–120．魚類学（上）．水産学全集9，恒星社恒星閣，東京．

木村清志．1997．ブルーディスカス．落合　明・鈴木克美（編），pp. 82–85 + 148–151．観賞魚解剖図鑑1．緑書房，東京．

Lim, J., D. S. Fudge, N. Levy, and J. M. Gosline. 2006. Hagfish slime ecomechanids: testing the gill-clogging hypothesis. Journal of Experimental Biology, 209: 702–710.

McKay, R. J. 1992. FAO Species Catalogue. Vol. 14. Sillaginid Fishes of the World (Family Sillaginidae). An annotated and illustrated catalogue of the sillago, smelt or Indo-Pacific whiting species. FAO, Rome, pp. vi+87.

Meek, J. and R. Nieuwenhuys. 1998. Holostean and teleosts. Pages 759–937 in R. Nieuwenhuys, H. J. Ten Donkelaar, and C. Nicholson, eds. The central nervous system of vertebrates. Volume 2. Springer-verlag, New York.

Neave, F. 1940. On the histology and regeneration of the teleost scale. Quarterly Journal of Microscopical Science, S2-81: 541–568.

落合　明．1987．皮膚系．落合　明（編），pp. 9–21．魚類解剖学．水産養殖学講座1，緑書房，東京．

落合　明（編）．1987．魚類解剖図鑑．緑書房，東京，pp. 250．

落合　明（編）．1991．魚類解剖図鑑第II集．緑書房，東京，pp. 36．

落合　明（編）．1987．魚類解剖大図鑑．緑書房，東京，pp. 167+266．

落合　明・鈴木克美（編）．1997．観賞魚解剖図鑑1［熱帯魚・日本産淡水魚・外来魚・金魚・錦鯉］．緑書房，東京，pp. 160．

Sasaki, K. 2001. Schianenidae. Croakers (drums). Pages 3117–3174 in K. E. Carpenter and V. H. Niem eds., FAO Species identification guide for fishery purposes, the living marine resources of the western central Pacific. Volume 5. FAO, Rome.

Shirai, S. 1992. Squalean phylogeny; A new framework of "squaloid" sharks and related taxa. Hokkaido University Press, Sapporo, pp. iv + 151, pls. 1–58.

Smith, H. M. 1960. Evolution of chordate structure: An introduction to comparative anatomy. Holt Rinehart and Winston Inc., New York, 529 pp.

Suyehiro, Y. 1942. A study on the digestive system and feeding habits of fish. Japanese Journal of Zoology, 10(1): 1–303.

高橋善弥．1962．瀬戸内海とその隣接海域産硬骨魚類の脊梁構造による種の査定のための研究．内海区水産研究所研究報告，16: 1–197．

田村　保．1970．視覚．川本信之（編），pp. 423–451．魚類生理．恒星社厚生閣，東京．

富永盛治朗．1967．五百種魚体解剖図説．角川書店，東京，pp. 274+312+432．

植松一眞．2002．神経系．会田勝美（編），pp. 28–44．魚類生理学の基礎．恒星社厚生閣，東京．

von Frisch, K. 1936. Über den Gehörsinn der Fische. Biological Reviews, 11: 210–246.

Webb, J. F. 1989. Gross morphology and evolution of the mechanoreceptive lateral-line system in teleost fishes. Brain, Behavior and Evolution, 33: 34–53.

Wilga, C. D. 2005. Morphology and evolution of the jaw suspension in lamniform sharks. Journal of Morphology, 265: 102–119.

山田寿郎．1966．硬骨魚数種の表皮扁平上皮細胞に見られる指紋様構造．動物学雑誌，75: 140–144．

第Ⅱ章　各種の解説

ホシザメ
アブラツノザメ
アカエイ／ウナギ
ニシン／コノシロ
ソウギョ／ドジョウ
ナマズ／ワカサギ
アユ／アマゴ
マダラ／キアンコウ
ボラ／サンマ
カサゴ／コチ
アイナメ／ブリ
シマガツオ
マダイ／シログチ
ナイルティラピア
マハゼ／アイゴ
タチウオ／ヒラメ
マガレイ
アカシタビラメ
ウマヅラハギ
トラフグ

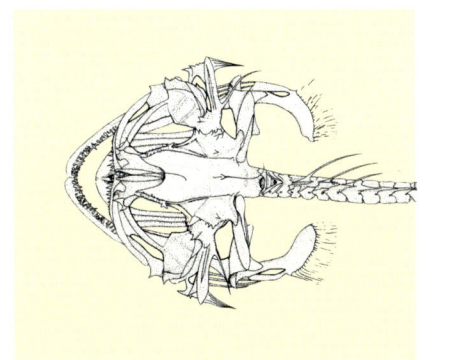

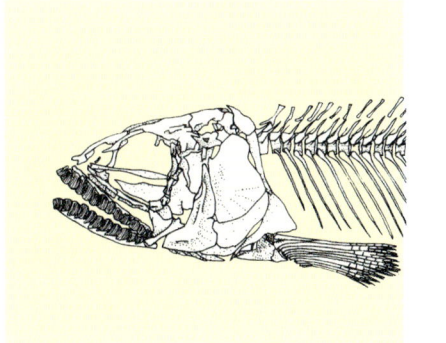

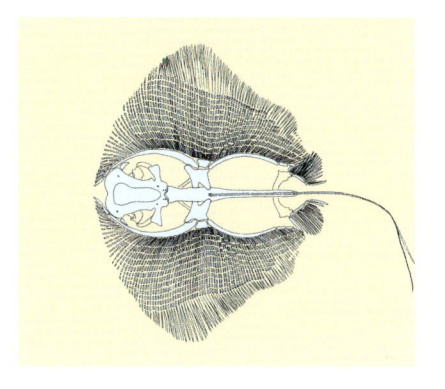

ホシザメ

Mustelus manazo Bleeker
メジロザメ目ドチザメ科ホシザメ属
白井 滋

解剖図

噴水孔、眼、鰓孔、卵殻腺、卵巣、腎臓、エピゴナル器、第1背鰭、輸卵管（子宮）、直腸腺、第2背鰭、尾鰭、鼻孔、口裂、心臓、肝臓（左、断面）、胸鰭、胆嚢、膵臓、肝臓（右）、胃、脾臓、腸、直腸、腹鰭、総排泄腔、臀鰭、尾鰭欠刻

骨格図

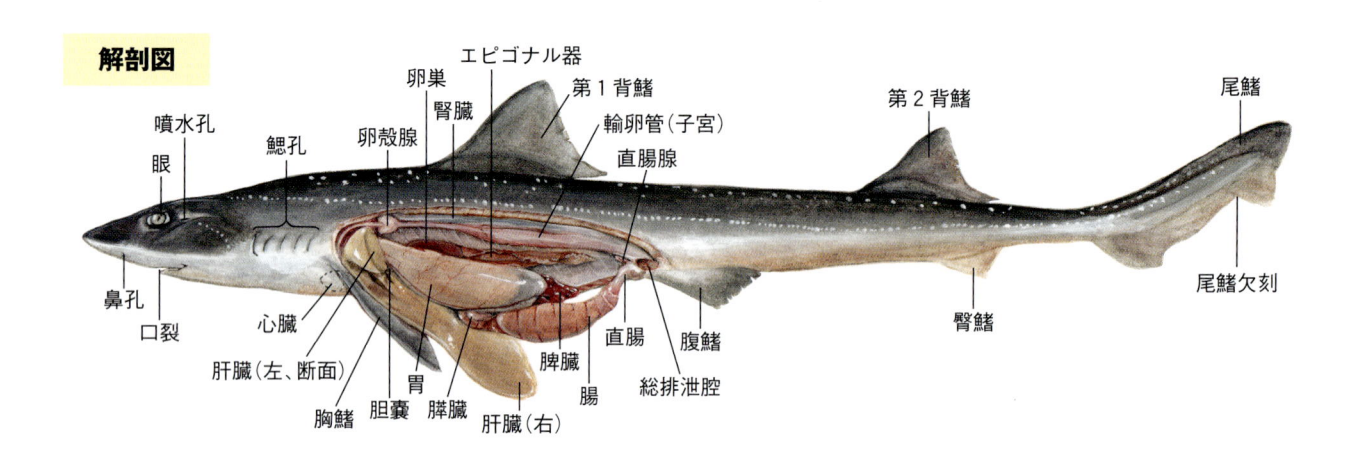

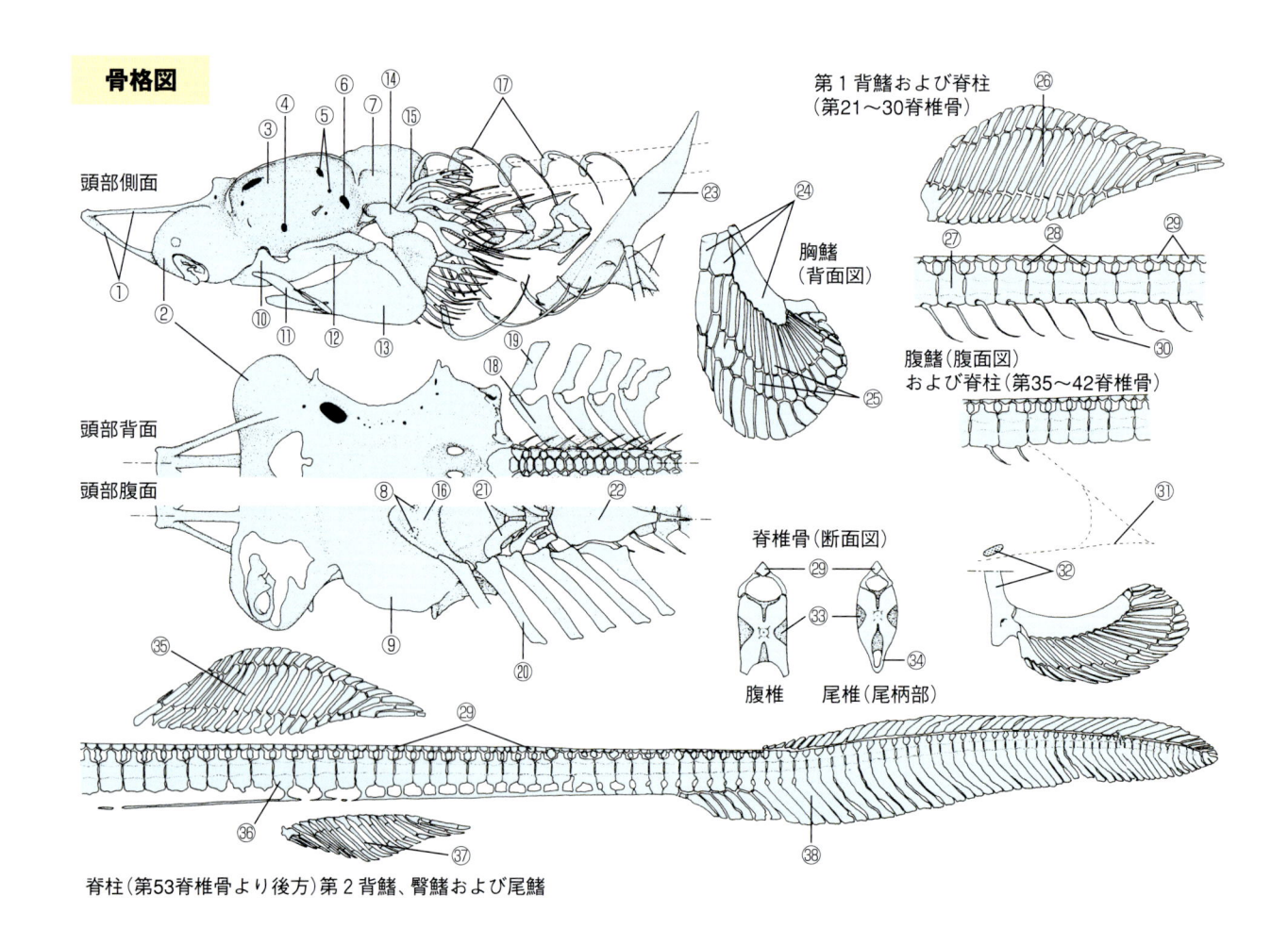

頭部側面、頭部背面、頭部腹面、胸鰭（背面図）、第1背鰭および脊柱（第21〜30脊椎骨）、腹鰭（腹面図）および脊柱（第35〜42脊椎骨）、脊椎骨（断面図）、腹椎、尾椎（尾柄部）、脊柱（第53脊椎骨より後方）第2背鰭、臀鰭および尾鰭

① 吻軟骨　② 鼻殻　③ 眼窩　④ 視孔　⑤ 第Ⅴ・Ⅶ神経孔（眼枝）　⑥ 第Ⅴ・Ⅶ神経孔（眼枝を除く）　⑦ 耳殻　⑧ 頸動脈孔　⑨ 眼下棚　⑩ 関節突起（口蓋方軟骨）　⑪ 口唇軟骨　⑫ 口蓋方軟骨　⑬ 下顎軟骨　⑭ 舌顎軟骨　⑮ 鰓条軟骨（舌弓）　⑯ 基舌軟骨　⑰ 外鰓軟骨　⑱ 咽鰓軟骨　⑲ 上鰓軟骨　⑳ 角鰓軟骨　㉑ 下鰓軟骨　㉒ 基鰓軟骨　㉓ 肩帯（肩甲―烏口軟骨）　㉔ 担鰭軟骨（胸鰭）　㉕ 輻射軟骨　㉖ 第1背鰭　㉗ 椎体　㉘ 背間挿板　㉙ 神経弓門上の小軟骨片　㉚ 肋骨　㉛ 総排出腔（位置）　㉜ 腰帯　㉝ 石灰化した部分　㉞ 血道弓門　㉟ 第2背鰭　㊱ 完全な血道弓門の先頭（第62脊椎骨）　㊲ 臀鰭　㊳ 血管突起（尾鰭）

解　説

◆呼名
カノコザメ（青森，宮城），ホシブカ（関西，下関，高知），ノウソ，ノウソウ（瀬戸内，長崎），マナゾ（九州），トギラ（沖縄）．

◆外見の特徴
流線形のサメらしい体形．吻端部はやや尖る．眼は細長く，瞬膜がある．噴水孔は眼の後方に開く．口裂は下位．外鰓孔は5対で，うち4番目と5番目は胸鰭基底上にある．

第1背鰭は第2背鰭より大きく，胸鰭と腹鰭のほぼ中間上に位置する．臀鰭は小さく，第2背鰭の基底下方に始まる．尾鰭前窩はない．尾鰭欠刻は明瞭．体の背側面はいくぶん赤味を帯びた灰褐色で，側線上およびこれより背側に多数の白色点が散在する（老成魚ではこれを欠くことがある）．

◆分布・生息
北海道以南の日本各地，朝鮮半島，東・南シナ海．大陸棚縁辺に多く分布する．生息水深は一般に200m以浅で，砂泥質の海底に多い．

◆成熟・産卵
受精は夏季に行われ，翌春に若魚となって分娩される（卵胎生）．出産時の大きさは全長30cm程度．成熟に達する個体の大きさは，雄で全長約60cm，雌で62〜64cm．

◆発育・成長
雄は満1年で全長50cm，5年で70cm．雌はこれよりいくぶん早く，3年で70cm，5年で85cmになるという．

◆食性
甲殻類，特にエビ・カニ類を多く捕食する．その他，魚類，イカ類など．

◆解剖上の特徴
〔脳〕
端脳はほぼ円形，その背面には十字状の溝がある．嗅索は短い．間脳は小さい．視葉は卵形で，よく発達する．小脳はひし形，その背面には数本の不規則な横溝がある．

〔鰓〕
舌弓に支えられた1対の片鰓とその後方の4対の全鰓とからなる．第5鰓列は鰓弁を担わない．鰓耙はない．

〔口部〕
口裂は強く湾曲し，鼻孔とは全く離れる．口角部には唇褶が発達し，上顎の唇褶が下顎のものよりかなり長い．歯はまるい歯冠部をもち，敷石状に並ぶ．口腔・咽頭・鰓弓の内面は，覆瓦状に並ぶ微小歯（楯鱗）によって覆われる．

〔消化管〕
食道は短く，伸長した腹腔の前端で胃につながる．胃の前半部（噴門部）は腹腔の後端近くまで伸び，後半部（幽門部）は反転して前方に向かい，全体としてJ型を呈する．腸は胃の噴門部とほぼ同長．腸の内面にはらせん弁（外観から認められる横縞）があって，その巻数は6〜7回．直腸は短く，直腸腺が付属する．

脾臓は紫赤色の長大な器官で，噴門部と幽門部の境に細長く伸長する．膵臓（2葉）は偏平で淡黄白色の独立器官で，胃の幽門部から腸の始部に付着する．

〔肝臓・胆嚢〕
肝臓はほぼ同じ大きさの左右2葉からなり，消化管を腹側面から包む．左葉の前半部内面に，緑色の胆嚢が肝臓組織に取り囲まれて位置する．胆管は腸の始部（らせん弁の2巻き目）に開口する．

〔総排出腔〕
総排出腔は腹鰭基底部の直後に位置する．消化管は総排出腔の最前部に開く．雌ではその背面に泌尿突起があり，そのわきに輸卵管が開く．雄では泌尿生殖突起があり，輸精管はここに開く．雌雄とも，総排出腔の後縁に1対の腹孔がある．

〔生殖器官〕
卵巣は右側のものだけが発達する．エピゴナル器は左右1対あり，互いに，また右卵巣と接する．卵殻腺は小さく腹腔前部にあって，乳白色のハート形をなす．卵殻腺から後方に伸びる輸卵管は壁が厚く，胎児の成長する子宮となる．

精巣は左右ともに発達する．エピゴナル器は精巣の背方にあって，後方の端部は雌のそれと同様に鋸歯状の縁辺をもつ．輸精管は精巣の前端近くから複数に屈曲しながら走り，次第に直線的になり，泌尿生殖突起へ向かう．

〔体側筋〕
背腹の筋肉は水平隔膜で仕切られる．各筋節は3つの前向錐と2つの後向錐をもつ．水平隔膜の上下に表面血合筋が発達する．真正血合筋はない．

〔骨格〕
吻軟骨は吻端部で合一する3本の細長い軟骨からなる．これらのうち，2本は鼻殻の背側前縁の左右から，もう1本は頭蓋基底部の前端から起こる．篩骨部（吻軟骨と鼻殻）と眼窩に比べて，耳殻部は短い．眼下棚はよ

く発達する．第Ⅴ・Ⅶ神経の眼枝は，他の主枝と別の開孔から頭蓋骨を出る．第Ⅶ神経の舌顎枝は，独立した神経孔をもたない．頸動脈孔は1対で，口蓋部に開孔する．

口蓋方軟骨の前端部には短い突起があり，これによって視孔より前方で頭蓋骨と関節する．口唇軟骨は3本．舌弓は腹側の外鰓軟骨を欠く．基咽鰓軟骨突起はよく発達する．基鰓軟骨は第2鰓弓のみで独立した小片となる．

胸鰭の担鰭軟骨は3枚で，3列の輻射軟骨を支持する．背鰭と臀鰭は輻射軟骨のみで支えられ，これらは脊椎骨とは全く離れる．

椎体の断面をみると，星状の石灰化部は小さいが，石灰質が椎体の背・腹および左右両側でくさび形に沈着する．脊椎の背縁には，尾鰭の末端を除いて小軟骨片が並ぶ．尾椎は臀鰭上またはこれより後方で完全な血道弓門をもつ．尾鰭の血管突起は，尾柄部のそれに比べて長い．脊椎骨数（尾鰭前）は約90個．

全形

頭部腹面

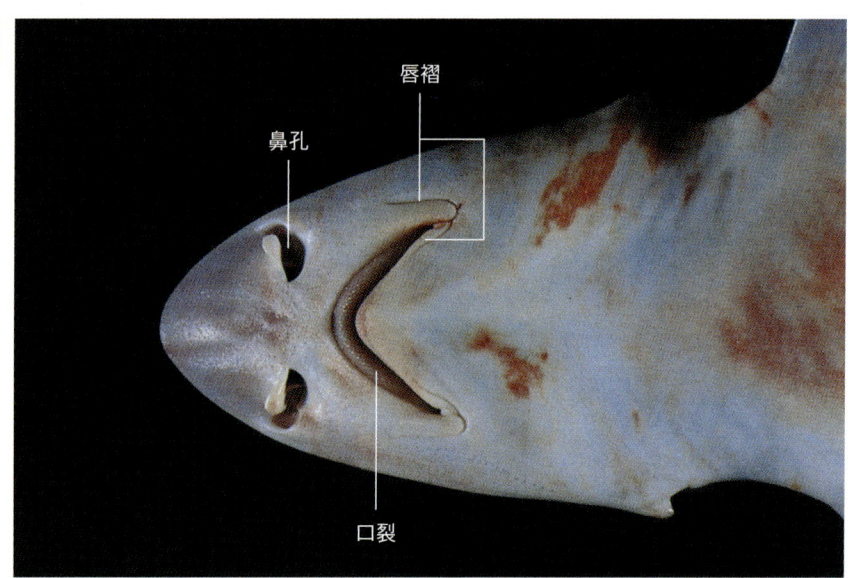

腹鰭腹面（雄）

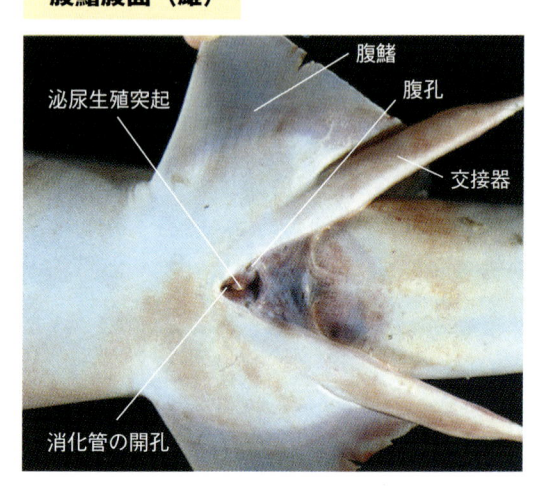

腹鰭腹面（雌）

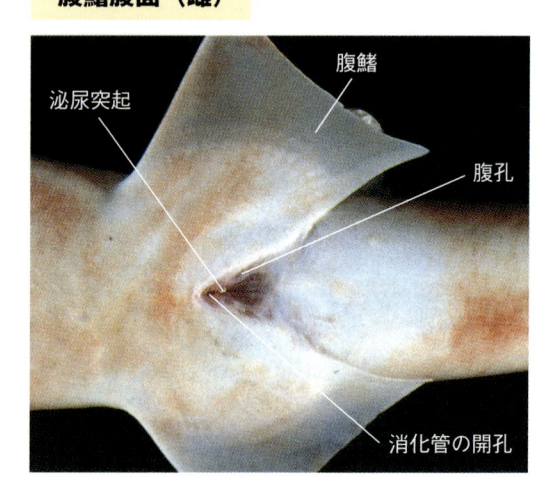

ホシザメ　II-1

脳背面
- 嗅葉 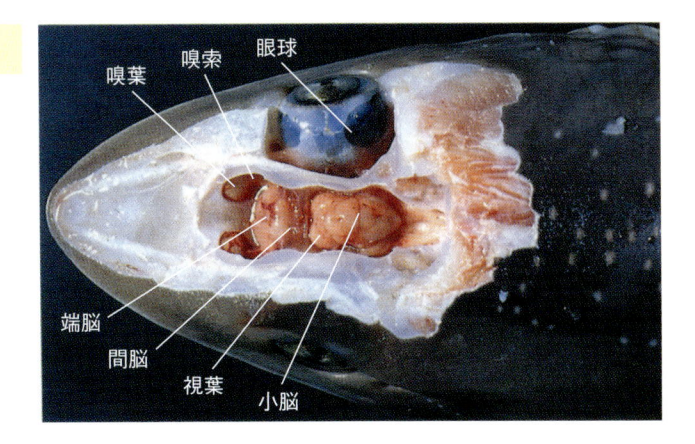
- 嗅索
- 眼球
- 端脳
- 間脳
- 視葉
- 小脳

内臓
- 腎臓
- 輸卵管
- 直腸腺
- 直腸
- 脾臓
- 胃（噴門部）
- 腸
- 胃（幽門部）
- 膵臓
- 肝臓

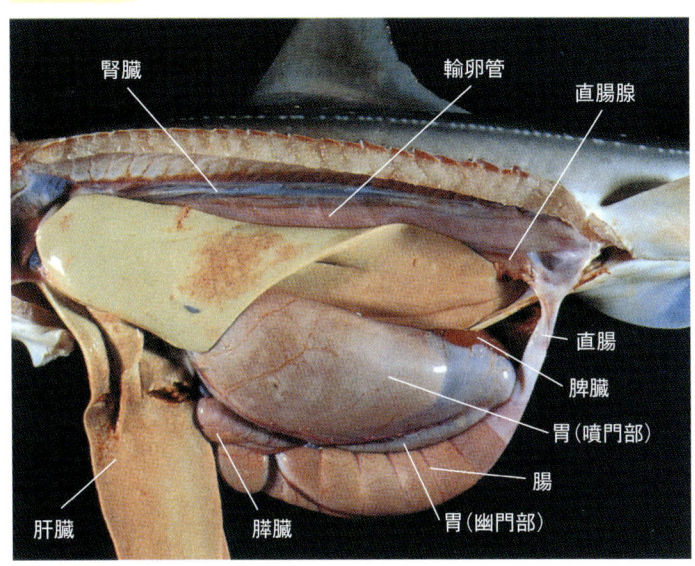

内臓（肝臓を除去）
- 食道
- 胃（噴門部）
- 胃（幽門部）
- 脾臓
- 腸
- 直腸
- 直腸腺

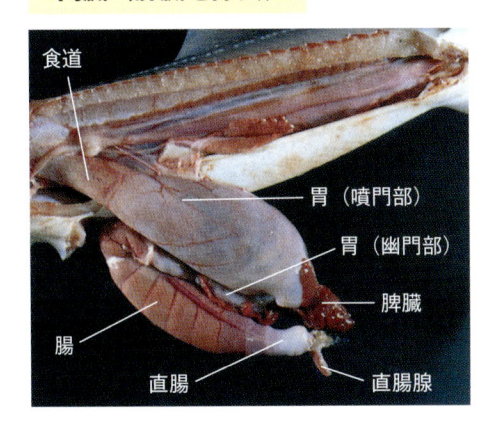

生殖器官（雌）
- （有対）輸卵管
- 卵殻腺
- 腎臓
- 輸卵管（子宮）
- 表層血合筋
- 心臓
- 受卵口
- 食道（切断面）
- 卵巣（右側）
- エピゴナル器（左側）
- 総排泄腔
- エピゴナル器（右側）

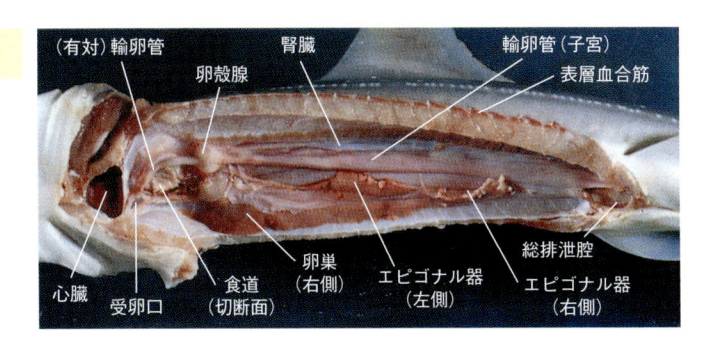

生殖器官（雄）
- 食道（切断面）
- 細精管
- 輸精管
- 表層血合筋
- 精巣
- エピゴナル器

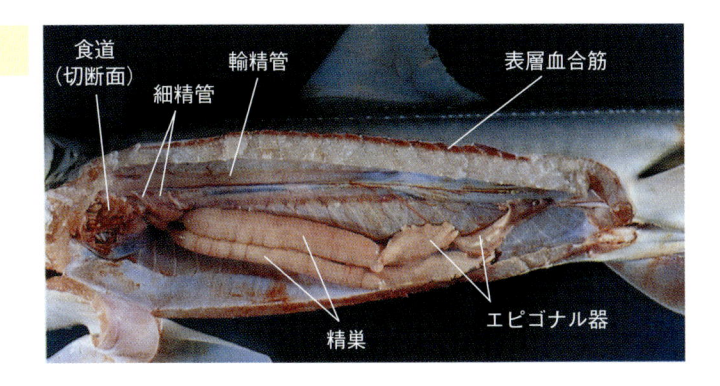

アブラツノザメ

Squalus acanthias Linnaeus
ツノザメ目ツノザメ科ツノザメ属
白井滋

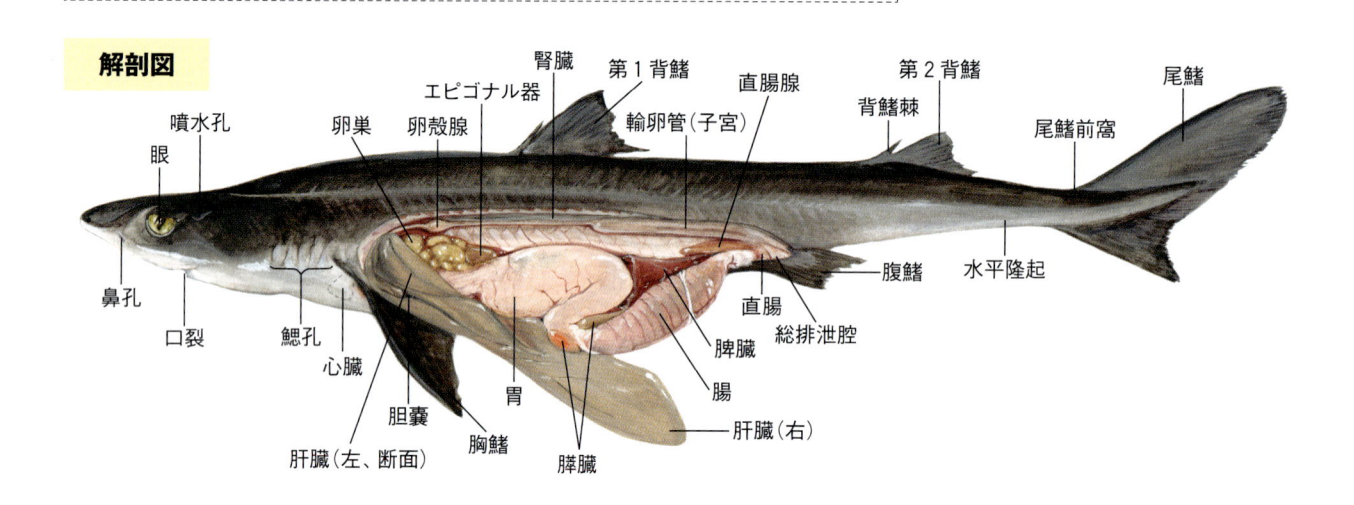

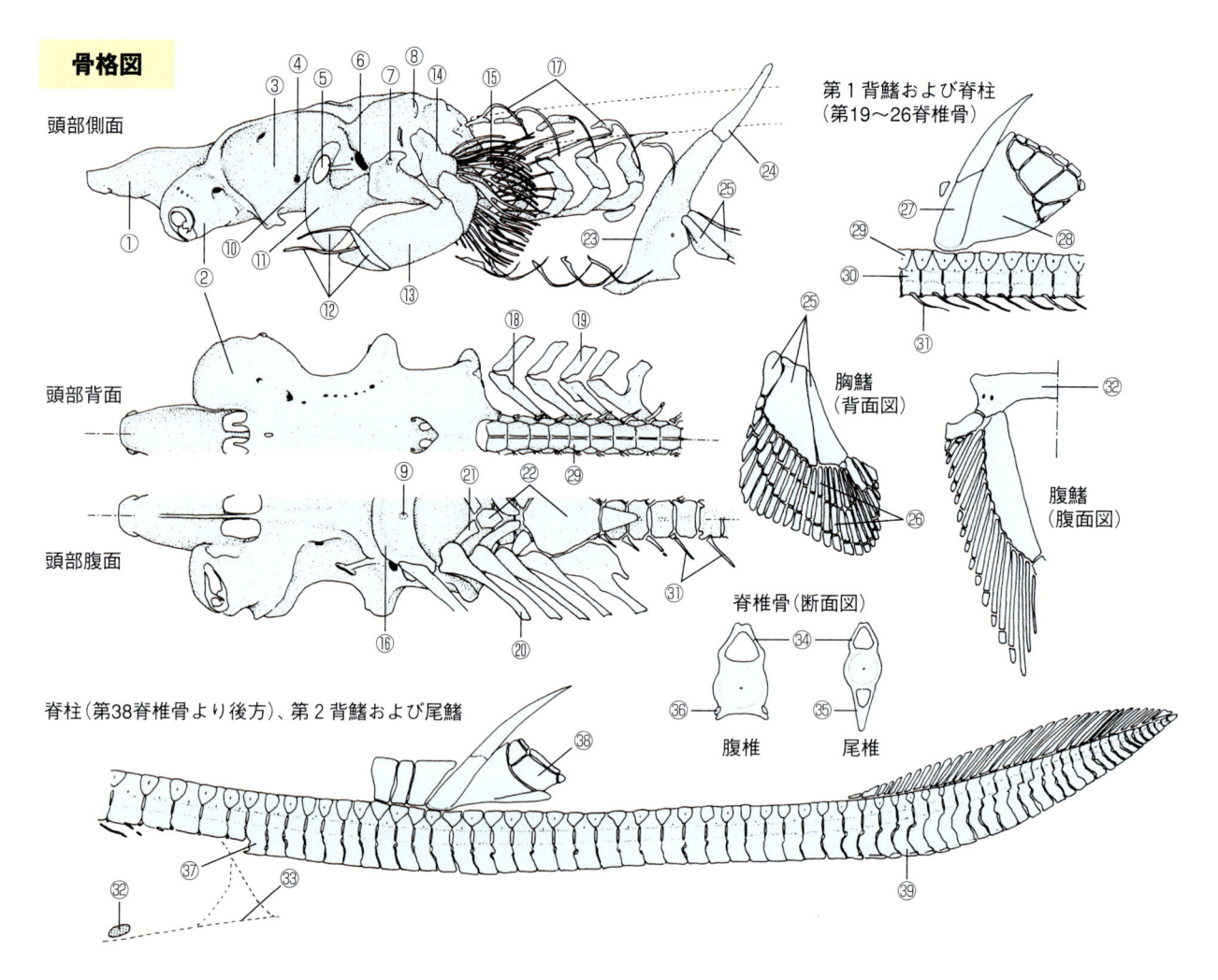

解剖図

（ラベル：噴水孔、眼、鼻孔、口裂、鰓孔、心臓、肝臓（左、断面）、胆嚢、胸鰭、膵臓、胃、卵巣、卵殻腺、エピゴナル器、腎臓、第1背鰭、輸卵管（子宮）、直腸腺、脾臓、腸、肝臓（右）、直腸、総排泄腔、腹鰭、第2背鰭、背鰭棘、水平隆起、尾鰭前窩、尾鰭）

骨格図

頭部側面
頭部背面
頭部腹面
第1背鰭および脊柱（第19〜26脊椎骨）
胸鰭（背面図）
腹鰭（腹面図）
脊椎骨（断面図）　腹椎　尾椎
脊柱（第38脊椎骨より後方）、第2背鰭および尾鰭

① 吻軟骨　② 鼻殻　③ 眼窩　④ 視孔　⑤ 眼柄　⑥ Ⅴ・Ⅶ神経孔（舌顎枝を除く）　⑦ 舌顎孔　⑧ 耳殻　⑨ 頸動脈孔
⑩ 関節突起（口蓋方軟骨）　⑪ 口蓋方軟骨　⑫ 口唇軟骨　⑬ 下顎軟骨　⑭ 舌顎軟骨　⑮ 鰓条軟骨（舌弓）　⑯ 基舌軟骨　⑰ 外鰓軟骨
⑱ 咽鰓軟骨　⑲ 上鰓軟骨　⑳ 角鰓軟骨　㉑ 下鰓軟骨　㉒ 基鰓軟骨　㉓ 肩帯（肩甲—烏口軟骨）　㉔ 上肩甲軟骨　㉕ 担鰭軟骨（胸鰭）
㉖ 輻射軟骨　㉗ 背鰭棘（第1背鰭）　㉘ 担鰭軟骨（背鰭）　㉙ 背間挿板　㉚ 椎体　㉛ 肋骨　㉜ 腰帯　㉝ 総排出腔（位置）
㉞ 神経弓門　㉟ 血道弓門　㊱ 腹間挿板　㊲ 完全な血道弓門の先頭（第43脊椎骨）　㊳ 第2背鰭　㊴ 血管突起（尾鰭）

解　説

◆呼名
アブラザメ（北海道，東北，茨城，富山，東京），アブラツノ（東京），グタワニ（鳥取）など．

◆外見の特徴
ホシザメに類似した体形（流線形）であるが，背鰭の前縁に1棘があり，臀鰭や瞬膜はない．噴水孔は弁を備え，眼の後上方にある．前方の鼻弁は，ほとんど2葉に分かれない．口裂は下位で，鼻孔とは離れる．外鰓孔はすべて胸鰭始部より前に開く．背鰭棘は太長く，横溝はない．第1背鰭棘は胸鰭内角より後方に位置する．尾柄部背面に尾鰭前窩がある．尾柄部後半から尾鰭下葉始部にかけて水平隆起がある．尾鰭欠刻はない．体の背側面は暗い灰褐色で白色斑点がまばらに認められる（老成個体では，白色斑は消失することがある）．

◆分布・生息
全世界の寒帯から熱帯にかけて広く分布する．日本では，太平洋側では千葉県以北，日本海の全域，黄海および東シナ海．大陸棚上で漁獲されるが，季節によっては水深20m以浅にまで現われる．また，昼夜による深浅移動をする．

◆成熟・産卵
雌で全長90cmくらい，雄で70cm前後で成熟する．卵胎生，2〜5月ごろに全長20〜30cmで分娩される．懐妊期間は20〜22カ月で，一度に複数個体を産む．

◆発育・成長
海域によって成長に遅速があるが，かなりの年月を経て，雄は1m，雌は1.3m前後にまで達する．

◆食性
魚類，イカ類のほか，甲殻類，多毛類なども捕食する．

◆解剖上の特徴
〔脳〕
端脳は前後にいくぶん長い．嗅索は細長い．間脳部は細い．視葉は卵形で，よく発達する．小脳は視葉上方でよく膨らみ，その背面には深い縦溝がある．

〔鰓〕
舌弓の後面に片鰓があり，続いて第1〜4鰓弓に支持される鰓隔膜の前後に鰓弁がある．鰓耙は軟骨性で，主に鰓弓の前面から5〜10数本見られる．舌弓には鰓耙はない．

〔口部〕
口裂はほとんど湾曲しない．上顎側の唇褶は長い．顎歯は薄い小板状で，口裂に沿って1列に並ぶ．口蓋および咽喉部背面には，楯鱗状の口腔内歯が疎に分布する．

〔消化管〕
食道は短いが，内面には円錐状の突起が多数あるので，胃との区別は容易である．胃は大きいが，腹腔の後端には達しない．幽門部は細く短い．腸は太長く，らせん弁の回転数は14〜15．直腸腺は暗い赤褐色で，伸長する．

脾臓は胃の屈曲部後縁に付着し，その後端は直腸にまで達する．脾臓の内面から腸の始部にかけて，伸長した膵臓（2葉，淡黄白色）がある．

〔肝臓・胆嚢〕
肝臓は左右2葉からなり，いずれも腹腔の後端にまで達し，消化管の前半部を腹側面から包む．これらは前端部で合一する．右葉の前半部の腹面には，三角形に広がる小葉があって，この縁辺に太い紐状の胆嚢（暗い緑黄色）がある．胆管は腸始部に開口する．

〔総排出腔〕
総排出腔は腰帯の直後に位置する．消化管は総排出腔の最前部に開く．雌ではその開口部背面に泌尿突起（1対）があり，そのわきに輸卵管が開く．雄では泌尿生殖突起があり，輸精管はここに開く．雌雄とも，総排出腔の後縁に1対の腹孔がある．

〔生殖器官〕
卵巣は左右とも発達し，エピゴナル器と1つの器官をなす．卵巣の前端部は肝臓の組織に囲まれる．受卵口は食道の腹面に開き，ここから左右一対の輸卵管が後方へ走る．卵殻腺はあまり大きな膨らみをなさない．精巣も左右ともよく発達し，エピゴナル器とともに太短い円柱状を呈する．精巣の前端部も肝臓に付着する．輸精管は中腎管内を初めは複雑に屈曲しながら，次第に直線的に後方へ向かう．輸精管は総排出腔の泌尿突起の側面に，輸卵管は同じく泌尿生殖突起を通して外通する．

〔体側筋〕
背腹の筋肉は水平隔膜で仕切られる．各筋節の表面には，水平隔膜の上下に赤褐色の部分（表面血合筋）がある．真正血合筋はない．

〔骨格〕
頭蓋骨は幅広く，偏平．吻軟骨は強く突出し，伸張した深い窩を形成する．この窩の後縁に1対の小突起がある．耳殻部はいくぶん長い．眼窩の前壁は鼻殻と離れる．眼下棚はない．第Ⅶ神経の舌顎枝は独立した開孔（舌顎孔）から頭蓋骨を出るが，第Ⅴ・Ⅶ神経の眼枝はその他の主枝と神経孔を共有する．頸動脈孔は不対で，口蓋部

前縁近くにある．

　口蓋方軟骨の関節突起は視孔より後方で頭蓋骨と関節し，眼窩内面に沿って伸長する．口唇軟骨は3本．外鰓軟骨は舌弓と第1～4鰓弓の背腹にある．基咽鰓軟骨突起はない．基鰓軟骨は，第2鰓弓のみで独立した小片となる．

　胸鰭の担鰭軟骨は3枚で，3列からなる多数の輻射軟骨を支える．肩帯の背側端部には独立した軟骨がある（上肩甲軟骨）．背鰭の担鰭軟骨は三角形の板状軟骨片で，その前端には背鰭棘を支える短い突起がある．背鰭はこの突起の底面において脊椎骨の背面に固定される．第2背鰭棘の直前には，3～4枚の板状軟骨がある．臀鰭および尾柄部の水平隆起を支える骨格はない．椎体には環状に石灰質が沈着するが，脊椎骨表面の石灰化の程度は弱い．神経弓門上に小軟骨片の列はない．尾稚はその全体で完全な血道弓門を形成．尾柄部の血管突起は皮下にまで達し，尾鰭の血管突起とほぼ同長．脊椎骨数（尾鰭前）は68～85個．

全形

頭部背面

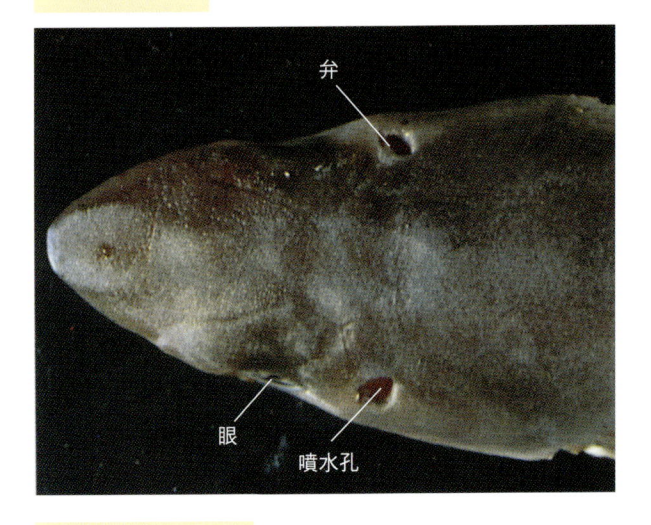

頭部腹面

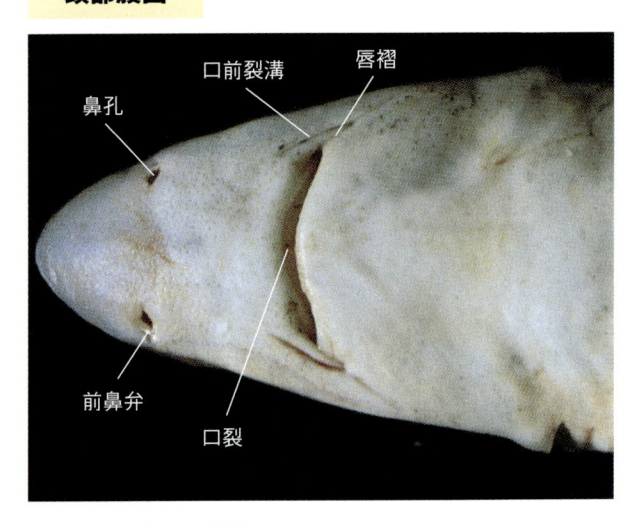

腹鰭腹面（雄）

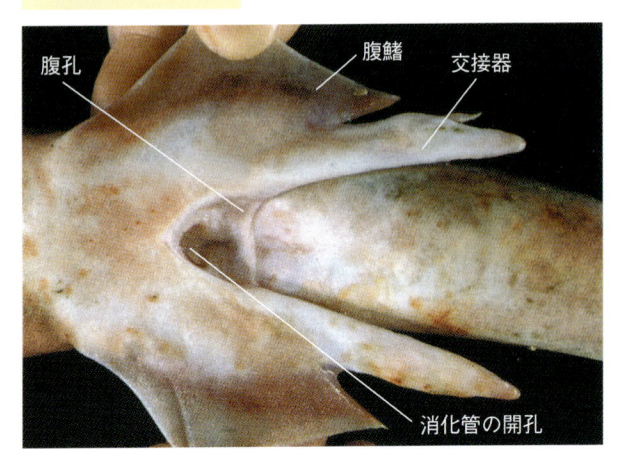

腹鰭腹面（雌）

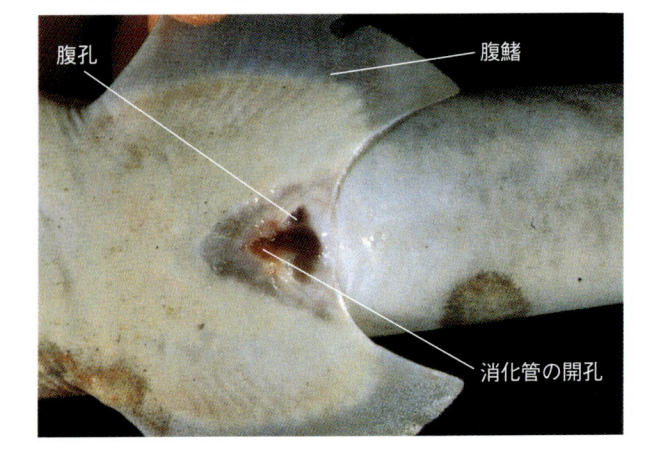

アブラツノザメ　Ⅱ-2

脳背面

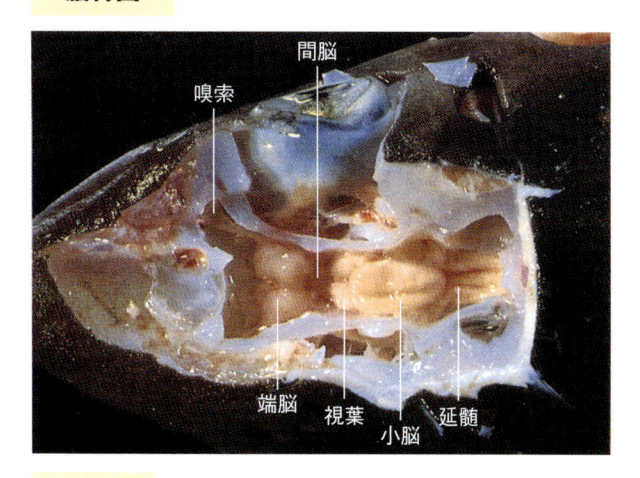

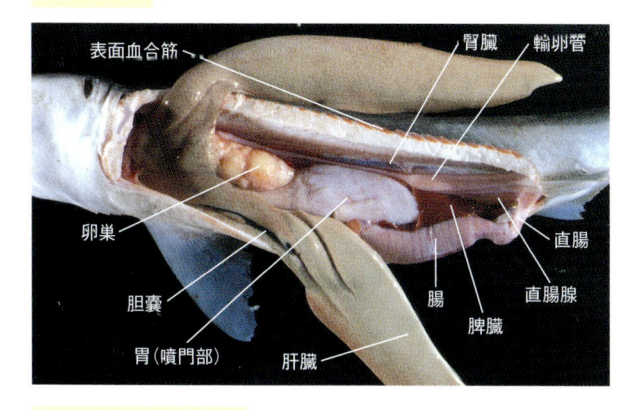

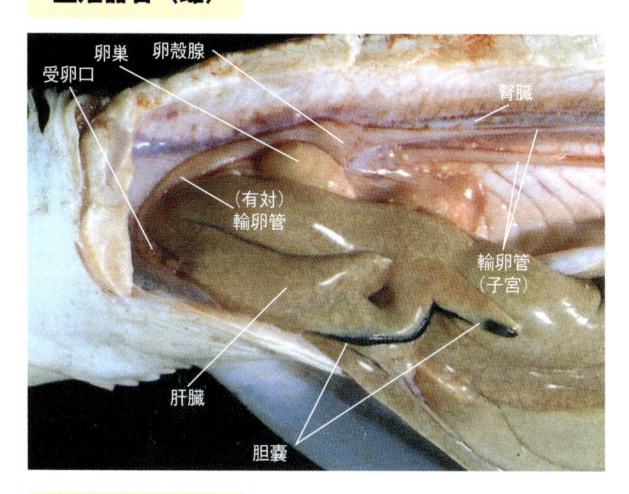

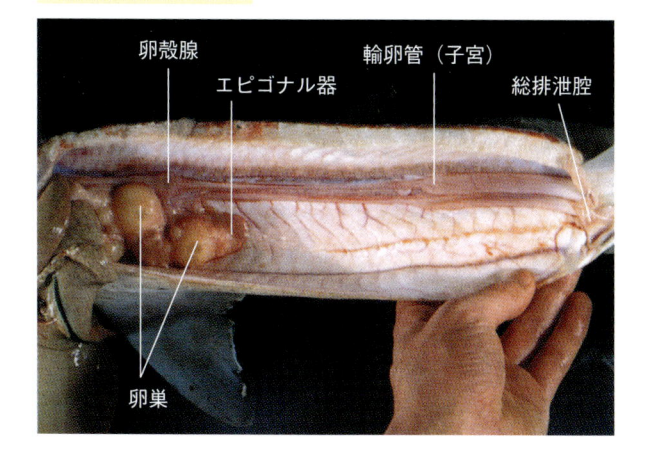

- 嗅索
- 間脳
- 端脳
- 視葉
- 小脳
- 延髄

口腔および咽喉部背側

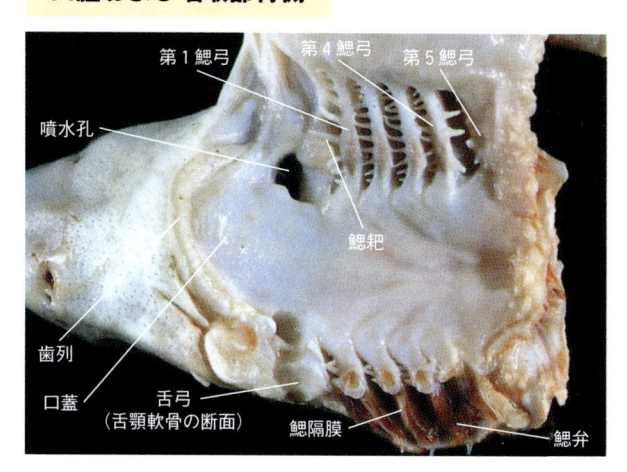

- 第1鰓弓
- 第4鰓弓
- 第5鰓弓
- 噴水孔
- 鰓耙
- 歯列
- 口蓋
- 舌弓（舌顎軟骨の断面）
- 鰓隔膜
- 鰓弁

内臓

- 表面血合筋
- 腎臓
- 輸卵管
- 卵巣
- 胆嚢
- 胃（噴門部）
- 肝臓
- 腸
- 脾臓
- 直腸
- 直腸腺

消化管

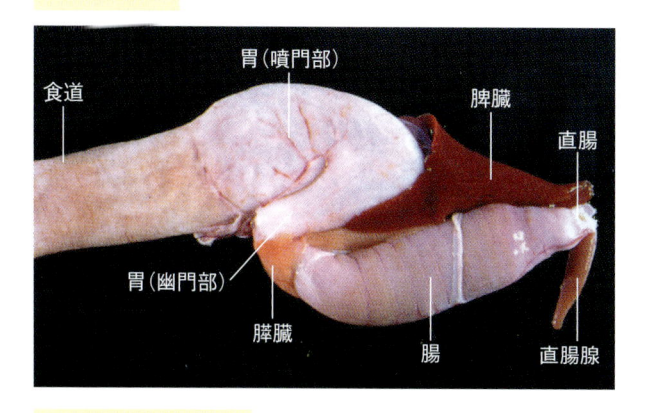

- 食道
- 胃（噴門部）
- 脾臓
- 直腸
- 胃（幽門部）
- 膵臓
- 腸
- 直腸腺

生殖器官（雌）

- 受卵口
- 卵巣
- 卵殻腺
- 腎臓
- （有対）輸卵管
- 輸卵管（子宮）
- 肝臓
- 胆嚢

生殖器官（雌）

- 肝臓
- 卵巣（右側）
- 卵巣（左側）
- エピゴナル器（左側）
- エピゴナル器（右側）
- 輸卵管

生殖器官（雌）

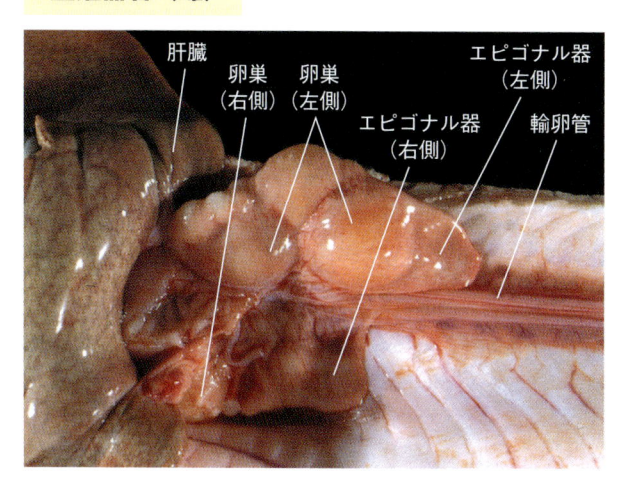

- 卵殻腺
- エピゴナル器
- 輸卵管（子宮）
- 総排泄腔
- 卵巣

生殖器官（雄）

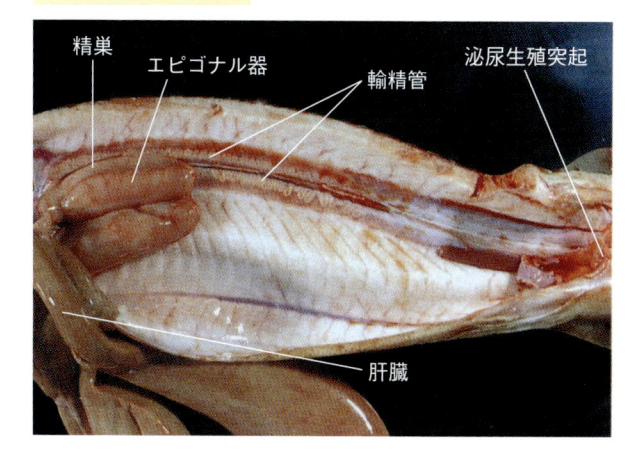

- 精巣
- エピゴナル器
- 輸精管
- 泌尿生殖突起
- 肝臓

アカエイ

Dasyatis akajei（Müller & Henle）
トビエイ目アカエイ科アカエイ属
石原元

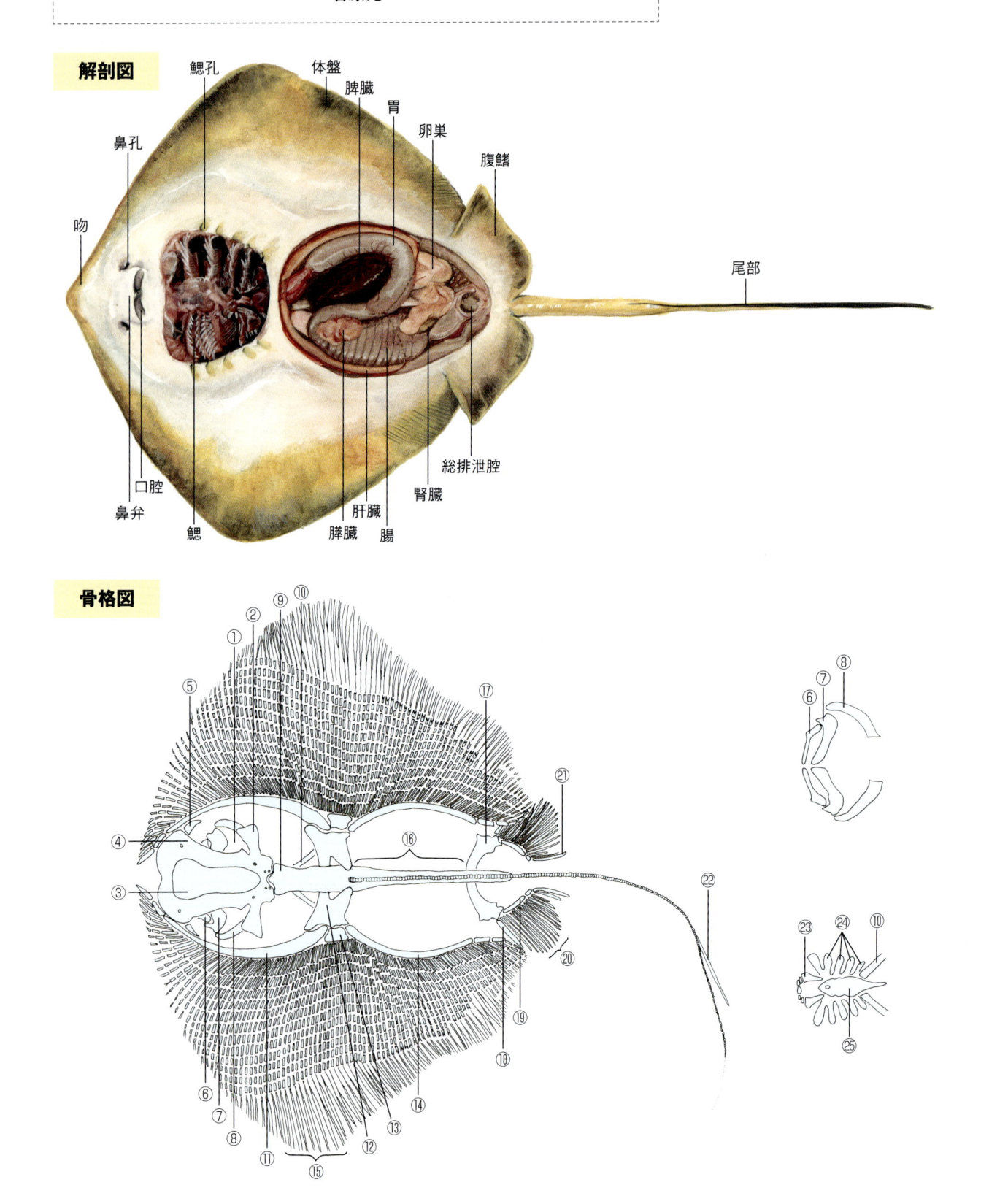

解剖図

（鼻孔、吻、口腔、鼻弁、鰓、鰓孔、体盤、脾臓、胃、卵巣、腹鰭、尾部、膵臓、肝臓、腸、腎臓、総排泄腔）

骨格図

① 眼窩　② 眼後突起　③ 顎門　④ 頭蓋骨　⑤ 眼前軟骨　⑥ 口蓋方軟骨　⑦ 下顎軟骨　⑧ 舌顎軟骨　⑨ シナーカルSynarchual
⑩ 角鰓軟骨5　⑪ 前担鰭軟骨　⑫ 肩帯　⑬ 中担鰭軟骨　⑭ 後担鰭軟骨　⑮ 胸鰭輻射軟骨　⑯ 脊椎骨　⑰ 腰帯　⑱ 腹鰭の前担鰭軟骨
⑲ 腹鰭の後担鰭軟骨　⑳ 腹鰭輻射軟骨　㉑ 交尾器　㉒ 毒針　㉓ 基舌軟骨　㉔ 角鰓軟骨1～4　㉕ 基鰓軟骨

解　説

◆呼名
アカエ（関西，九州），アカマンタ（沖縄），エブタ（和歌山），カセブタ（兵庫），ユウ（仙台）．

◆外見の特徴
体盤は菱形，体盤前縁はほぼ直線状．尾部の付け根は棒状で，後方は鞭状．尾部付け根のやや後方に毒針があり刺されるとひどく痛む．体盤背面は茶褐色で，眼と噴水孔には黄色の縁取りがある．腹面は白色で，縁辺が黄色に縁取られるほか，黄色斑が散在する．体盤幅は最大で雌が約70cm，雄が約50cmである．

◆分布・生息
北海道から東シナ海，渤海，黄海，台湾まで分布する．沿岸性で，内湾の砂底に侵入，生息する．河川にも入ることがある．

◆成熟・出産
東京湾では，雄は体盤幅35cmに達すると交尾器が伸長し始め，成熟が開始される．同時に歯も尖り始める．体盤幅40cmでほとんどの雄が成熟する．雌は体盤幅50cmで成熟が開始され，体盤幅60cmでほとんどの雌が成熟する．生殖腺は夏から冬に発達し，春に退縮する傾向がある．左側の子宮だけが機能的であり，卵巣も左側だけが発達する．胎仔は冬に胎内にあり，夏に10尾前後が出産される．出産直後の稚魚が夏に湾内で群れをなすのが観察される．

子宮内の胎仔は腹部にある卵黄嚢を栄養として成長を開始し，やがて鰓から糸状突起を出して，子宮の繊維状突起（トロフォネマータ）から分泌される子宮ミルクを吸収して急成長する．この発生は胎盤を形成する発生に匹敵する効率の良いものであるといわれる．生殖腺の発達度の年変化から，出産は年に1回，体盤幅50〜70cmまで数年間行われる．卵巣卵の成熟の型としては部分同時発生型である．

◆発達・成長
出産直後の稚魚の体盤幅は約20cm，雄は1年に約2〜4cmの割合で成長し，約10年で45cmに達する．成長は徐々に遅滞する．雌は1年に3〜5cmの割合で成長し，約10年で60cmに達する．雌の成長も徐々に遅滞する．雌は雄に比べて最大体盤幅，成長率，寿命とも値が大きい．肥満度は冬にやや増大する傾向があるが，顕著な季節変化は認められないようである．

◆食性
東京湾では甲殻類が重要な餌生物でシャコ，エビジャコをよく食べる．カニ類，ゴカイ類も比較的よく食べる餌である．以上に比べてやや少ないが，魚類ではマイワシ，ハタタテヌメリ，マアナゴ，カレイ類を餌としている．その他に二枚貝，巻貝類もわずかながら食べている．成長による食性の変化はないようである．

◆資源・利用
底曳網，刺網で漁獲される．夏に特に美味でフランス料理や椀の材料にもなる．一般的には練り製品の材料である．水族館の人気者であるし，鑑賞用として家庭で飼育される場合もある．毒針は装飾品に利用される．

◆解剖上の特徴
〔体盤〕
体盤は菱形で，体盤の最大幅は体盤の前半部にある．前縁はほぼ直線状．体盤長は体盤幅の1.1倍．
〔吻〕
吻は三角形にやや突出する．頭蓋骨の長さは両眼間隔幅の約2倍．
〔眼・噴水孔〕
噴水孔は成魚ではよく発達し，眼よりはるかに大きい．
〔口〕
口は緩いアーチ状．幼魚の歯は弱い．成魚雌の歯は舗石状で瓦状に交互に配列する．成魚雄の歯は尖り，等間隔に列をなす．交尾時に雌に噛みつくためとされる．口内底には3〜7本の乳頭状突起がある．
〔鼻孔〕
鼻孔と口は溝によって連絡する．鼻孔の前端から口の前端にかけて鼻弁がある．鼻孔間幅は鼻孔前長よりも狭い．
〔鰓孔〕
鰓孔長は眼径にほぼ等しい．鰓孔間幅は後方に向かって徐々に狭くなる．
〔尾部〕
尾は根元が棒状で，後方は鞭状．尾長は体盤長の1.5〜2倍であるが，尾の鞭状部は脱落することが多い．
〔毒針〕
毒針は1〜2本．尾の付け根近くにある．側面は鋸状で，刺さると同時に神経毒性の毒が注入される．ひどい時には死ぬこともある．
〔隆起線・皮褶〕
尾の背面の毒針の後方に，短い隆起線がある．毒針基底部後方の腹面に黒色の皮褶があるが，尾端には達しない．

〔交尾器〕
　交尾器後端はやや尖る．肛門後端からの長さは体盤幅の20％以下．

〔鱗〕
　背面は一様に楯鱗に覆われる．成魚の体盤正中線上に1列の小肥大棘がある．また，尾の毒針の前方に大きな肥大棘が並ぶ．

〔腹面感覚孔〕
　腹面感覚孔は明瞭でない．

〔肝臓・胆嚢〕
　肝臓は褐色で3葉に分かれる．右葉と中央葉の間に緑色の胆嚢がある．成魚の肝臓は肥大し，腹腔全域を覆う．

〔消化管〕
　胃はU字型で，腸は卵形．胃の終部と腸の始部の間の屈曲部に淡赤色の膵臓がある．腸の内部にらせん弁がある．らせん弁の巻数は17～22．直腸の中間部に直腸腺がある．直腸腺は塩類排出器官である．

〔脾臓〕
　胃の屈曲部に沿うように，楕円形で赤褐色の脾臓がある．

〔生殖器官〕
　胃の背面に三角形の子宮がある．子宮の内面には子宮ミルクを分泌するための繊維状突起がある．

〔腎臓〕
　子宮の後方背面に1対の赤褐色の腎臓がある．腎臓は楕円形で，表面に多数のひだがある．

〔骨格〕
　胸鰭輻射軟骨条数は106～112本．頭蓋骨に吻軟骨はなく，前端は浅くくぼむ．顎門は1個．前担鰭軟骨は頭蓋骨を越えて前方に張り出す．肩帯は杯型，腹側は棒状で背側に中央に向かう突起がある．基舌軟骨に数個の関節がある．基鰓軟骨は長楕円形．腰帯はアーチ状で中央の前向突起は弱い．腹鰭後担鰭軟骨と交尾器の間の関節数は2個である．

全形（背面）

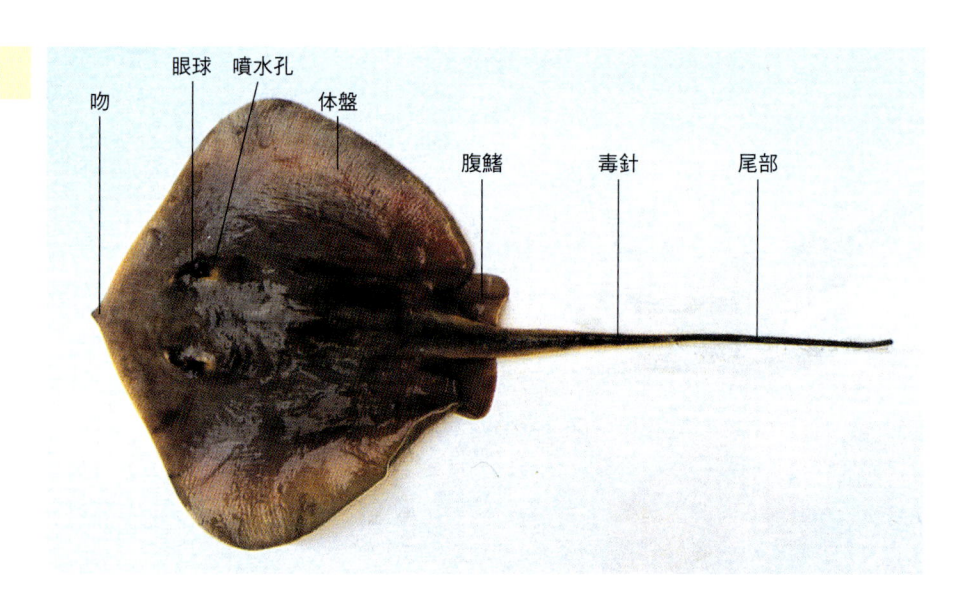

吻　眼球　噴水孔　体盤　腹鰭　毒針　尾部

全形（腹面）

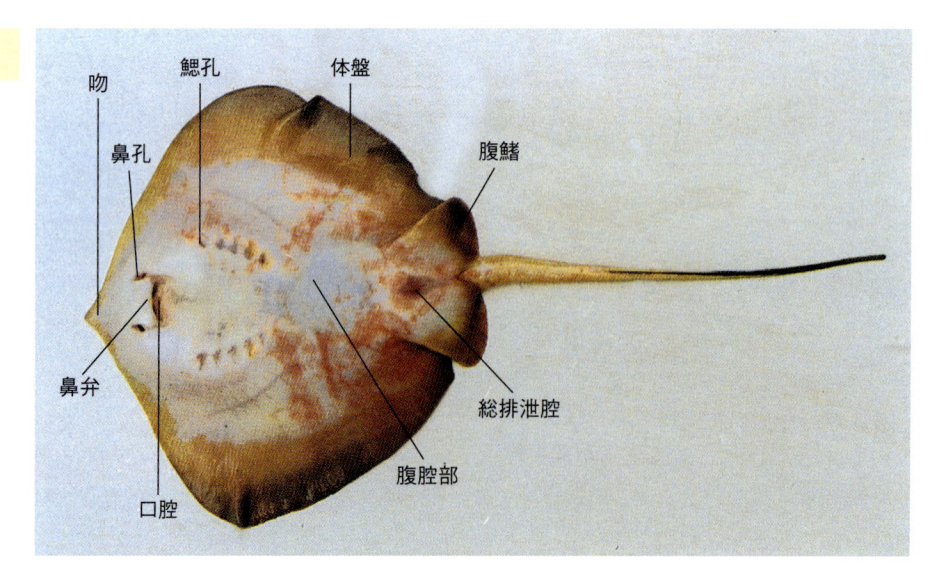

吻　鰓孔　体盤　腹鰭　鼻孔　鼻弁　口腔　腹腔部　総排泄腔

アカエイ　Ⅱ-3

肝臓
- 肝臓

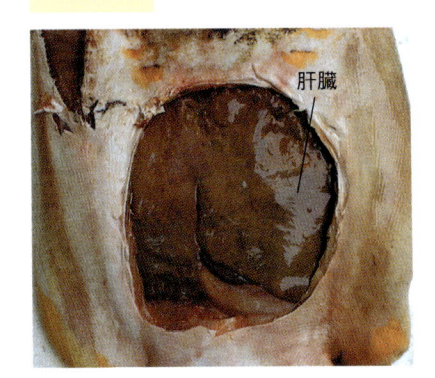

消化器官
- 脾臓
- 胃
- 腸

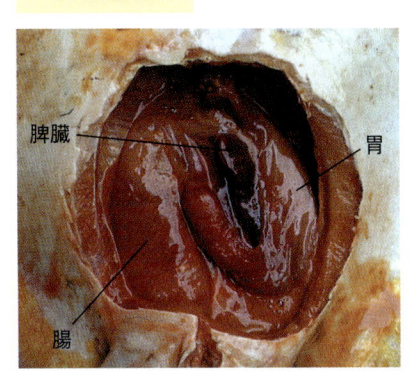

腹腔（消化器官を除去）
- 子宮

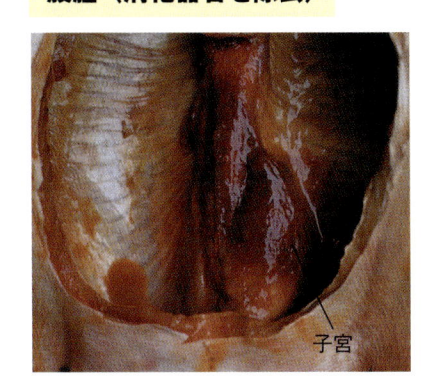

腹腔（背壁）
- 脊椎骨
- 総排泄腔

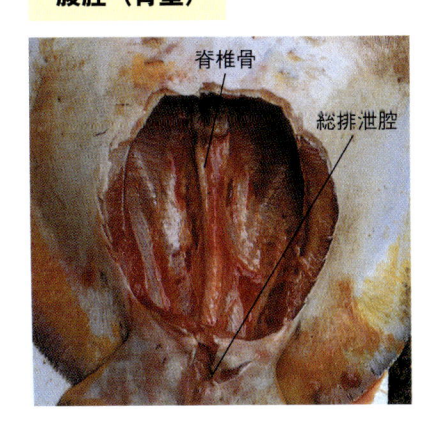

肝臓と胆嚢（背面）
- 胆嚢
- 肝臓

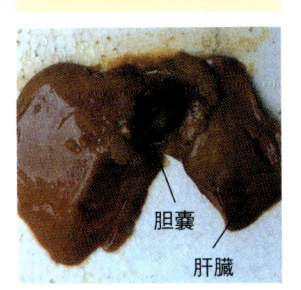

消化器官
- 腸
- 脾臓
- 胃
- 直腸
- 直腸腺

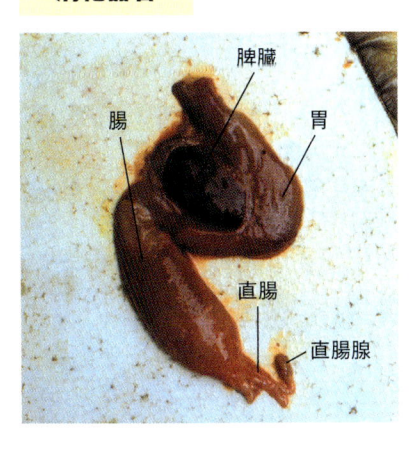

子宮と腎臓
- 子宮 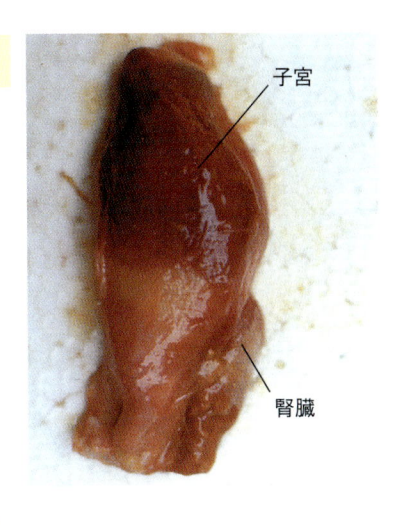
- 腎臓

子宮内面
- 繊毛状突起
- 腎臓

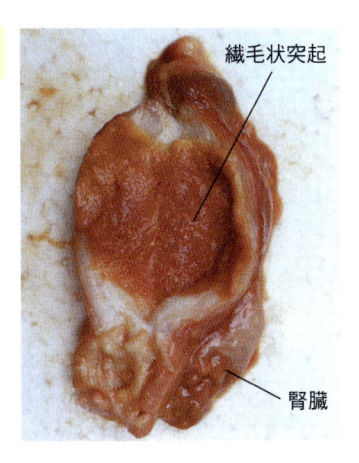

左右の腎臓

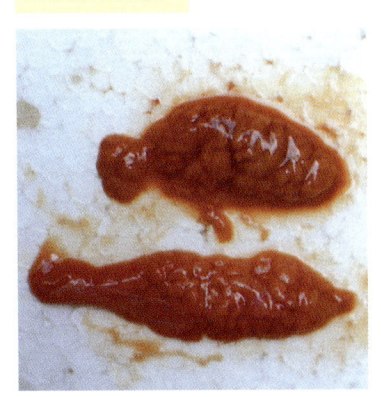

腎臓
- 腎臓
- 脊椎骨

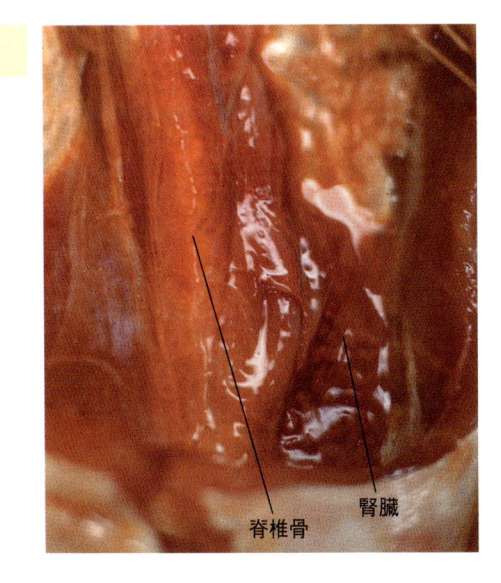

ウナギ

Anguilla japonica Temminck& Schlegel
ウナギ目ウナギ科ウナギ属
城泰彦・佐々木邦夫

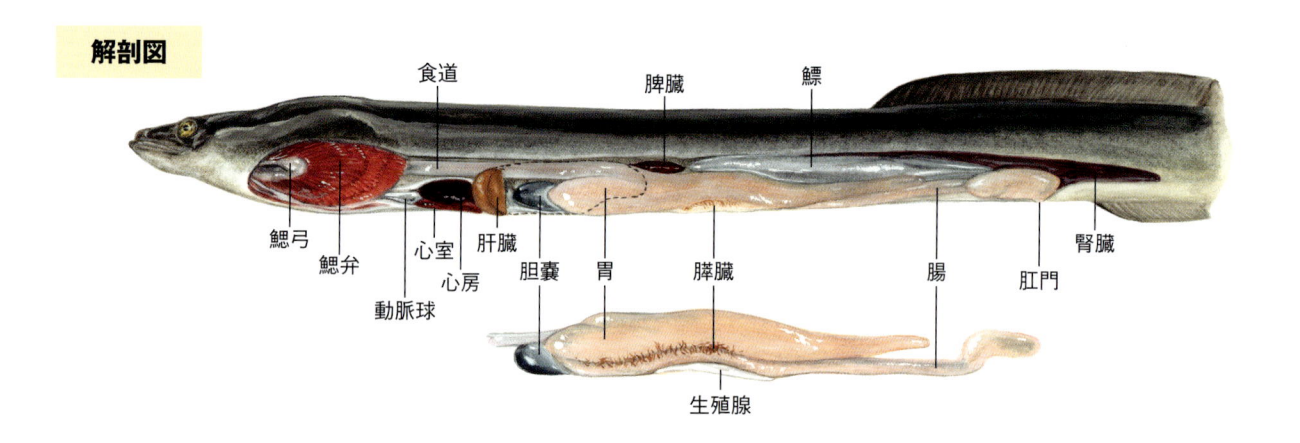

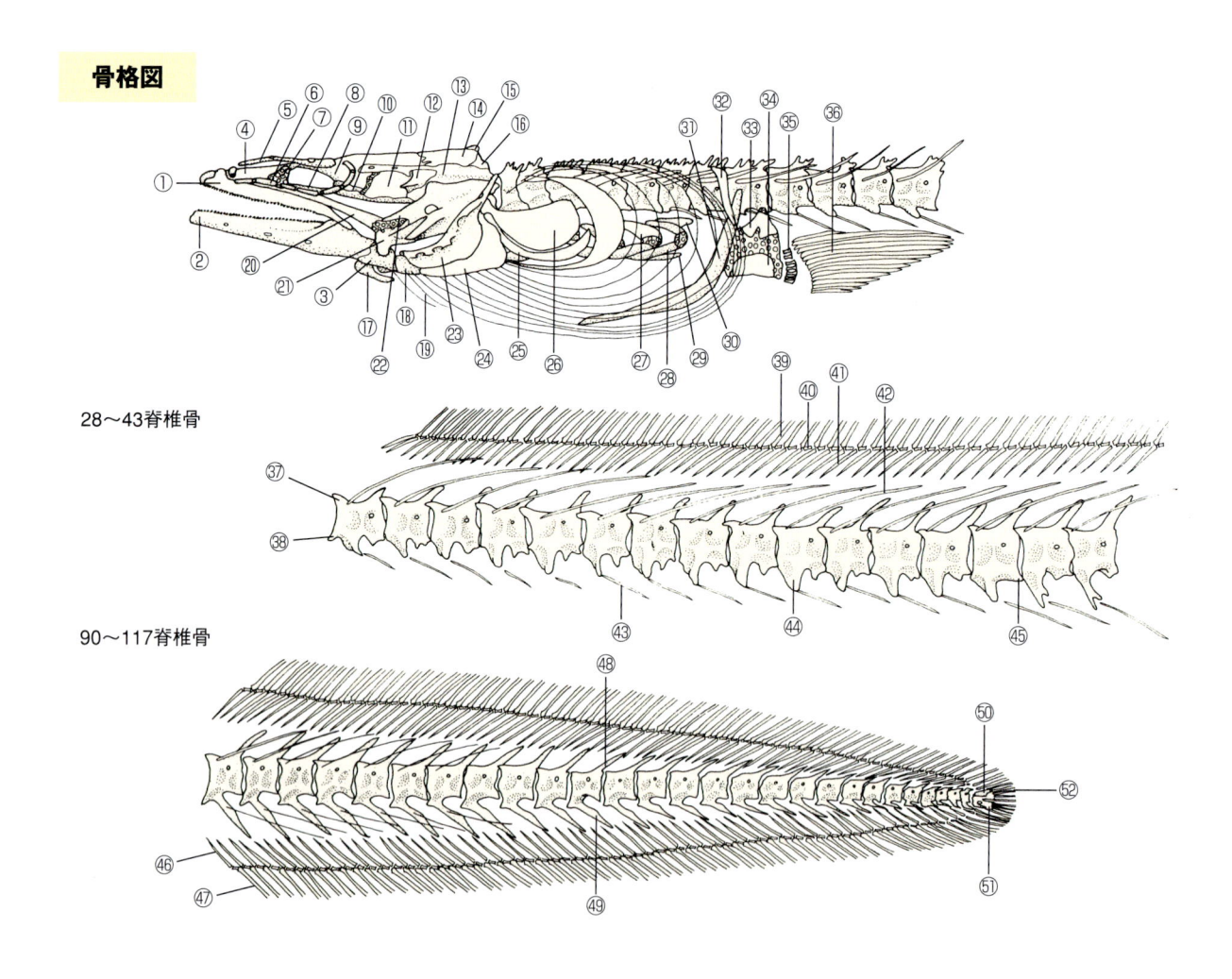

解剖図

食道、脾臓、鰾、鰓弓、鰓弁、心室、心房、動脈球、肝臓、胆嚢、胃、膵臓、腸、肛門、腎臓、生殖腺

骨格図

28〜43脊椎骨

90〜117脊椎骨

① 主上顎骨　② 歯骨　③ 角骨　④ 前上顎骨─篩骨─前鋤骨板　⑤ 鼻骨　⑥ 眼下骨　⑦ 篩骨側突起（軟骨）　⑧ 副蝶形骨
⑨ 前頭骨　⑩ 眼窩蝶形骨　⑪ 翼蝶形骨　⑫ 蝶耳骨　⑬ 翼耳骨　⑭ 頭頂骨　⑮ 上後頭骨　⑯ 上耳骨　⑰ 尾舌骨　⑱ 角舌骨
⑲ 鰓条骨　⑳ 口蓋翼状骨　㉑ 方形骨　㉒ 舌顎骨　㉓ 前鰓蓋骨　㉔ 間鰓蓋骨　㉕ 下鰓蓋骨　㉖ 主鰓蓋骨　㉗ 上鰓骨　㉘ 角鰓骨
㉙ 下咽頭骨　㉚ 上咽頭骨　㉛ 擬鎖骨　㉜ 上擬鎖骨　㉝ 肩甲骨　㉞ 烏口骨　㉟ 射出骨　㊱ 胸鰭条　㊲ 前神経関節突起
㊳ 前血管関節突起　㊴ 背鰭条　㊵ 間担鰭骨　㊶ 背鰭近位担鰭骨　㊷ 上神経骨　㊸ 肋骨　㊹ 横突起　㊺ 後血管関節突起
㊻ 臀鰭近位担鰭骨　㊼ 臀鰭条　㊽ 神経棘　㊾ 血管棘　㊿ 尾部棒状骨　51 下尾骨　52 尾鰭条

84

解　説

◆呼名
　ニホンウナギ・マウナギ（北海道，北陸），オナギ（近畿，中国，四国）．成長段階により，シラス（ウナギ），クロコ・ダツ（5.5～7 cm），メソ・メソッコ（40 g以下），ホソ・ビリ・サジ（56 g以下），アラ（一般に75～300 g），ヨタ・ボク（大型魚）と呼び分ける．

◆外見の特徴
　体は細く，背鰭始部と肛門の距離は全長の9％余り．体色は変異に富み，青緑色を帯びたものをアオ，茶褐色または薄黒色をサジ，不定形の黒斑があるものをゴマウナギなどという．
　全長は雌で129.7cm，雄で65cmが最大の記録であるが，普通は雌で80cm，雄で60cm余り．

◆分布・生息
　北海道の東部を除く日本の各地，朝鮮，中国，台湾，フィリピンの河川・湖沼に広く分布する．生息の水温は10～27℃，塩分は淡水から全海水まで広く適応する．

◆成熟・産卵
　成熟の最小体長は明らかでないが，雌は全長70cm，雄は50cmぐらいで成熟し，生後数年以上を経過したと推定される．性比は環境条件で著しく異なる．抱卵数（成熟卵のみ）は全長70～90cmで116万～302万粒である．産卵は，マリアナ諸島西方海域の海山で行われることが最近特定された．産卵水温は18.5～24.5℃で，22～24.5℃が最適である．完熟卵は直径約1.0mmの球形の分離浮性卵である．

◆発育・成長
　受精卵は水温23℃で45時間ぐらいでふ化する．ふ化仔魚は全長2.9mm，卵黄は大きくて細長く，油球はその前端部にある．ふ化後5日で卵黄をほとんど吸収する．ふ化10日で油球が消失し，17日で10mmとなる．
　仔魚（幼生）は北赤道海流・黒潮を経て，日本付近の河口域にやってくる．体が葉状を呈するレプトセファルス幼生は47.3～58.7mmまで伸長し，その後変態してシラスウナギとなる．シラスウナギは平均して58mmである．天然ウナギは1歳（シラス期より数えた年齢）で22cm，3歳で30cm，5～6歳で50cm以上となる．淡水域で5～10年余り生活し，雌は70cm，400 g以上となって，下りウナギとなる．

◆食性
　レプトセファルス幼生はオタマボヤのハウスなどに由来するマリンスノーを食べる．変態後は動物プランクトンをとりだし，さらに成長すると甲殻類，昆虫，小魚など多様な小動物を食べる．
　摂餌活動は10～13℃から始まり，水温が高まるほど摂餌量は多くなって25℃前後で最も多く，28℃以上では摂餌活動は低下しだす．

◆解剖上の特徴
〔口部〕
　両顎の唇は肉厚で，下顎は上顎よりわずかに突出する．舌の先端部は尖り，口床から離れる．歯は鈍く円錐状で，主上顎骨，前上顎骨－篩骨－前鋤骨板，および歯骨にあり，4～5列の不規則な歯列からなる幅広い歯帯を形成する．

〔脳〕
　全形はほぼ棒状で，細長く延長する．嗅球は嗅葉に密着し，両者ともに極めてよく発達する．視葉と小脳は未発達で小さい．迷走葉はよく発達する．

〔鰓〕
　鰓弓は4対ある．鰓耙はない．鰓弁はよく発達する．偽鰓はない．咽頭骨歯は短く円錐状で，上下咽頭骨でそれぞれ1歯帯を形成する．

〔腹腔〕
　円筒状で細長く，肛門の後方まで延長する．腹膜はやや黒色を帯びる．

〔消化管〕
　胃はY型で盲嚢状を呈し，腸に沿って延長する．幽門垂はない．腸は肛門直前で2回湾曲しN字状を呈するが，その前方では直線状．

〔肝臓〕
　大型で厚く，左右両葉からなり，左葉は右葉よりも大きい．

〔胆嚢〕
　大きく，ほぼ球状を呈する．

〔脾臓〕
　長楕円形で，胃の分岐部付近にある．

〔腎臓〕
　肛門の後方まで延長する．

〔鰾〕
　長卵形で大きく，その膜は薄い．気道で消化管に連絡する．

〔骨格〕
　頭蓋骨は細長く，その後端は截形を呈する．前上顎骨，篩骨および前鋤骨は癒合して1枚の有歯板を形成する．

左右の前頭骨は縫合線を介して狭く接する．蝶耳骨は側方へ顕著に突出し，鍵状に湾曲する．鰓条骨は最上方の1本をのぞき糸状で著しく長い．肩帯は頭蓋骨と連絡を失っている．脊椎骨数は112〜119個で，約10番目までの脊椎骨は長い神経棘を欠く．数番目までの脊椎骨上縁は鋸歯状で，その後方3〜4個の脊椎骨の各神経棘は短くて2叉する．前方数本の上神経骨は太くて短い．肋骨は短く，横突起は後下方に突出して幅広い．尾骨は退化的である．

◆ **天然魚と養殖魚の相違**

腹面の色は天然魚で黄色，養殖魚で白色である．養殖魚は冬期でも水温を25℃前後に保ち，摂餌量も多いので成長が良く，1歳で40〜50cmになる．

全形

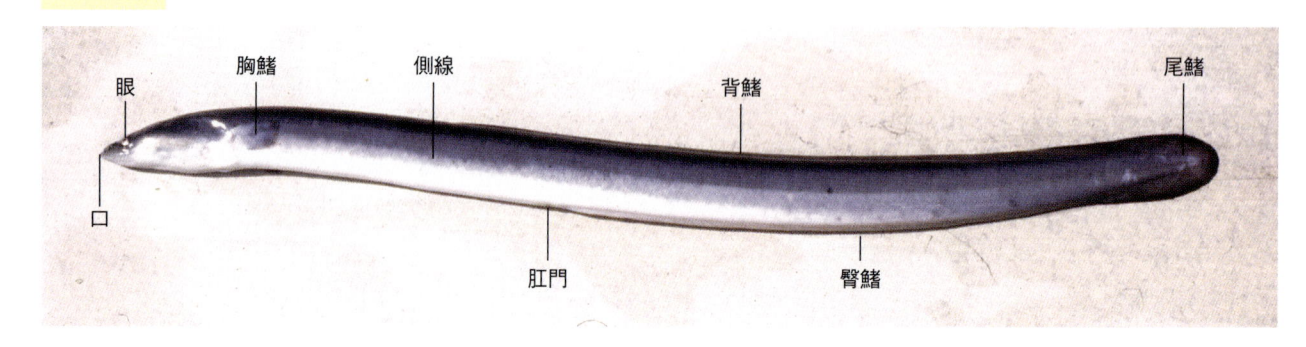

頭部（側面）

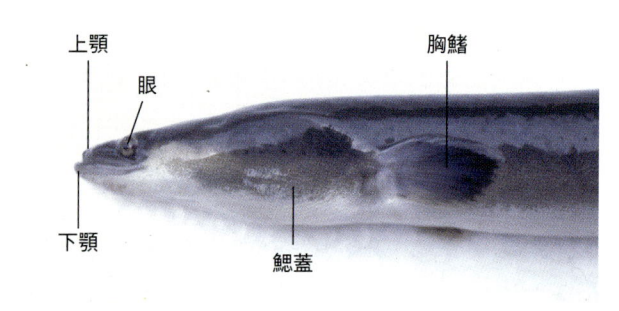

頭部（背面）

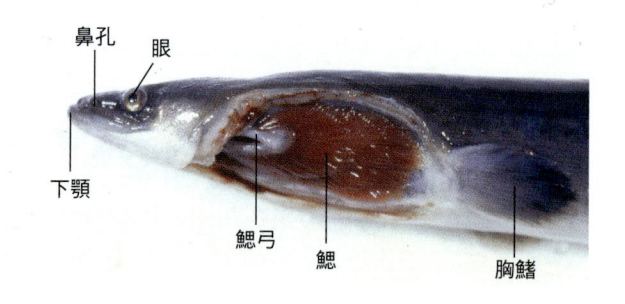

頭部（側面）

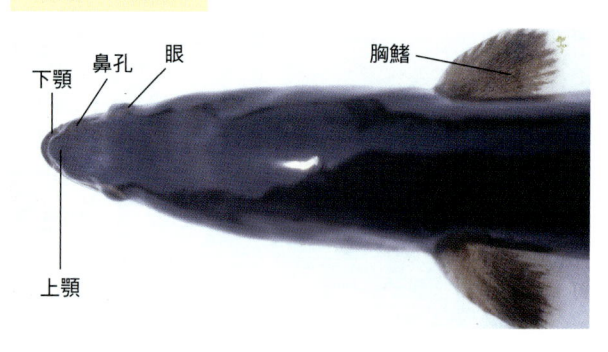

脳

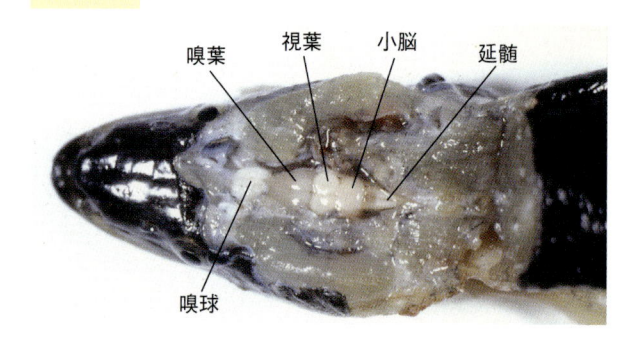

鰓

ウナギ　II-4

内臓（腹面）

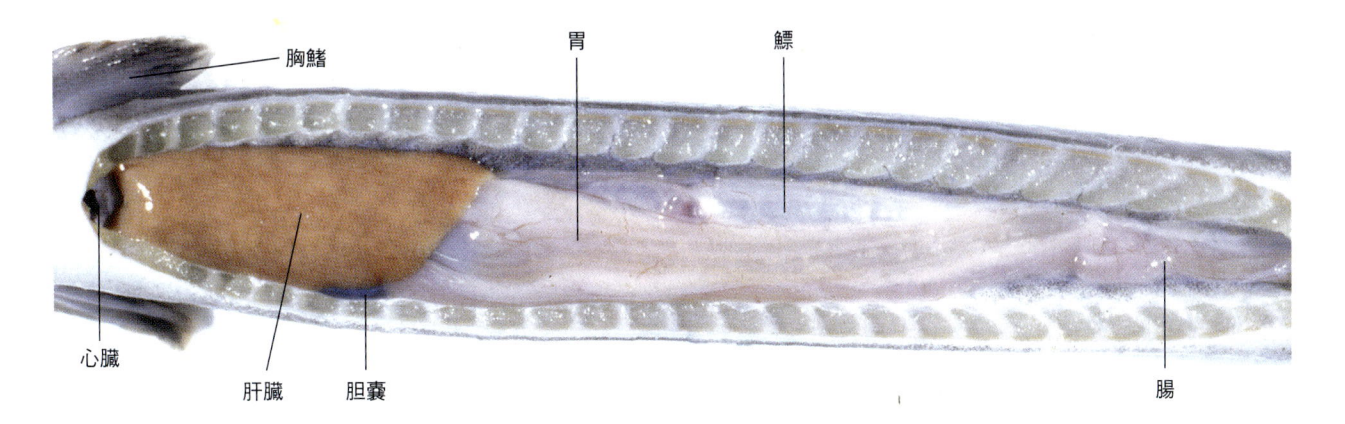

- 胸鰭
- 胃
- 鰾
- 心臓
- 肝臓
- 胆嚢
- 腸

内臓（肛門付近の腹面）

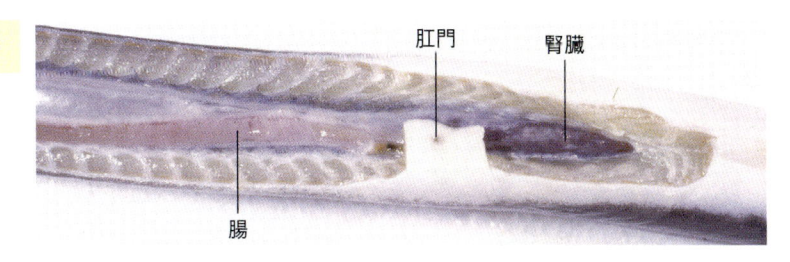

- 肛門
- 腎臓
- 腸

内臓（腹面）

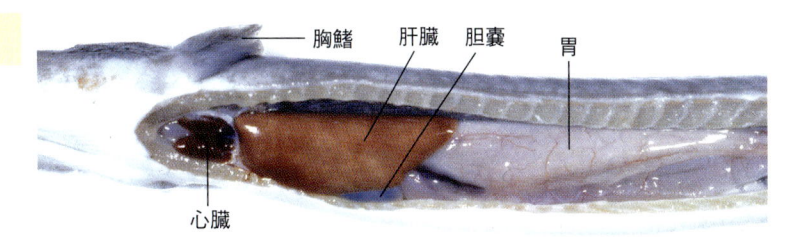

- 胸鰭
- 肝臓
- 胆嚢
- 胃
- 心臓

内臓（肝臓を除去した腹面）

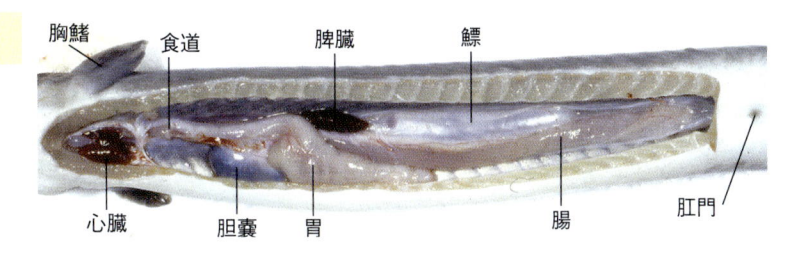

- 胸鰭
- 食道
- 脾臓
- 鰾
- 心臓
- 胆嚢
- 胃
- 腸
- 肛門

内臓（肝臓を除去したもの）

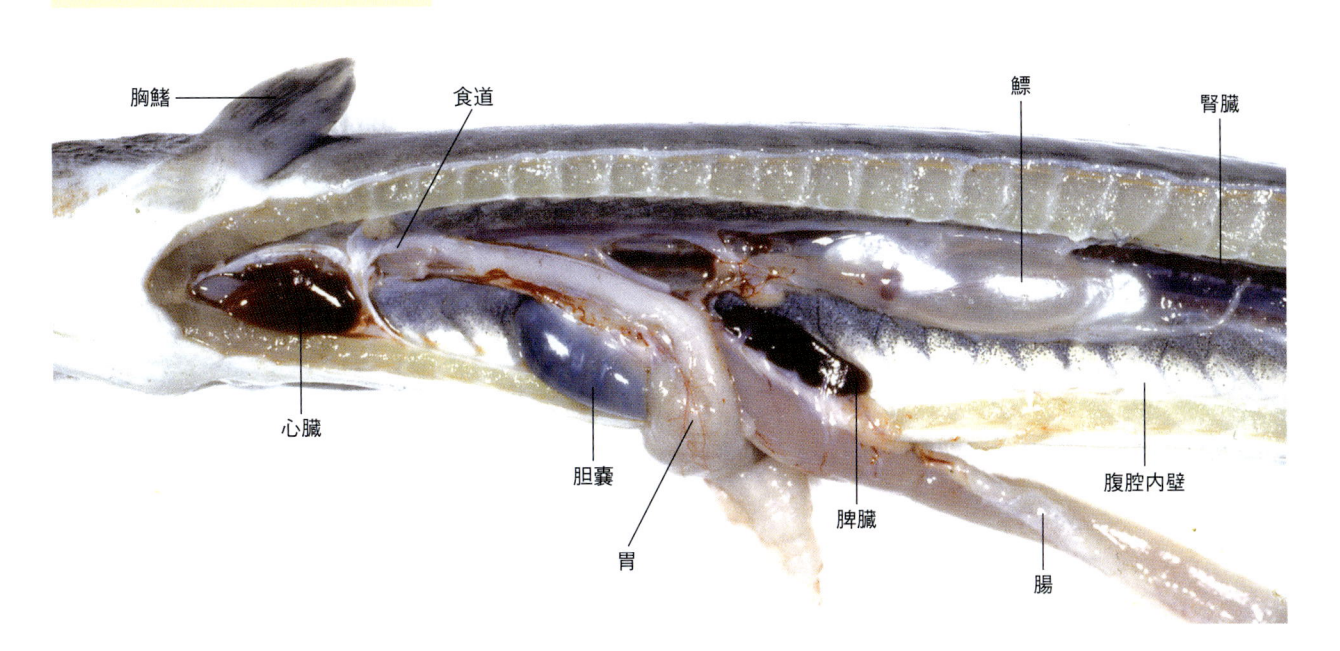

- 胸鰭
- 食道
- 鰾
- 腎臓
- 心臓
- 胆嚢
- 胃
- 脾臓
- 腸
- 腹腔内壁

ニシン

Clupea pallasii Valenciennes
ニシン目ニシン科ニシン属
長澤和也・丸山秀佳

解剖図

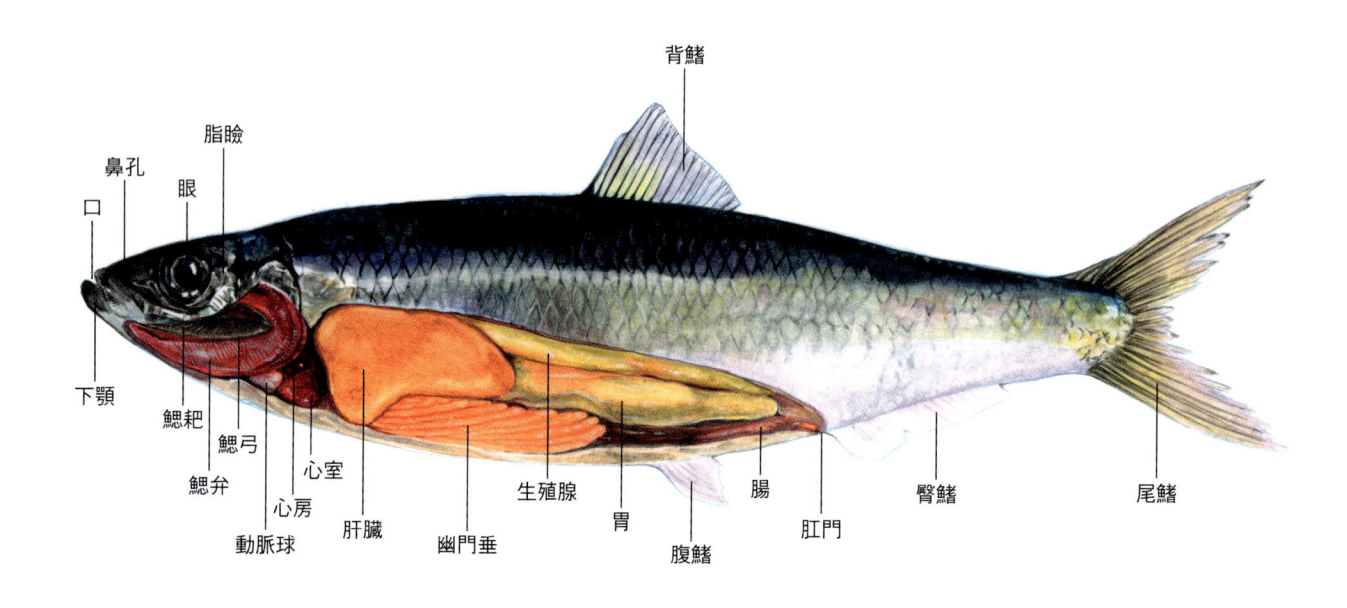

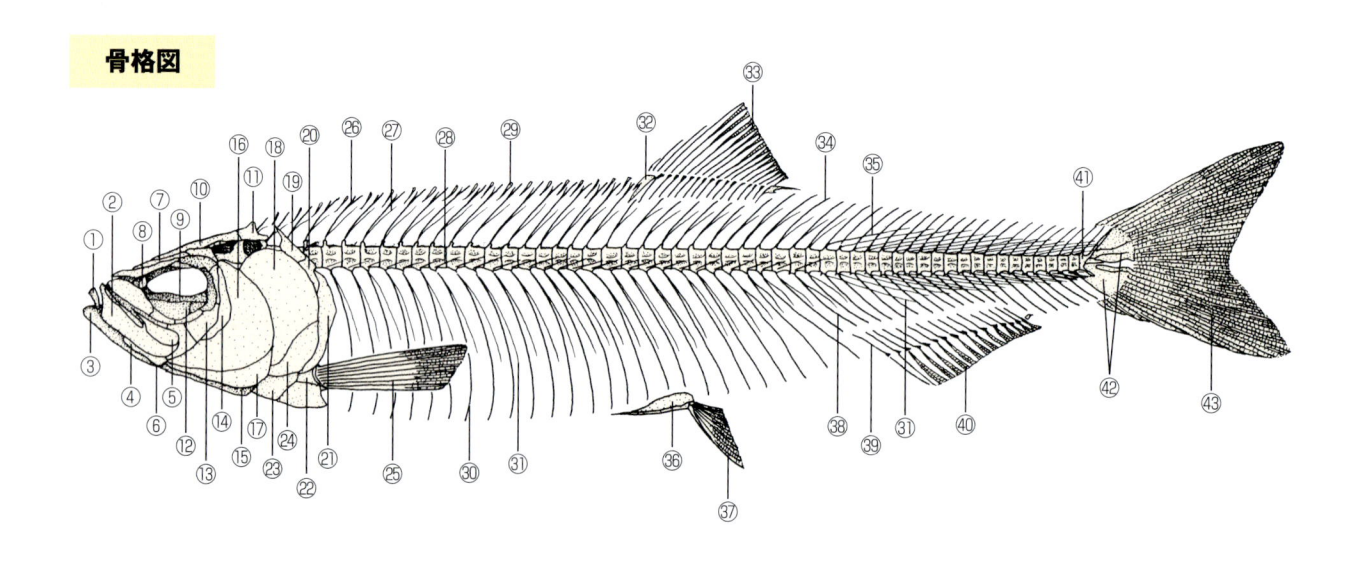

骨格図

① 前上顎骨　② 主上顎骨　③ 歯骨　④ 角骨　⑤ 上主上顎骨　⑥ 後関節骨　⑦ 篩骨　⑧ 側篩骨　⑨ 副蝶形骨　⑩ 前頭骨
⑪ 上後頭骨　⑫ 内翼状骨　⑬ 後翼状骨　⑭ 舌顎骨　⑮ 鰓条骨　⑯ 前鰓蓋骨　⑰ 間鰓蓋骨　⑱ 主鰓蓋骨　⑲ 後側頭骨　⑳ 上擬鎖骨
㉑ 擬鎖骨　㉒ 肩甲骨　㉓ 烏口骨　㉔ 下鰓蓋骨　㉕ 胸鰭条　㉖ 神経棘　㉗ 上神経棘　㉘ 上椎体骨　㉙ 上神経棘　㉚ 肋骨
㉛ 上椎体骨　㉜ 背鰭近位担鰭骨　㉝ 背鰭条　㉞ 神経棘　㉟ 上神経棘　㊱ 腰帯　㊲ 腹鰭条　㊳ 血管棘　㊴ 臀鰭近位担鰭骨
㊵ 臀鰭条　㊶ 尾部棒状骨　㊷ 下尾骨　㊸ 尾鰭条

解　説

◆呼名

カドイワシ（東北，北海道），ニシンイワシ（富山）．来遊時期により春ニシン（3〜6月に北海道やサハリンに来遊する産卵群），夏ニシン（5〜8月に北海道の太平洋沿岸やオホーツク海沿岸に来遊する索餌群），冬ニシン（冬にときどき漁獲される）という．春ニシンは産卵ニシン，群来ニシンとも呼ばれ，漁獲時期により，走りニシン，中ニシン，後ニシンと区別することもある．さらに吻が白っぽい鼻白ニシン，黒っぽい黒ニシンを区別することもある．夏ニシンは脂肪分の多い未成魚であるため油ニシン，小ニシンとも呼ばれる．

◆外見の特徴

体は側扁し，マイワシより高い．背面は青黒色を呈する．側線はない．眼には縦に裂けた脂瞼がある．鱗は円鱗で，脱落しやすい．腹面には鋭く尖った9〜13枚の稜鱗がある．全長36cm余りになる．

◆分布・生息

北太平洋北部，日本海，オホーツク海，ベーリング海に広く分布し，北限は北極海に及ぶ．南限はアジア側では黄海北部，北米側ではカリフォルニアである．わが国では茨城県と富山県以北の本州・北海道周辺に分布し，特に北海道西岸に多い．また少数ではあるが，茨城県涸沼（ひぬま），青森県尾鮫沼（おぶちぬま），北海道厚岸湖・能取湖などの汽水湖には産卵ニシンが来遊し，湖内で周年生活するものもある．

外海を大回遊するニシンは，ふ化後しばらく沿岸で生活した後，沖合へ移動する．季節的な回遊を行い，適当な海域で越冬した後，春から夏にかけて索餌のために北上し，秋から冬にかけて南下する．3〜4歳以上の成魚は越冬後，各地の産卵場へ向かう．

◆成熟・産卵

早いものは2歳から，多くは3〜4歳以後に成熟して産卵する．生殖腺重量は年齢とともに増加し，3歳魚で25g以下，5歳魚で40g，10歳魚で80g近くなる．同一年齢では卵巣が精巣よりも重い．抱卵数は3万〜19万粒で，年齢に万をかけた数字にほぼ等しい．

産卵期は北海道西岸で3月下旬〜5月中旬，オホーツク海沿岸で5月上旬〜6月上旬である．産卵期の水温は各地の産卵場でかなり異なるが，北海道西岸では4〜8℃である．産卵場は水深15m以浅の距岸350〜550m付近に形成され，海底が岩盤か砂地で，海藻がよく繁った場所が選ばれる．日没前後から夜明けにかけて産卵する．大群が産卵すると，付近の海水は放出された生殖物で白濁することがあり，これを群来汁（くきじる）という．

卵は球形で直径1.3〜1.6mm．卵膜はほとんど無色透明で無構造，厚くて固く，表面に極めて薄い粘質層がある．卵黄は0.8〜1.0mm径で油球を欠き，細かな泡沫構造がある．卵は粘性沈着卵で互いに密着して塊状となって海藻に産みつけられる．

◆発育・成長

受精卵は5〜7℃で23〜31日でふ化する．ふ化仔魚は全長5.0〜8.4mmで体は細長く，頭は卵黄の前端から前に出て下方に曲がる．肛門は体のかなり後方，第44〜45筋節下に開く．ふ化後約1週間で卵黄を吸収する．全長10mmを超えると下顎がよく発達し，背鰭基底が現れる．16.8mmで背鰭と臀鰭の輪郭がほぼ整い，尾鰭が叉形となり，腹鰭原基が現れる．25〜26mmで胃の分化が始まり，幽門垂が現れる．この時期のものは沿岸浅所の中下層を遊泳する．全長30mm以上の稚魚になると体高が高くなり，頭部も側扁して，体形が整ってくる．42mmで腹鰭の前方に稜鱗が現れ始め，50mmで鱗が体全面をほとんど覆い，眼に脂瞼が現れる．90mmになると外形がすべて整う．これらの稚魚は沿岸の浅所に生息し，7〜8月ごろに沖合へ移動する．

その後，1歳で15cm，2歳で22cmとなるが，以後の成長は緩慢となり，5歳で30cm，10歳で35cm，12歳で36cm余りとなる．

◆食性

6〜14mmの仔魚は主に植物プランクトンを，14〜17mmのものはノープリウス幼生を，45mm以上の若魚はカイアシ類を食べる．未成魚や成魚はオキアミ類やカイアシ類を主餌料とし，他の浮遊性甲殻類や稚魚なども捕食する．

◆解剖上の特徴

〔口部〕

口裂は斜め上方に向かう．下顎は上顎より少し長い．上顎の後端は眼の中央下に達する．主上顎骨には微小な歯が1列に並ぶが，前上顎骨の歯は痕跡的である．下顎の前端には4〜5本の歯がある．鋤骨と舌上に鉤状の歯がある．口蓋骨に歯はない．舌の先端部は尖り，口床から離れる．口腔の内側面と奥部は薄黒色．

〔脳〕

嗅球は極めて小さく，嗅葉に接する．視葉は特に大きく，左右によく膨出する．小脳もよく発達し，視葉の中

央後端に接する．

〔鰓〕

　鰓弓は5対ある．鰓耙はよく発達する．鰓耙の表面には細棘がはえ，その先端は尖っている．第1鰓弓の鰓耙が最も長く，その数は63〜73本．擬鰓がある．咽頭骨歯の発達はあまりよくない．

〔腹腔〕

　紡錘形で，腹膜は薄黒色．

〔消化管〕

　胃は盲囊がよく発達する．壁は厚く，内面には数条のひだが走る．幽門垂は細長くて先端は尖り，胃と腸の境界部に集合して付いている．腸は腹腔内を直走し，途中から直腸となって肛門に至る．

〔肝臓〕

　赤褐色で左右2葉に分かれ，胃の噴門部と幽門垂の基部を覆う．

〔胆嚢〕

　球形あるいは卵形．

〔脾臓〕

　暗赤色で細長く，腸の上方に位置する．

〔鰾〕

　銀白色の長大な袋で，腹腔背面全体を占める．その壁は厚く，膠状で柔らかい．

〔体側筋〕

　淡紅色を帯び，柔らかい．表面血合筋が体側中央部にわずかに見られる．

〔骨格〕

　頭蓋骨は細長い．前頭骨は薄く，その辺縁は隆起し眼隔域は狭い．鋤骨腹面の前部は肥厚する．腹縁の副蝶形骨は左右両翼状をなし，斜後方に伸び，その後端は第2脊椎骨に達する．脊椎骨数は北海道周辺では54個のものが多い．腹椎骨の神経棘の先端は分岐する．神経棘の基部に上神経骨がある．前・後の神経間節突起はよく発達し，上方に伸びるが，尾柄部では椎体と平行になる．前・後の血管間節突起もよく発達し，尾椎骨の前血管間節突起は前下方に突出する．

　血道弓門は第25番目椎体から形成される．第35番目までの椎体には上椎体骨がある．尾部の上神経骨と上椎体骨はそれぞれ密着し，椎体と平行に走る．背鰭前方の神経棘間には上神経棘がある．

全形

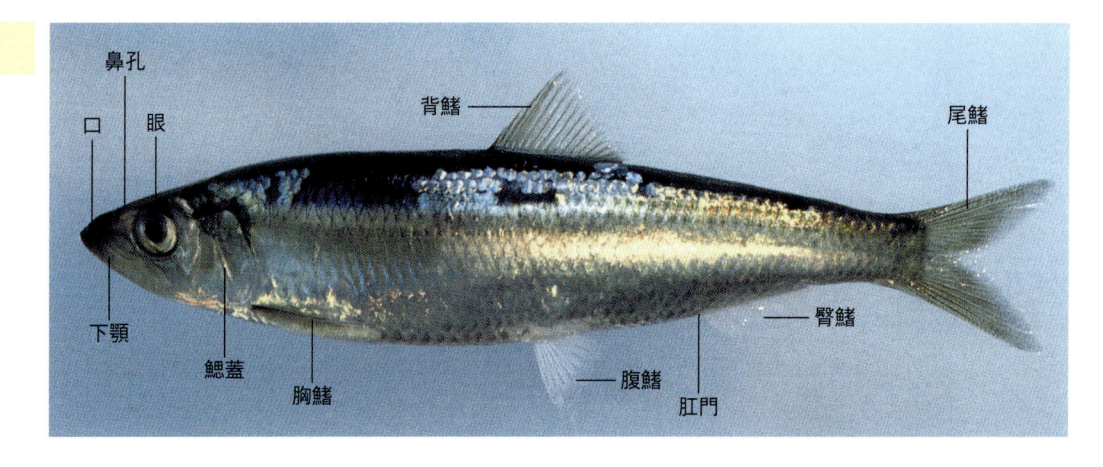

頭部側面

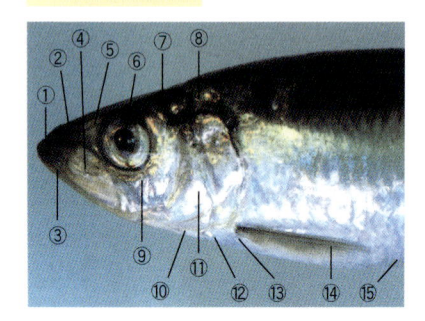

①口　②吻　③下顎　④上顎
⑤鼻孔　⑥眼　⑦後頭部　⑧項部
⑨頬　⑩峡部　⑪鰓蓋　⑫喉部
⑬胸部　⑭胸鰭　⑮腹部

頭部腹面

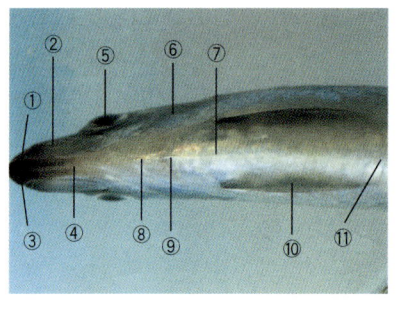

①縫合部　②上顎　③下顎　④頤
⑤眼　⑥鰓蓋　⑦胸部　⑧峡部
⑨喉部　⑩胸鰭　⑪腹部

鰓蓋を除去した頭部

①下顎　②口　③上顎　④吻
⑤鼻孔　⑥眼　⑦後頭部　⑧項部
⑨口腔　⑩鰓耙　⑪鰓弓　⑫鰓弁
⑬胸鰭

ニシン　Ⅱ-5

脳

眼／小脳／吻／下顎／上顎／視葉／鰓蓋

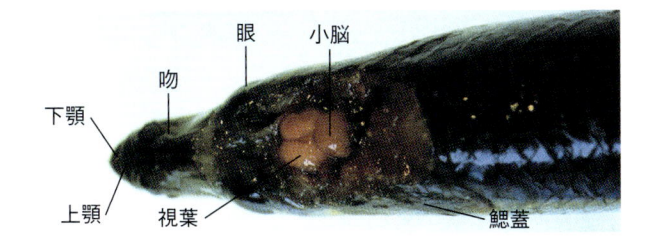

鰓

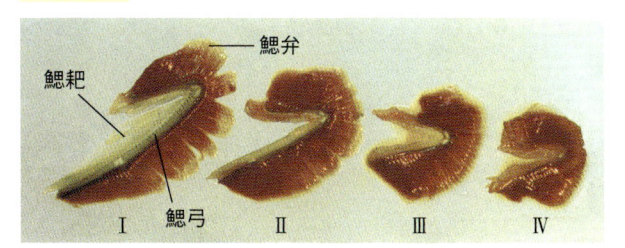

鰓弁／鰓耙／鰓弓／Ⅰ／Ⅱ／Ⅲ／Ⅳ

内臓（右側面図）

精巣／腸／肛門／臀鰭／幽門垂／心室／肝臓

内臓（肝臓を除去した左側面）

噴門部／腎臓／鰾／肛門／心室／幽門部／幽門垂／盲嚢／腸

消化器官

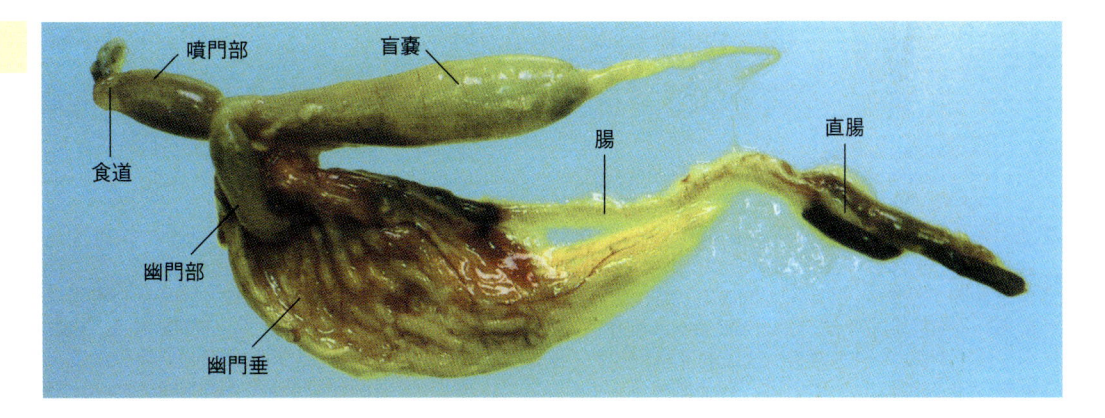

噴門部／盲嚢／食道／腸／直腸／幽門部／幽門垂

コノシロ

Konosirus punctatus（Temminck & Schlegel）

ニシン目ニシン科コノシロ属

佐々木邦夫

解剖図

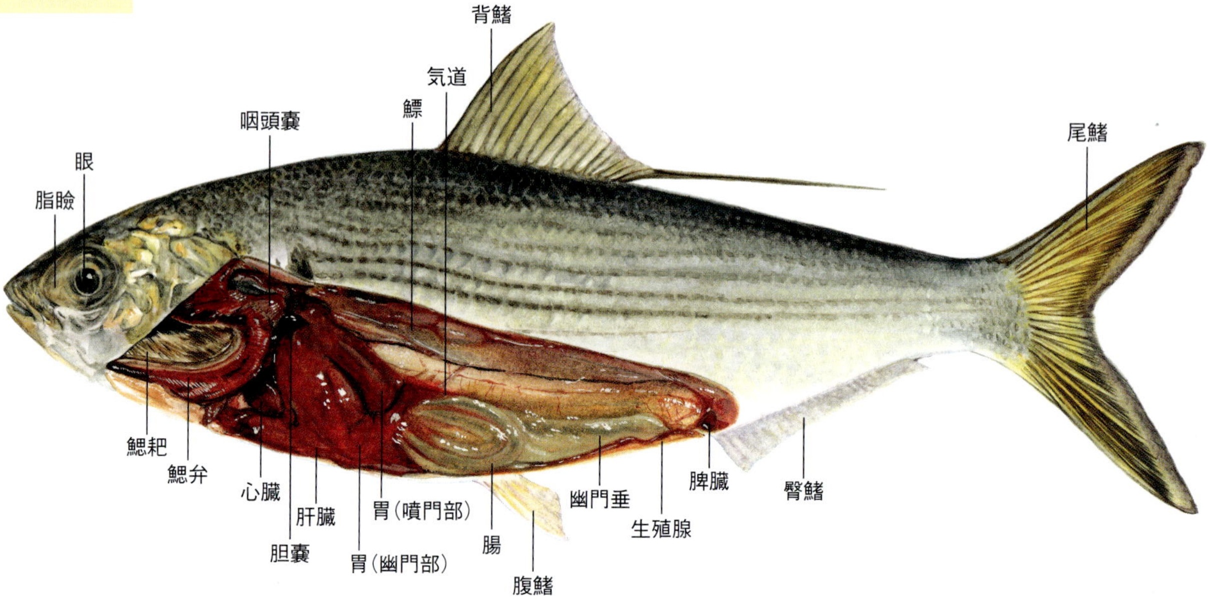
背鰭
気道
鰾
咽頭嚢
尾鰭
眼
脂瞼
鰓耙
鰓弁
心臓
肝臓
胆嚢
胃（噴門部）
胃（幽門部）
腸
腹鰭
幽門垂
生殖腺
脾臓
臀鰭

骨格図

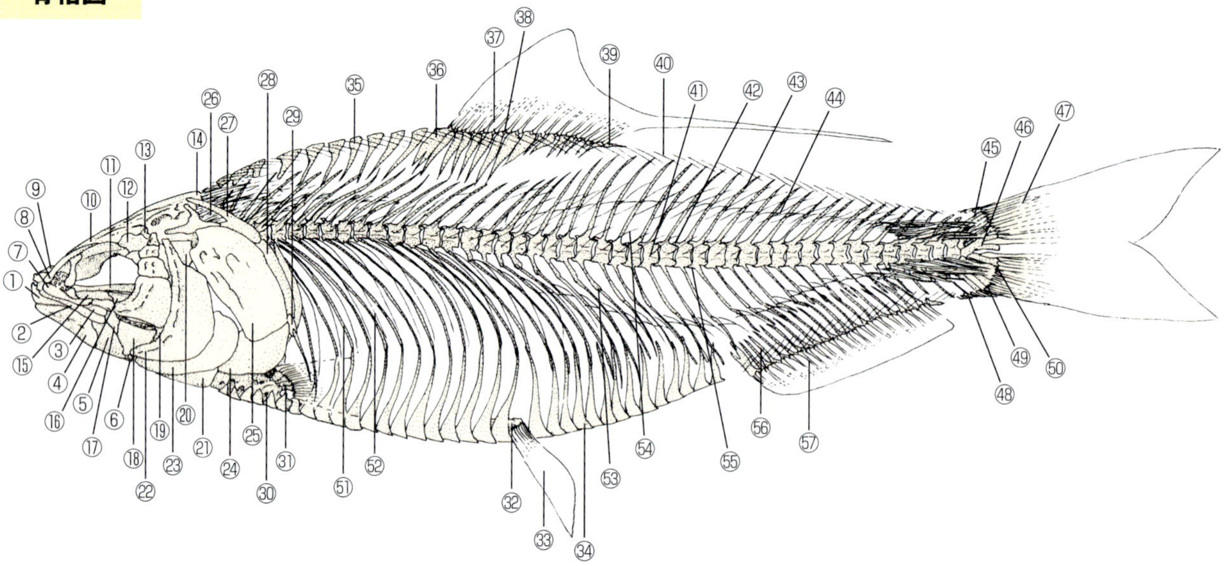

① 前上顎骨　② 主上顎骨　③ 上主上顎骨　④ 歯骨　⑤ 角骨　⑥ 後関節骨　⑦ 涙骨　⑧ 鼻骨　⑨ 篩骨　⑩ 前頭骨　⑪ 副蝶形骨
⑫ 蝶耳骨　⑬ 翼耳骨　⑭ 上後頭骨　⑮ 内翼状骨　⑯ 後翼状骨　⑰ 外翼状骨　⑱ 方形骨　⑲ 接続骨　⑳ 舌顎骨　㉑ 鰓条骨
㉒ 前鰓蓋骨　㉓ 間鰓蓋骨　㉔ 下鰓蓋骨　㉕ 主鰓蓋骨　㉖ 上側頭骨　㉗ 後側頭骨　㉘ 上擬鎖骨　㉙ 後擬鎖骨　㉚ 烏口骨　㉛ 射出骨
㉜ 腰帯　㉝ 腹鰭　㉞ 稜鱗　㉟ 上神経棘　㊱ 背鰭近位担鰭骨　㊲ 背鰭条　㊳ 間担鰭骨　㊴ 背鰭終端骨　㊵ 筋骨竿　㊶ 脊椎骨
㊷ 前神経関節突起　㊸ 神経棘　㊹ 上神経骨　㊺ 上尾骨　㊻ 側尾棒骨　㊼ 尾鰭条　㊽ 尾鰭前部鰭条　㊾ 準下尾骨　㊿ 下尾骨
(51) 肋骨　(52) 上椎体骨　(53) 横突起　(54) 上椎体骨　(55) 前血管関節突起　(56) 臀鰭近位担鰭骨　(57) 臀鰭条

解　説

◆呼名
成長によって呼名が変わる．シンコ（約4cm）（東京），ゼニコ（約5cm）（紀州），ドロクイ（約6cm）（高知），コハダ（約10cm）（新潟，千葉，東京，紀州），ツナシ（約10cm）（関西），コノシロ（約15cm以上）（各地）．

◆外見の特徴
体は高く，よく側扁する．腹鰭は胸鰭のはるか後方にある．眼には脂瞼がある．喉部と腹部の下縁には1列の稜鱗があり，腹鰭より後方の稜鱗は12～15枚である．鱗は円鱗．背鰭の最後の軟条は糸状に伸びる．体側の背方には黒色の縦走帯が，肩部には1黒斑がある．

◆分布・生息
太平洋側では岩手県以南，日本海側では新潟県以南．黄海，東シナ海，台湾，香港．沖合にもいるが，内湾性で水深30m以浅の沿岸に多く生息する．産卵期には汽水域に入ることもある．

◆成熟・産卵
生後満1年で成熟し，産卵の最小個体は体長約13cmである．産卵は内湾で3～8月になされ，産卵時刻は日没後1～2時間である．3日またはそれ以上の間隔をおいて，再び産卵をする．卵数は1歳で4万～7万粒，2歳で13万～15万粒，3歳で15万～17万粒である．卵は分離浮性卵である．完熟卵の直径は1.2～1.4mmで，径0.1mmの油球が1個ある．卵黄には無色透明な小泡状の構造がある．

◆発育・成長
受精卵は水温20℃前後では約40時間でふ化する．ふ化仔魚の全長は3.3mm前後で，肛門は体の著しく後方に位置し，筋節数は35+6=41個である．卵黄は大きく，体の前部約1/3を占める．ふ化後4日で全長5mmとなり，卵黄がほとんど吸収される．全長8.2mmで尾鰭の原基が出現する．全長10mm程度からシラス幼生となり，内湾の浅所で群遊するようになる．全長17.3mmでは背鰭・臀鰭・腹鰭の条数が定数となり，肛門が前方に移動しだし，筋節数が39+12=51個となる．全長25mmでは腹面に13枚の稜鱗がある．全長30mmで各鰭は定位置となり，肩部に黒斑が現れる．1年で体長10～13cm，2年で15～17cm，3年で18～19cm前後に成長する．寿命は6～7歳，最大体長は25cm程度である．

◆食性
主に動・植物プランクトンを捕食する．

◆解剖上の特徴
〔口部〕
口は端位で，やや小さい．上主上顎骨は1個である．舌は三角形を呈し，大きくて厚く，その先端は口床から離れる．上顎，下顎，鋤骨および口蓋骨には歯がない．

〔脳〕
極めて少量の脂肪様物質で包まれる．全形は棍棒状で，やや縦扁する．嗅球は小さく，三角状を呈し，嗅葉に密着する．嗅葉はほぼ楕円形で，小さい．視葉は著しく大きく，西洋ナシ型で，両側に強く張り出す．小脳はよく発達し，その前端は視葉の中程に達する．

〔鰓〕
鰓弓は4対ある．鰓耙は著しく細長く，先端は尖り，鰓弁とほぼ同長である．鰓耙は150～200本で，成長にともない数が増える．偽鰓がある．鰓弓部の背面には咽頭嚢があり，第4上鰓骨が変形して，これを支持している．咽頭歯はない．

〔腹腔〕
前後に広く，腹膜は黒色．

〔消化管〕
胃は噴門部と幽門部でU型を呈する．盲嚢部は不明瞭である．噴門部はチューブ状で，短い．幽門部は丸くふくらみ，厚い壁をもつ．噴門部と幽門部の移行部から1本の細長い気道が出て鰾と連絡する．幽門垂は小さく，非常に多数である．これらは房状をし，腸に沿って腹腔の後端付近まで延長する．腸は長く，ほぼ体長に等しい．胃のやや後方で数回，回転する．

〔肝臓〕
2葉からなり，左葉が右葉より大きい．

〔胆嚢〕
球状で小さい．

〔脾臓〕
腸の末端付近に位置し，三角形を呈する．

〔鰾〕
前後に長く延長し，中央部付近で気道によって胃と連絡する．前端部からは2本の細管が伸び，頭蓋骨の中耳と連絡する．後端部は臀鰭基底の上方にまで達する．

〔骨格〕
頭蓋骨は全体に細長く，背面には1対の明瞭な隆起線がある．後腹方部は後方に突出し，第1～第2椎体を下方から支持する．

眼下骨と鰓蓋骨は非常に薄い．第3眼下骨の後縁は前鰓蓋骨と接する．

脊椎骨は46〜51個である．背鰭の前方には十数本の上神経棘がある．肉間骨が非常に多い．頭蓋骨の後方にははけ状の小骨が多数ある．上椎体骨は尾鰭基底にまで達する．腹腔部の肋骨と上椎体骨は下方で稜鱗とつながる．体側中央には上椎体骨がある．体側背方には上神経骨があり，尾鰭基底にまで達する．体側の背・腹縁に沿って筋骨竿がある．

尾部骨格は第1尾鰭椎前椎体，尾鰭椎2個，側尾棒骨1個，尾神経骨2個，上尾骨3個，準下尾骨1個および下尾骨6個からなる．

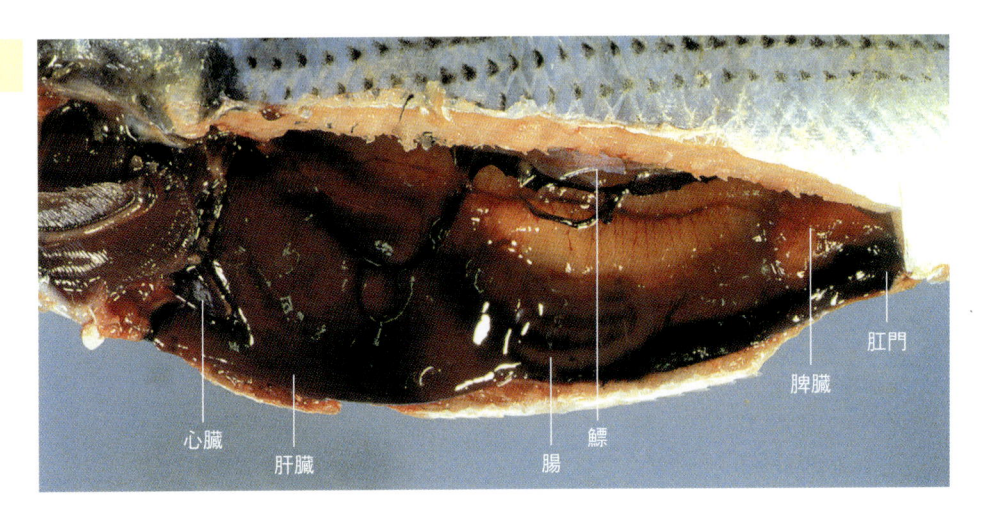

コノシロ　Ⅱ-6

消化器と鰾

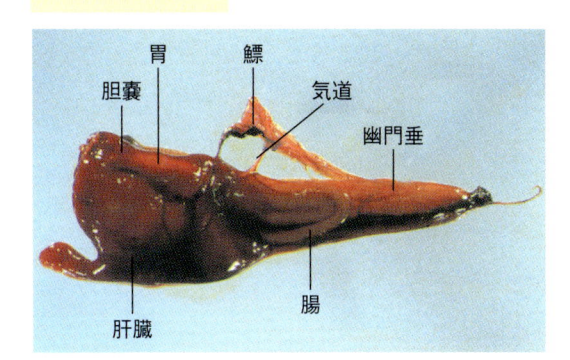

胆嚢／胃／鰾／気道／幽門垂／肝臓／腸

消化器

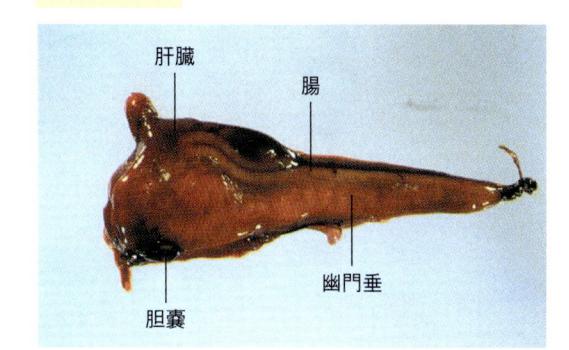

肝臓／腸／胆嚢／幽門垂

頭部

後鼻孔／眼／前鼻孔／上顎／下顎／脂瞼／鰓蓋／胸鰭

脳

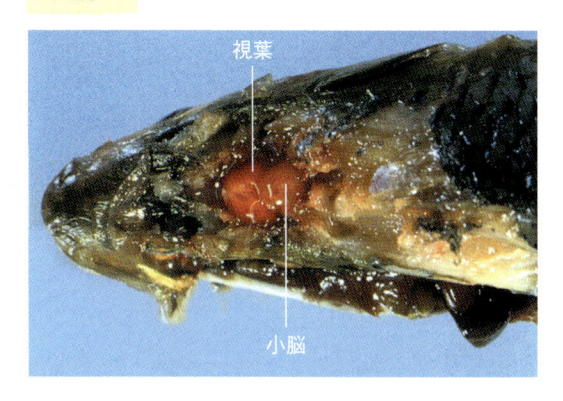

視葉／小脳

鰓と心臓

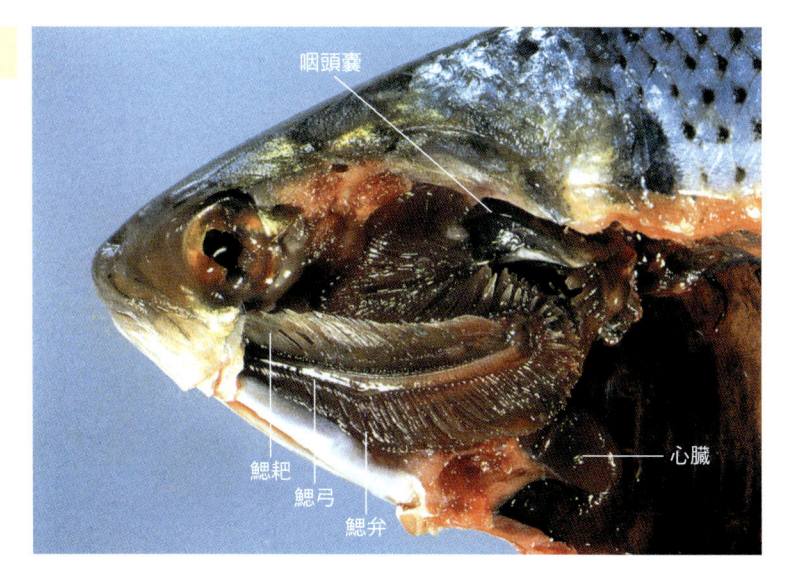

咽頭嚢／鰓耙／鰓弓／鰓弁／心臓

鰓

偽鰓／咽頭嚢／鰓耙／鰓弁／鰓弓

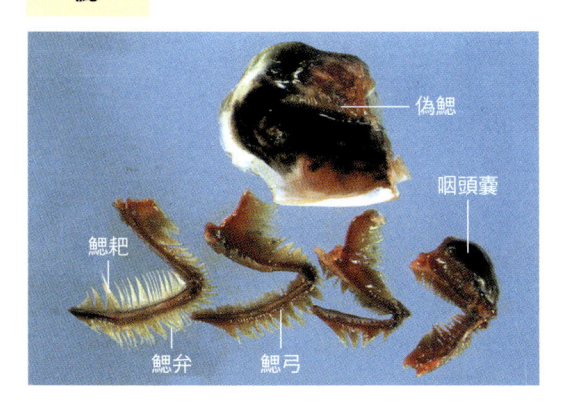

咽頭嚢（内部）

ソウギョ

Ctenopharyngodon idella（Valenciennes）
コイ目コイ科ソウギョ属
鈴木栄・藤田清・Chavalit Vidthayanon

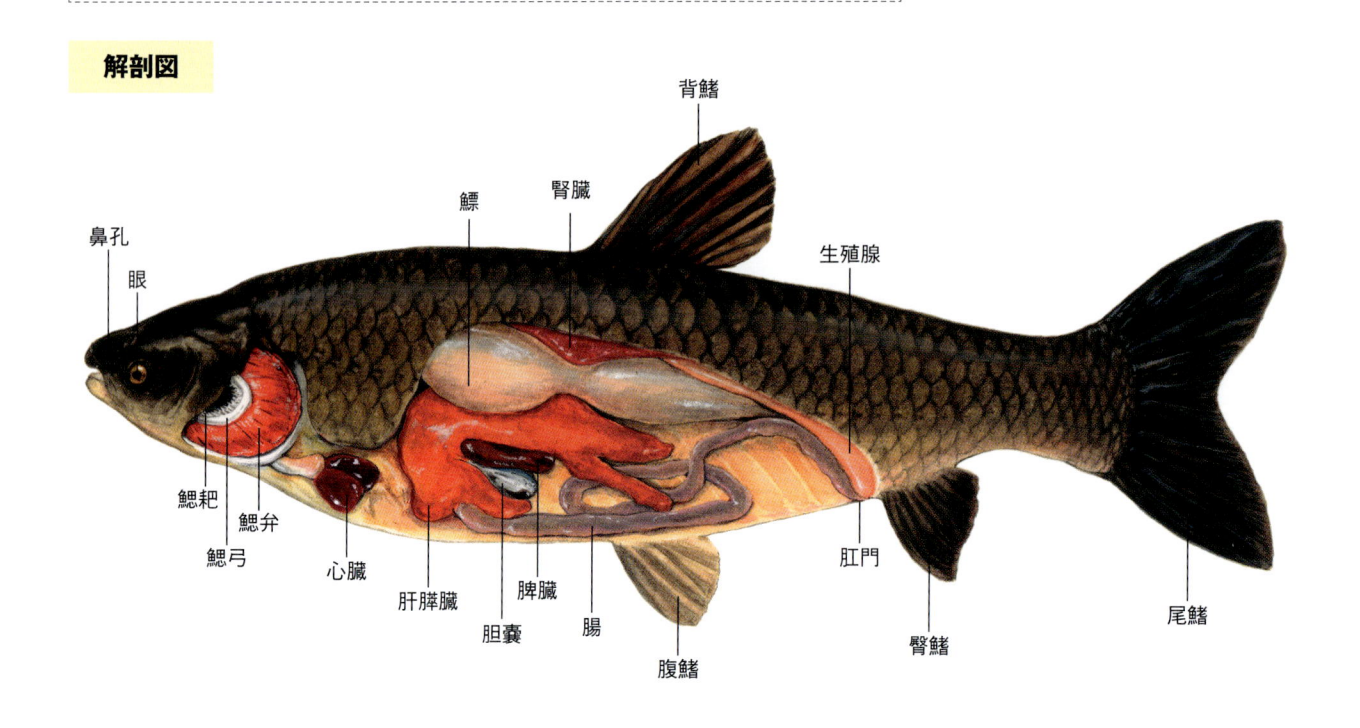

解剖図

骨格図

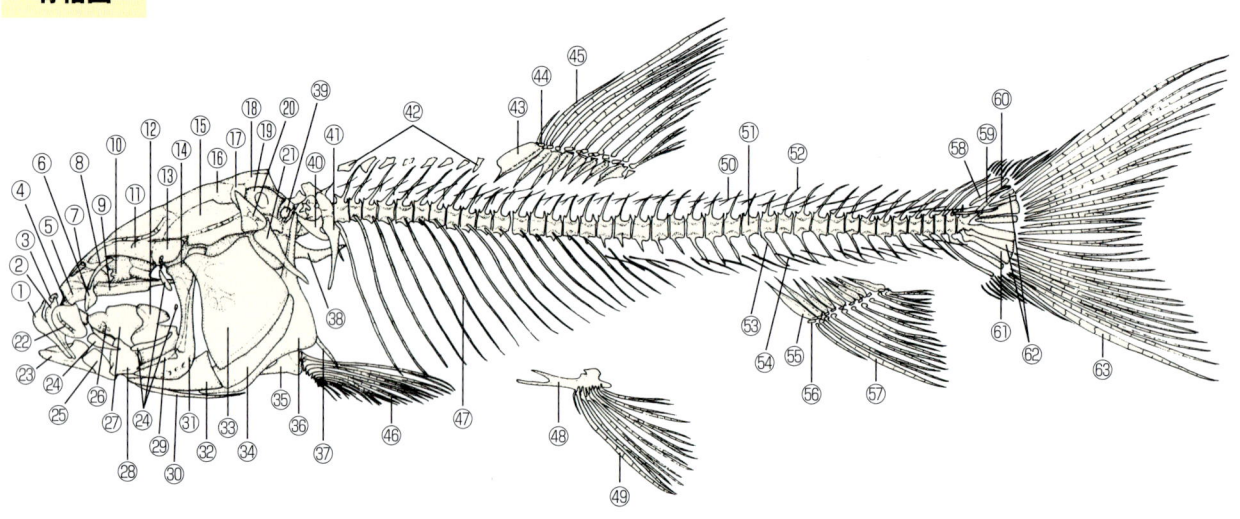

① 前上顎骨　② 主上顎骨　③ 中央軟骨　④ 口蓋骨　⑤ 鋤骨　⑥ 側篩骨　⑦ 鼻骨　⑧ 眼上骨　⑨ 副蝶形骨　⑩ 眼窩蝶形骨　⑪ 前頭骨　⑫ 後翼状骨　⑬ 蝶耳骨　⑭ 舌顎骨　⑮ 翼耳骨　⑯ 頭頂骨　⑰ 上耳骨　⑱ 上後頭骨　⑲ 外側頭骨　⑳ 後側頭骨　㉑ 上擬鎖骨　㉒ 涙骨　㉓ 歯骨　㉔ 眼下骨　㉕ 角骨　㉖ 外翼状骨　㉗ 内翼状骨　㉘ 方形骨　㉙ 縫合骨　㉚ 鰓条骨　㉛ 前鰓蓋骨　㉜ 間鰓蓋骨　㉝ 主鰓蓋骨　㉞ 下鰓蓋骨　㉟ 烏口骨　㊱ 擬鎖骨　㊲ 後擬鎖骨　㊳ 基底後頭骨　㊴ 舟状骨　㊵ 三脚骨　㊶ os suspensorium　㊷ 上神経棘　㊸ 背鰭近位担鰭骨　㊹ 背鰭遠位担鰭骨　㊺ 背鰭条　㊻ 胸鰭条　㊼ 肋骨　㊽ 腰帯　㊾ 腹鰭条　㊿ 上神経骨　51 脊椎骨　52 神経棘　53 血管棘　54 上椎体骨　55 臀鰭近位担鰭骨　56 臀鰭遠位担鰭骨　57 臀鰭条　58 上尾骨　59 側尾棒骨　60 尾神経骨　61 準下尾骨　62 下尾骨　63 尾鰭条

解 説

◆呼名
ツウヒー・ツァウヒー（台湾），ソウギョ（日本）．

◆外見の特徴
体は細長く，頭部前端は丸味を帯びる．頭頂部はやや偏平で，ボラに似る．口には髭がない．背鰭は基底が短く，臀鰭よりはるかに前方に位置し，腹鰭よりわずか前方から始まる．雌は1m余りになるが雄はやや小さい．

◆分布・生息
原産地は黒竜江からベトナム北部にかけてのアジア大陸東部であり，移殖により日本，台湾，タイ，マレーシアなどにも分布する．日本ではほぼ全国に分布しているが，自然繁殖が確認されているのは利根川のみである．同水系では，本流の佐原を中心とした下流地域およびこれと連絡する霞ヶ浦・北浦に生息する．生息域は川の緩流域やこれに続く湖沼に限られ，中層を緩やかに泳ぎ，索餌する．

産卵期になると親魚は，産卵場に向かって移動する．生息適水温は20～30℃である．

◆成熟・産卵
雌雄とも成熟年齢は4歳以上，体重で7kg以上である．雄は雌よりもやや小さい．雌雄比は1対1であるが，産卵場では2対1である．

抱卵数は7kgで約50万粒，13～16kgで114万～225万粒である．

産卵期は6～7月で，利根川本流（渡良瀬川合流点およびその下流）の流水中で産卵する．産卵条件は，1～2日前に降雨があり，0.5～2m増水した時で，透明度は20～40cm，流速は毎秒0.7～1.0mである．主産卵時刻は早朝であるが，昼間でも産卵することがある．産出卵の直径は1.8～2.0mmであるが，吸水後，囲卵腔が大きくなり，卵径は5～6mmとなる．卵黄は灰色を帯びた緑黄色で油球がない．分離沈性卵であるが，流水中では半浮遊性となって流下する．産卵水温は18～24℃である．

◆発育・成長
受精卵は流下しながら，20℃で48時間でふ化する．

ふ化仔魚は全長5.1mmで体は細長く，卵黄は前半は卵形で，後半は延長形である．ふ化後3日で全長は7.4mmとなり，両顎が形成され，口が開く．ふ化後7日で全長は8.1mmとなり，卵黄は吸収され，鰾が生じ，後期仔魚となる．ふ化後30日で全長21.3mmとなり，各鰭が形成され，ほぼ成魚と同形となる．遊泳と索餌は活発となり，稚魚期となる．

水温23～28℃で成長が良い．6カ月で8～15cm，満1年で15～25cmとなる．

◆食性
後期仔魚（ふ化後7日，全長8.1mm）になると，卵黄を吸収しつくし，ワムシ，小形のミジンコを摂餌する．ふ化後30日前後から遊泳・索餌活動が活発になり，ミジンコやその他のプランクトンのほかに，浮草や柔らかい植物の葉・茎・根を摂餌する．成魚は雑食性で，ウキクサ・ホテイアオイ・ヤキショウモ・ヒシ・ハスなどの水生植物，ヨシ・マコモなどの挺水植物を主食とし，陸草も摂餌するほか，小魚，ミミズ，蚕の蛹，昆虫なども摂餌する．水温23～28℃で活発に摂餌するが，5℃以下になると摂餌をしなくなる．

◆解剖上の特徴
〔口部〕

上顎は下顎より多少長い．両顎とも前方へはあまり伸出しない．

〔脳〕

脂肪様物質で包まれる．嗅球は小さく，鼻孔に接している．嗅葉は比較的大きい．

〔鰓〕

鰓弓は4対で，鰓弁は長く数も多いが，鰓耙は太くて短い．咽頭歯は大きな歯4～5本と小さな歯2本がそれぞれ1列に並ぶ．いずれの歯も櫛形であり，7～9条の溝がある．

〔腹腔〕

広く，腹膜は厚くて黒い．

〔消化管〕

胃と腸との区別はない．腸は細くて長く，腹腔内で複雑に湾曲する．

〔肝臓〕

右側主葉，左側主葉，腹葉，尾葉に区別されるが，不定形で消化管のまわりに巻きついて散在しているように見える．幽門垂はなく，膵臓は肝臓組織に進入して肝膵臓となる．

〔脾臓〕

肝膵臓の裏面にあり細長い．

〔胆嚢〕

卵形で濃緑色を呈する．

〔腎臓〕

鰾の背面にあり，中央部までは幅は広いが，後半部は

細長い.

〔鰾〕

2室に分かれ，前室の膜は厚くて卵形を呈するが，後室はやや薄くて細長い紡錘形である．

〔生殖腺〕

卵巣は1対で長い．産卵期の2～3カ月前ころに著しく大きくなり，体腔のほとんど全部を占める．精巣は卵巣とほぼ同位置にあるが，著しく細長くて小さい．

〔骨格〕

頭蓋骨の背面は円滑で丸みを帯び，前端部はやや細まり，後部はやや幅広くなる．一対の眼上骨，一個の眼窩蝶形骨がある．左右の主上顎骨の前端の間に中央軟骨がある．肋骨は比較的長い．脊椎骨は，変形した前部4個の脊椎骨（ウェーバー器官）を含めて42～44個．ウェーバー器官はコイ類，ナマズ類，カラシン類が備える．この器官は鰾に接する三脚骨から前方に向かって，挿入骨，舟状骨，結骨からなり，鰾の振動を内耳に伝える聴覚の補助器官である．上神経棘は8本．鰓条骨は幅広く，3本．肩帯部の肩甲骨と烏口骨との間に中烏口骨がある．尾部骨格の下尾骨は6本，上尾骨は1本，尾神経骨は1対．尾神経骨と尾鰭椎が癒合した側尾棒骨を有する．

頭部背面

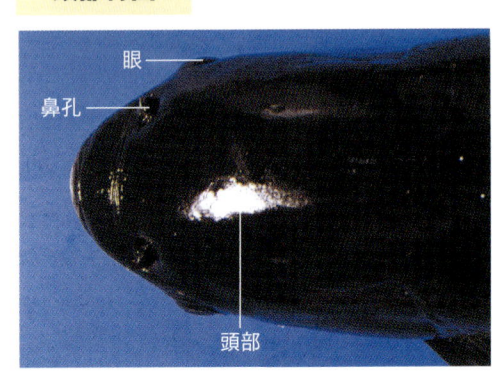

頭部側面

脳

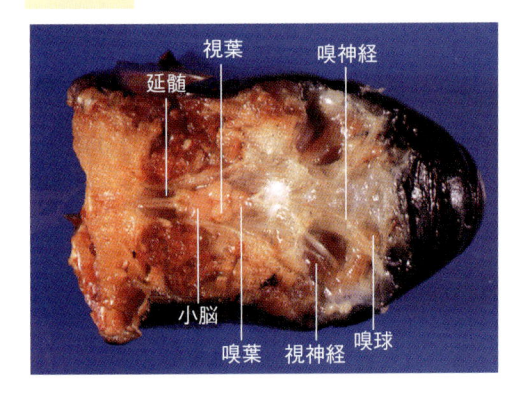

心臓

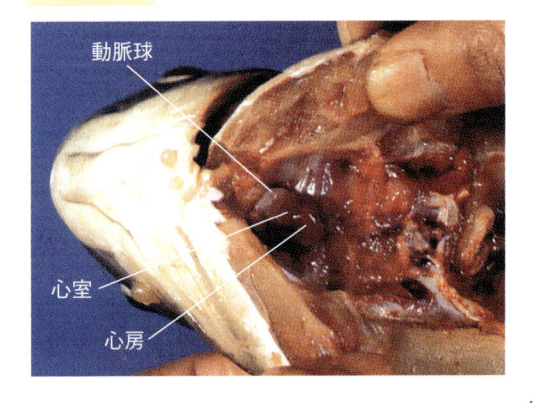

鰓と内臓

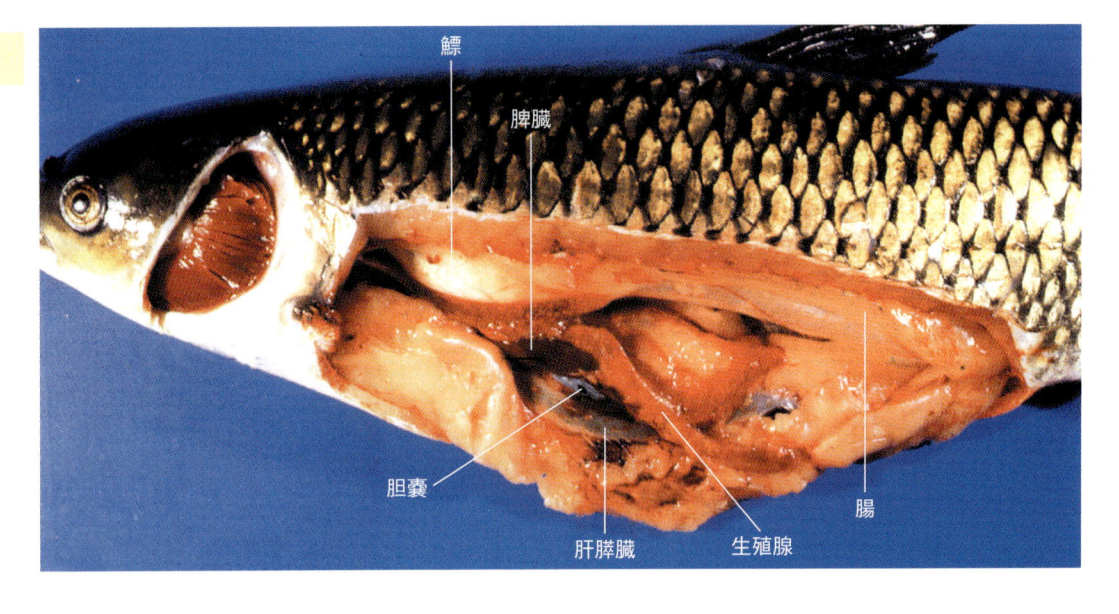

ソウギョ　Ⅱ-7

消化器系 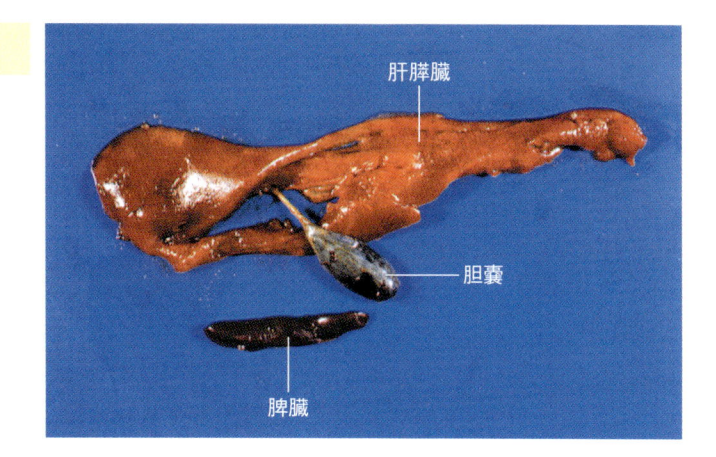
- 肝膵臓
- 胆嚢
- 脾臓

腎臓
- 腎臓

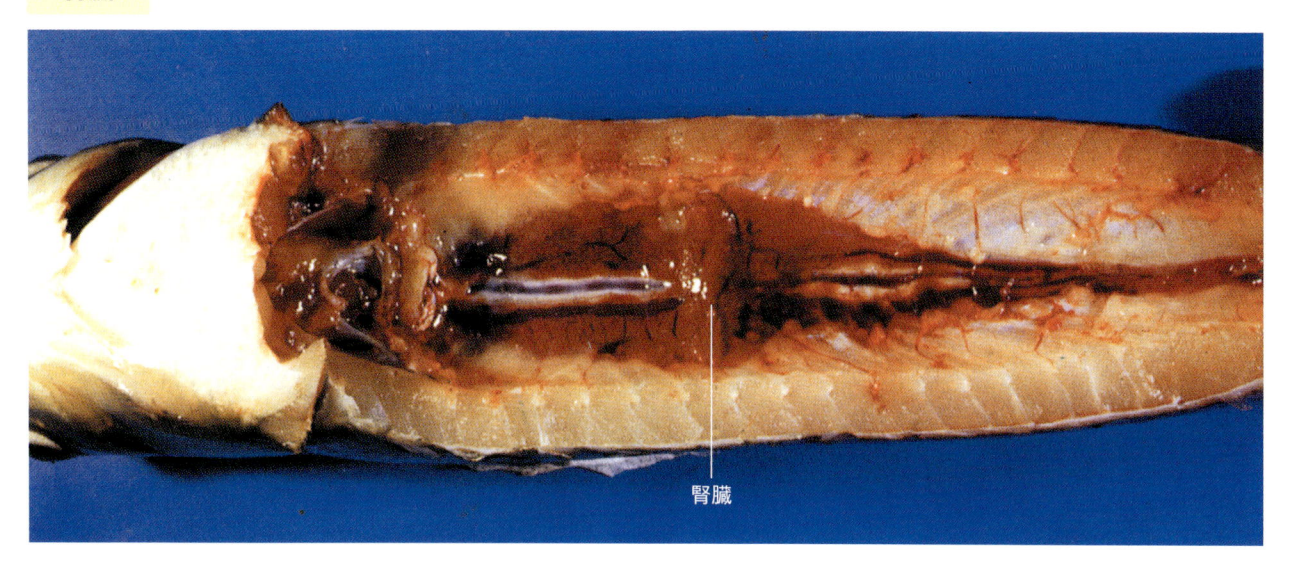

鰓
- 鰓弓
- 鰓耙
- 鰓弁

Ⅰ　Ⅱ　Ⅲ　Ⅳ

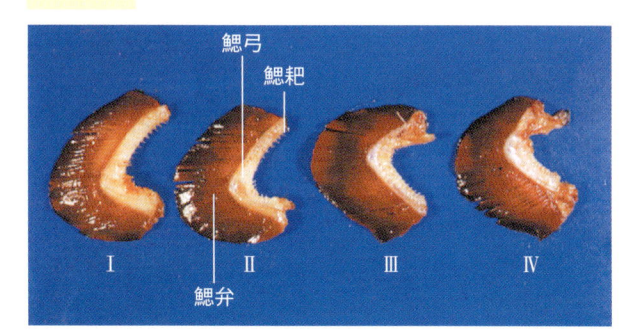

咽喉部
- 下咽頭歯
- 上咽頭歯

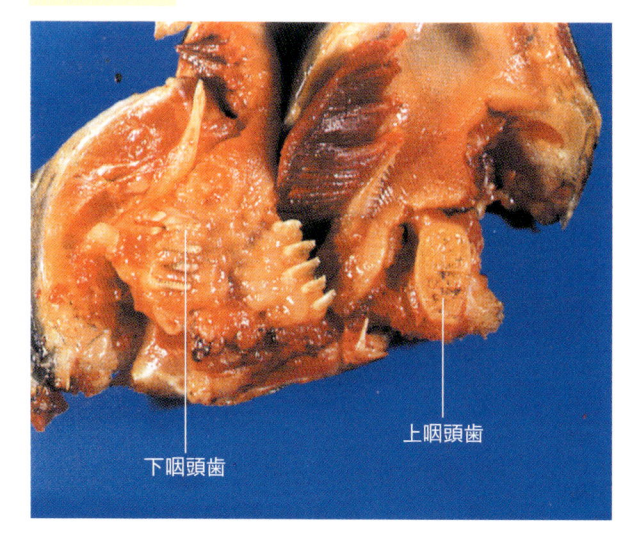

咽頭歯拡大図
- 下咽頭歯
- 上咽頭歯

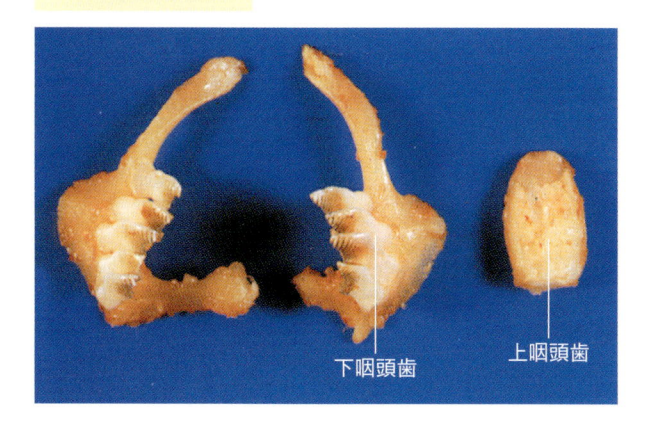

ドジョウ

Misgurnus anguillicaudatus（Cantor）
コイ目ドジョウ科ドジョウ属
鈴木栄・村井貴史・中坊徹次

解剖図

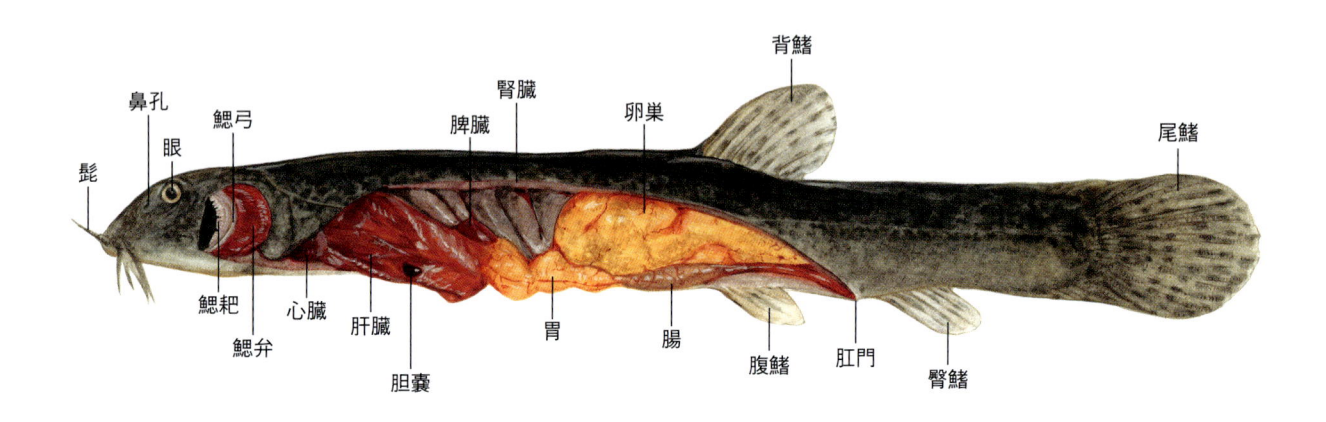

（髭、鼻孔、眼、鰓弓、腎臓、脾臓、卵巣、背鰭、尾鰭、鰓耙、鰓弁、心臓、肝臓、胆嚢、胃、腸、腹鰭、肛門、臀鰭）

骨格図

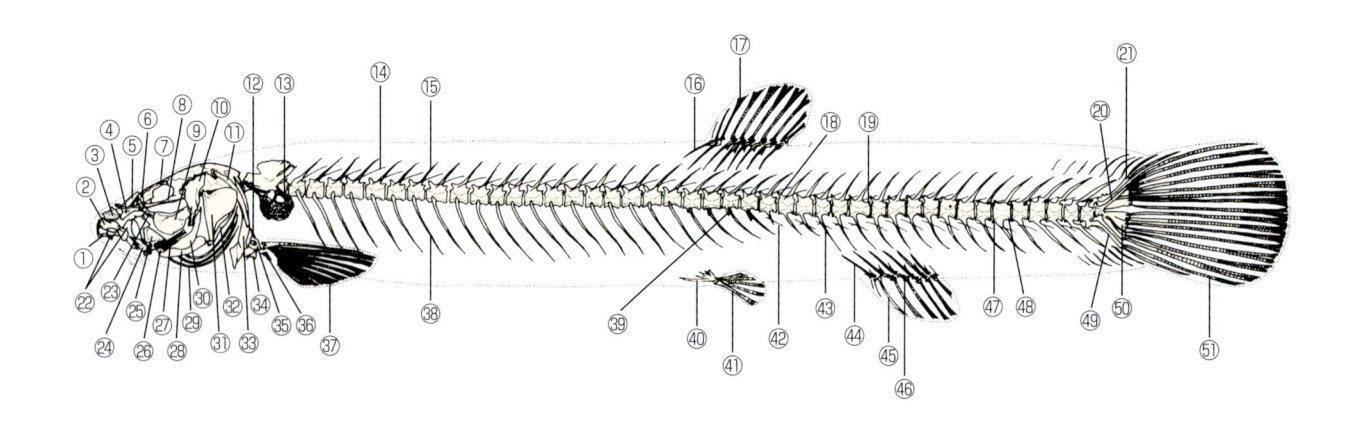

① 前上顎骨　② 主上顎骨　③ 口蓋骨　④ 外翼状骨　⑤ 上篩骨　⑥ 側篩骨　⑦ 前頭骨　⑧ 副蝶形骨　⑨ 後翼状骨　⑩ 舌顎骨　⑪ 上擬鎖骨　⑫ 後擬鎖骨　⑬ ウェーバー器官（骨嚢）　⑭ 上神経骨　⑮ 神経棘　⑯ 近位担鰭骨　⑰ 背鰭条　⑱ 前神経関節突起　⑲ 後神経関節突起　⑳ 尾部棒状骨　㉑ 上尾骨　㉒ 歯骨　㉓ 内翼状骨　㉔ 角骨　㉕ 方形骨　㉖ 角舌骨　㉗ 接続骨　㉘ 間鰓蓋骨　㉙ 鰓条骨　㉚ 前鰓蓋骨　㉛ 主鰓蓋骨　㉜ 下鰓蓋骨　㉝ 擬鎖骨　㉞ 烏口骨　㉟ 肩甲骨　㊱ 射出骨　㊲ 胸鰭条　㊳ 肋骨　㊴ 横突起　㊵ 腰帯　㊶ 腹鰭条　㊷ 上椎体骨　㊸ 血管棘　㊹ 近位担鰭骨　㊺ 臀鰭条　㊻ 遠位担鰭骨　㊼ 前血管関節突起　㊽ 後血管関節突起　㊾ 準下尾骨　㊿ 下尾骨　㋕ 尾鰭条

解　説

◆呼名

アジメ（長野），ウシドジョウ（愛知），オオマンドジョウ（福島），オドリコ（東京），クロドジョウ（琵琶湖），ジョジョ（和歌山），ドゾオ（青森），ヌマドジョウ（全国，長野，千葉），ホンドジョウ（群馬，長野），マドジョウ（全国），ムギナ（新潟，長野，富山），ノロマ（山梨）．

◆外見の特徴

上顎に3対，下唇後縁に2対の味覚器官としての髭がある．体はウナギ型で，体色は背部が暗緑色，腹部が白色または黄色味を帯びる．胸鰭以外の各鰭は体後半部に位置する．雄の胸鰭は大きく，先端は尖るが，雌では小さくて丸い．

◆分布・生息

日本のほとんど全土，台湾，沿海州，朝鮮半島，中国，インドシナ半島に分布する．サハリン，北海道にも生息するが，移殖によるかどうか不明である．河川下流域や平地の湖，沼，溜池，水田，水路の泥底に生息する．梅雨期には産卵のために上流へ，秋には越冬のために下流へ移動する．冬に10℃以下になると泥中で冬眠する．

◆成熟・産卵

早いものは満1歳，体長10cmぐらいで成熟する．

抱卵数は，満1歳，体長10.2cmで2,800粒，満2歳，11.8cmで6,000粒，満3歳，14.1cmで1.4万粒である．産卵は4～7月に水の浅い岸や水草の間でなされる．産卵行動は特異であり，雄は放卵直前に雌の肛門直前の胴部に巻きついて強く締めつけ，圧力で放卵させ同時に放精・受精する．産卵適水温は25～26℃である．卵は直径1.1mmの球形で，軽い粘着性を帯びる．

◆発育・成長

受精後20℃で2～3日，28.0～29℃で26時間でふ化する．ふ化適水温は20～25℃であるが，12～31℃でもふ化可能である．

ふ化仔魚は3～4mmで，頭部腹面に卵黄がある．吻端の表皮にやや肥厚した隆起性付着器があり，これで水草に懸垂する．ふ化後3日で4.7mmとなり，4対の小鰓糸と2対の髭の原基が生じる．ふ化後10日で5.3mmになり，卵黄はすべて吸収される．全長13.5mmで，10本の髭が形成され後期仔魚となる．

25～27℃で成長が良い．1歳で体長10cm（体重5g），2歳で10～14cm（体重10g）くらいになるが，1歳以上は雌が雄よりも成長が良くなり，最大のものは体長21cm，体重100gくらいになる．雄は17cm，50gくらいにしかならない．

◆食性

ふ化後10日，体長5.3mmほどで卵黄を吸収し尽くしてワムシを，体長8mm以上で，タマミジンコ，ミジンコ，ゾウミジンコなどの小甲殻類を食べる．以後アカムシなどの小さな昆虫の幼虫，イトミミズなどの貧毛類，ミジンコなどの甲殻類の動物性餌料および緑藻類，水生植物の葉や種子などの植物性餌料をとり，雑食性となる．

摂餌活動は夕方から朝方に行われる．しかし，曇天や雨天さらに産卵期の5～6月は昼間でも活発に摂餌するが，最も活発に餌をとる水温は25～27℃である．

◆解剖上の特徴

〔口部〕

上顎は前下方によく伸出する．歯がない．

〔脳〕

脂肪様物質で包まれる．嗅球および嗅葉とも，比較的大きい．

〔鰓〕

鰓弓は4対ある．鰓耙は短いが，鰓弁は長くて数も多い．

〔腹腔〕

腹膜は黒い．腹腔は産卵期は卵巣で満たされるが，その他の時期は比較的広い．

〔消化管〕

胃はI型で細長く，胃壁は厚い．腸は湾曲しない．腸の表面には無数の毛細血管が分布し，腸呼吸をする．

〔肝臓〕

前部で大きくて卵形，後部で細長い．肝臓内に膵臓がある．

〔胆嚢〕

卵円形で濃緑色を呈し，肝臓の裏面中央に位置する．

〔脾臓〕

方形に近く，肝臓裏面の腸間膜中央に位置する．

〔腎臓〕

脊椎骨下方にあり，頭の後部から体後部にまで達する．

〔生殖腺〕

卵巣は，若年魚では左右両房からなるが，体長7.7～8.2cmで癒合して1房となり，腸管を完全に包み込む．精巣は左右不相称で，右側のものは左側のものより長くて細く，軽い．

〔鰾〕
　退化的で小さい.

〔骨格〕
　下鰓蓋骨は細長くて退化的. 鰓条骨は3本. 不完全神経間棘はない. 前方4個の脊椎骨はウェーバー器官を形成する. この器官の腹面に膜骨状の骨鰾があり, 鰾を内蔵する. 骨鰾の側面に開孔があり, ここから胸鰭の基部に達する小管が出る.

　脊椎骨数は48個. 上神経骨, 上椎体骨（尾椎）がある. 肩帯は退化的で, 烏口骨, 肩甲骨は小さい. 腰帯は短くて, 肩帯より遠く離れて位置する.

頭部側面
鼻孔／眼／髭／胸鰭

脳
嗅球／視神経／小脳／延髄／嗅神経／嗅葉／視葉

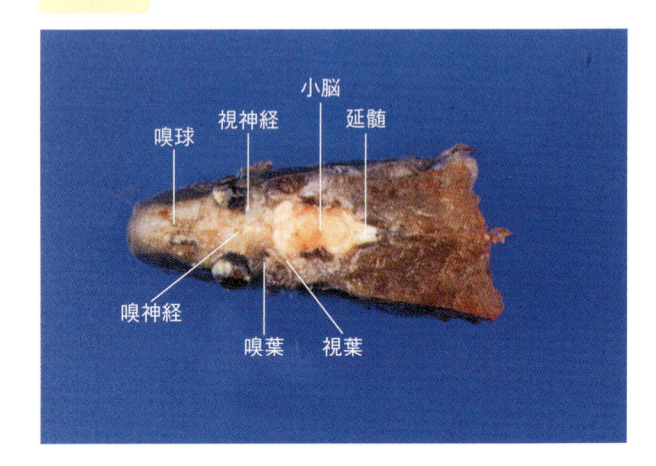

心臓
動脈球／心室／心房／ウェーバー器官

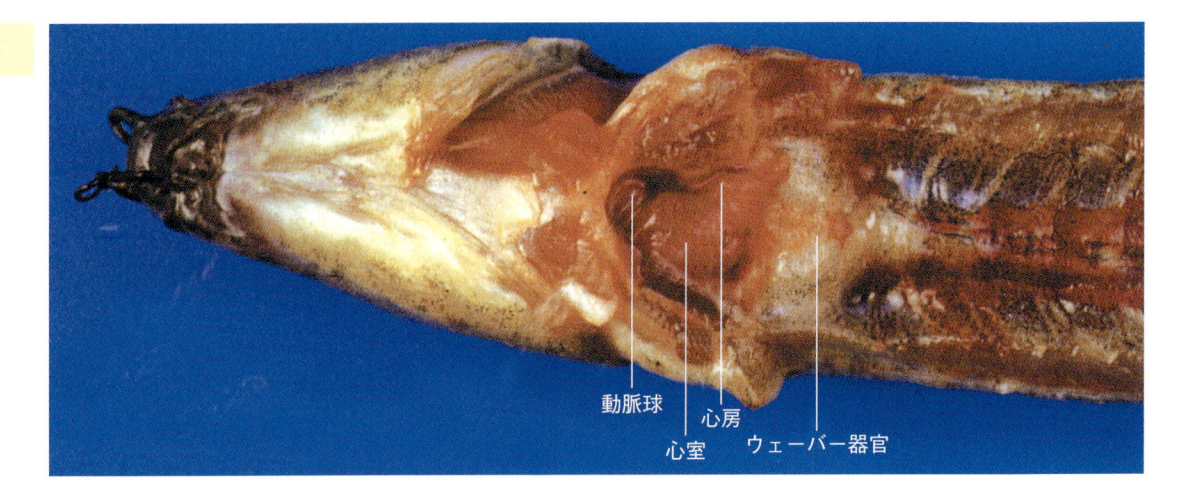

内臓
鼻孔／眼／髭／胸鰭／胆嚢／胃／肝臓／卵巣／腸（消化管）

ドジョウ　Ⅱ-8

内臓（接写）

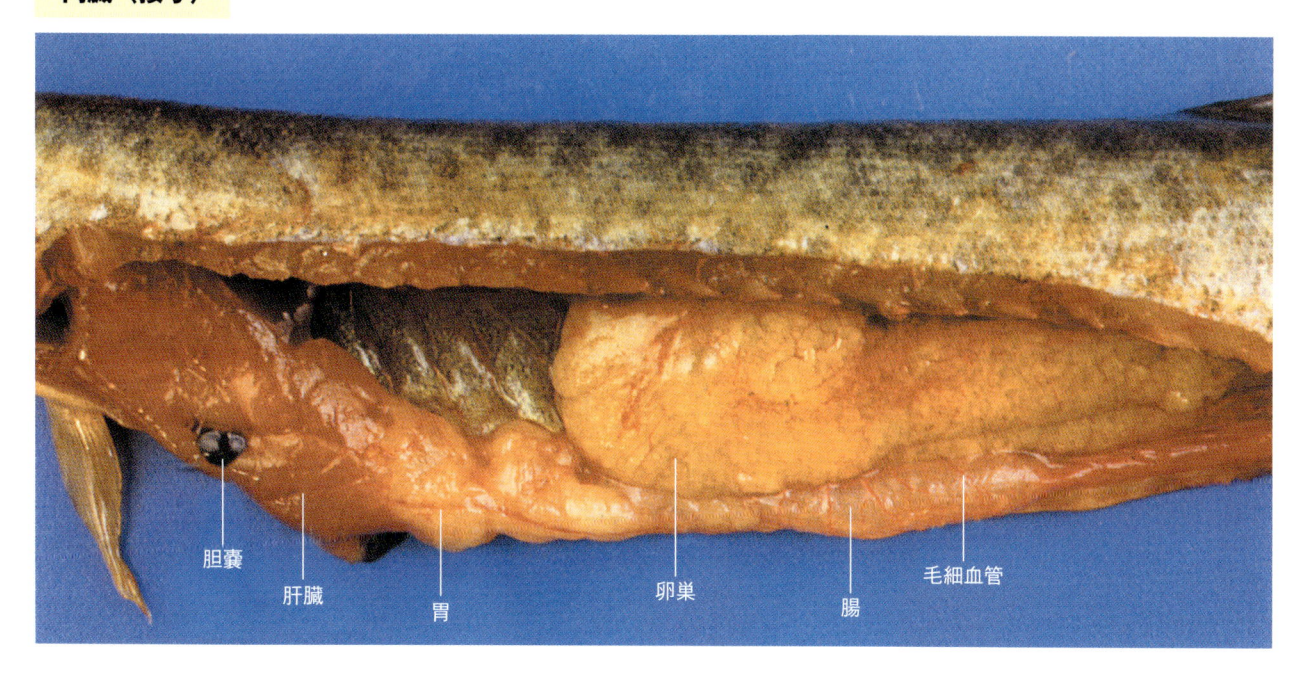

胆嚢　肝臓　胃　卵巣　腸　毛細血管

内臓

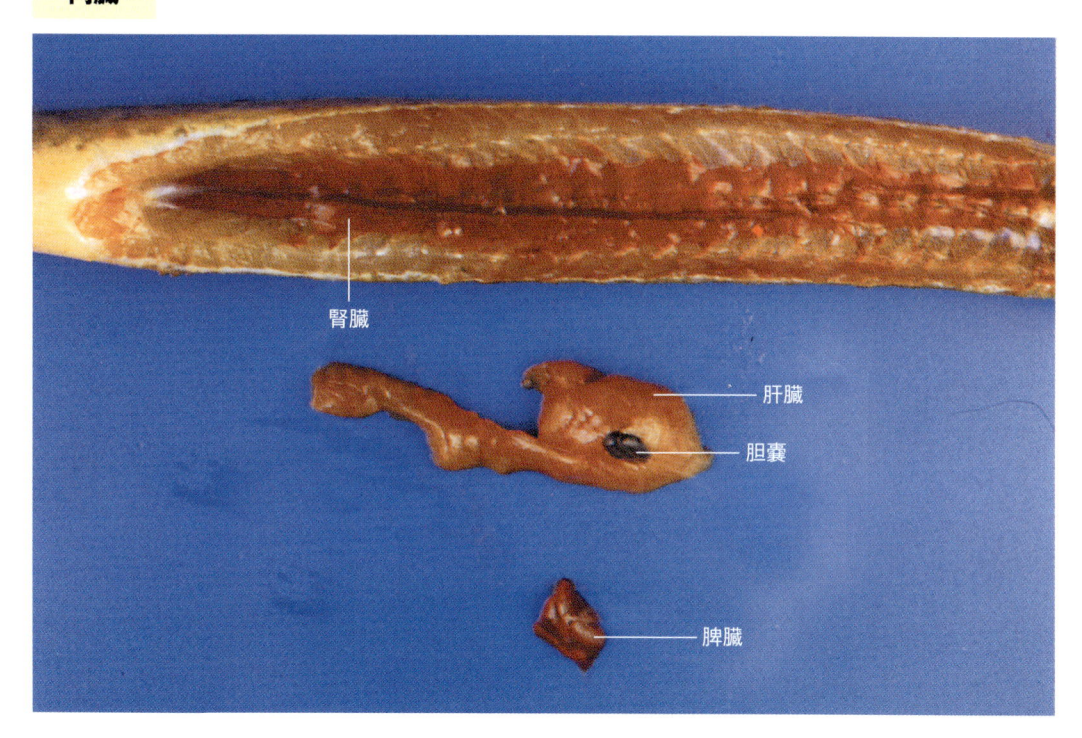

腎臓　肝臓　胆嚢　脾臓

鰓

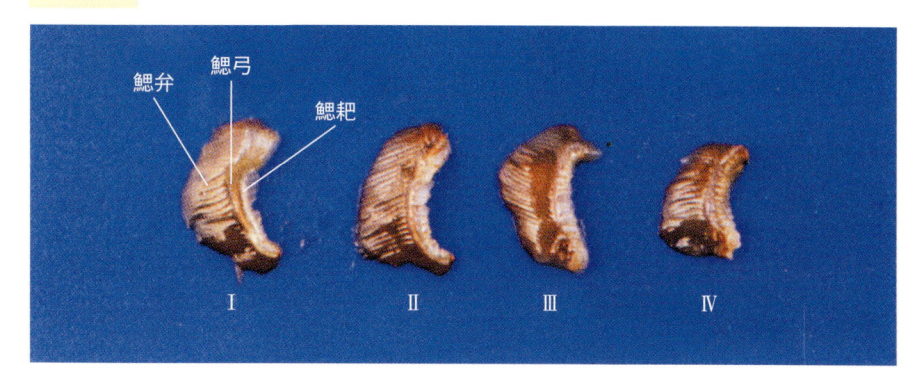

鰓弁　鰓弓　鰓耙

Ⅰ　Ⅱ　Ⅲ　Ⅳ

ナマズ

Silurus asotus Linnaeus
ナマズ目ナマズ科ナマズ属
小原昌和

解剖図

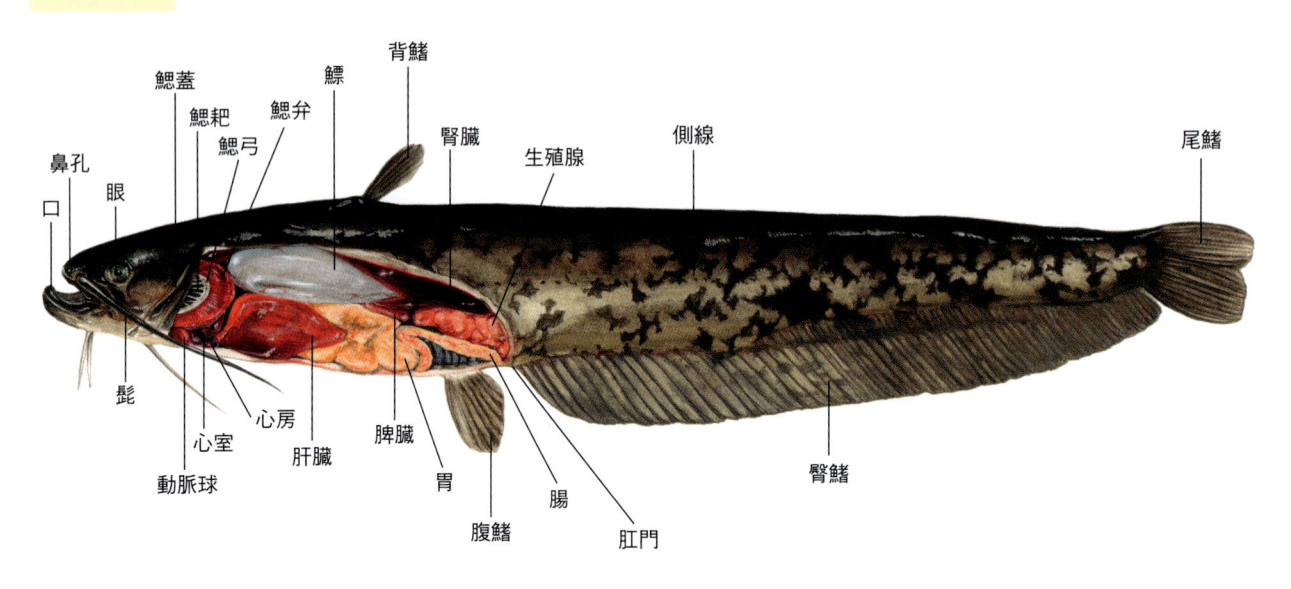

解剖図ラベル：口、鼻孔、眼、鰓蓋、鰓耙、鰓弓、鰓弁、鰾、背鰭、腎臓、生殖腺、側線、尾鰭、髭、心室、心房、動脈球、肝臓、脾臓、胃、腹鰭、腸、肛門、臀鰭

骨格図

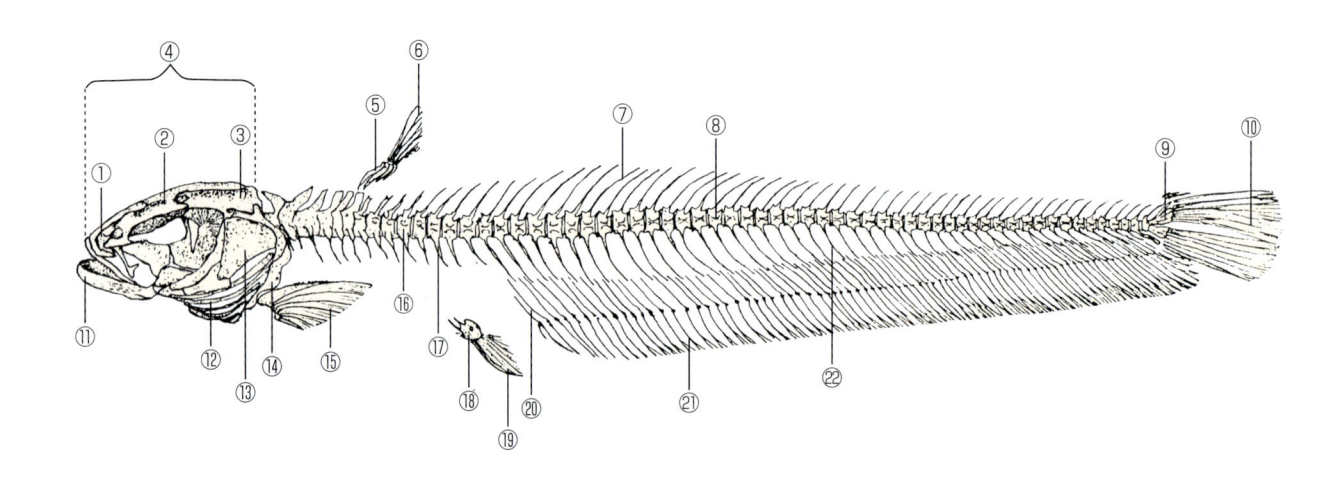

① 上顎骨　② 前頭骨　③ 上後頭骨　④ 頭蓋骨　⑤ 背鰭近位担鰭骨　⑥ 背鰭条　⑦ 神経棘　⑧ 尾椎骨　⑨ 尾骨　⑩ 尾鰭条
⑪ 下顎骨　⑫ 鰓条骨　⑬ 主鰓蓋骨　⑭ 擬鎖骨　⑮ 胸鰭条　⑯ 腹椎骨　⑰ 肋骨　⑱ 腰帯　⑲ 腹鰭条　⑳ 臀鰭近位担鰭骨
㉑ 臀鰭条　㉒ 血管棘

解　説

◆呼名
マナマズ（別名），カワッコ・ショウゲンボ・ベッコ（千葉），ナマンズ（山口），チンコロ（東京付近）．

◆外見の特徴
頭部は縦扁し，胴部は円筒状，尾部は側扁する．両顎に1対ずつの髭があり，上顎のものは非常に長い．臀鰭基底は長く，鰭条数は80本前後である．体の背側は黄褐色〜暗褐色，腹側は黄灰色〜灰白色であり，多くは体表に不規則な雲状の斑紋がある．体長60cm余りになり，雄は雌よりも小さい．

◆分布・生息
本州・四国・九州の各地，中国，台湾などアジア大陸東部に広く分布する．河川の緩やかな中下流域，湖沼，池およびそれらに通ずる小川や溝などに生息し，水草の茂った泥底を好む．温水性であり，春から秋にかけて活動し，冬期は深部で物陰に潜む．

◆成熟・産卵
成熟年齢は満2歳以上であり，成熟最小型は体長30cm程度である．産卵期は5〜7月であり，特に6月ごろの降雨後の暖かい夜間に，小川・用水路にさかのぼったり，池沼や水田など水草の茂った浅所で産卵する．

産卵数は体長30cmの個体で1万〜1.5万粒，60cmで10万粒程度である．卵は直径2.1〜2.6mmの球形の付着沈性卵である．卵膜は透明で薄く，卵黄は淡黄色〜淡緑色をし，油球がない．卵の外側には0.6〜1.3mmの厚さのゼリー層が覆っていて弱い粘着力があり，産出された卵は水草・藻などに付着する．

◆発育・成長
ふ化適温は20℃前後であり，72〜82時間でふ化する．ふ化仔魚は，全長4.2〜4.6mmであり，3対の髭の原基が認められる．ふ化後2〜8日ほどで卵黄を吸収し全長8mmほどになる．このころには頭部が縦扁し，口が大きく開き，ワムシ類やミジンコ類などを摂取するようになる．全長6〜11cmころには下顎の後方の1対の髭が消失する．生後満1歳で体長10〜15cm，2歳で20〜30cm，4歳以上で60cm程度になる．成長の適水温は20〜30℃である．

◆食性
夜行性が強く夜間活発に行動し，昼間は暗所に潜んでいる．肉食性であり，タナゴ類・ドジョウ類などの小魚，エビ・貝類などを捕食する．

摂餌は15℃以上で活発であり25〜30℃で最も盛んである．また15℃以下になると不活発になり，10℃以下では餌をとらなくなる．

◆解剖上の特徴

〔口部〕
口裂は大きく，下顎は上顎よりやや突出する．両顎と鋤骨上に鋭くて小さな歯が密生する．上・下顎歯帯はいずれも幅広く，左右の鋤骨歯帯は相接する．口腔は水平に広く開き，舌は不明瞭である．咽頭部には楕円型をした大きな上咽頭歯が1対ある．

〔脳〕
嗅球は鼻腔に接しており，嗅索によって嗅葉と連絡している．視葉は比較的大きく左右両側に膨出する．小脳はよく発達して視葉を覆うように前方へ膨出する．延髄もよく発達して大きく，その両側面は肥大している．

〔鰓〕
鰓弓は5対あり，そのうち前4対には鰓弁があるが，第5鰓弓は鰓耙のみである．鰓弁は比較的短く，鰓耙は鰓弓内縁にあり，前列のものが太く円錐状をしている．第1鰓弓にある鰓耙数は11本前後である．

〔消化管〕
胃は全体に短くV型に近い．幽門垂はない．腸は太くて短く所々にくびれがあり，腹腔内を数回湾曲する．

〔肝臓〕
大きく，赤褐色である．左右2葉に分かれているが左側の方が大きい．

〔胆嚢〕
黄赤色をし，細長い袋状である．

〔鰾〕
丸味のあるハート型に似た形で銀白色を呈する．腹面の中央には浅いくびれがあり，それよりやや前よりの部分から気道がのび消化管へ連絡する．背面は中央で深くくびれ，脊柱部を挟み込むようにして左右に分れる．

〔生殖腺〕
卵巣は黄色で，丸味のある円錐形をする．精巣は葉状で各所に切れ込みが入ったような不定形である．

〔脾臓〕
暗赤色をし，腸の周辺に付着するようにして鰾との間に位置する．

〔腎臓〕
頭腎は小さくて体腎と分れている．体腎は大きく鰾の後縁をV型に覆っている．体腎後端より輸尿管が出，膀胱を経て泌尿孔へ通じている．

〔体側筋〕
　白色で黄色味を帯びる．
〔骨格〕
　頭蓋骨は縦扁している．脊椎骨数は58〜63個で，そのうち腹椎が14個前後である．腹椎の神経棘は太くて短く，肋骨も短い．腹椎では神経棘・血管棘ともに細長い．近位担鰭骨は背鰭の基底下にあって，その数は4本である．腰帯は肩帯から離れて後方に位置する．

全形

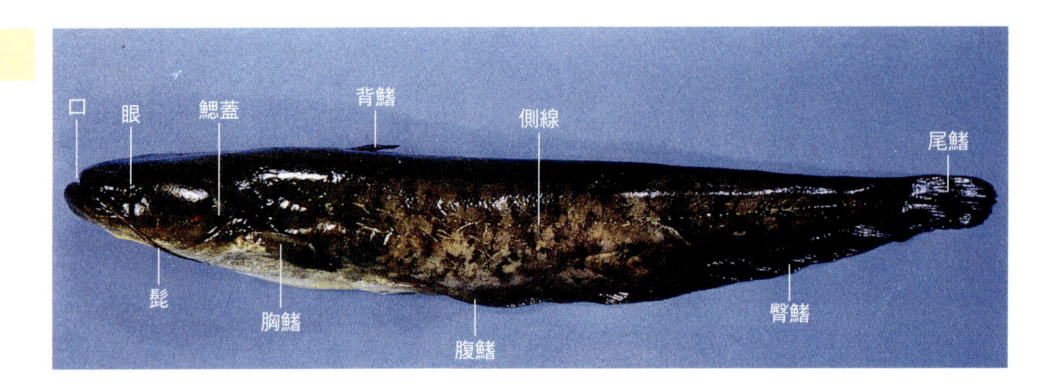

頭部

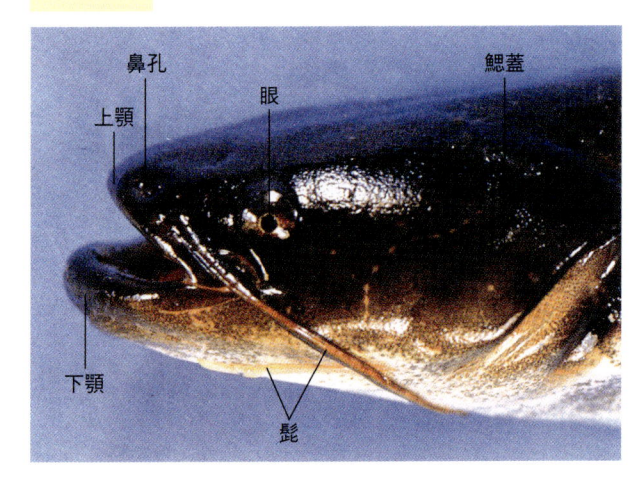

脳

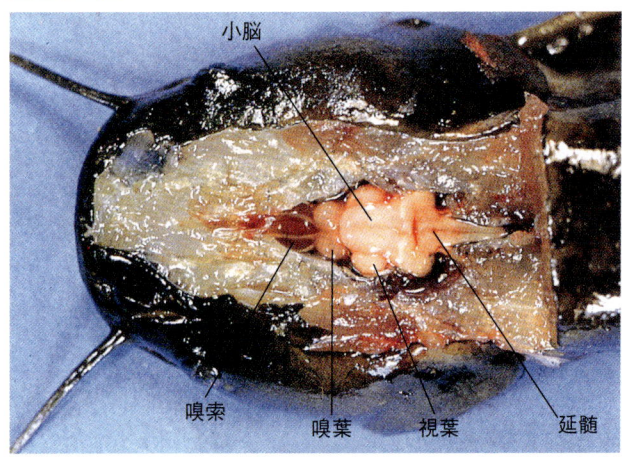

腹部

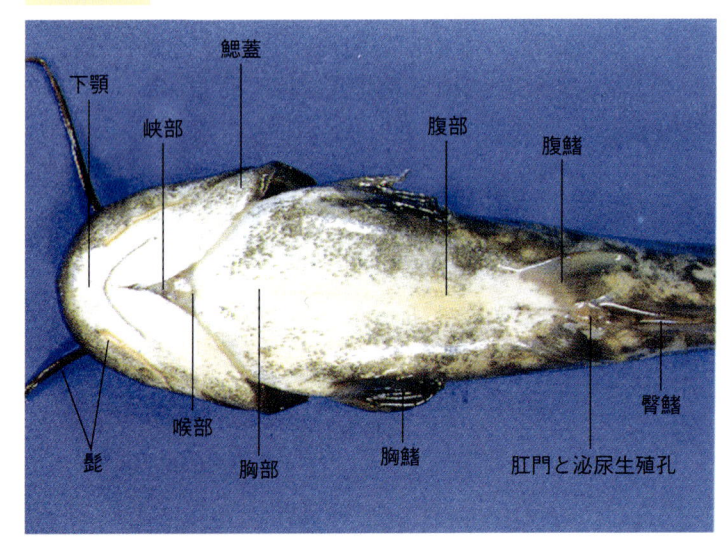

上顎と下顎（口腔内面）

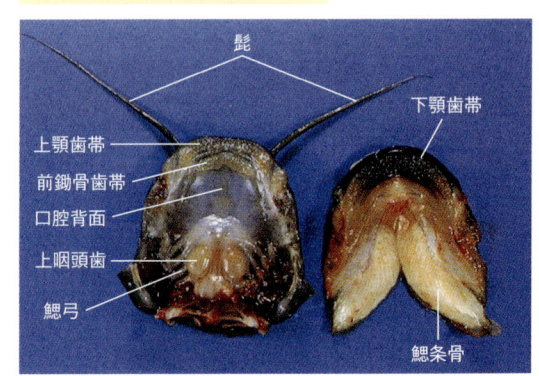

ナマズ　II-9

内臓（左側）

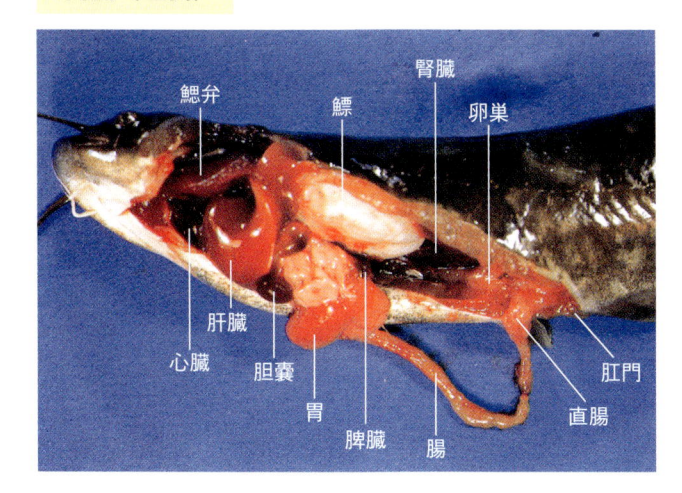

鰓弁／鰾／腎臓／卵巣／肛門／直腸／腸／脾臓／胃／胆囊／肝臓／心臓

内臓（斜左側）

鰓弓／鰓弁／気道／鰾／腎臓／精巣／腸／脾臓／胃／肝臓／心臓

内臓（鰓・肝臓・消化管を除去したもの）

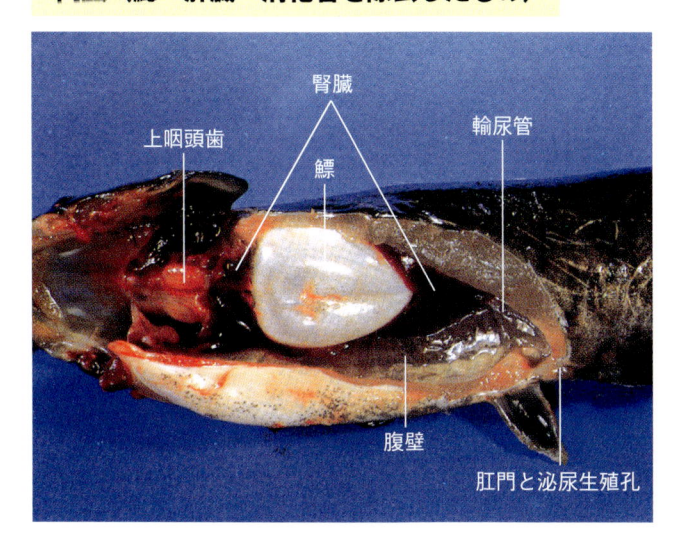

上咽頭歯／腎臓／鰾／輸尿管／腹壁／肛門と泌尿生殖孔

内臓（鰾を除去したもの）

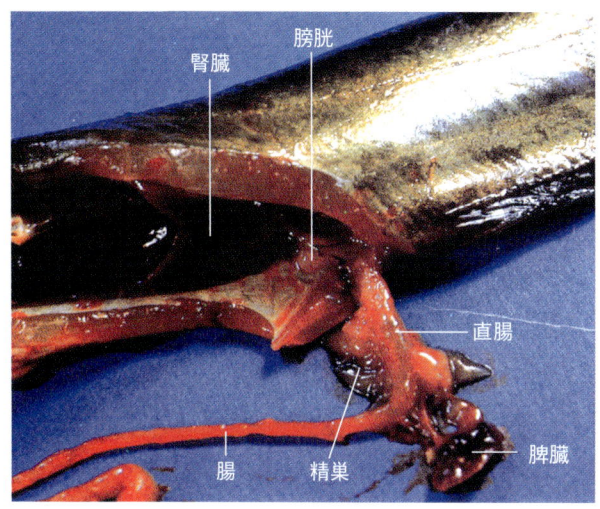

腎臓／膀胱／直腸／精巣／腸／脾臓

鰓

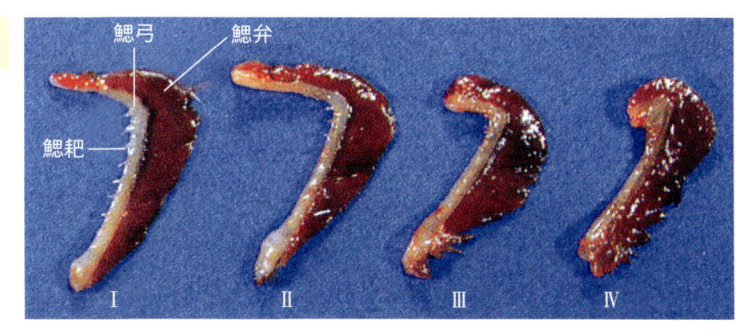

鰓弓／鰓弁／鰓耙

I　II　III　IV

内臓拡大図（消化器系と卵巣）

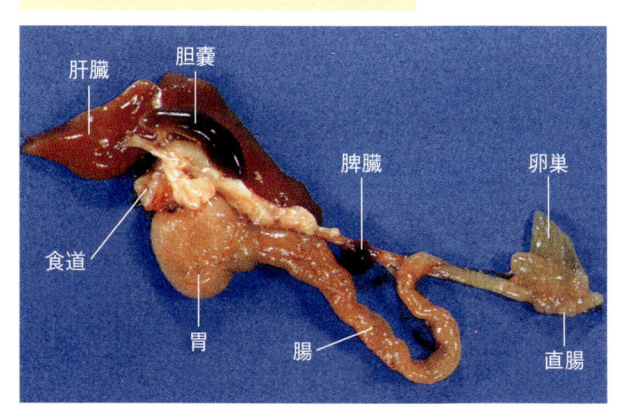

肝臓／胆囊／脾臓／卵巣／直腸／腸／胃／食道

内臓拡大図（消化器系と精巣）

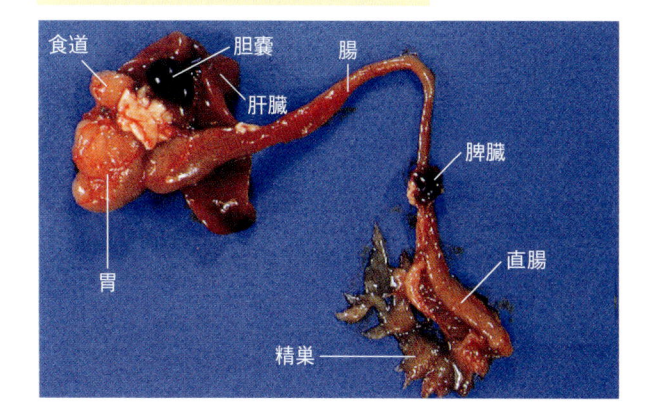

食道／胆囊／肝臓／腸／脾臓／直腸／精巣／胃

107

ワカサギ

Hypomesus transpacificus nipponensis McAllister
サケ目キュウリウオ科ワカサギ属
小原昌和

解剖図

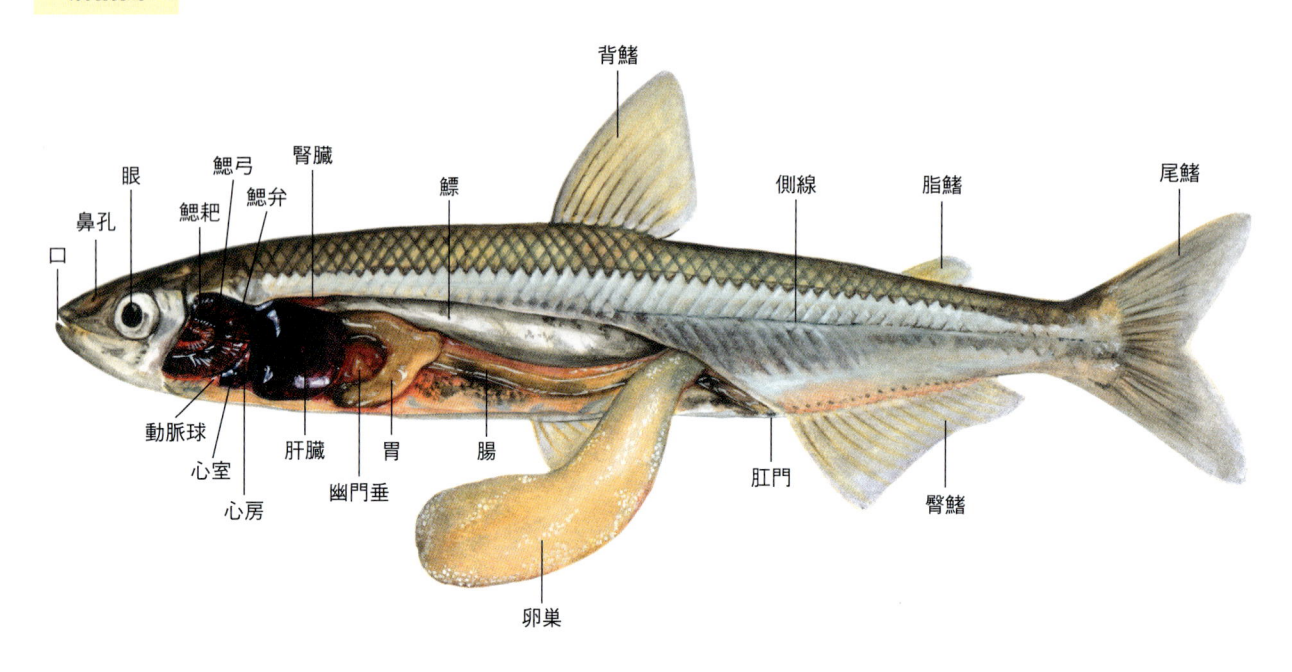

口、鼻孔、眼、鰓耙、鰓弓、鰓弁、腎臓、鰾、背鰭、側線、脂鰭、尾鰭、動脈球、心室、心房、肝臓、胃、幽門垂、腸、卵巣、肛門、臀鰭

骨格図

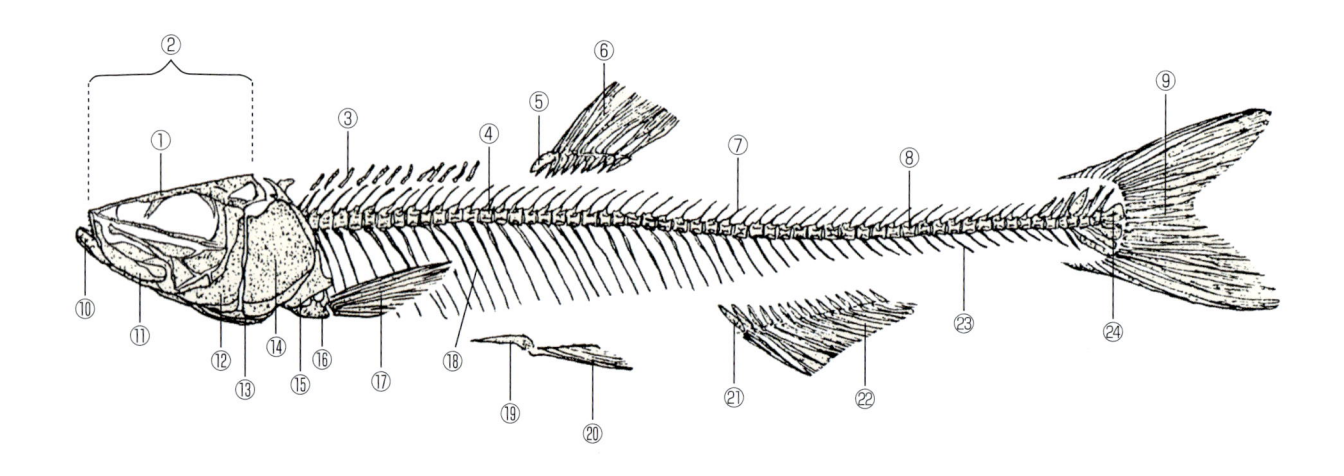

① 前頭骨　② 頭蓋骨　③ 上神経棘　④ 腹椎骨　⑤ 背鰭近位担鰭骨　⑥ 背鰭条　⑦ 神経棘　⑧ 尾椎骨　⑨ 尾鰭条　⑩ 歯骨
⑪ 主上顎骨　⑫ 前鰓蓋骨　⑬ 鰓条骨　⑭ 主鰓蓋骨　⑮ 擬鎖骨　⑯ 烏口骨　⑰ 胸鰭条　⑱ 肋骨　⑲ 腰帯　⑳ 腹鰭条
㉑ 臀鰭近位担鰭骨　㉒ 臀鰭条　㉓ 血管棘　㉔ 尾骨

解説

◆ 呼名
アマサギ（山陰），ソメグリ（北陸），チカ（東北，混称），シロイオ（信濃川），マハヤ（千葉），シラサギ（鳥取）．

◆ 外見の特徴
体は細長い紡錘型で，黄味のある淡灰色をしており，体の側面および腹面は銀白色である．サケ・マス類に近縁であり，背鰭と尾鰭の中間に脂鰭がある．体表の鱗は薄くて非常に剝れやすい．頭部の黒い小斑点は，雌より雄で多い．全長15cm余り．

◆ 分布・生息
太平洋側では利根川以北，日本海側では島根県以北の沿岸域，汽水湖，またはそれらに注ぐ河川などに生息する．霞ヶ浦，北浦，涸沼，八郎潟，三方湖，宍道湖などにも天然に生息する．淡水域でも容易に陸封され繁殖することから，移殖により日本各地の湖，人工湖でも繁殖している．

本来は汽水性の魚であるが，広塩性で淡水から普通海水まで耐える．また，生息可能な水温は0〜30℃と範囲が広く，濁度などの環境変化に対しても適応性が高い．

遊泳層は夏季は表中層，冬季は底層である．昼間は群遊するが夜間は分散する．産卵期になると日没前後に群をつくって河川に遡上する．

◆ 成熟・産卵
満1歳で5.5〜11cm，2〜11gに成長して成熟する．成熟の最小型は体長4.6cmである．多くは産卵後死亡するが，翌年まで生き残って再び成熟して産卵するものもある．性比は北日本では雄が多く，中国・九州では雌がやや多い．栄養の少ない人工湖では雄が著しく多い．

産卵期は主に1〜4月であるが，北海道では4〜6月である．産卵期の水温は4.5〜10℃であり，産卵盛期では5〜8℃である．

産卵は夜間に行われ，海・湖へ流入する河川の下流域や風当りのよい湖岸などの砂礫底，あるいは水草に卵を産みつける．抱卵数は，400〜24,000粒で，体長に比例して増加する．卵は直径約1mmの球形の付着沈性卵で，表面の粘着膜が反転して礫，水草などに付着する．

◆ 発育・成長
ふ化適温は6.0〜17.5℃と広範囲で，水温10℃前後では，受精から発眼するまでに16〜18日，発眼からふ化までに8〜10日を要する．

ふ化直後の仔魚は全長6.0mm程度，ふ化60日後に全長3cm程度になり，鰭条数などが定数となり体形は成型になる．その後8〜9月になれば体長5cm以上に達する．

成長は，冬の水温が高く，夏の水温が低い年に良好である．寿命はほとんど1歳であるが，2〜3歳魚もかなり認められ，網走湖では4歳魚も知られている．

◆ 食性
ふ化4日ころから摂餌を開始し，単細胞性の藻類，ワムシなどを食べる．体長6.5cm以上はこれらのほかに，ケンミジンコ，ゾウミジンコなどを摂餌する．ワカサギの主餌は，ミジンコ類を主とした動物プランクトンと羽化期のユスリカであり，選択性はあまりない．

摂餌活動は朝・夕に活発で，群遊して捕食するが，夜間は分散して餌を食べない．産卵前には特に大食する．

◆ 解剖上の特徴
〔口部〕
口はやや小さく，上顎に比べて下顎が長く，上方に反って上顎と合致する．舌は細長いへら状で，その先端は口腔底より離れる．歯は強くはないが，細かくて鋭く，主に両顎および舌上に発達する．咽頭歯は見られない．

〔脳〕
脳は脂肪様物質で包まれている．嗅球と嗅葉は密着していずれも小さい．視葉は著しく大きく，先端は中央でくびれる．小脳はやや小さく，視葉より後方に細長く膨出する．延髄の側面は肥大している．

〔鰓〕
鰓弓は5対あり，最後の第5鰓弓には鰓弁がなく，鰓耙のみである．第1鰓弓の内縁にある鰓耙はよく発達しており，細長くて鰓弁の長さと同程度かそれ以上である．第1鰓弓にある鰓耙数は30本前後である．鰓蓋裏面には，比較的発達した偽鰓がある．

〔消化管〕
胃はU型をし，盲嚢部は明らかでない．幽門垂は4本でいずれも太くて短い．腸は細く，食道付近で反転して直走し，肛門に通じる．

〔肝臓〕
赤褐色をして，単葉状で大きい．

〔胆嚢〕
小さく丸い袋状で，黄緑色をして，肝臓の右側面に付着している．

〔鰾〕
細長い紡錘型で，腹腔背壁に沿って，腹腔後半まで達

する．鰾前部より短い気道によって消化管と連絡する．

〔生殖腺〕
　成熟期では左側の卵巣および精巣が大きくて，腹腔内の大部分を占めるようになるが，右側の生殖巣は左側の半分以下で腹腔後部の右側面に偏在する．

〔脾臓〕
　暗赤色で，胃の噴門部付近に付着する．

〔腎臓〕
　細長く，体腔背壁の脊柱に沿って位置する．

〔体側筋〕
　透明感のある白色である．

〔骨格〕
　頭蓋骨は細長く，眼前部がやや長い．脊椎骨数は56個前後，腹椎骨数は28個前後である．肋骨は比較的長いが，神経棘と血管棘は短い．上神経棘は背鰭の前方にあり，その数は12本余りで，いずれも短い．背鰭近位担鰭骨・臀鰭近位担鰭骨とも短くて神経棘または血管棘から離れて位置する．腰帯は肩帯より離れて著しく後位にある．

全形

口・眼・鰓蓋・背鰭・脂鰭・胸鰭・腹鰭・臀鰭・尾鰭

頭部

上顎・眼・鰓蓋・下顎・胸鰭

脳

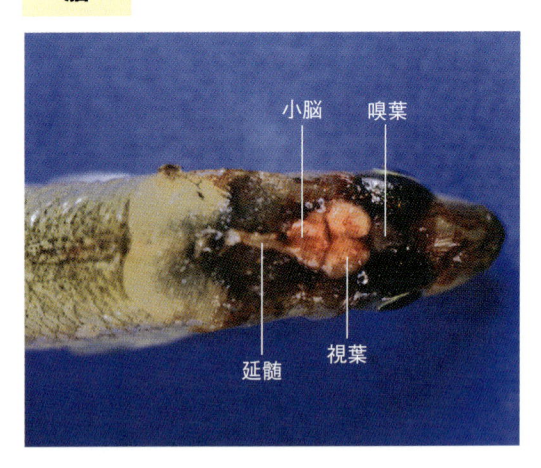

小脳・嗅葉・延髄・視葉

鰓

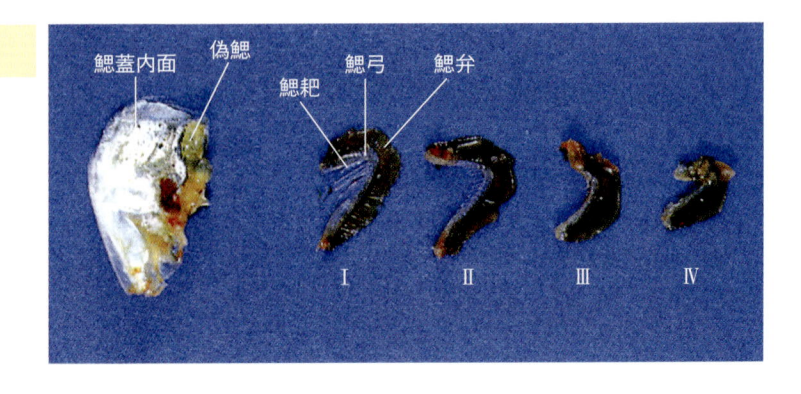

鰓蓋内面・偽鰓・鰓耙・鰓弓・鰓弁
Ⅰ　Ⅱ　Ⅲ　Ⅳ

ワカサギ　II-10

内臓（左側）

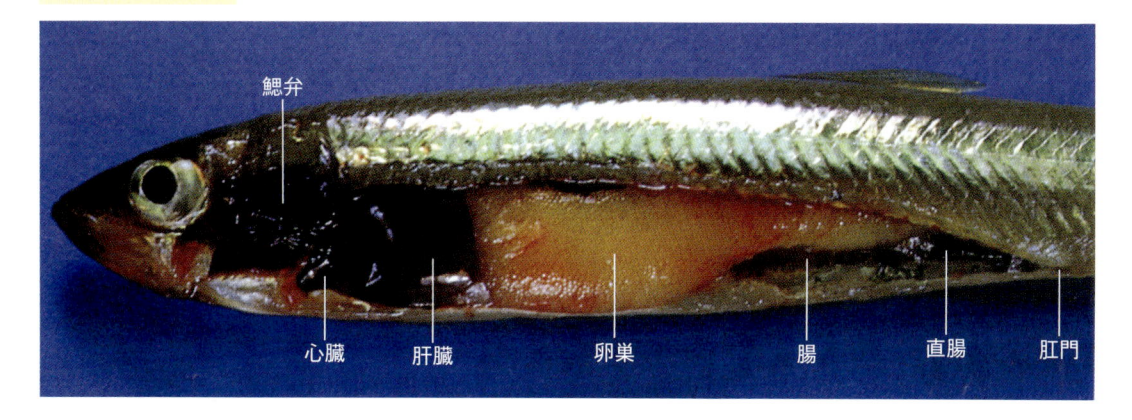

鰓弁／心臓／肝臓／卵巣／腸／直腸／肛門

内臓（左側，卵巣を除去したもの）

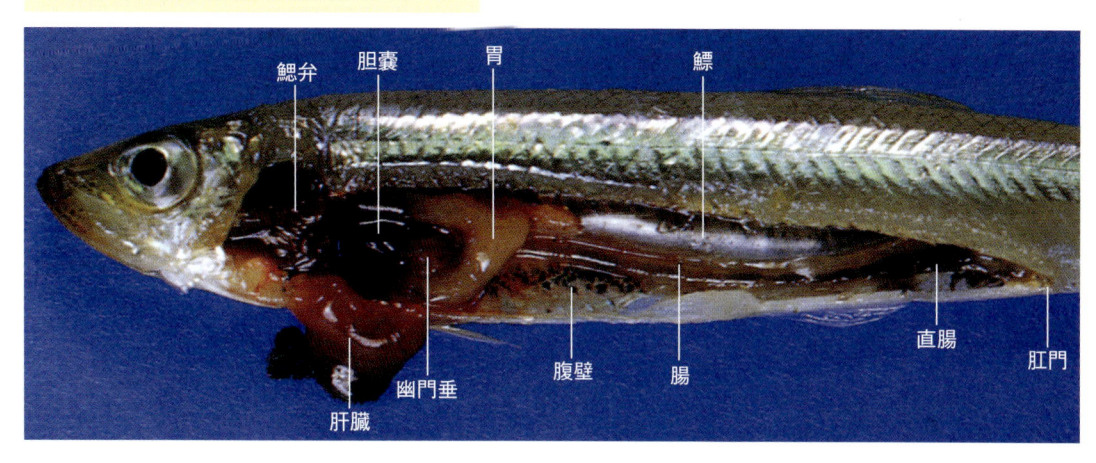

鰓弁／胆囊／胃／鰾／肝臓／幽門垂／腹壁／腸／直腸／肛門

内臓（右側）

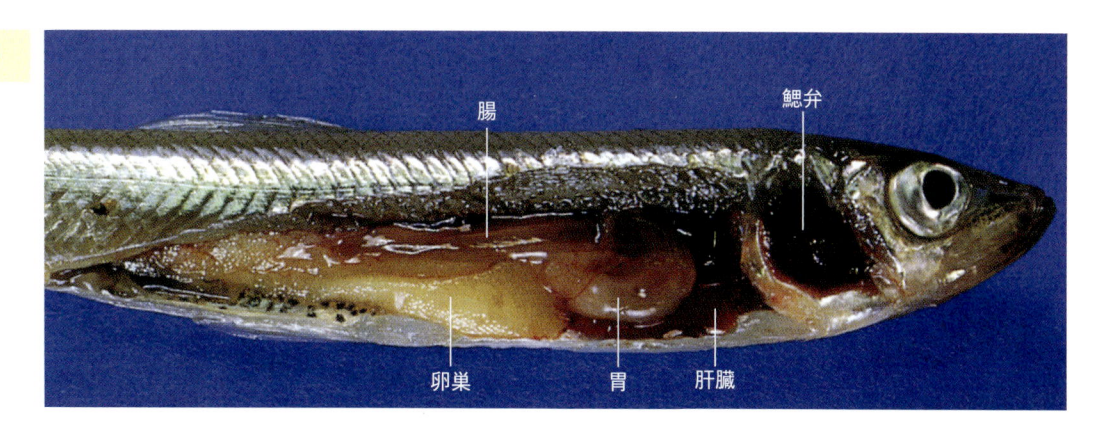

腸／鰓弁／卵巣／胃／肝臓

消化器系と生殖腺

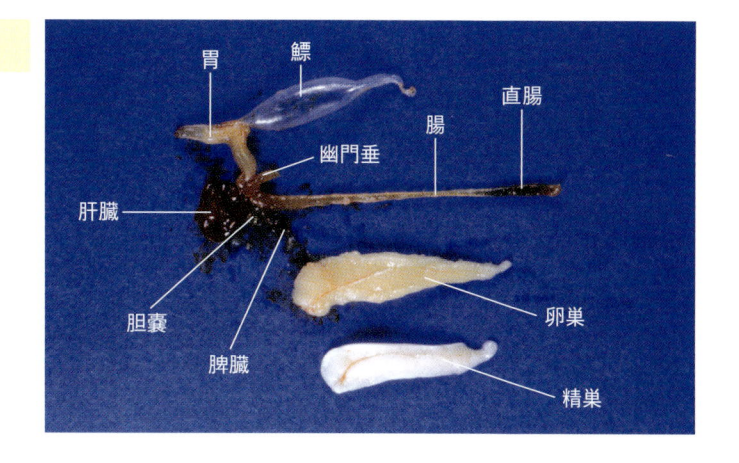

胃／鰾／幽門垂／腸／直腸／肝臓／胆囊／脾臓／卵巣／精巣

アユ

Plecoglossus altivelis Temminck & Schlegel
サケ目アユ科アユ属
城泰彦・石田実

解剖図

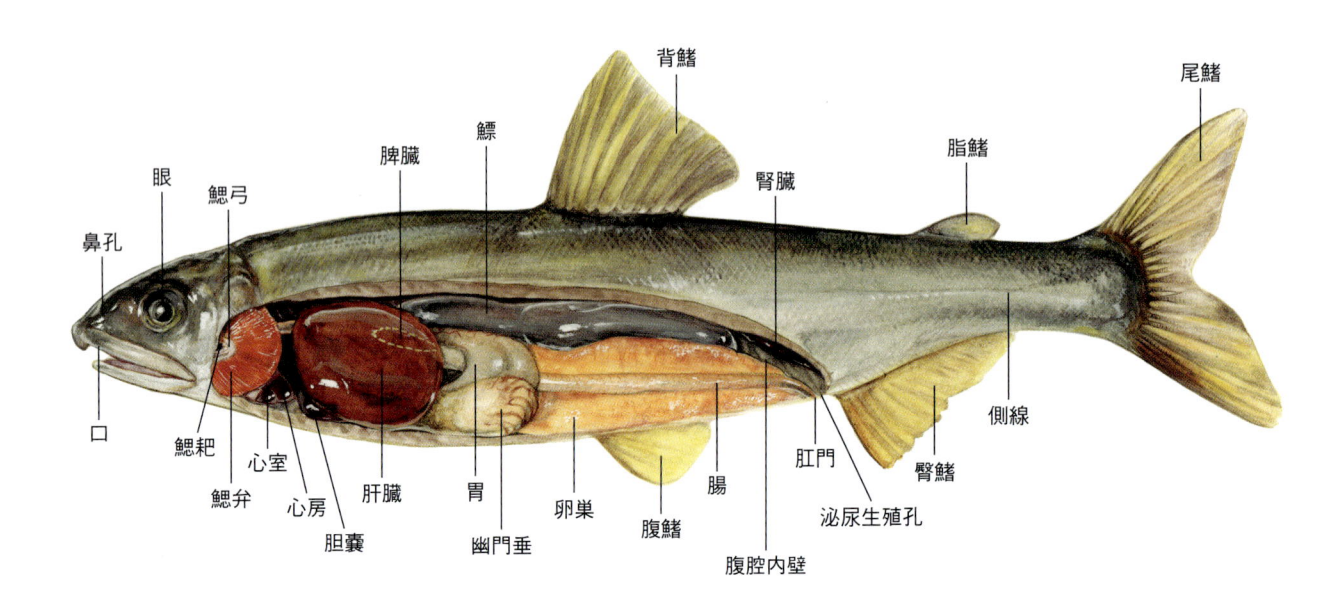

鼻孔／眼／鰓弓／脾臓／鰾／背鰭／腎臓／脂鰭／尾鰭／口／鰓耙／心室／鰓弁／心房／胆嚢／肝臓／胃／幽門垂／卵巣／腹鰭／腸／肛門／泌尿生殖孔／腹腔内壁／臀鰭／側線

骨格図

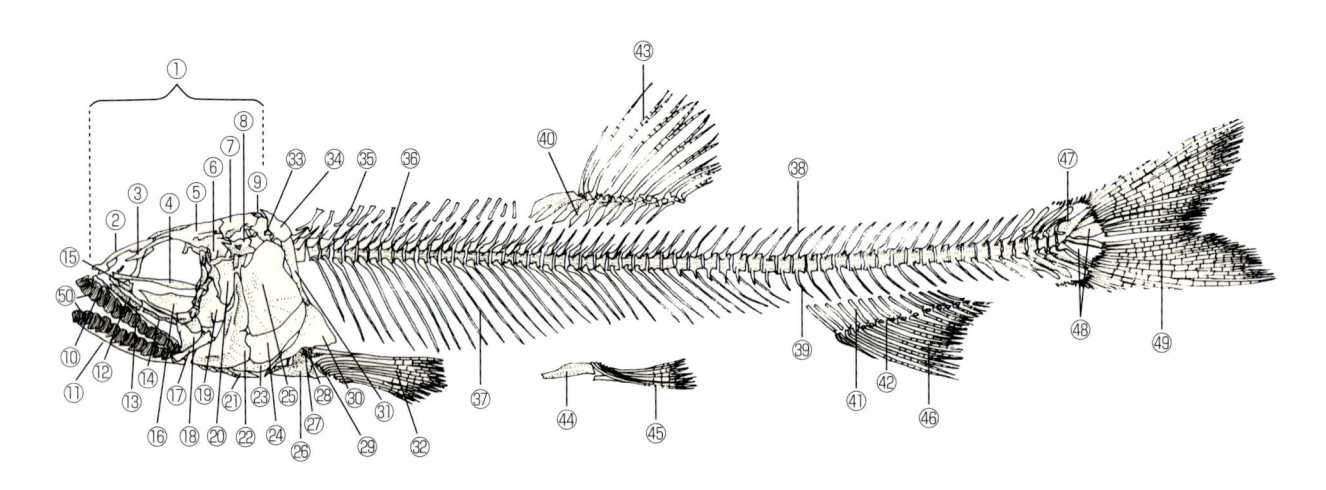

① 頭蓋骨　② 鋤骨　③ 側篩骨　④ 副蝶形骨　⑤ 前頭骨　⑥ 蝶耳骨　⑦ 頭頂骨　⑧ 翼耳骨　⑨ 上後頭骨　⑩ 前上顎骨
⑪ 歯骨　⑫ 主上顎骨　⑬ 涙骨　⑭ 眼下骨　⑮ 口蓋骨　⑯ 内翼状骨　⑰ 後関節骨　⑱ 方形骨　⑲ 後翼状骨　⑳ 舌顎骨　㉑ 鰓条骨
㉒ 前鰓蓋骨　㉓ 間鰓蓋骨　㉔ 下鰓蓋骨　㉕ 主鰓蓋骨　㉖ 烏口骨　㉗ 中烏口骨　㉘ 肩甲骨　㉙ 射出骨　㉚ 擬鎖骨　㉛ 上擬鎖骨
㉜ 胸鰭条　㉝ 上側頭骨　㉞ 後側頭骨　㉟ 上神経棘　㊱ 上椎体骨　㊲ 肋骨　㊳ 神経棘　㊴ 血管棘　㊵ 背鰭近位担鰭骨
㊶ 臀鰭近位担鰭骨　㊷ 遠位担鰭骨　㊸ 背鰭条　㊹ 腰帯　㊺ 腹鰭条　㊻ 臀鰭条　㊼ 尾部棒状骨　㊽ 下尾骨　㊾ 尾鰭条　㊿ 櫛状歯

解　説

◆呼名
アイ，香魚，年魚．成長段階によりシラス，ヒウオ，ワカアユ，サビアユなどと呼び分ける．また，冬を越したものをフルセ，越年アユという．

◆外見の特徴
脂鰭が尾柄の背方にあり，両顎に35本前後が1群となった櫛状歯が並列し，黄金色の斑紋が肩帯部にある．全長は25cm余り，ときには30cmを超すものがある．

◆分布・生息
北海道西部（天塩川・遊楽部川以南）～南九州，朝鮮半島・中国（山東～福建）・ベトナムの河川・湖沼・沿岸に分布する．陸封型は琵琶湖・本栖湖・西湖・池田湖・鰻池などのほか，規模の大きなダム湖に生息する．

生息の水温は9～22℃で，13～18℃が好適である．塩分は2％以下である．仔魚は沿岸の表層で浮遊生活をし，4月前後に稚魚となって川を遡上する．春夏に中・上流で成長し，9～12月に川を降る．琵琶湖の湖中アユは湖岸で仔魚期を過ごした後，稚魚から成魚は沖合で群れ生活をし，産卵期に湖岸へ移動する．

◆成熟・産卵
成熟の最小体長は河川のアユで約8.5cm，湖中のアユで7cm前後である．抱卵数は河川アユで体長10cmで5,000粒，15cmで1.5万粒，18cmで2万粒，さらに大型では10万粒前後，湖中アユでは8cmで約7,000粒，10cmで2万粒余りである．河川のアユは東日本では9月下旬から11月下旬，西日本では10月中旬から12月に下流で産卵する．産卵水温は14～19℃が最適で，特に3～5℃の急降下が良い刺激となる．琵琶湖の湖アユは8月下旬から10月上旬に産卵し，その水温は17～22℃である．

完熟卵は直径1.0mm前後の球形で，動物極側の半球には粘着性の付着膜がある．油球は多いが沈性卵であり，付着膜が反転して固形物に粘着する．湖中アユの熟卵はやや小型であり，直径は0.6mmである．

◆発育・成長
受精卵は水温12℃で3週間，20℃で10日間でふ化する．ふ化の適温は12～20℃である．ふ化仔魚は全長6～7mm，湖中アユで5mm前後である．ふ化後3～4日で卵黄がよく吸収され，25mmから6cmがシラス期仔魚である．その後に変態して稚アユとなる．5～6cmの稚アユは水温14～16℃のころに盛んに遡上し，若アユとなる．6～8月の間は縄張りをつくり，成長が著しく，多量の脂肪を腹腔に蓄積する．湖中アユは変態が緩やかであり，成長も遅れて10cm弱にしかならない．多くは産卵後に死亡するが，少数の雌は産卵後も生き残って越年する．

◆食性
海では仔魚は橈脚類，オタマボヤ，端脚類，イカ類などの幼生を食べる．遡上しだすころには動物プランクトンのほかに付着藻類，ユスリカ類などを混食し，7cm以上では藍藻・珪藻などの付着藻類を食べる．琵琶湖の湖中アユは成魚になってもミジンコ類やケンミジンコ類を主食にする．水温28℃以上または10℃以下では餌を食べず，15～25℃の間では高温の方が摂餌状態が良い．

◆解剖上の特徴
〔口部〕
左右の前上顎骨の前端はかなり広く離れ，その間は肉瘤となっている．左右の歯骨の前端も離れている．口腔にはひだが発達する．上顎前端の肉瘤に約10本の犬歯状歯がある．両顎には特有の櫛状歯が34～37本ずつ1群をなし，上顎に12～14列，下顎に11～13列並ぶ．舌は小さく，前部と側部には肉質の舌唇がある．鋤骨に歯がない．舌の上および内翼状骨の内縁に微細な円錐歯がある．

〔脳〕
やや細長い．嗅球と嗅葉は密着し，比較的大きい．視葉はよく発達する．小脳の発達は中位．

〔鰓〕
鰓弓は4対．第1鰓弓の鰓耙は棍棒状．成体では上枝に20本，下枝に29本ある．後方の鰓弓上の鰓耙ほど短い．鰓弁は長くて，よく発達する．偽鰓は短く，数は少ない．上咽頭骨および咽鰓骨に数個の微小な歯がある．

〔消化管〕
腹腔は細長く，腹膜は暗色．食道の長さは中位．胃はV型で，盲嚢はない．噴門部は幽門部よりも長い．胃壁は幽門部の方が厚い．幽門垂はよく発達し，腸に開く幹部は6～8本であるが，分枝は350～400本に及ぶ．腸は短く，十二指腸に相当する部分で後方に転じた後直走する．

〔肝臓〕
やや小さく，単葉に近い形で，鞍型を呈し，胃の左側にある．

〔胆嚢〕
袋状で，肝臓の内側に位置する．

〔鰾〕
大きく，両端は細かい．

〔生殖腺〕

　生殖腺の左葉は右葉よりやや大きい．左葉は腹腔前部の肝臓および胃の背外側に，右葉は腹腔後部の鰾の後端近くに位置する．

〔骨格〕

　頭蓋骨は細長く平滑で，腹縁は少し湾曲する．眼窩蝶形骨・基蝶形骨・後擬鎖骨および上主上顎骨はない．鰓条骨数は6本で，最後部の1本が特に大きくて幅広い．総脊椎骨数は61～62個，うち尾椎骨数は21～22個．上椎体骨がある．肋骨は長くてよく発達する．上椎体骨は短い．血道弓門と血管棘は，同一の脊椎骨から始まる．関節突起はあまり発達しない．尾鰭椎前第2～6脊椎骨の神経棘・血管棘は膨出する．上神経棘は頭蓋骨の直後から近位担鰭骨の直前まで並び，その数は16本余りである．肩帯に中烏口骨がある．

◆**天然魚と養殖魚の相違**

　成熟・産卵は日長によって人工的に変えられるので，1日の照射時間を長くすることにより，成熟・産卵を遅れさす．この方法で秋から冬でも出荷できる．養殖魚は一般に肥満し肉が柔らかく，香りが少ない欠点がある．

全形（上♀　下♂）

頭部側面

鰓

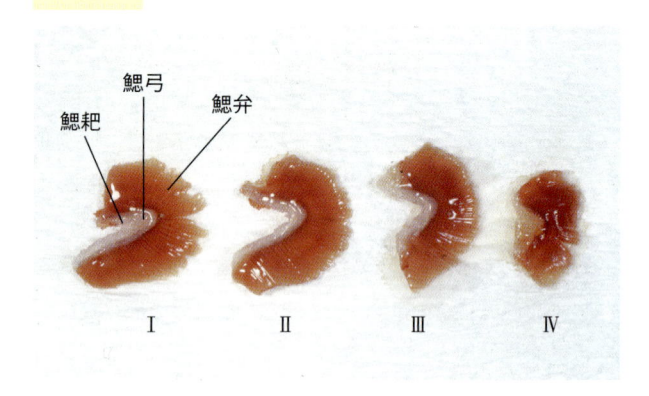

内臓（生殖腺を除去したもの）

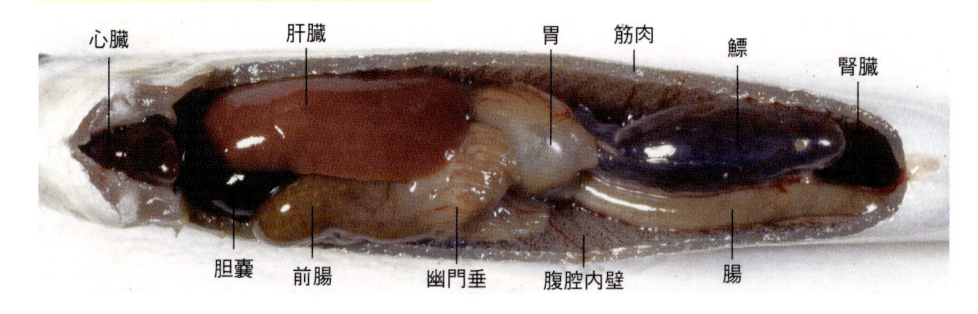

アユ　Ⅱ-11

消化管系

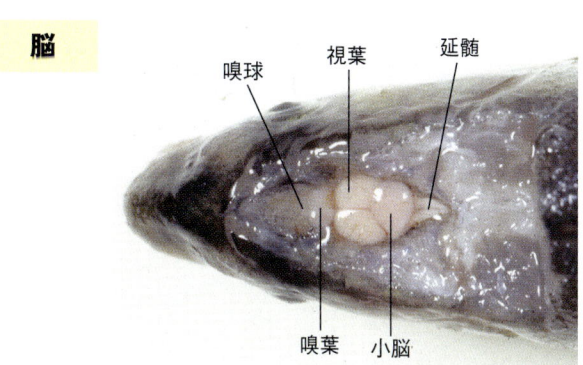

- 心臓
- 肛門
- 食道
- 噴門部
- 盲嚢
- 幽門部
- 腎臓
- 直腸
- 幽門垂
- 腸

脳

- 嗅球
- 視葉
- 延髄
- 嗅葉
- 小脳

内臓（消化器系臓器が脂肪体に包まれている）

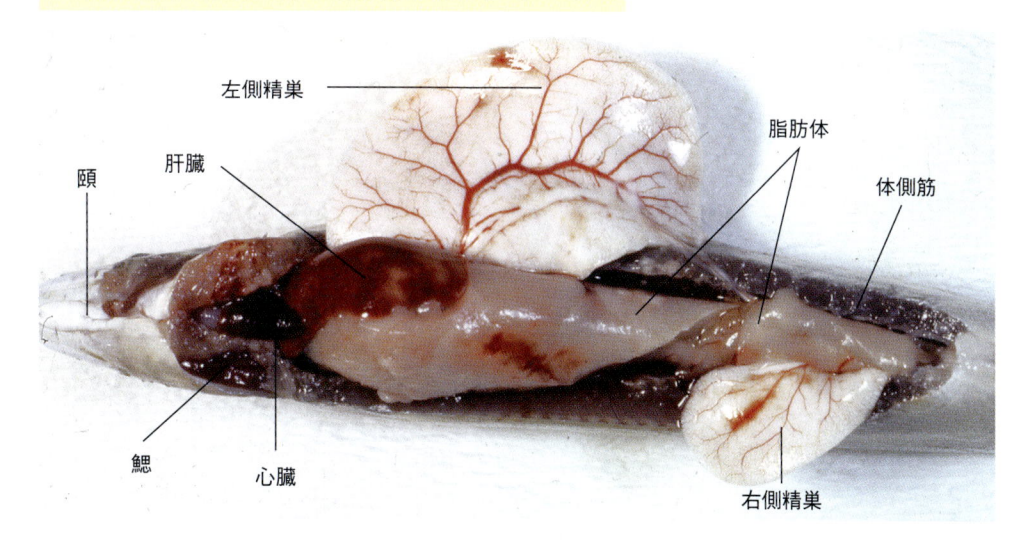

- 左側精巣
- 脂肪体
- 体側筋
- 頤
- 肝臓
- 鰓
- 心臓
- 右側精巣

内臓（脂肪体を一部除去したもの）

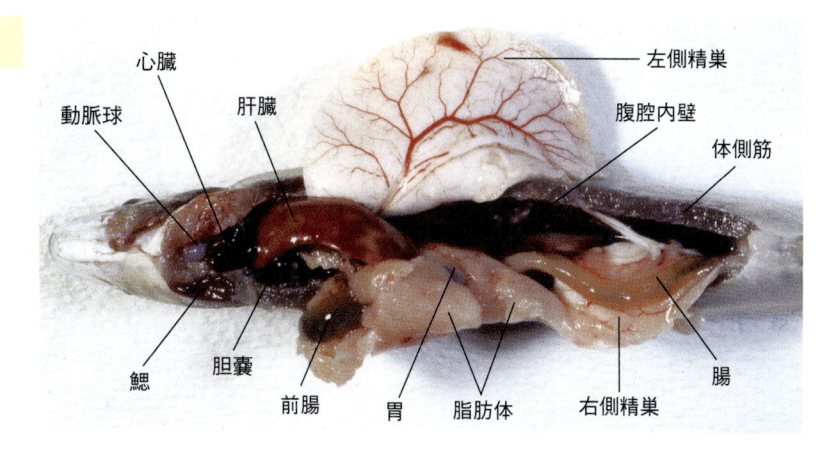

- 心臓
- 左側精巣
- 動脈球
- 肝臓
- 腹腔内壁
- 体側筋
- 鰓
- 胆嚢
- 前腸
- 胃
- 脂肪体
- 右側精巣
- 腸

115

アマゴ

Oncorhychus masou ishikawae Jordan & Mcgrgor

サケ目サケ科サケ属

荒井眞・村井貴史・中坊徹次

解剖図

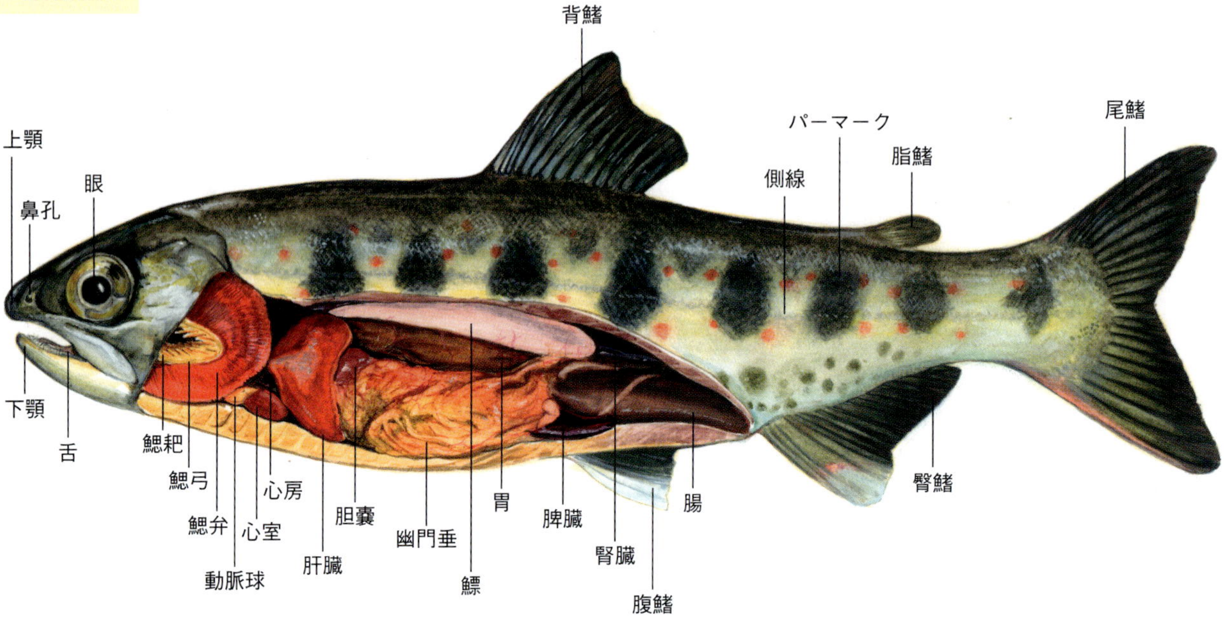
背鰭
上顎
眼
鼻孔
パーマーク
尾鰭
脂鰭
側線
下顎
舌
鰓耙
鰓弓
鰓弁
心房
心室
動脈球
肝臓
胆嚢
幽門垂
鰾
胃
脾臓
腎臓
腹鰭
腸
臀鰭

骨格図

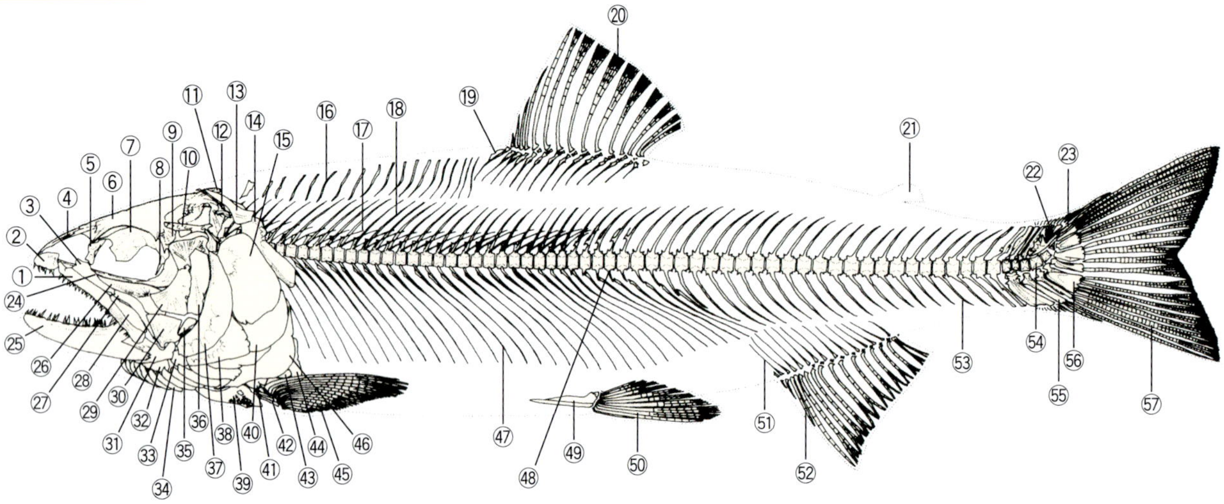
⑳
⑪ ⑬ ⑭ ⑫ ⑮ ⑯ ⑰ ⑱ ⑲ ㉑
⑤ ⑥ ⑦ ⑧ ⑨ ⑩
③ ④ ② ① ㉔ ㉕ ㉖ ㉗ ㉘ ㉙ ㉚ ㉛ ㉜ ㉝ ㉞ ㉟ ㊱ ㊲ ㊳ ㊴ ㊵ ㊶ ㊷ ㊸ ㊹ ㊺ ㊻
㊼ ㊽ ㊾ ㊿ (51) (52) (53)
㉒ ㉓ (54) (55) (56) (57)

① 前主上顎骨　② 前上顎骨　③ 口蓋骨　④ 篩骨　⑤ 側篩骨　⑥ 前頭骨　⑦ 眼下蝶形骨　⑧ 基蝶形骨　⑨ 蝶耳骨　⑩ 翼耳骨
⑪ 上後頭骨　⑫ 上側頭骨　⑬ 後側頭骨　⑭ 上擬鎖骨　⑮ 主鰓蓋骨　⑯ 不完全神経間棘　⑰ 上神経骨　⑱ 神経棘　⑲ 近位担鰭骨
⑳ 背鰭条　㉑ 脂鰭　㉒ 上尾骨　㉓ 尾神経棘　㉔ 副蝶形骨　㉕ 歯骨　㉖ 内翼状骨　㉗ 外翼状骨　㉘ 上主上骨　㉙ 後翼状骨
㉚ 方形骨　㉛ 角骨　㉜ 角舌骨　㉝ 上舌骨　㉞ 鰓条骨　㉟ 接続骨　㊱ 舌顎骨　㊲ 前鰓蓋骨　㊳ 間鰓蓋骨　㊴ 烏口骨　㊵ 下鰓蓋骨
㊶ 中烏口骨　㊷ 射出骨　㊸ 肩甲骨　㊹ 後擬鎖骨　㊺ 胸鰭条　㊻ 擬鎖骨　㊼ 肋骨　㊽ 横突起　㊾ 腰帯　㊿ 腹鰭条　(51) 近位担鰭骨
(52) 臀鰭条　(53) 血管棘　(54) 尾鰭椎　(55) 準下尾骨　(56) 下尾骨　(57) 尾鰭条

解　説

◆呼名
アメゴ（近畿，四国），アメ（長野），アメノウオ（四国），エノハ（九州），ヒラメ（山陽），コサメ（紀州），タナビラ（木曾川上流），シマ・ハクシマ・シマメ・シラメ（銀毛型－岐阜），カワマス（サツキマス）（遡河時－岐阜），イワメ（パーマークや斑点を欠く）．

◆外見の特徴
河川残留型（パー）は体側に濃紫色のパーマークや小黒点のほか朱赤色の小斑点が散在する．降海型（スモルト）は体が細長くスマートで，銀白色となり，背鰭と尾鰭の先端が黒化し，いわゆる「つまぐろ」になる．河川残留型は全長25cm前後，降海型は全長40cm余り．湖やダムではときに40～50cmになる．

◆分布・生息状態
神奈川県酒匂川以西の太平洋・瀬戸内側・四国全域・瀬戸内海に面した九州の河川に分布．最近，放流により北海道や日本海側の河川にも生息する．河床型のAa型からBb－Aa移行型の上部に生息する．晩秋に銀毛化した1歳魚は降下して海で約半年生活した後，翌年の4月上旬に遡河を開始．体重は降海時の約10倍ほどになる．

◆成熟・産卵
1歳で13～15cm，2歳で20～22cmとなり，2年で成熟する．雄は1年で成熟することもある．性比はほぼ1対1である．卵は淡黄色で，卵径は5mm前後である．抱卵数は500～1,700粒．採卵数は体重100gで250粒，200gで500粒，300gで800粒，400gで1,000粒であり，天然魚ではこれより50～100粒少ない．

産卵期は10月下旬から11月下旬で，水温14℃以下で始まり，9～11℃で最も盛んである．産卵床は淵尻の礫底などの水深10～30cm，流速0～30cm／秒の場所につくられる．

◆発育・成長
発生卵は積算水温（ふ化用水水温×所要日数）200℃前後で発眼し，400～450℃でふ化する．ふ化後300℃で卵黄を吸収し終わり，浮上し始める．

成長は，養殖魚では満1年で20～60g，満2年で300g前後となる．体長（Lcm）と体重（Wg）の関係は$\log W = 3.13 \log L - 1.9615$の回帰直線上で表される．一般に2年で成熟し産卵後は死亡するが，なかにはそれ以上生きるものがある．成長の適水温は，卵からふ化までは15℃以下であるが，稚魚になってからは20℃以下であれば高い方が摂餌が活発となり成長も速い．

◆食性
天然魚の主食は昆虫類である．水生昆虫（カワゲラ，カゲロウ，トビゲラなどの幼虫）のほか，陸生昆虫も空中から落下したものを捕食する．水温4～5℃以下になると摂餌は不活発となる．水温7～8℃から20℃以下であれば水温が高くなるほど摂餌は活発となる．

◆解剖上の特徴
〔口部〕
口はやや大きく，上顎は幅が広く，その後端は下顎を覆う．主上顎骨は眼の後端より後方に達する．ほぼ1列に20本前後の歯がある．歯骨上の歯もほぼ1列に並ぶ．鋤骨の頭部に幅の狭いY字状の隆起があり，その後方に伸びる柱上部に接近した2列の歯がある．

口蓋骨はくさび状で凸凹は少ない．1列に十数個の歯がある．

〔鱗〕
小型の円鱗で中心はわずかに基部に偏在する．溝条はなく，被覆部の環状線は露出部に侵入し，両域間に区別がない．

〔鰓〕
鰓弓は4対ある．鰓耙はやせ型で，尖りが短い．第1鰓弓の鰓耙数は14～22本で，17～20本が最も多い．偽鰓はやや発達している．鰓条骨数は10～14本．

〔脳〕
嗅球はかなり大きく，嗅葉の前方に密着する．視葉はよく発達し，小脳はやや小さい．

〔腹腔〕
薄乳白色．

〔消化管〕
胃はV型で壁は厚い．腸はU状に方向転換して肛門まで一直線となる．胃と腸の接合部に幽門垂があり，その数は26～68本で主として30～52本である．

〔肝臓〕
中型，1葉，角状でえんじ色をしている．

〔脾臓〕
胃の後方にあり，豆形で暗赤色をしている．

〔腎臓〕
咽頭部から肛門付近までの脊椎骨下に密着していて暗黒赤色．

〔生殖腺〕
雌雄とも1対ある．卵巣は黄色であるが，餌によって

かなり変わる．精巣は乳白色．

〔骨格〕

　主上顎骨は長大，その後背縁に上主上顎骨がある．眼下蝶形骨がある．方形骨と角骨は眼の後下方で関節する．不完全神経間棘は19本で，前の1本を除き細長い．脊椎骨数は62〜66個．上神経棘がある．末端部の3個の椎体は小さくて尾鰭椎となる．肩常に中烏口骨と後擬鎖骨がある．

全形（上：降海型，下：河川残留型）

（鼻孔，側線，背鰭，脂鰭，尾鰭，上顎，眼，下顎，鰓蓋，胸鰭，腹鰭，臀鰭，パーマーク）

頭部（♀）

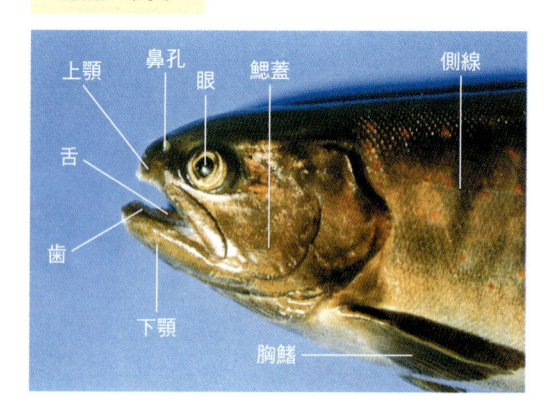

（上顎，鼻孔，眼，鰓蓋，側線，舌，歯，下顎，胸鰭）

頭部（♂）

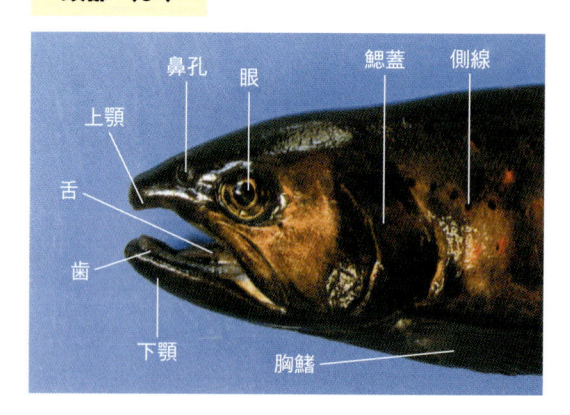

（鼻孔，眼，鰓蓋，側線，上顎，舌，歯，下顎，胸鰭）

アマゴ　Ⅱ-12

頭部と鰓

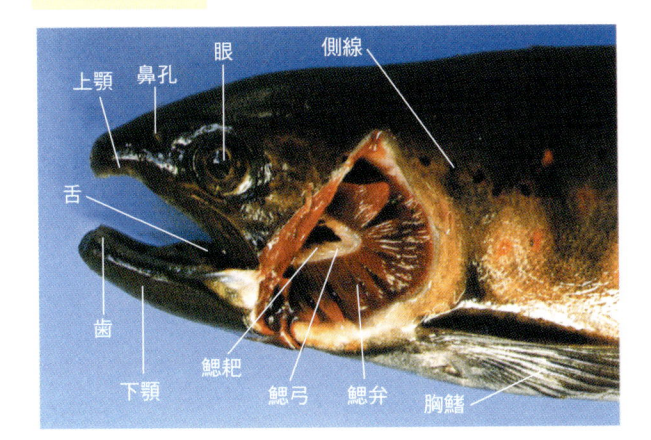

上顎／鼻孔／眼／側線／舌／歯／下顎／鰓耙／鰓弓／鰓弁／胸鰭

鰓と内臓

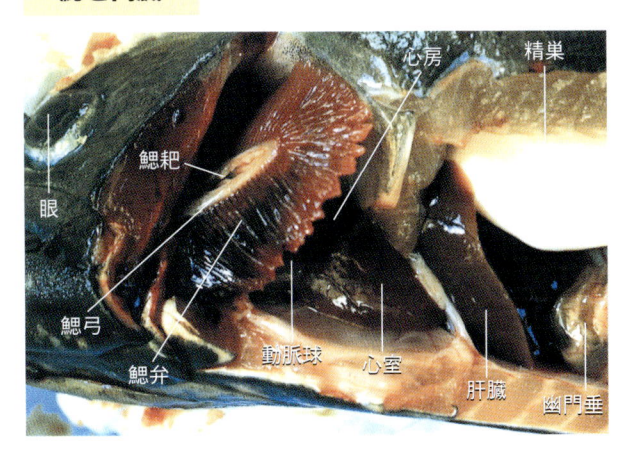

眼／鰓耙／心房／精巣／鰓弓／鰓弁／動脈球／心室／肝臓／幽門垂

内臓

上顎／鼻孔／眼／鰓弁／胃／腎臓／背鰭／下顎／鰓耙／鰓弓／心臓／肝臓／幽門垂／脾臓／腸

消化器系

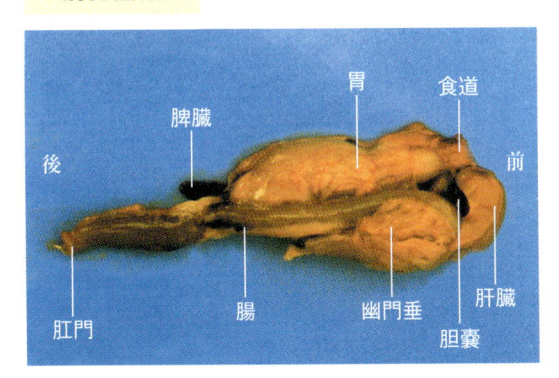

後／脾臓／胃／食道／前／肛門／腸／幽門垂／肝臓／胆嚢

消化器系（伸ばしたもの）

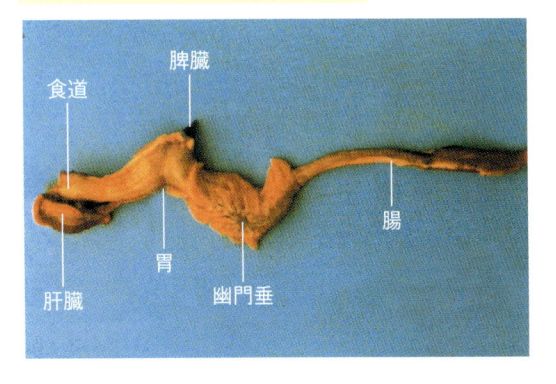

食道／脾臓／肝臓／胃／幽門垂／腸

脳

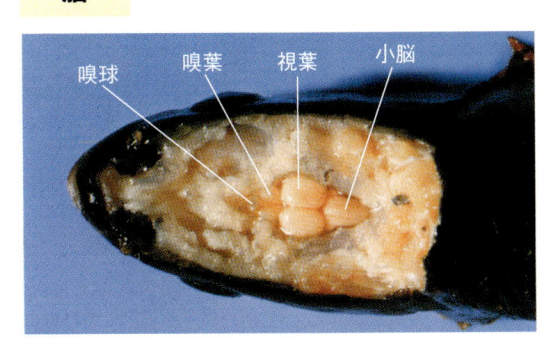

嗅球／嗅葉／視葉／小脳

鰓

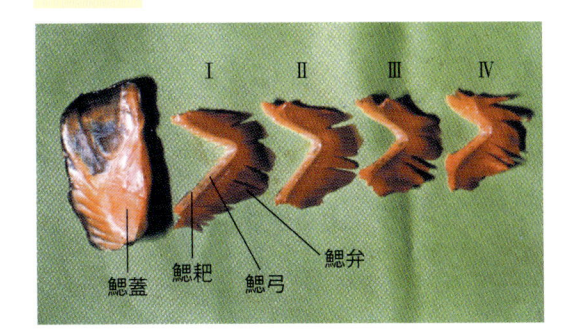

Ⅰ　Ⅱ　Ⅲ　Ⅳ

鰓蓋／鰓耙／鰓弓／鰓弁

マダラ

Gadus macrocephalus Tilesius
タラ目タラ科マダラ属
長澤和也

解剖図

鼻孔／上顎／眼／鰓耙／鰓弓／鰓弁／腎臓／脾臓／第1背鰭／鰾／生殖腺／第2背鰭／第3背鰭／尾鰭／下顎／髭／頬／動脈球／心房／心室／心臓／幽門垂／肝臓／胃／腸／膀胱／肛門／第1臀鰭／側線／第2臀鰭／腹鰭

骨格図

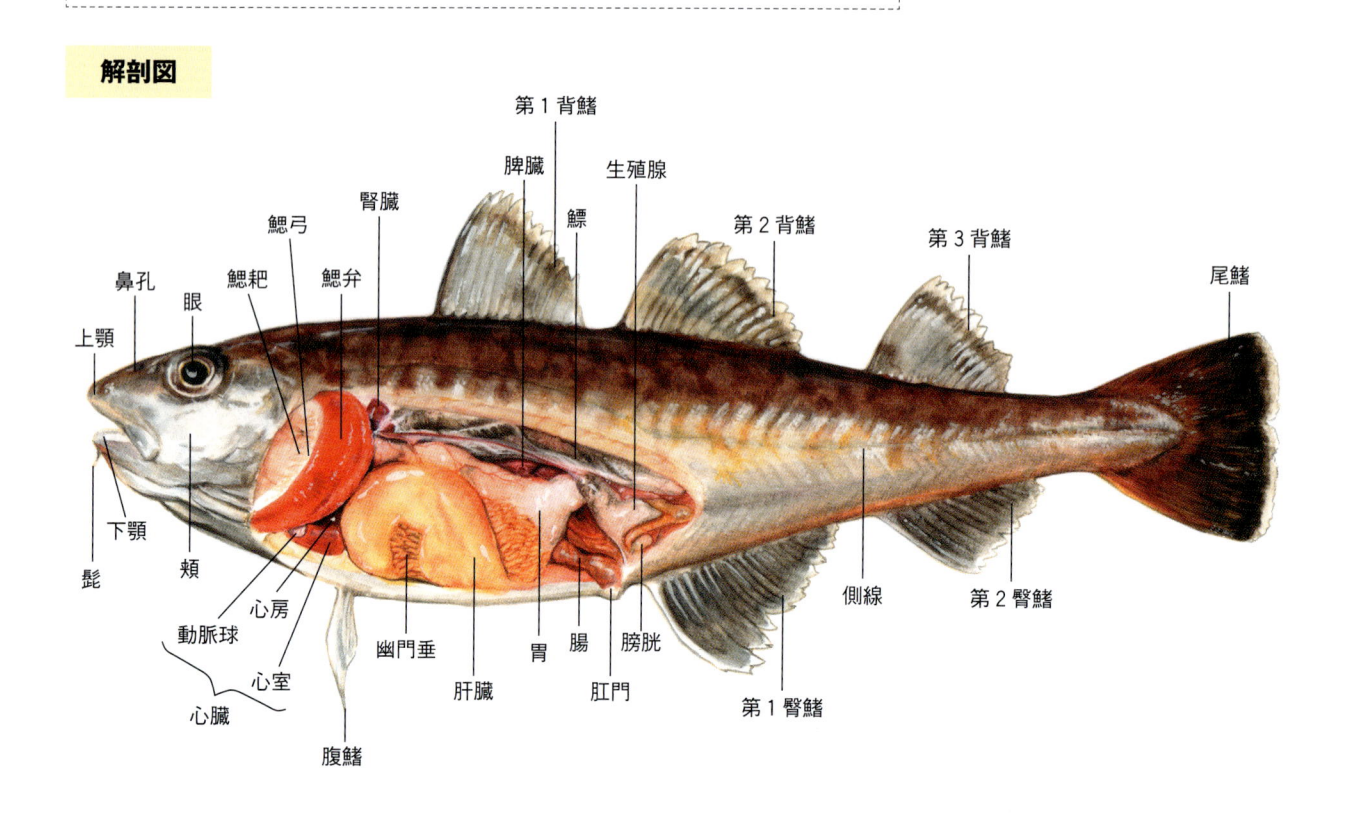

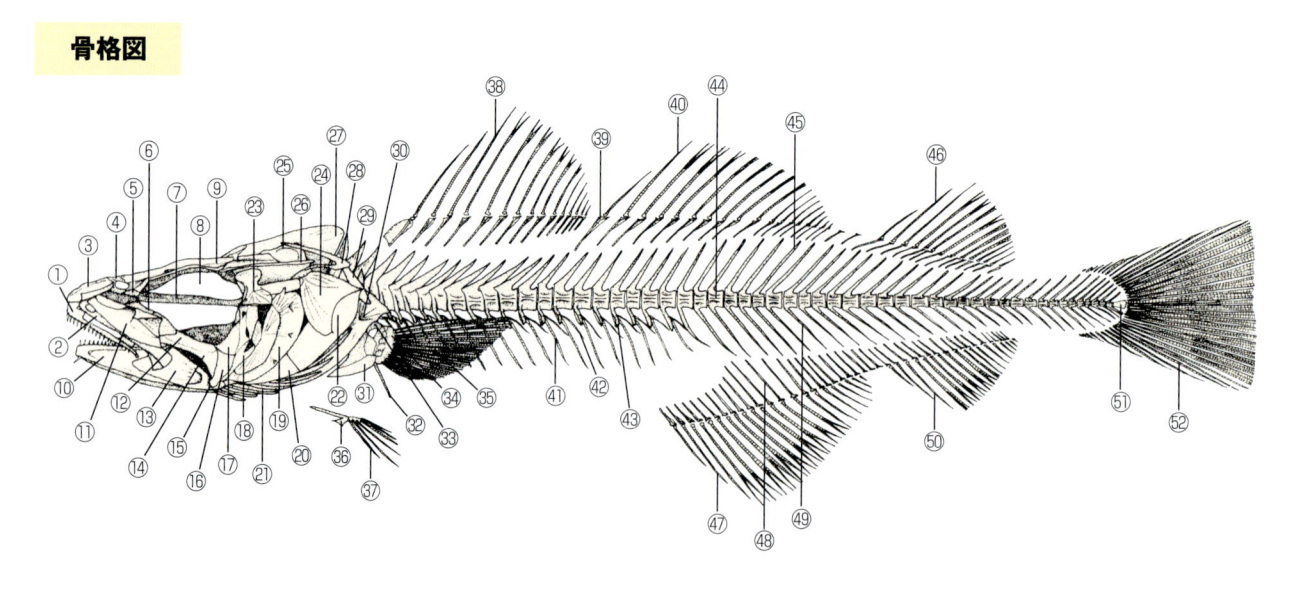

① 前上顎骨　② 主上顎骨　③ 鼻骨　④ 篩骨　⑤ 側篩骨　⑥ 口蓋骨　⑦ 副蝶形骨　⑧ 眼窩　⑨ 前頭骨　⑩ 歯骨　⑪ 涙骨
⑫ 内翼状骨　⑬ 角骨　⑭ 外翼状骨　⑮ 関関節骨　⑯ 方形骨　⑰ 後翼状骨　⑱ 接続骨　⑲ 前鰓蓋骨　⑳ 間鰓蓋骨　㉑ 鰓条骨
㉒ 下鰓蓋骨　㉓ 舌顎骨　㉔ 主鰓蓋骨　㉕ 上耳骨　㉖ 翼耳骨　㉗ 上後頭骨　㉘ 後側頭骨　㉙ 上擬鎖骨　㉚ 擬鎖骨　㉛ 烏口骨
㉜ 後擬鎖骨　㉝ 肩甲骨　㉞ 射出骨　㉟ 胸鰭条　㊱ 腰帯　㊲ 腹鰭条　㊳ 背鰭条　㊴ 背鰭近位担鰭骨　㊵ 背鰭条　㊶ 肋骨
㊷ 上椎体骨　㊸ 横突起　㊹ 椎体　㊺ 神経棘　㊻ 背鰭条　㊼ 臀鰭条　㊽ 臀鰭近位担鰭骨　㊾ 血管棘　㊿ 臀鰭条　㊿¹ 尾骨
㊿² 尾鰭条

解　説

◆呼名
　タラ，ホンダラ（青森・福島）．体長30～40cmのものをポンダラ，それ以下の小型魚をピンダラという．また，北海道では漁場により根ダラと沖ダラに分け，時期により春タラ，秋タラ，新タラ（11～2月）と呼ぶ．

◆外見の特徴
　体は肥満して，頭が大きい．下顎は上顎下に含まれる．下顎には1本の髭がある．背鰭は3基，臀鰭は2基．背面と側面に黄褐色の斑紋がある．全長1.2mになる．

◆分布・生息
　北太平洋北部，日本海，黄海，オホーツク海，ベーリング海に分布する．わが国では北海道周辺に多く，日本海は島根県，太平洋側は茨城県が南限である．生息水深は30～40mから400～500mに及び，大陸棚とその斜面の上で生活する．南部ほど生息水深は深い．水温5～12℃の所に多い．
　根ダラは岩礁付近の根にすみ，沖ダラは沖合を移動する．産卵のための深浅移動をする程度で，大きな回遊をしない．

◆成熟・産卵
　成熟年齢と生物学的最小型は場所によって異なり，礼文島では5歳魚，全長67cm前後で，三陸では全長40cmから成熟する．
　抱卵数は150万～200万粒あるいは500万粒に達する．産卵期は12～3月で，沖合の深みから沿岸に移動して産卵する．卵は球形で直径1mm前後，油球を欠き，弱い粘着性がある．卵膜表面には微細な刻紋がある．卵の比重は1.05で海水より重い．

◆発育・成長
　受精卵は水温3～6℃で20日でふ化する．ふ化に要する日数は水温と逆比例する．ふ化仔魚は全長3.7～4.0mm，ふ化後8日で卵黄を吸収して後期仔魚となり，摂餌を始める．
　5～6月には体長30～60mmの稚魚となり，沿岸に来遊して定置網で漁獲される．その後，底生生活に入り，1歳で全長15～18cm，2歳で30～33cm，3歳で47～48cm，4歳で56～58cm，5歳で66～68cm，6歳で72～74cm，7歳で80～81cm，8歳で90cm程度になる．根ダラは沖ダラよりも成長が良い．寿命は10～12歳程度とみられる．

◆食性
　動物食性で，極めて貪食である．体長20cm以下の稚魚や若魚はオキアミ類，橈脚類のほかに，魚類，イカ類，端脚類を摂取する．体長20～40cmの若魚はエビ類を多く食べ，魚類，オキアミ類も捕食する．体長40cm以上は魚類を主食とし，エビ類，イカ類，タコ類なども多食する．

◆解剖上の特徴
〔口部〕
　口腔は広い．舌は幅広く半楕円形で，先端部は口床から離れる．口腔の内側面と奥部は白い．両顎には鋭く尖った歯があり，いずれも内方へ曲がる．上顎歯は口端では4～5列あるが，口角に向かうにつれて1列に減じ，外側第1列の歯は内側のものより大きい．下顎歯は上顎歯よりやや細く，口端と口角では小形，中間部では大形である．前鋤骨歯は顎歯と同形で2列に並ぶ．口蓋骨に歯はない．

〔脳〕
　多くの脂肪様物質に包まれるが，幼若魚では脂肪様物質はほとんどない．嗅球は小さいが嗅球はやや大きく，両者は嗅索によって連絡する．嗅葉は複雑な回転状を示し，表面には多くの膨出部がある．上生体は長い．小脳の発達はあまり良くなく，外側に膨出しない．延髄は肥大して大きい．

〔鰓〕
　鰓弓は4対ある．細長い鰓耙が第1鰓弓の外側にだけ並び，上枝に2本，下枝に20本程度ある．第1鰓弓の内側と第2鰓弓以後の鰓耙は短い．鰓耙の表面には短い棘がまばらに1列に並ぶ．鰓弁は比較的短い．偽鰓の発達はよくない．咽頭骨歯は先端の尖った短い歯で，上咽頭骨で3歯帯，下咽頭骨で1歯帯を形成する．

〔腹腔〕
　広く，腹膜は黒色または紫黒色である．

〔消化管〕
　胃は大きく，噴門部がよく発達する．胃壁は比較的厚く，内面にはひだが波状に走る．幽門垂は300～400本あり，樹枝状に分岐し，腸の始部に輪状について菊花状となる．腸は2回湾曲してN字型を呈する．

〔肝臓〕
　大型で3葉からなる．

〔胆嚢〕
　卵形を呈する．

〔脾臓〕
　長楕円形か長稜角体である．

〔鰾〕
　鰾の膜は厚く，膠状で血管網の発達が顕著である．

〔腎臓〕
　左右両葉に分かれた頭腎は大きい．
〔体側筋〕
　白味で水分が多くて柔らかい．表面血合筋は体側中央部にわずかに見られる．真正血合筋を欠く．
〔骨格〕
　頭蓋骨はやや縦扁し，その腹縁は若干湾曲する．左右の前頭骨は癒合し，その背面は比較的幅広い．篩骨は鋤骨上の大きな軟骨の上に円錐状にかぶさる．前頭骨から翼耳骨にかけて薄板状の隆起がある．上後頭骨の隆起線は前部で前頭骨後部の隆起線と接続し，後方に伸長する．上耳骨に鋭い後突起がある．後耳骨は極めて大きい．脊椎骨数はふつう52個で，腹椎骨は19～20個である．腹椎前部の神経棘は大きいが，特に第1神経棘は長く，その基部は前上方に突出して広く，また先端は後上方に湾曲する．最前の背鰭近位担鰭骨は幅広い．第2背鰭と第3背鰭の間に鰭条に接しない2本の近位担鰭骨がある．横突起は第4脊椎以後にあり，次第に長さを増して側方に突出する．

　血管棘はいずれも細長い．前部10本余りの臀鰭近位担鰭骨は短くて第1血管棘より前方にある．尾鰭条の大部分は直接に神経棘または血管棘で支えられ，下尾骨は小さな1骨片に退化する．腰帯は肩帯の下方にあるが，それから離れて位置する．

全形

頭部側面

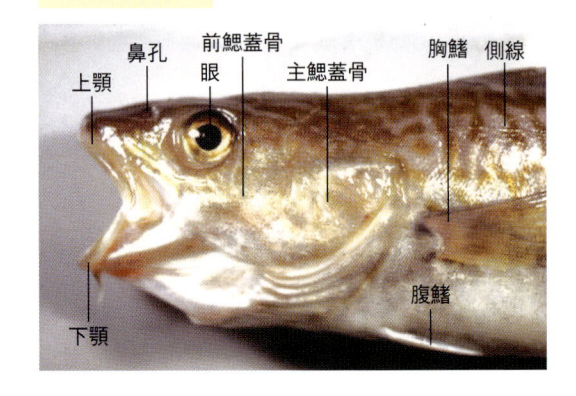

消化管系

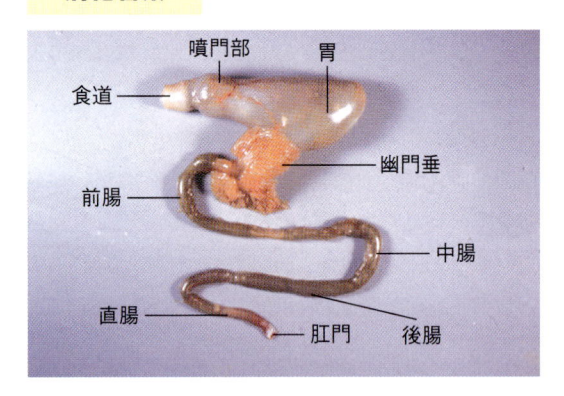

脳

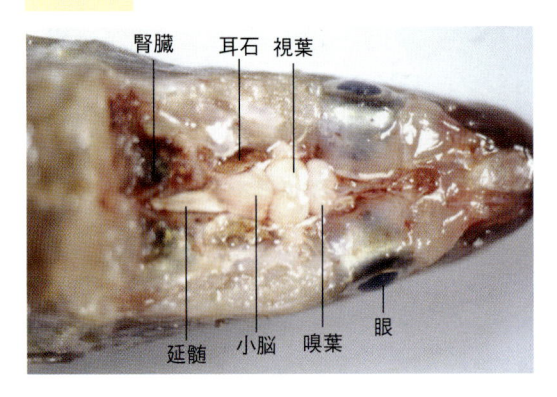

鰓

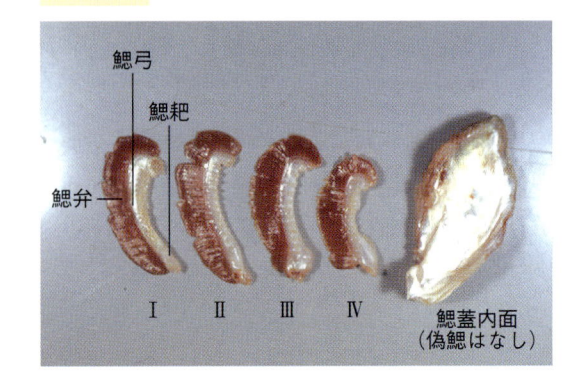

マダラ II-13

内臓（左側面）

腎臓 / 鰾 / 脾臓 / 腸 / 動脈球 / 心房 / 心室 / 幽門垂 / 肝臓 / 胃 / 生殖腺 / 膀胱

内臓（右側面）

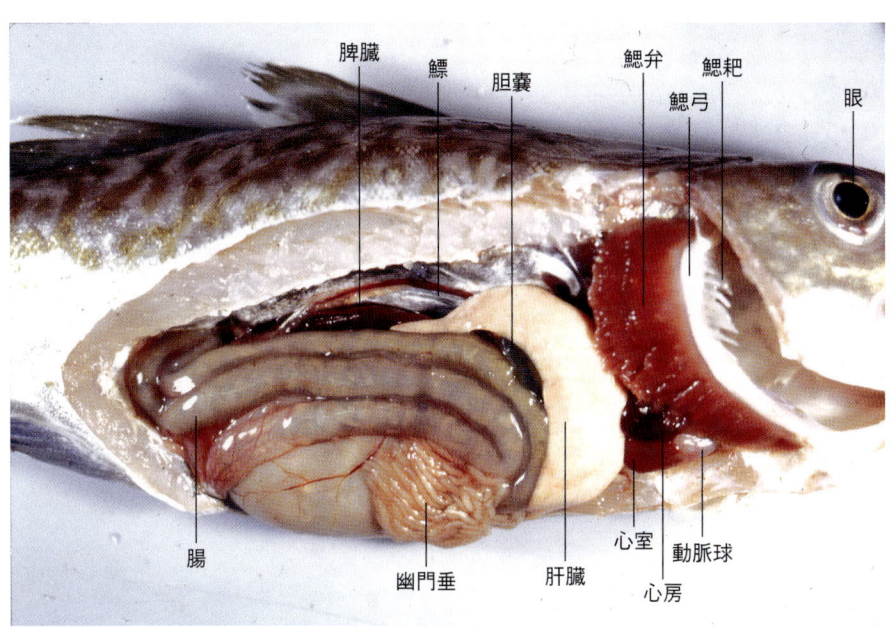

脾臓 / 鰾 / 胆嚢 / 鰓弁 / 鰓弓 / 鰓耙 / 眼 / 腸 / 幽門垂 / 肝臓 / 心室 / 心房 / 動脈球

内臓（肝臓を除去したもの）

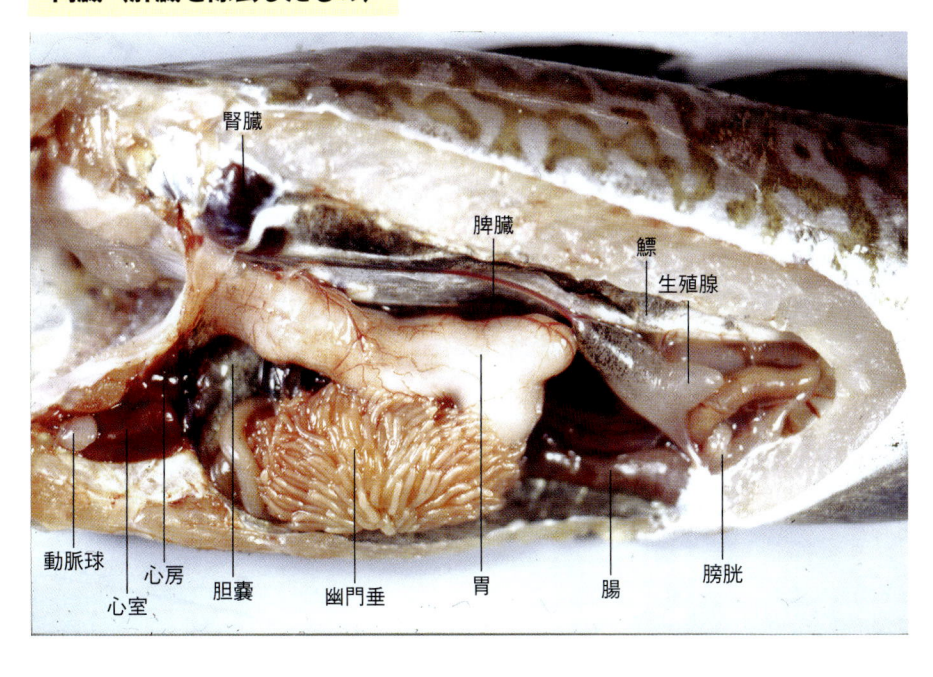

腎臓 / 脾臓 / 鰾 / 生殖腺 / 動脈球 / 心室 / 心房 / 胆嚢 / 幽門垂 / 胃 / 腸 / 膀胱

キアンコウ

Lophius litulon（Jordan）
アンコウ目アンコウ科キアンコウ属
宮正樹

解剖図

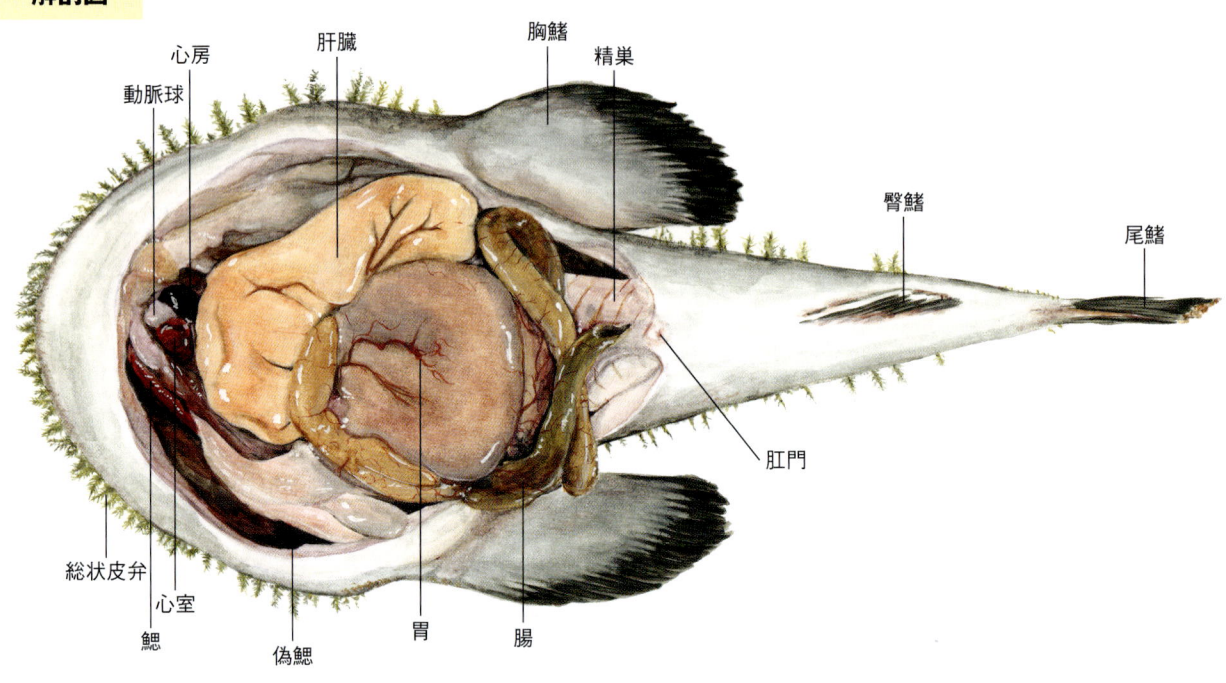

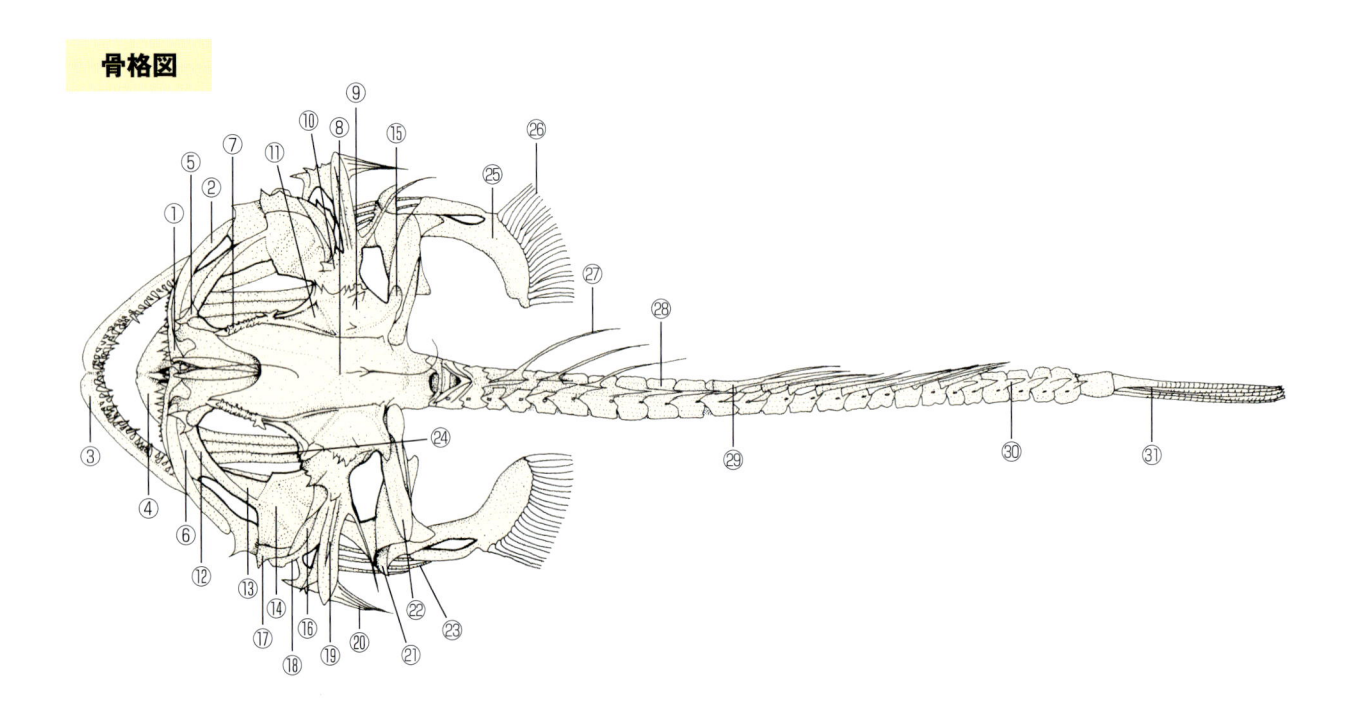

（図中ラベル：心房、肝臓、胸鰭、精巣、臀鰭、尾鰭、動脈球、肛門、総状皮弁、心室、鰓、偽鰓、胃、腸）

骨格図

① 前上顎骨　② 主上顎骨　③ 歯骨　④ 下舌骨　⑤ 涙骨　⑥ 口蓋骨　⑦ 前頭骨　⑧ 上後頭骨　⑨ 頭頂骨　⑩ 翼耳骨　⑪ 蝶耳骨
⑫ 外翼状骨　⑬ 内翼状骨　⑭ 後翼状骨　⑮ 後側頭骨　⑯ 舌顎骨　⑰ 前鰓蓋骨　⑱ 間鰓蓋骨　⑲ 主鰓蓋骨　⑳ 下鰓蓋骨　㉑ 擬鎖骨
㉒ 上擬鎖骨　㉓ 鰓条骨　㉔ 角鰓骨　㉕ 肩甲骨　㉖ 胸鰭条　㉗ 背鰭遊離鰭条　㉘ 脊椎骨　㉙ 背鰭条　㉚ 神経棘　㉛ 尾鰭条

解　説

◆呼名
アンコウ（高知その他）またはホンアンコウ（銚子など）．

◆外見の特徴
頭部は著しく縦扁し幅広い．躯幹部と尾部は細長く，頭長より長い．

口は大きく，その後端は眼窩に達する．下顎は上顎より突出する．上顎歯・下顎歯ともに犬歯状．口腔内は白く，黒褐色の斑紋は散在しない．肩部の小棘は分枝しない．

体の側縁には多くの総状皮弁がある．吻端から誘引突起が伸び，その先端には擬餌状体がある．鰓孔は胸鰭の後方に位置する．胸鰭基部はよく発達する．腹面はほぼ一面に白い．臀鰭条は8本．体長1.5m余りになる．

◆分布・生息
北海道以南から朝鮮半島南部ならびに東シナ海の400m以浅に生息するが，主分布域は北緯32度以北にある．東シナ海では季節により漁場が変わることから，季節的な移動を行なっていると考えられている．

◆成熟・産卵
最小成熟体長は雌が60cm前後，雄が約35cmである．産卵は3～7月に行われる．仔魚の出現期が本州中部以南の沿岸および沖合で3～6月，北海道近海で6～7月であることから，北方の海域ほど産卵期が遅れる傾向があると考えられる．

卵巣は片側のみが発達する．熟卵は直径1.3mmで，黄色い直径0.33mmの油球が1個ある．

受精卵は凝集性で，幅25～50cm前後，長さ3～5mの巨大な薄い帯状の皮膜に覆われ，海表面を漂う．

◆発育・成長
ふ化後2～3日の全長4.5mmで既に卵黄が吸収されており，口も開いている．黒色素胞は頭部，消化管上に密に分布する．また，尾部には明瞭な色素叢が3個見られる．背鰭2棘のうち，前方のものが長くて先端が黒い．腹鰭は長く，その上に2個の黒い横帯がある．

仙台湾周辺に生息する未成魚では，2～6月にかけて成長速度が速く，7～10月にかけて遅くなり，それ以降再び速くなる傾向が見られる．生後1年でほぼ20cm，2年でほぼ40cmに達すると考えられる．

◆食性
主に魚類・頭足類を捕食する．南シナ海では，クサウオ，カタクチイワシ，シログチ，マアナゴ，テンジクダイ，コモチジャコ，異体類などが主要な餌となっている．

仙台湾では，魚類の他にも海綿類，ヒトデ類，ウニ類，多毛類などが捕食されており，特に2～7月にかけての摂餌量が他の季節に比べて著しく多い．

◆解剖上の特徴
〔口部〕
下顎が上顎より突出する．顎歯はすべて犬歯状．前上顎骨には外側と内側に1列ずつ，下顎には前方に2～3列，後方に1列の歯が並ぶ．鋤骨と口蓋骨にも1列の歯が並ぶ．口腔下面は前縁が黒褐色の他は全体に白い．舌の先端は口床から離れない．

〔脳〕
嗅球は嗅葉に接する．視葉は比較的よく発達し膨出する．小脳は小さい．

〔鰓〕
鰓弓は4対ある．第4鰓弓は皮膚下に埋没して鰓はない．鰓耙はいずれの鰓弓にもない．偽鰓は鰓孔前の鰓蓋骨裏面にある．

〔腹腔〕
著しく大きく，その大部分を拡張した胃とよく発達した肝臓が占める．

〔消化管〕
胃は拡張し，胃壁は著しく厚い．胃の幽門部・噴門部はともによく発達する．腸は体長よりやや長く，腹腔内で3回湾曲する．

〔肝臓〕
著しく大きく一葉で，左側によく発達する．

〔胆嚢〕
黄緑色の長円形で袋状．

〔脾臓〕
長卵円形．

〔生殖腺〕
精巣は左右ほぼ同じ大きさで棒状．

〔体側筋〕
典型的な白身で，表面血合筋がわずかにある．真正血合筋は発達しない．

〔骨格〕
頭蓋骨は著しく縦扁する．涙骨に二叉する棘がある．頭頂骨の隆起縁上には2列の棘が並ぶ．肩部の小棘先端は二叉しない．鰓蓋骨は著しく変形している．肋骨は退縮している．脊椎骨数は26～30個．背鰭条の前には背鰭遊離鰭条がある．

全形（背面）

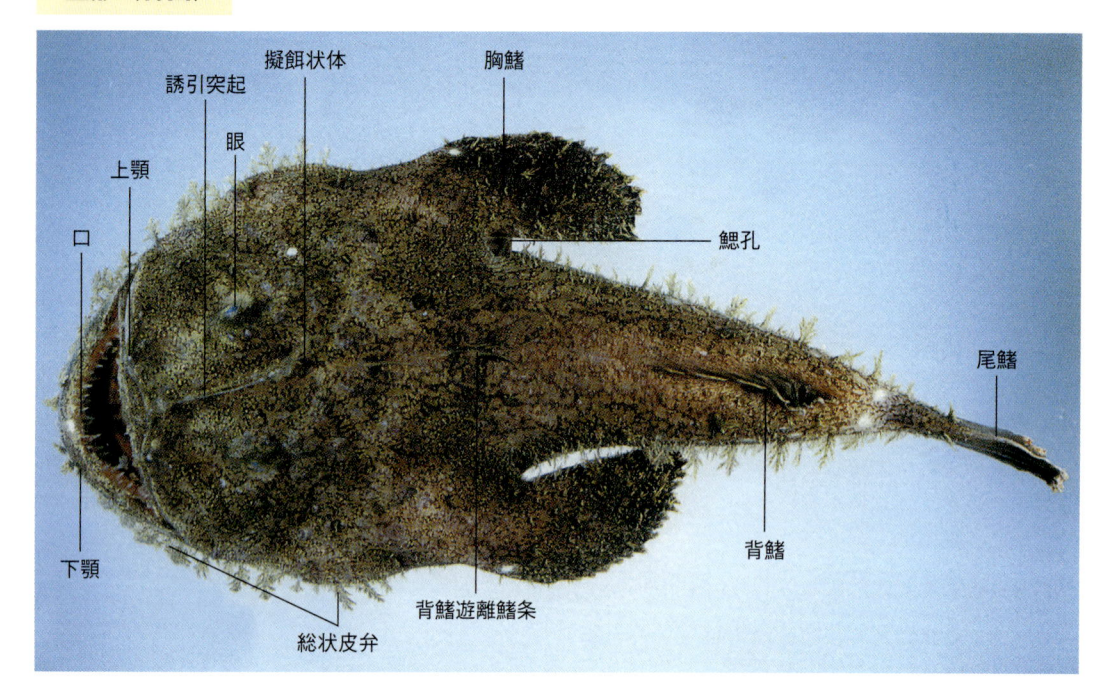

口 / 上顎 / 下顎 / 眼 / 誘引突起 / 擬餌状体 / 胸鰭 / 鰓孔 / 総状皮弁 / 背鰭遊離鰭条 / 背鰭 / 尾鰭

全形（腹面）

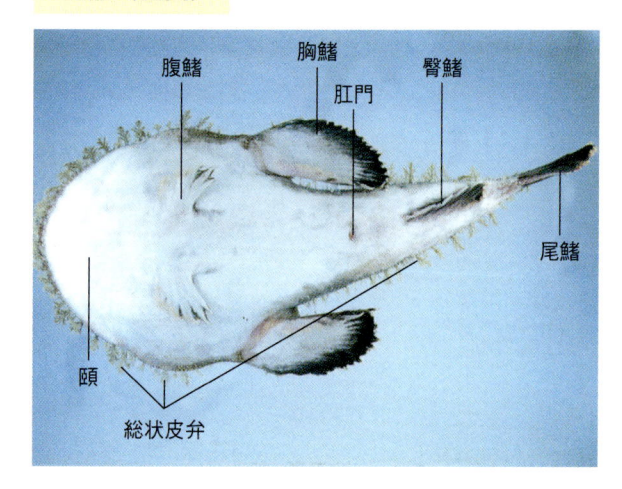

腹鰭 / 胸鰭 / 肛門 / 臀鰭 / 尾鰭 / 頤 / 総状皮弁

脳

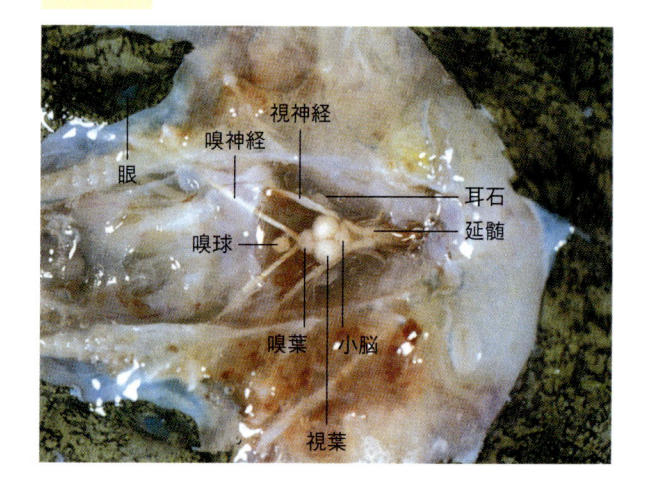

眼 / 嗅神経 / 視神経 / 耳石 / 延髄 / 嗅球 / 嗅葉 / 小脳 / 視葉

内臓

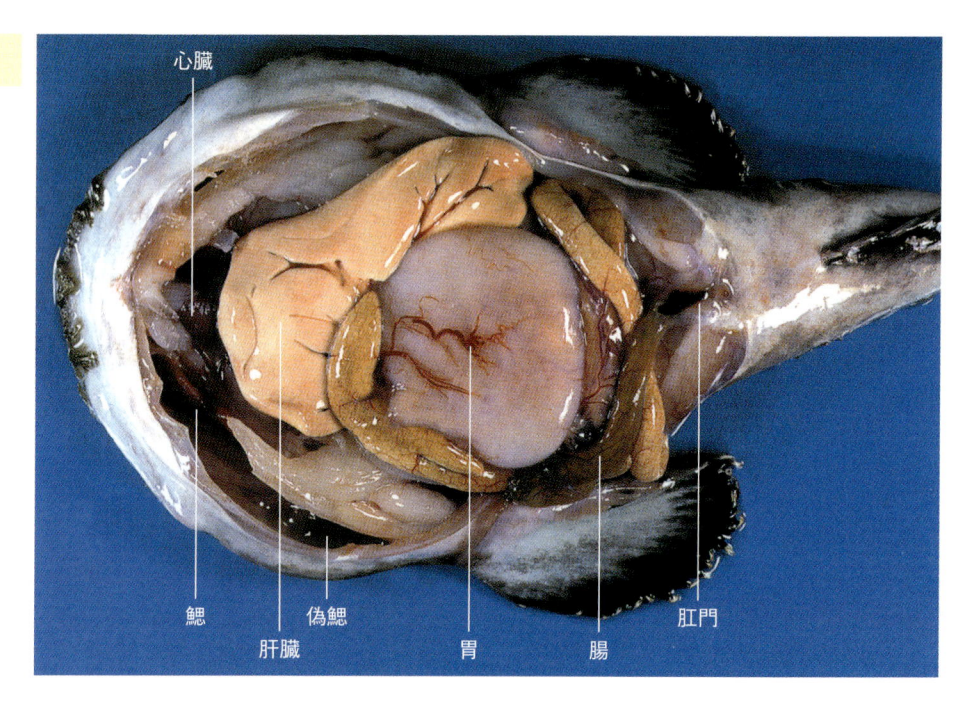

心臓 / 鰓 / 肝臓 / 偽鰓 / 胃 / 腸 / 肛門

キアンコウ　Ⅱ-14

心臓

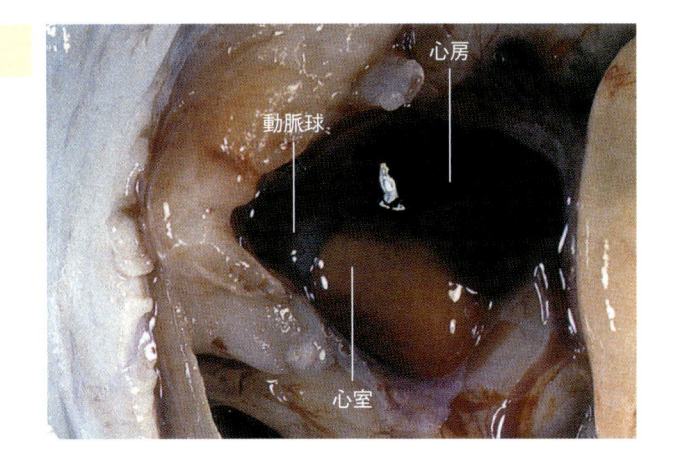

- 心房
- 動脈球
- 心室

消化器官（腹面）

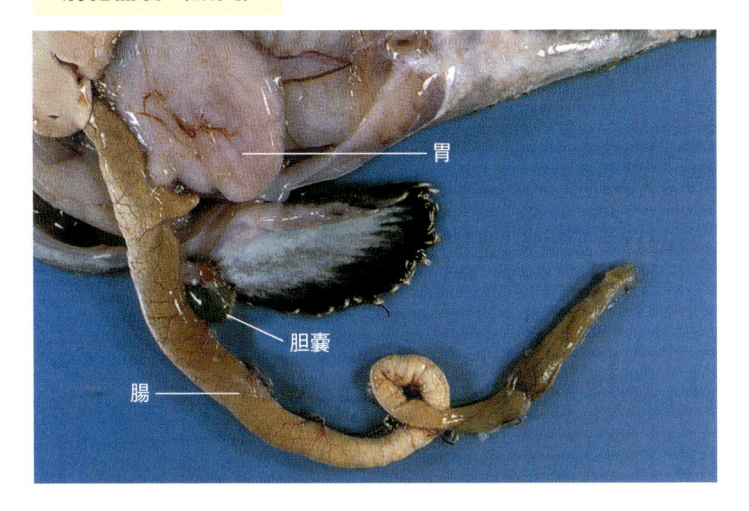

- 胃
- 胆嚢
- 腸

胆嚢

消化器官と精巣

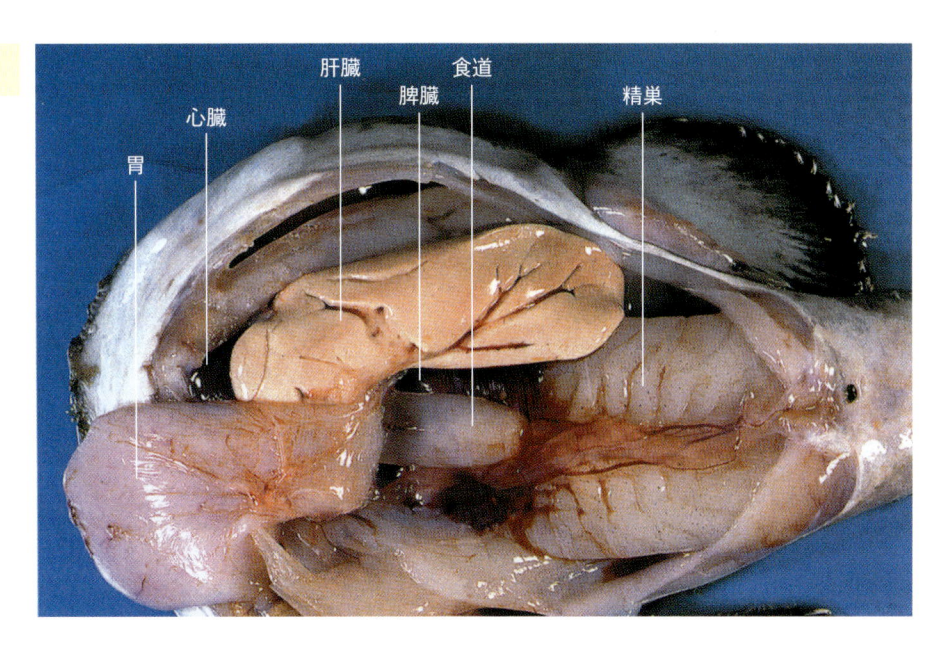

- 胃
- 心臓
- 肝臓
- 脾臓
- 食道
- 精巣

鰓

ボラ

Mugil cephalus cephalus Linnaeus
スズキ目ボラ科ボラ属
谷口順彦・村井貴史・中坊徹次

解剖図

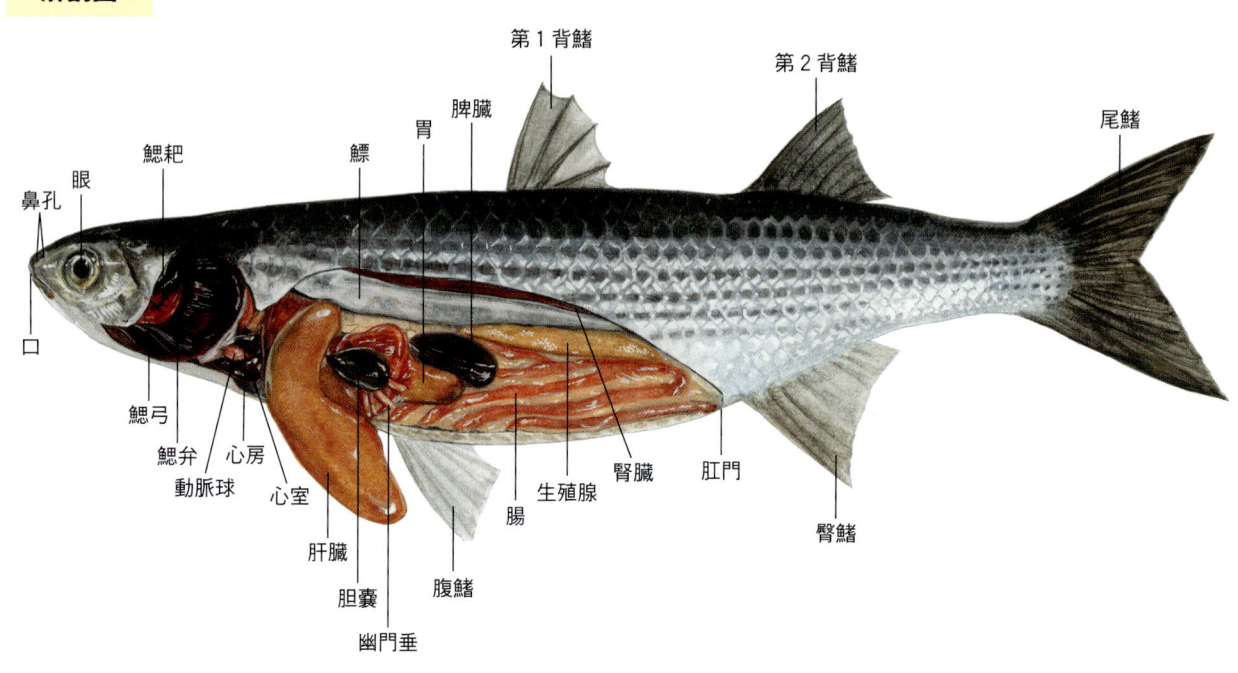

骨格図

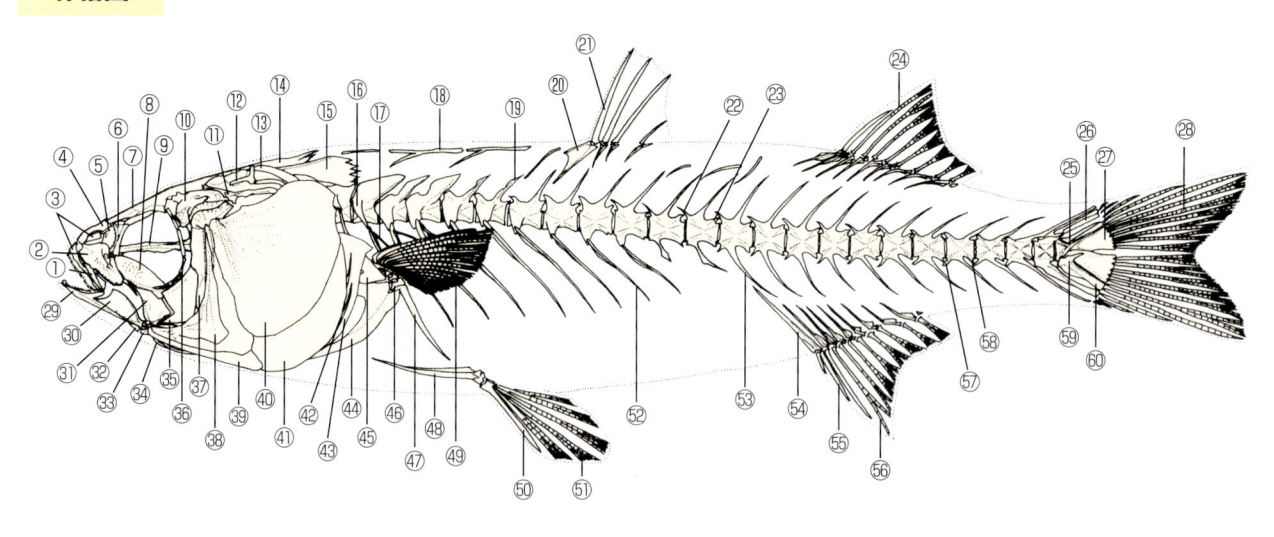

① 主上顎骨　② 涙骨　③ 前上顎骨　④ 鼻骨　⑤ 篩骨　⑥ 側篩骨　⑦ 前頭骨　⑧ 内翼状骨　⑨ 副蝶形骨　⑩ 蝶耳骨　⑪ 翼耳骨
⑫ 上側頭骨　⑬ 後側頭骨　⑭ 上後頭骨　⑮ 上耳骨　⑯ 横突起　⑰ 上椎体骨　⑱ 上神経棘　⑲ 神経棘　⑳ 近位担鰭棘　㉑ 背鰭棘
㉒ 前神経関節突起　㉓ 後神経関節突起　㉔ 背鰭棘　㉕ 尾部棒状骨　㉖ 上尾骨　㉗ 下尾骨　㉘ 尾鰭条　㉙ 歯骨　㉚ 角骨　㉛ 方形骨
㉜ 下舌骨　㉝ 角舌骨　㉞ 鰓条骨　㉟ 後翼状骨　㊱ 眼下骨　㊲ 舌顎骨　㊳ 前鰓蓋骨　㊴ 間鰓蓋骨　㊵ 主鰓蓋骨　㊶ 下鰓蓋骨
㊷ 鰓条骨　㊸ 擬鎖骨　㊹ 烏口骨　㊺ 肩甲骨　㊻ 射出骨　㊼ 後擬鎖骨　㊽ 腰帯　㊾ 胸鰭条　㊿ 腹鰭棘　51 腹鰭条　52 肋骨
53 血管棘　54 近位担鰭骨　55 臀鰭棘　56 臀鰭条　57 前血管関節突起　58 後血管関節突起　59 下尾骨側突起　60 準下尾骨

解　説

◆呼名
　ボラ（各地），成長段階によって，ハク（3cm前後），スバシリ（10cm余り），オボコ（5～18cm），イナ（10～25cm），ボラ（30～40cm），トド（数十cm以上）と呼び分ける．地域によりイキナゴ（6cm以上），チョボ・イナッコ（10cm前後），コボラ（10～15cm），クロメ（15～18cm）と呼ぶ．よく成熟した卵巣をもつものをカラスミボラともいう．

◆外見の特徴
　眼の表面は厚い被膜（脂瞼）で覆われる．背鰭は2基で，第1背鰭は4棘からなる．側線がない．体側に6～7本の暗色縦線がある．全長は60cm余り．

◆分布・生息
　アフリカ西岸を除く熱帯から温帯に分布する．広塩性で川の中・下流，湖沼，汽水域，沿岸域に生息する．3cm前後まで内湾や沖合の表層にいて，以後12～4月に接岸して川を遡上する．このときの水温は12～23℃で，16℃以上で活発である．

◆成熟・産卵
　成熟の最小体長は雌で3歳，32cm，雄で2歳，27cmである．抱卵数は100万～700万粒．産卵魚の性比は，雄が多くて70～80％を占め，雌は少ない．よく成熟した卵巣は，体長43～50cmでは320～470gある．精巣は小さくて成熟しても15g前後しかない．三重県・長崎県以南で暖流の影響を直接受ける外海に面した沿岸域で産卵する．産卵期は日本では11月前後で短い．産卵中の表面水温は20～23℃である．
　完熟卵は直径0.9mm前後の球形で，0.39mmの黄色の油球1個がある．

◆発育・成長
　受精卵は水温21℃で約61時間，24℃で36時間でふ化する．卵発生中の塩分は31‰前後が最適である．ふ化仔魚は全長2.65mm，ふ化2～3日で卵黄を吸収する．後期仔魚は7～15mmで，この間に鱗が出現し，16mm以上で稚魚となり，体が銀白色となる．脂瞼は5cmぐらいで完成する．
　5月ごろには6cm，9～10月に15cm，1歳で20cm前後，2歳で25～30cm，3歳で30～40cm，4～5歳で50cm近くになる．高齢魚は8歳を超える．

◆食性
　後期仔魚は動物プランクトンを主食にする．2～3cmぐらいから付着藻類を，4～5cmで付着藻類やデトライタスを食べだす．若魚や成魚は底層に沈積した微生物や原生動物，デトライタス，付着藻類を砂泥とともに食べる．ときにはワムシ，線虫類，貝類幼生も捕食する．特に重要なのは植物であり，このため胃が肥厚してそろばん玉の形となり，腸も長くて複雑に回転する．
　摂餌量は20℃より高いと多く，16℃以下で少ない．消化率は塩分と関連し，1‰以下では低くて30‰で高い．

◆解剖上の特徴
〔口〕
　やや小さく，口腔は狭くて灰白色を呈する．舌は短くて，先端部は口床より離れる．両顎に絨毛状歯の歯帯があり，口蓋骨にも微細な歯がある．しかし，前鋤骨には歯がない．
〔脳〕
　嗅葉は割合に大きく，視葉は普通の大きさである．小脳は相対的に大きい．
〔鰓〕
　鰓弓は4対であり，第1鰓弓の鰓杷は細長くて密接して並び，上・下枝合わせて約150本前後もある．第2～4鰓弓の鰓杷も細長くて多数である．鰓弁は長くて鰓杷の約2.5倍ある．上・下咽頭歯はない．咽頭上部に一対の大きな袋状の器官（咽頭嚢）があり，餌をろ過する．
〔腹腔〕
　前後に長く，腹膜は黒い．
〔消化管〕
　胃は特有な形をし，噴門部は短いが，盲嚢部はやや長い．幽門部はそろばん玉のような形をし，筋肉壁が厚く肥厚する．幽門垂は2本で，やや長い．
〔腸〕
　複雑に回転して著しく長く，体長の数倍以上ある．
〔肝臓〕
　やや小さいが，明らかに3葉に分かれ，体腔の左前部に偏在する．
〔胆嚢〕
　濃緑色で小脂状である．
〔脾臓〕
　暗赤色で長楕円形をし，前・後両端部は尖っている．
〔鰾〕
　前後に細長く，背面の膜は非常に薄いが，下面の膜は膠質である．
〔生殖腺〕
　腹腔背面の正中線に対となっている．精巣は白色で，

成熟してもあまり肥大しないが，卵巣は黄色または橙色を呈し，よく成熟すると著しく肥大する．

〔心臓〕

囲心腔には前方より，灰白色の動脈球，赤褐色の心室および心房がある．

〔腎臓〕

背大動脈の周辺にあり，前後に細長くて，暗赤褐色を呈する．

〔体側筋〕

白色である．表面血合筋はやや発達しているが，真正血合筋はほとんど認められない．

〔骨格〕

頭蓋骨は低く，背面は広くて円滑である．上後頭骨の隆起は低い．上耳骨はよく発達し，後方へ伸長して長い刷毛状の突起となる．涙骨の腹縁は鋸歯状となる．3個の上神経棘は体の背縁に沿うようにある．脊椎骨数は24（12＋12）個．前部の数個の神経棘は幅広いが，その他のものは細い．前神経関節突起は大きくて斜前上方に突起する．横突起は第1腹椎から起こり，第3腹椎のものが最も長くて幅広い．腰帯は細長いが肩帯から離れている．

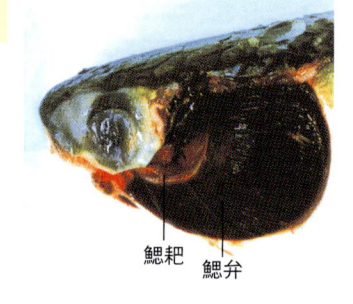

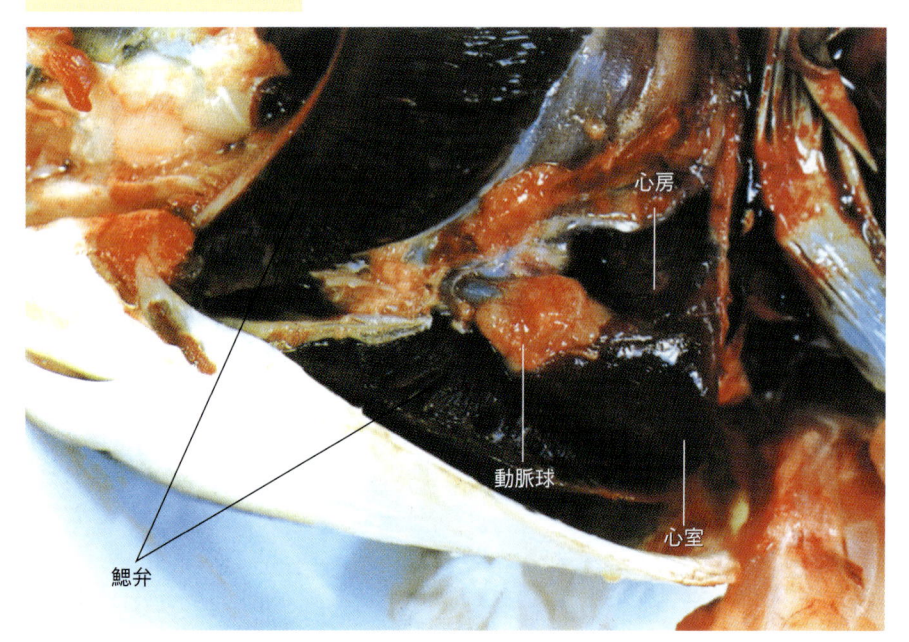

ボラ　Ⅱ-15

各鰓弓を除去した鰓腔

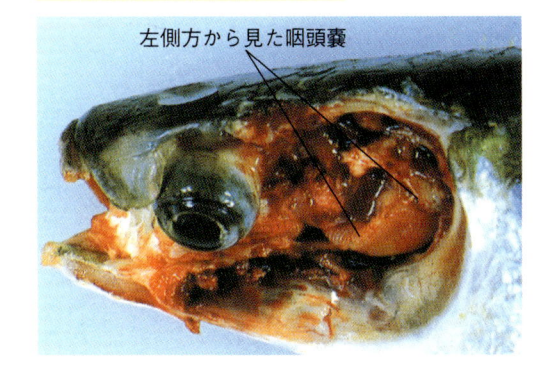

左側方から見た咽頭嚢

脳（背面）

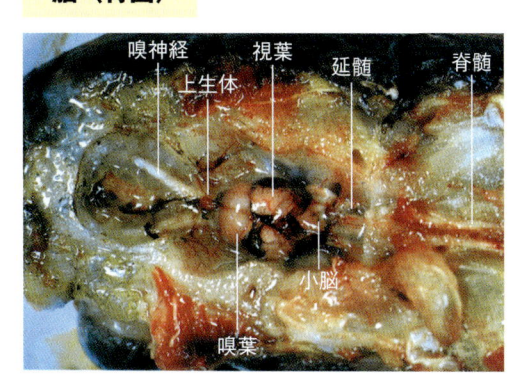

嗅神経　視葉　延髄　脊髄
上生体
小脳
嗅葉

内臓（側面）

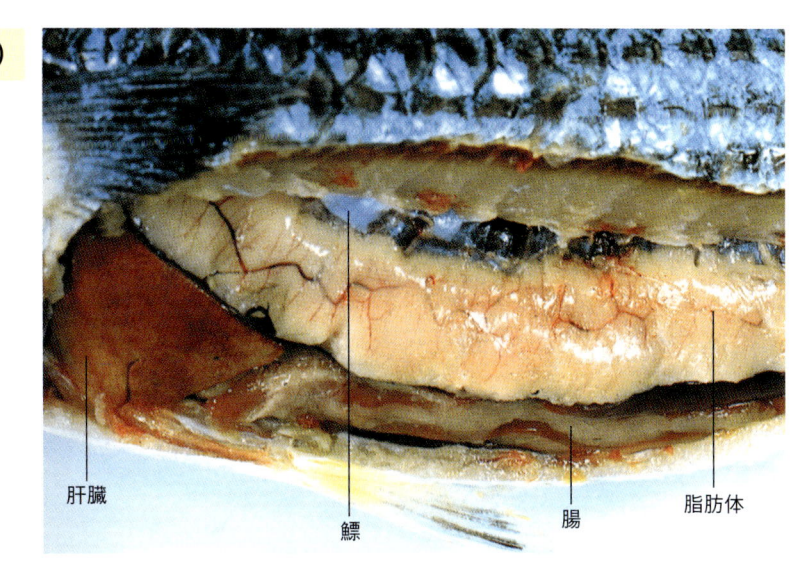

肝臓　　　鰾　　腸　脂肪体

内臓（腹面）

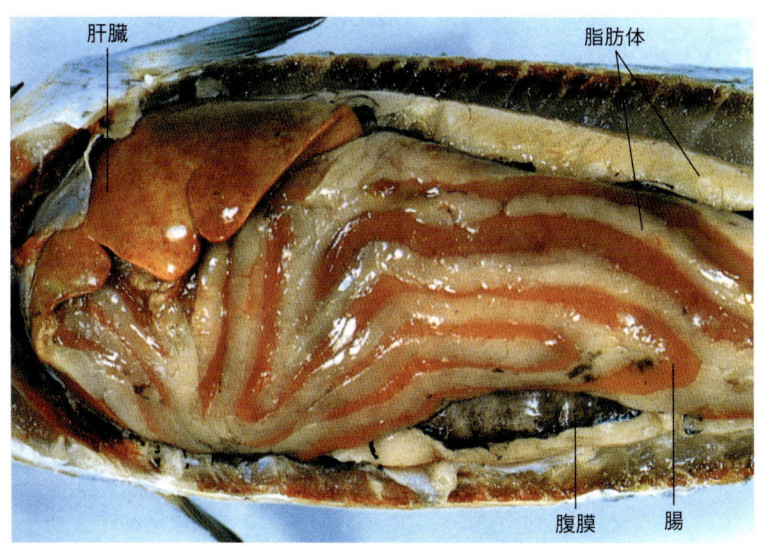

肝臓　　　　　　　　脂肪体

腹膜　腸

消化器官（部分）

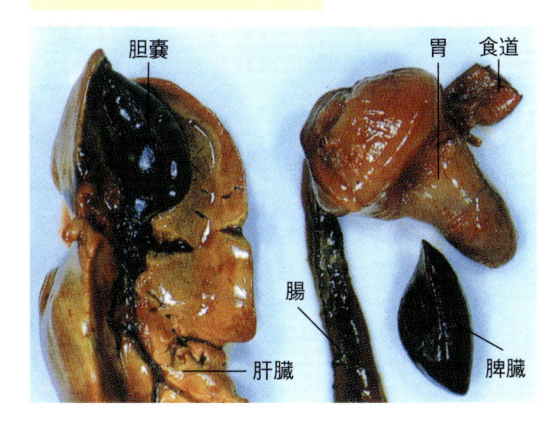

胆嚢　　　胃　食道

腸
肝臓　　脾臓

鰓

鰓蓋内面（偽鰓）　Ⅰ　Ⅱ　Ⅲ　Ⅳ

サンマ

Cololabis saira（Brevoort）
ダツ目サンマ科サンマ属
長澤和也

解剖図

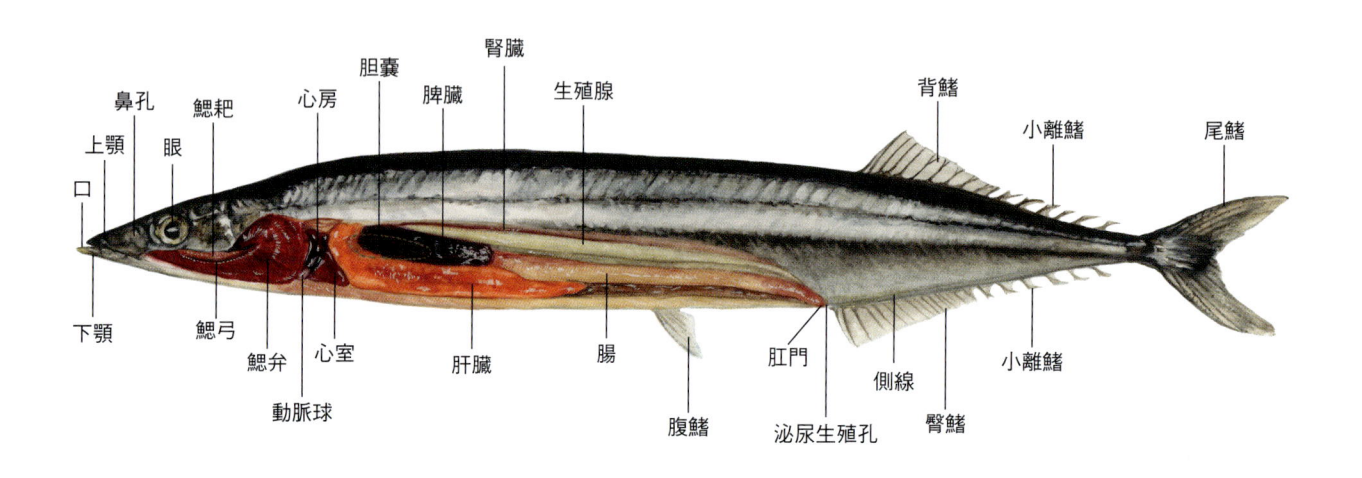

骨格図

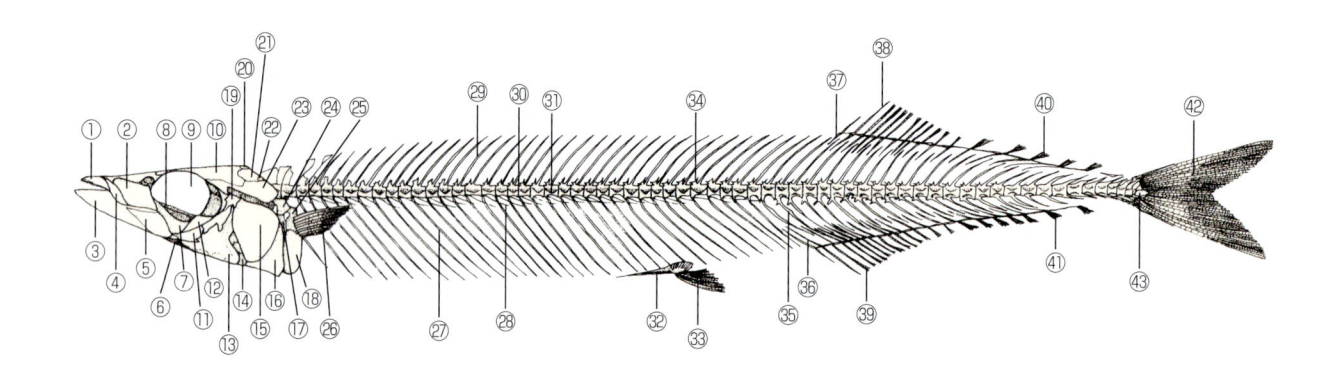

① 前上顎骨　② 涙骨　③ 歯骨　④ 主上顎骨　⑤ 角骨　⑥ 後関節骨　⑦ 中翼状骨　⑧ 副蝶形骨　⑨ 眼窩　⑩ 前頭骨　⑪ 方形骨　⑫ 後翼状骨　⑬ 前鰓蓋骨　⑭ 間鰓蓋骨　⑮ 主鰓蓋骨　⑯ 下鰓蓋骨　⑰ 擬鎖骨　⑱ 烏口骨　⑲ 舌顎骨　⑳ 上後頭骨　㉑ 頭頂骨　㉒ 上耳骨　㉓ 翼耳骨　㉔ 後側頭骨　㉕ 肩甲骨　㉖ 胸鰭条　㉗ 肋骨　㉘ 上椎体骨　㉙ 神経棘　㉚ 横突起　㉛ 椎体　㉜ 腰帯　㉝ 腹鰭条　㉞ 前神経関節突起　㉟ 血管棘　㊱ 臀鰭近位担鰭骨　㊲ 背鰭近位担鰭骨　㊳ 背鰭条　㊴ 臀鰭条　㊵ 小離鰭　㊶ 小離鰭　㊷ 尾鰭条　㊸ 尾骨

解　説

◆呼名
サイレ・サイラ・サイリ・サイリイ（関西），カド（三重），サザ・セイラ（長崎），サエラ（淡路），ダンジョウ・パンジョ（新潟）．大きさによって，ナンキン（体長15〜20cm），小型サンマ（モード22〜23cm台），中型サンマ（24〜28cm台），大型サンマ（29〜31cm台），特大サンマ（32cm台以上）と呼び分ける．

◆外見の特徴
体は細長く，両顎が突出する．背鰭の後方に5〜6個，臀鰭の後方に6〜7個の小離鰭がある．側線は腹側を走る．全長38cmになる．

◆分布・生息
日本からアメリカ沿岸に至る北太平洋，日本海，オホーツク海南部に分布する．外洋性表層魚であり，季節的な大回遊をする．北西太平洋では春季に黒潮の増勢とともに北上して餌料豊富な親潮水域に入り，8月半ばから反転して南下し，日本の南部水域で越冬する．また，日本海でも春〜夏に北上回遊し，秋に南下回遊して，九州北西海域で越冬する．生息適水温は17〜18℃である．

◆成熟・産卵
成熟は満1歳，体長22cm前後から始まる．1個体は数回にわたって産卵するとみられ，1回の産卵数は1,500〜5,500粒である．日本列島周辺ではほとんど周年にわたって産卵する．産卵場は暖流の北縁部にある潮境に形成される．北西太平洋における主産卵期は11月から翌年の5月ごろまでで，黒潮周辺および黒潮反流域が主産卵場である．卵は長径1.7〜2.2mm，短径1.5〜2.0mmで楕円形を呈し，動物極付近に十数本の糸状物が，そこから約90度の側面に1本の長い付属糸がある．卵は比重1.05〜1.06で海水よりも重く，ホンダワラ類を主とした流れ藻や浮遊物に産みつけられる．

◆発育・成長
卵発生の最適水温は14〜20℃で，受精後10〜14日でふ化する．

ふ化仔魚は体長6mm前後で小さな卵黄をもつ．3日くらいで卵黄を吸収し，摂餌活動を始める．後期仔魚は体節的形質の形成が進み，海洋のごく表層で生活する．体長20〜25mmで背鰭と臀鰭の鰭条数が定数に達し，脊椎の骨化が完成し，鱗も出現する．体長25〜60mmの稚魚は生活域を広げ，昼間は下層に沈降し，夜間は表層に浮上する．体長60mm前後に鰓耙数が定数に達する．体長6〜15cmの若魚は成魚に近い体型となり，運動力が高まって索餌が活発となる．

産卵期は冬を挟んで9〜6月ごろである．成長は生まれた季節によって異なり，秋に生まれた個体は1年後に27cm前後になるが，春に生まれた個体はその年の秋に約20cm，翌年秋には29cm以上に達する．寿命は約2年である．産卵は一般的には25cm以上で行うが，より小型魚で産卵した記録もある．

◆食性
典型的なプランクトン食性で，浮遊性甲殻類を多食し，魚卵や稚魚，ヤムシも食べるが，植物プランクトンは食べない．体長60mm以下ではカイアシ類を主に食べ，特に仔魚はノープリウス幼生を多く食べる．6cm以上の若魚はカイアシ類のほかにオキアミ類も食べる．未成魚や成魚はカイアシ類，オキアミ類を多食し，餌料となるプランクトンの種類も多い．摂餌活動は昼間から日没前後まで活発で，夜中にはほとんど摂餌しない．摂餌の適水温は15〜21℃である．

◆解剖上の特徴
〔口部〕
両顎とも前方へ突出するが，比較的短い．口腔は細くて長く，筒状を呈する．舌はへら状で先端が少し尖り，上面はなめらかである．口腔の内側面前部は黒いが，奥部は白い．上顎には極めて小さな歯が1列に並ぶ．口蓋骨に歯はない．

〔脳〕
脳を包む脂肪様物質はほとんどない．脳形は視葉が異常に発達するため背面からは槌子状を呈し，縦扁する．嗅球は極めて小さい．これに接する嗅葉は角のとれた四角形を呈する．上生体は小さい．視葉は著しく大きく，背面観はほぼ菱形である．視神経は太い．小脳はよく発達する．

〔鰓〕
鰓弓は4対ある．第1鰓弓の外側に長くて先端の尖った剣状の鰓耙が密生し，その数は32〜43本である．第1鰓弓内側と第2鰓弓以下の鰓耙はいずれも短い．鰓弁はよく発達する．偽鰓はない．咽頭骨歯は3尖頭で密生する．上咽頭骨には2歯帯，下咽頭骨には1歯帯がある．

〔腹腔〕
細長く，腹膜は黒い．

〔消化管〕
胃と幽門垂はなく，腸は直走する．

〔肝臓〕
　赤褐色で大きく分葉しない．
〔胆嚢〕
　濃緑色をし，大型で長楕円形の袋である．
〔脾臓〕
　暗赤色を呈し，長楕円形で肝臓の上方に位置する．
〔鰾〕
　膜は極めて薄くて透明である．
〔体側筋〕
　比較的密に配列し，淡紅色である．表面血合筋は体側中央部に沿ってよく発達する．
〔骨格〕
　前頭骨は頭蓋骨背面の多くを占め，その上面は平滑である．鼻骨は大きい．篩骨は小円板状で，鼻骨間にわずかに露出する．上後頭骨の隆起は低く，先端は分岐する．巽耳骨，上耳骨，外後頭骨は大きく広がり，頭蓋の後側部を形成する．脊椎骨数は62～68個で，ふつう65個，腹椎骨数は38～40個である．第1・第2神経棘は幅広く互いに接する．第3神経棘は先端のみ広がる．横突起は第1脊椎から始まり，第1～第3脊椎のものが特に長くて側後方に突出する．第4脊椎からの横突起は短く，側方から次第に下方へ伸びる．前神経関節突起はよく発達し，腹椎後半から尾椎の多くのものでは分岐して，鹿の角状を呈する．各小離鰭とも背鰭近位担鰭骨または臀鰭近位担鰭骨とつながる．腰帯は肩帯から離れて著しく後方にある．

全形

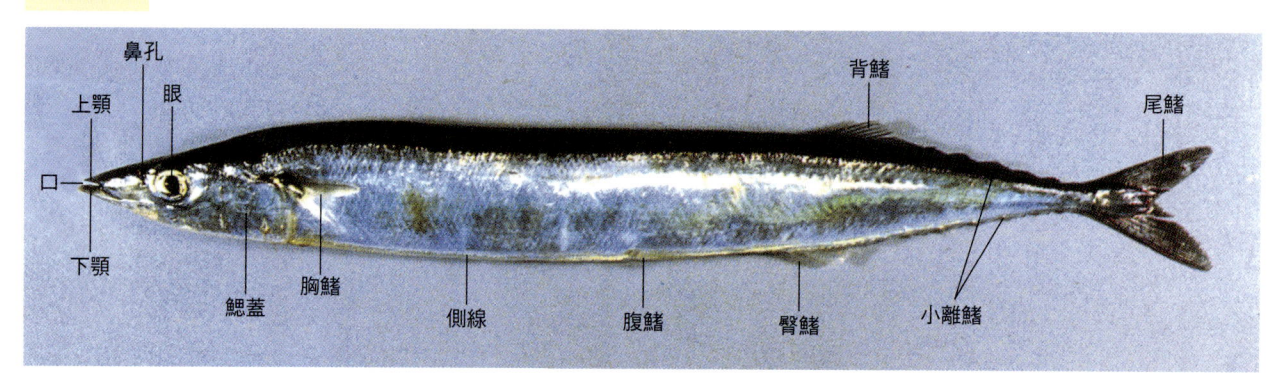

頭部側面

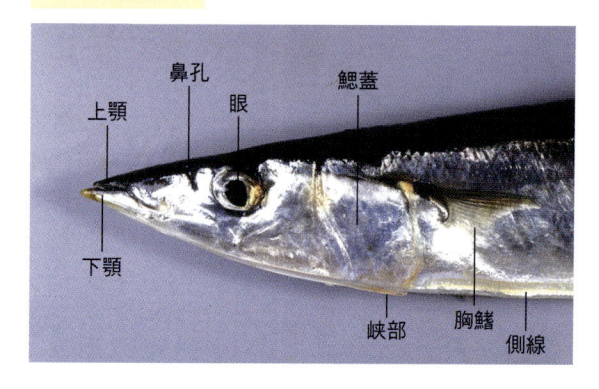

頭部背面

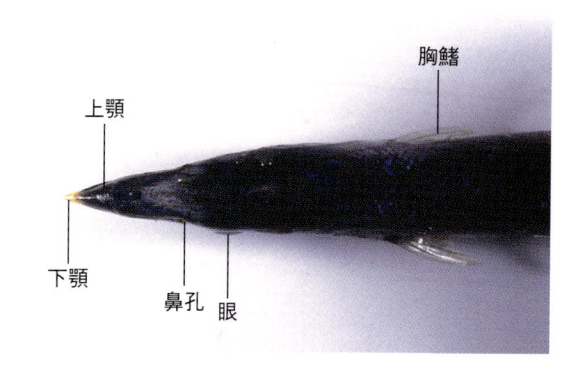

頭部腹面

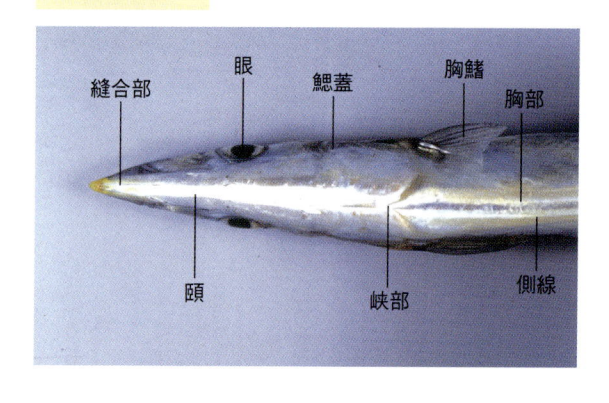

脳

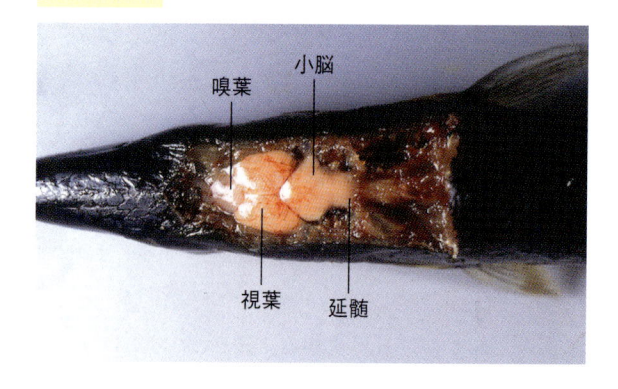

サンマ II-16

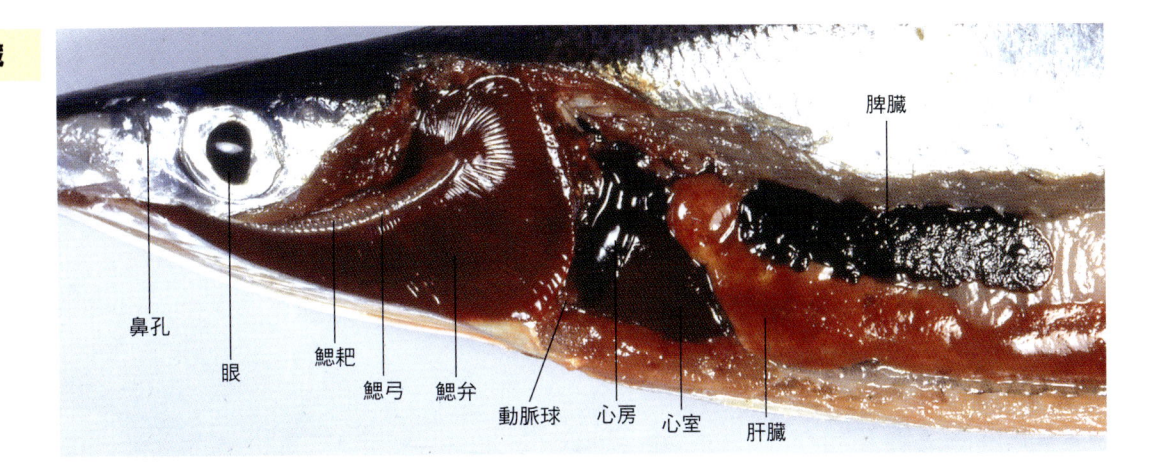

鰓と内臓
鼻孔／眼／鰓耙／鰓弓／鰓弁／動脈球／心房／心室／肝臓／脾臓

鰓
鰓耙／鰓弓／鰓蓋内面／鰓弁／I／II／III／IV

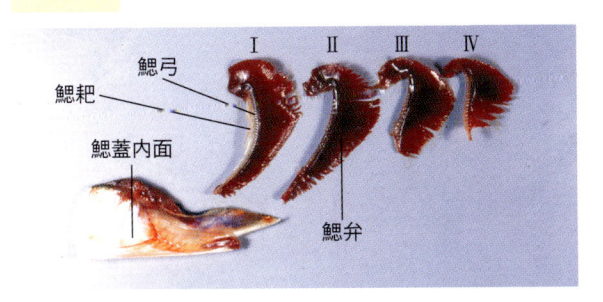

内臓（左側面）
心室／肝臓／鰓蓋／脾臓／脂肪

内臓（肝臓，脾臓，脂肪を除去したもの）
心房／腎臓／心室／精巣／腸／肛門

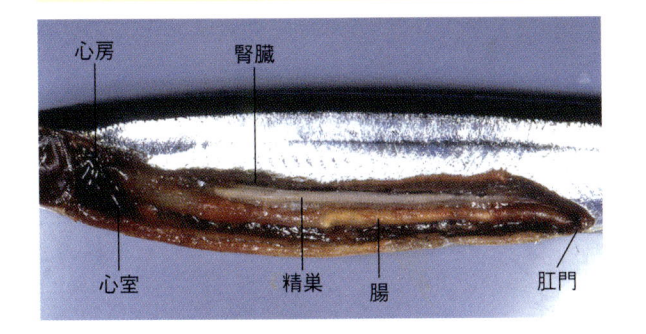

内臓（右側面）
肝臓／脂肪／胆嚢／心室

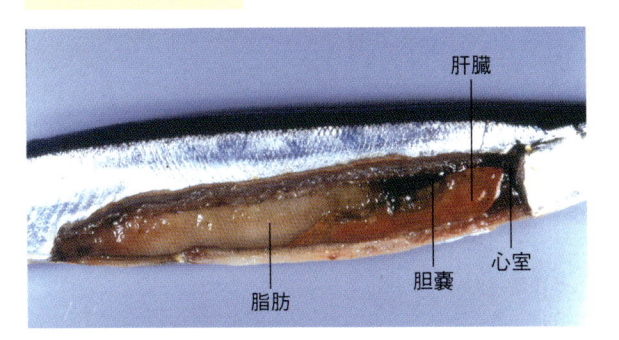

鰓と内臓（腹面）
眼／鰓蓋／心室／鰓弁／動脈球／肝臓／脂肪／肛門／泌尿生殖孔

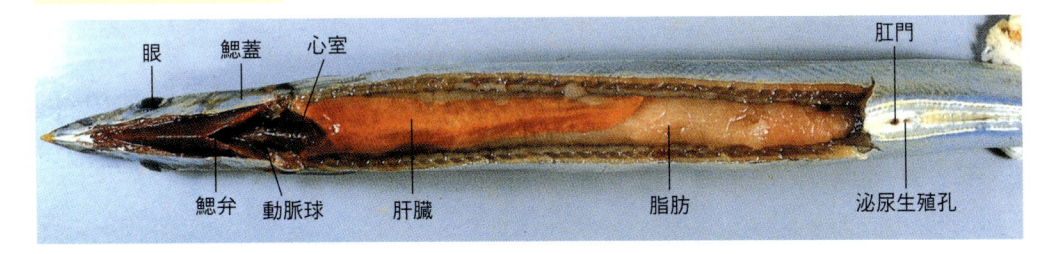

腎臓と卵巣
腎臓／卵巣／泌尿生殖孔

135

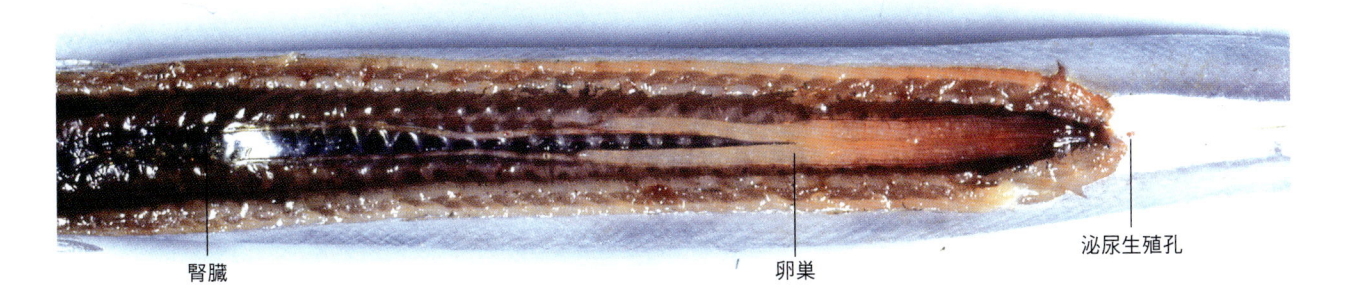

カサゴ

Sebastiscus marmoratus（Cuvier）
カサゴ目フサカサゴ科カサゴ属
山本賢治・石田実

解剖図

（解剖図ラベル：鼻孔、眼、上顎、下顎、頬、鰓耙、鰓弁、鰓弓、心房、心室、動脈球、肝臓、脾臓、胆嚢、鰾、腎臓、背鰭、側線、尾鰭、脂肪体、幽門垂、胃、腸、卵巣、腹鰭、肛門、臀鰭）

骨格図

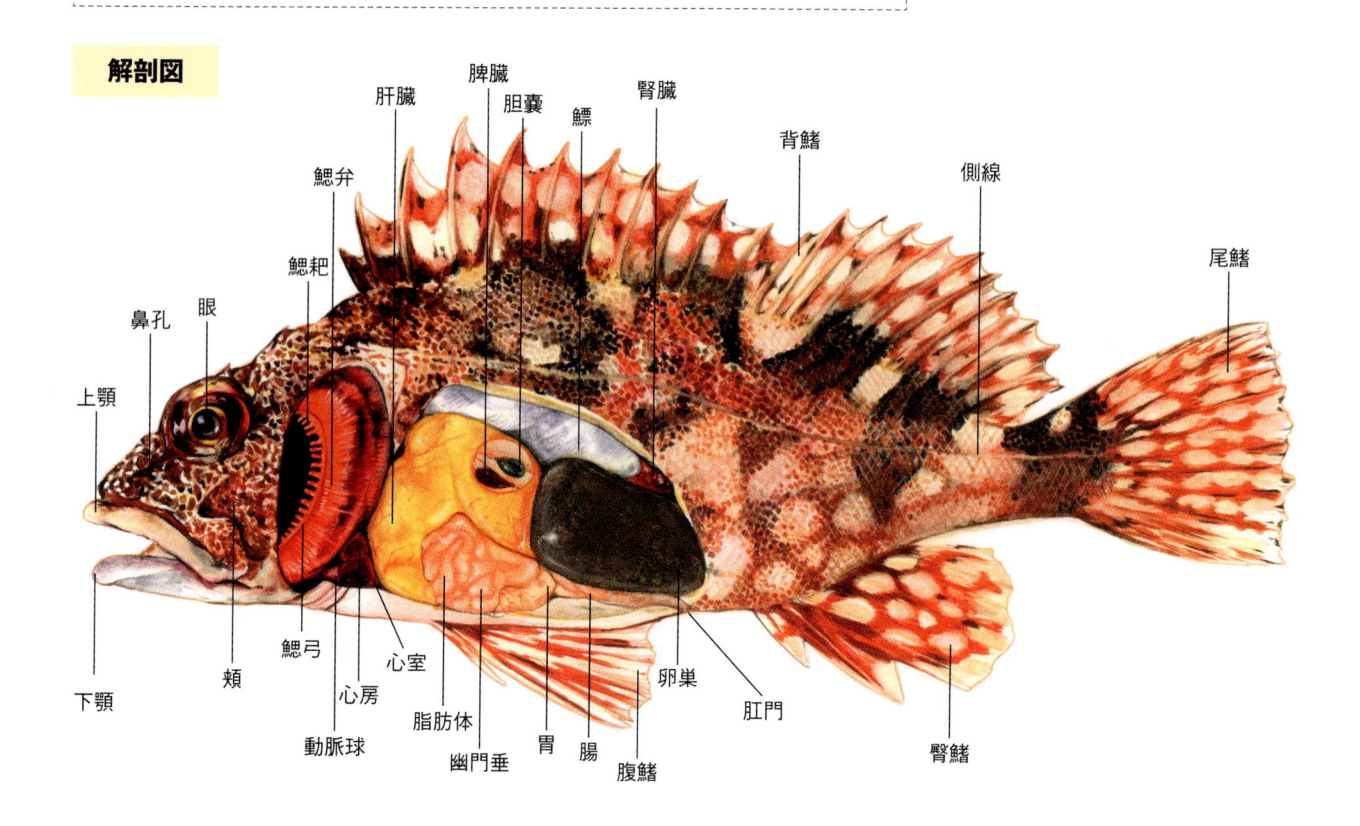

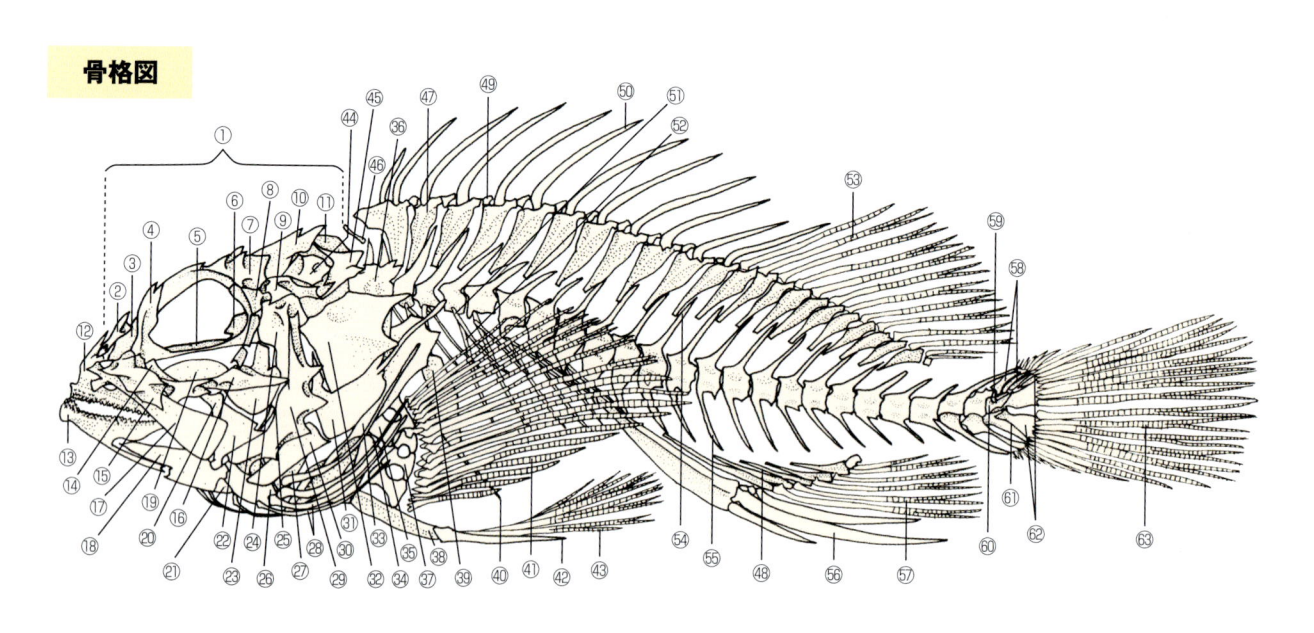

① 頭蓋骨　② 鼻骨　③ 篩骨　④ 側篩骨　⑤ 副蝶形骨　⑥ 基蝶形骨　⑦ 前頭骨　⑧ 蝶耳骨　⑨ 翼耳骨　⑩ 頭頂骨　⑪ 上後頭骨
⑫ 前上顎骨　⑬ 歯骨　⑭ 口蓋骨　⑮ 涙骨　⑯ 眼下骨棚　⑰ 主上顎骨　⑱ 角骨　⑲ 内翼状骨　⑳ 外翼状骨　㉑ 後関節骨
㉒ 方形骨　㉓ 後翼状骨　㉔ 舌顎骨　㉕ 接続骨　㉖ 角舌骨　㉗ 上舌骨　㉘ 鰓条骨　㉙ 前鰓蓋骨　㉚ 間鰓蓋骨　㉛ 下鰓蓋骨
㉜ 主鰓蓋骨　㉝ 擬鎖骨　㉞ 烏口骨　㉟ 肩甲骨　㊱ 上擬鎖骨　㊲ 射出骨　㊳ 腰帯　㊴ 上後擬鎖骨　㊵ 下後擬鎖骨　㊶ 胸鰭条
㊷ 腹鰭棘　㊸ 腹鰭条　㊹ 上側頭骨　㊺ 後側頭骨　㊻ 上神経棘　㊼ 背鰭近位担鰭骨　㊽ 臀鰭近位担鰭骨　㊾ 遠位担鰭骨　㊿ 背鰭棘
51 上椎体骨　52 肋骨　53 背鰭条　54 神経棘　55 血管棘　56 臀鰭棘　57 臀鰭条　58 上尾骨　59 尾神経骨　60 尾部棒状骨
61 準下尾骨　62 下尾骨　63 尾鰭条

解　説

◆呼名
アカソイ（岩手），アカメバル（近畿），ガシラ（近畿・四国），クロガシラ（和歌山），ホゴ（四国・九州南部），アラカブ（九州）．

◆外見の特徴
頭は大きく，背側面に強い棘がある．前鰓蓋棘は強くて5本．背鰭棘が12本，胸鰭の上葉が截形であるのが特徴．体色は変異が著しくて，沿岸のものは黒褐色，沖合ものは暗赤色．全長は30cm余り．

◆分布・生息
日本各地，朝鮮半島，台湾，中国の沿岸に分布する．岩場や藻場に生息する．生息の水温は23℃以下，塩分範囲は広く，1.5～2％が最適である．

◆成熟・産卵
雌雄とも多くは2歳で成熟するが，一部のものは2歳弱，体長9cmで成熟するものがある．性比は1対1．抱卵数は2歳で1万粒，4～5歳で7万粒ぐらいである．10～11月初旬に交尾する．

◆発育・成長
11月ごろに体内受精する．受精卵は直径0.75～0.95mmの球形であるが，やがて楕円形となる．受精後20～25日でふ化する．ふ化仔魚は全長4mm前後．仔魚は11～4月の間に産みだされる．1繁殖期に3～4回にわたって出産する．出産仔魚数は普通，1万～2万尾．出産した仔魚は1週間後に卵黄を吸収し，10日後に5mmとなる．17mm前後で浮遊生活から底生生活に移行する．約20mmで稚魚となる．1歳で体長約7cm，2歳で14cm，3歳で17cmぐらいに成長し，5～6歳で20cmを超す．

◆食性
全長6mmの仔魚は大型の橈脚類を選択的に食べ，20℃前後で摂餌は活発である．当歳魚は岩場や砂泥底のカニ類，アミ類，ヨコエビ類，多毛類，小型巻貝などを，成魚はカニ・エビ類，ハゼ類，ヒザラガイ類，フジツボ類などを食べる．

◆解剖上の特徴

〔口部〕
口は大きい．上顎は前方へ突出可能．口腔は広い．舌は三角形で先端部のみ口床から離れる．両顎・鋤骨および口蓋骨に絨毛状の歯帯があり，両顎の前方で特に幅広い．

〔脳〕
長方形．小さい嗅球が発達した嗅葉に密着する．視葉および小脳の発達は中位．

〔鰓〕
鰓弓は4対．第1鰓弓の前列の鰓耙は棍棒状で短く，前端のものはしばしば痕跡的であり，鰓耙数は上枝に7～8本，下枝に15～18本，合計22～26本．第1鰓弓の後列，第2～第3鰓弓の両列および第4鰓弓の前列にさらに短い瘤状の鰓耙があり，各鰓耙には小棘が密生する．鰓弁はやや短い．偽鰓はよく発達する．咽頭歯は強く，上咽頭骨で3個，下咽頭骨で1個の幅広い歯帯を形成する．鰓条骨数は7本．

〔消化管〕
腹腔はやや広い．腹膜は白い．胃は大きく，盲嚢はよく発達する．胃壁は厚い．幽門垂は指状で長く，9～12本．腸は2回湾曲してN字形を呈する．肝臓は2葉で，左側の方が大きい．

〔鰾〕
長卵形で，よく発達する．鰾膜は甚だしく厚く，体腔壁と離れている．発音筋は腱を介さず鰾の後部背面に直接固着する．

〔生殖腺〕
左右の生殖腺は同形で，鰾の腹側に位置する．

〔骨格〕
頭蓋骨は強固で，深く凹んだ眼隔部に2対，後頭部に1対の縦走隆起線がある．鼻棘・眼前棘・眼上棘・眼後棘・耳棘・頭頂棘および頸棘が発達する．眼窩は大きい．頭蓋骨の腹縁は一直線．第2眼下骨の後端は長三角形状に伸長するが，前鰓蓋骨隆起縁には達しない．

脊椎骨数は10＋15＝25個．3～9番目の脊椎骨に肋骨が，そして，1～9番目の脊椎骨に上椎体骨がある．2番目と3番目の脊椎骨の神経棘の間に，最前と次の背鰭近位担鰭骨が挿入している．上神経棘は1本で小さく細長い．尾鰭椎前第3脊椎骨以後の骨格が尾鰭を支持する．尾鰭椎前第1脊椎骨の神経棘は短い．上尾骨は3個，準下尾骨は1個，下尾骨は3個である．

頭部側面

眼・背鰭・側線・鼻孔・上顎・下顎・歯・前鰓蓋骨・主鰓蓋骨・胸鰭・腹鰭・臀鰭

頭部背面

眼・上顎・鼻孔・胸鰭・背鰭・側線

鰓と内臓

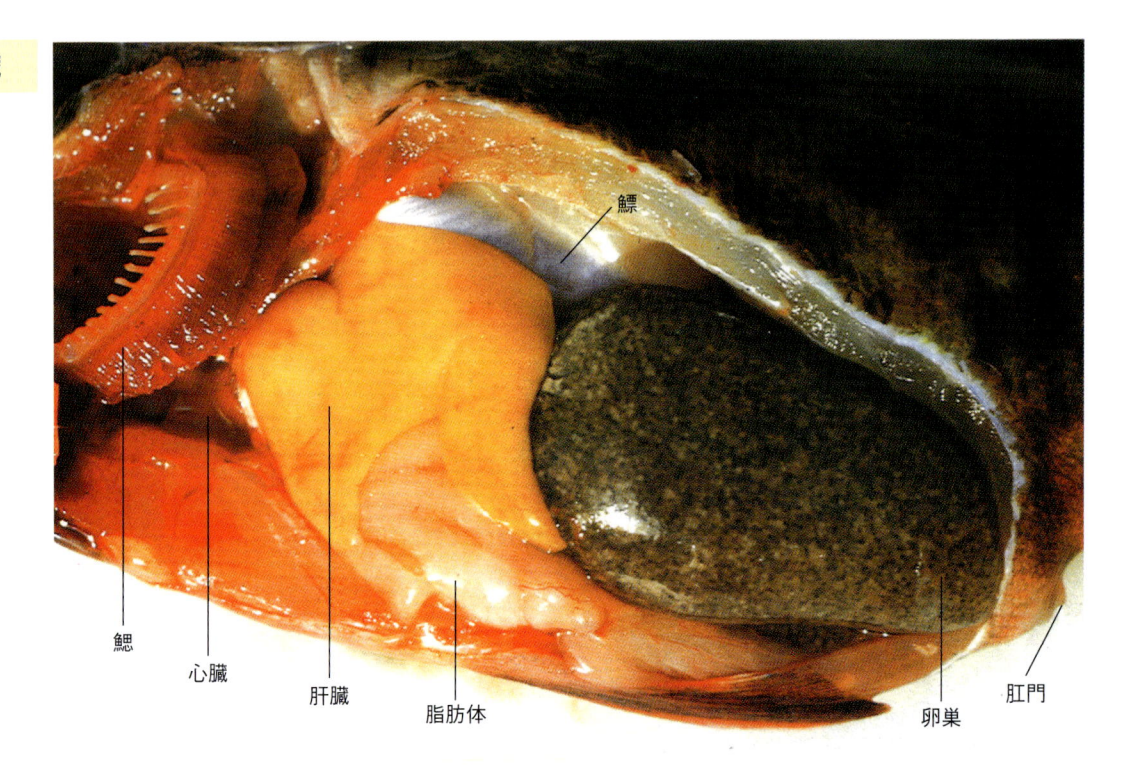

鰓・心臓・肝臓・脂肪体・鰾・卵巣・肛門

鰓と内臓

鰓・肝臓（裏側）・脂肪体（幽門垂を取り巻いている）・胃・脾臓・胆嚢・鰾・腸・卵巣・直腸・肛門

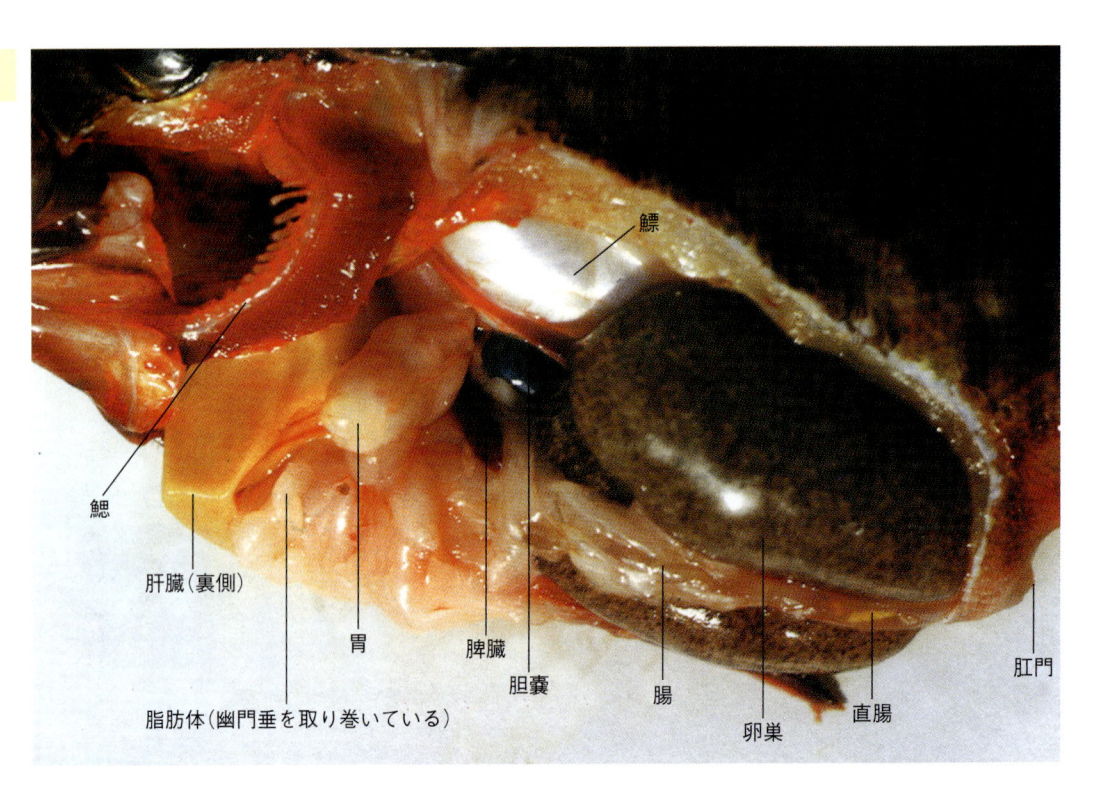

カサゴ　Ⅱ-17

内臓

鰾, 肝臓, 腎臓, 脾臓, 胆嚢, 脂肪体, 精巣, 直腸, 輸精管, 膀胱

口部

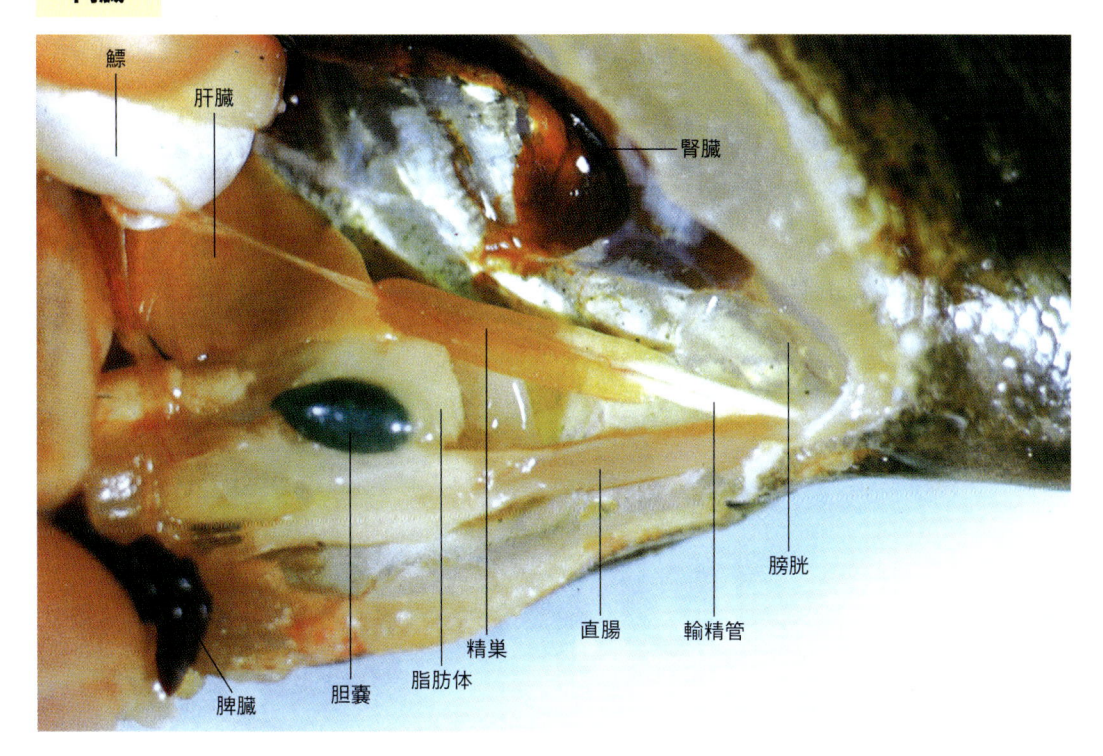

眼, 鼻孔, 上顎, 鰓, 胸鰭, 舌, 下顎

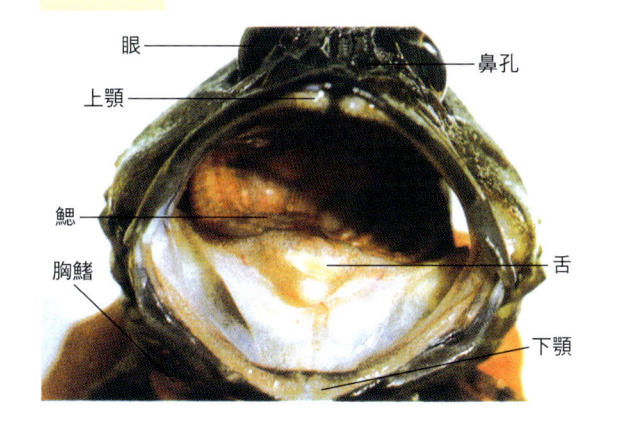

脳

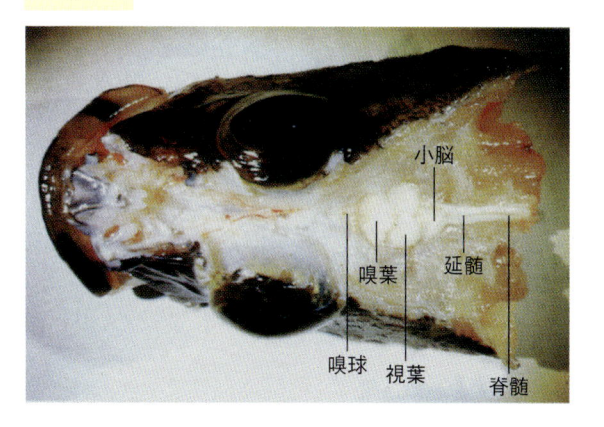

小脳, 嗅葉, 延髄, 嗅球, 視葉, 脊髄

鰓と偽鰓

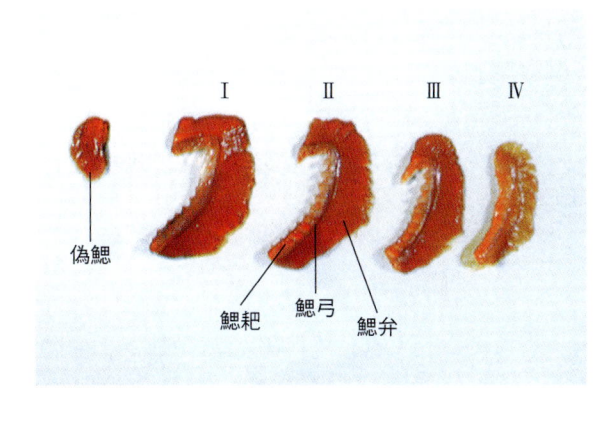

Ⅰ　Ⅱ　Ⅲ　Ⅳ

偽鰓, 鰓耙, 鰓弓, 鰓弁

雄の生殖突起

139

コチ

Platycephalus sp.
カサゴ目コチ科コチ属
山岡耕作・神田優

解剖図

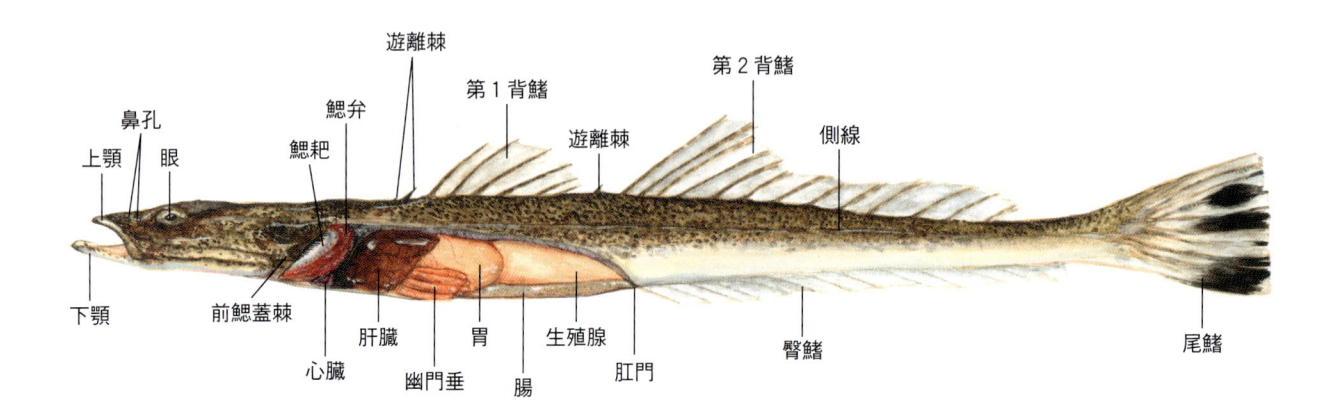

(ラベル：鼻孔、上顎、眼、遊離棘、鰓弁、鰓耙、第1背鰭、遊離棘、第2背鰭、側線、下顎、前鰓蓋棘、心臓、肝臓、幽門垂、胃、腸、生殖腺、肛門、臀鰭、尾鰭)

骨格図

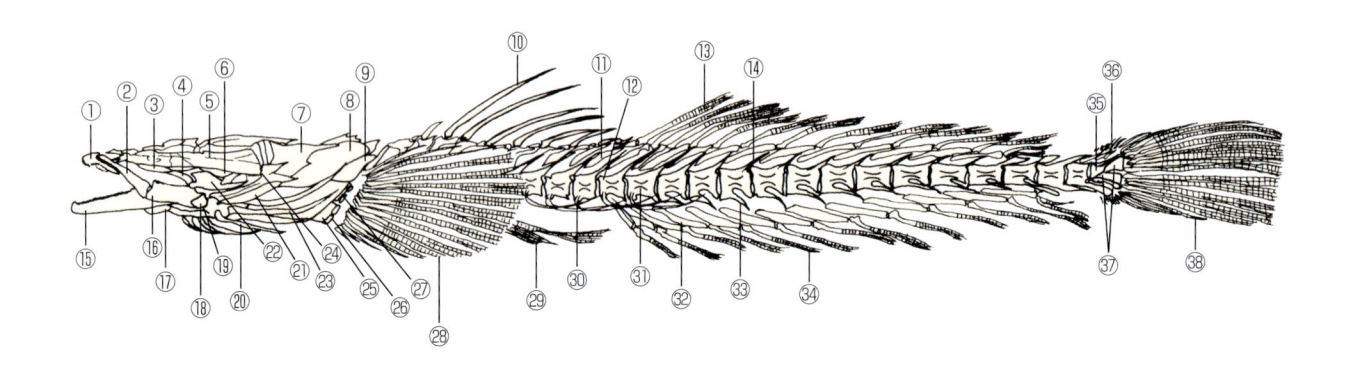

① 前上顎骨　② 主上顎骨　③ 口蓋骨　④ 内翼状骨　⑤ 眼下骨棚　⑥ 後翼状骨　⑦ 主鰓蓋骨　⑧ 下鰓蓋骨　⑨ 上擬鎖骨　⑩ 背鰭棘
⑪ 背鰭近位担鰭骨　⑫ 前神経関節突起　⑬ 背鰭条　⑭ 神経棘　⑮ 歯骨　⑯ 角骨　⑰ 基舌骨　⑱ 後関節骨　⑲ 舌弓　⑳ 鰓条骨
㉑ 間鰓蓋骨　㉒ 方形骨　㉓ 擬鎖骨　㉔ 前鰓蓋骨　㉕ 烏口骨　㉖ 射出骨　㉗ 肩甲骨　㉘ 胸鰭条　㉙ 腹鰭条　㉚ 肋骨　㉛ 椎体
㉜ 臀鰭近位担鰭骨　㉝ 血管棘　㉞ 臀鰭条　㉟ 尾部棒状骨　㊱ 上尾骨　㊲ 下尾骨　㊳ 尾鰭条

解　説

◆呼名
マゴチ，ホンコチ，ゴチ，クロゴチ（瀬戸内海）．

◆外見の特徴
　頭が大きく，体はよく縦扁し，特に頭部で顕著である．頭部背面は円滑で，ほとんど棘状突起はない．眼は小さく，眼の瞳孔上部を覆う虹彩皮膜は単葉である．口は大きく，下顎が上顎よりも前方に突出する．前鰓蓋骨棘は2本．
　体色は薄茶色，暗褐色の点が散在する．鱗はごく小型ではげにくく，体表はややざらざらする．第1背鰭の遊離棘は前に2本，後方に1本ある．全長は1m近くになる．

◆分布・生息
　本州中部以南の日本各地，朝鮮半島，黄海，東シナ海などに分布する．水深100m以浅の砂泥底に生息する．

◆成熟・産卵
　雄性先熟の性転換を行い，満2歳，全長35cmまでは雄であるが，満3歳，全長40cmで雌になる．日本近海では4～7月に接岸し，浅海の砂場で産卵する．生物学的最小型は全長約30cmである．

◆発育・成長
　卵は球形の分離浮性卵で，直径は0.9～1.2mmである．卵膜は無構造で囲卵腔は狭い．油球は1個．受精卵は水温25℃前後で約24時間でふ化する．
　ふ化直後の仔魚は全長1.8mmで口は開かず，筋節数は11＋18＝29個である．ふ化2日後に2.7mmとなり胸鰭が出現する．ふ化後4日で卵黄が吸収され，腸の蠕動が始まる．9.8mmの個体では頭部は大きく，やや幅広いが体は側扁する．腹鰭棘は強大となり，眼を通る広い黒色縦帯が胸鰭前半に達する．全長15mmで浮遊生活から底生生活に移行する．
　瀬戸内海では1歳で全長13cm，2歳で23cm，3歳で32cm，5歳で45cm，7歳で54cmとなる．それに対して，黄海や東シナ海では1歳で18cm，2歳で30cmとなり，若年期の成長が良い．

◆食性
　砂泥底に生息する小型の底生魚や大型のエビ類のほか，カニ類やイカ・タコなどを捕食する．

◆解剖上の特徴

〔口部〕
　口は大きく幅広い．上顎は前方へ突出可能である．口腔部には上下両顎のほか鋤骨，口蓋骨にも歯が発達する．両顎には小さな円錐歯の歯帯がある．歯帯の発達は上顎の方が顕著で幅が広く，下顎では2～4列と幅が狭くなる．上顎の前端部にある2～3本の歯は大型．鋤骨上の歯帯は三日月状を呈する．口蓋骨上の歯は1～2列に並ぶ．

〔脳〕
　小さな嗅球が嗅葉の前部に密着する．脳は全体的に小さく，嗅葉，視葉，小脳とも小型．

〔鰓〕
　鰓弓は4対．偽鰓の発達は良くない．第1鰓弓の鰓耙数は上枝2～3本，下枝6～9本，計8～12本．各鰓耙上には小棘が発達する．上下咽頭骨にも顎歯に似た小型円錐歯よりなる歯帯が発達する．鰓弁の発達はそれほど良くない．鰓条骨数は8本．

〔消化管〕
　大きなト型の胃と10本の幽門垂がある．胃は腹腔の左側に，幽門垂は右側に位置する．腸管は大変に短い．

〔肝臓〕
　茶褐色を呈し，腹腔前部を占める．1葉よりなり，膵臓組織が入り込み肝膵臓を形成する．

〔胆嚢〕
　幽門垂の前方にあり，腹方から肝臓に覆われる．黄緑色を呈する．

〔脾臓〕
　暗赤色の細長い袋状．幽門垂で覆われるため，表面から見えない．

〔鰾〕
　欠く．

〔体側筋〕
　白身で柔軟である．

〔生殖腺〕
　左右対になり，体腔後部背方に位置する．

〔腎臓〕
　腹腔背面の脊椎骨左右両側にあり，暗赤色を呈する．

〔骨格〕
　頭蓋骨は著しく縦扁し，その背面には強力な棘や顆粒状の突起はない．頭蓋骨後半部は延長し，頭蓋骨幅の約1.4倍，眼窩径の約3倍となる．鋤骨と副蝶形骨の腹面は大変広くて平らである．眼窩は小さい．眼下骨棚はよく発達する．鋤骨の前端部が著しく外側に広がり，鋤骨と中篩骨の接続部の発達が弱い．蝶耳骨は著しく延長し，その長さは幅の3倍以上となる．間在骨は，後方への突

起を欠く．基蝶形骨の腹方への突起は細長いが，副蝶形骨とは接続していない．上擬鎖骨と射出骨は小さい．擬鎖骨が肩甲骨と烏口骨の大部分を側方から覆う．腰帯の腹部突起先端は3尖頭となる．基舌骨は扇状を呈する．前鰓蓋骨の2棘はほぼ等しいか，下方の棘が上方のものより少し長い．

全形（背面）

上顎／両眼間隔／第1背鰭／第2背鰭／眼／鰓蓋／胸鰭／鰓孔／腹鰭／側線／尾鰭

脳

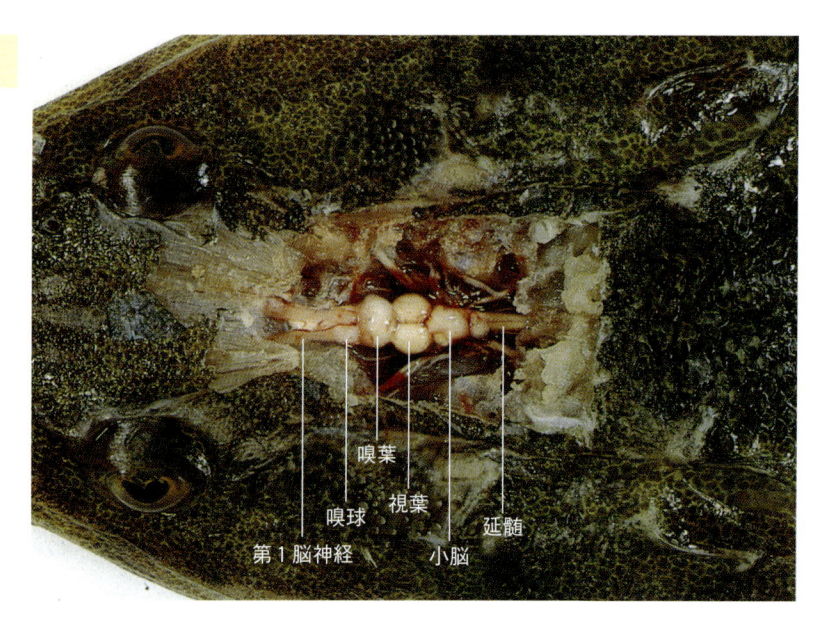

嗅葉／嗅球／視葉／小脳／延髄／第1脳神経

心臓

心室／動脈球／頤／心房／縫合（下顎）／腎臓

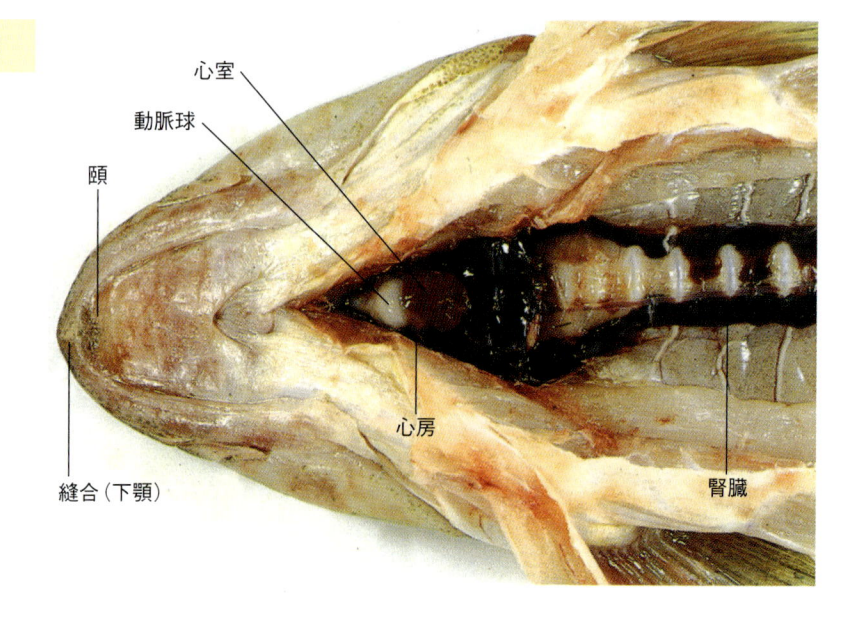

コチ　Ⅱ-18

鰓
- 偽鰓
- 鰓耙
- 鰓弓
- 鰓弁

胆嚢と肝臓
- 胆嚢
- 肝臓

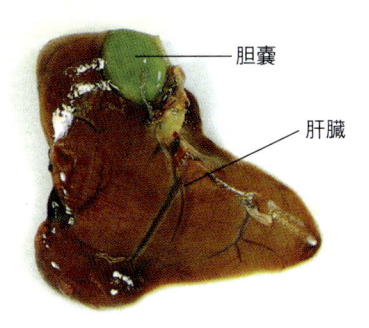

内臓腹面
- 胃
- 生殖腺
- 腸
- 肝臓
- 幽門垂
- 脾臓
- 膀胱

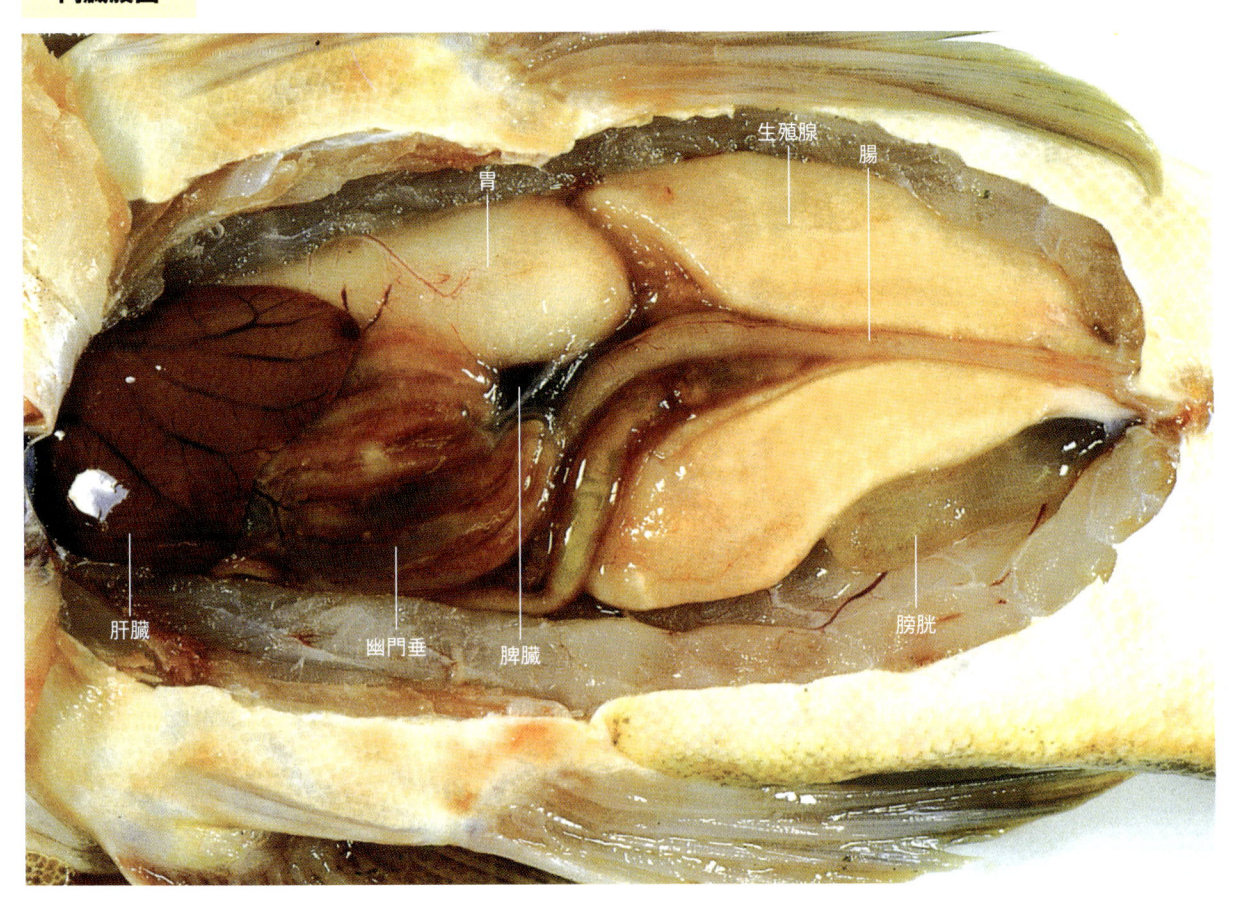

消化器系
- 噴門部
- 胃
- 脾臓
- 腸
- 幽門垂
- 幽門部

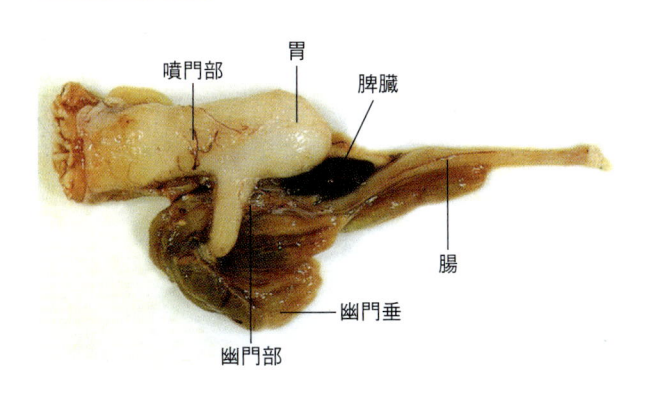

内臓背面
- 胆嚢
- 脾臓
- 腸
- 肝臓
- 胃
- 生殖腺

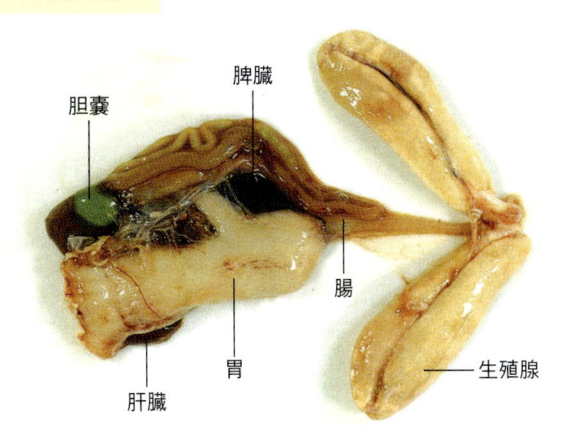

アイナメ

Hexagrammos otakii Jordan & Starks
カサゴ目アイナメ科アイナメ属
木村清志

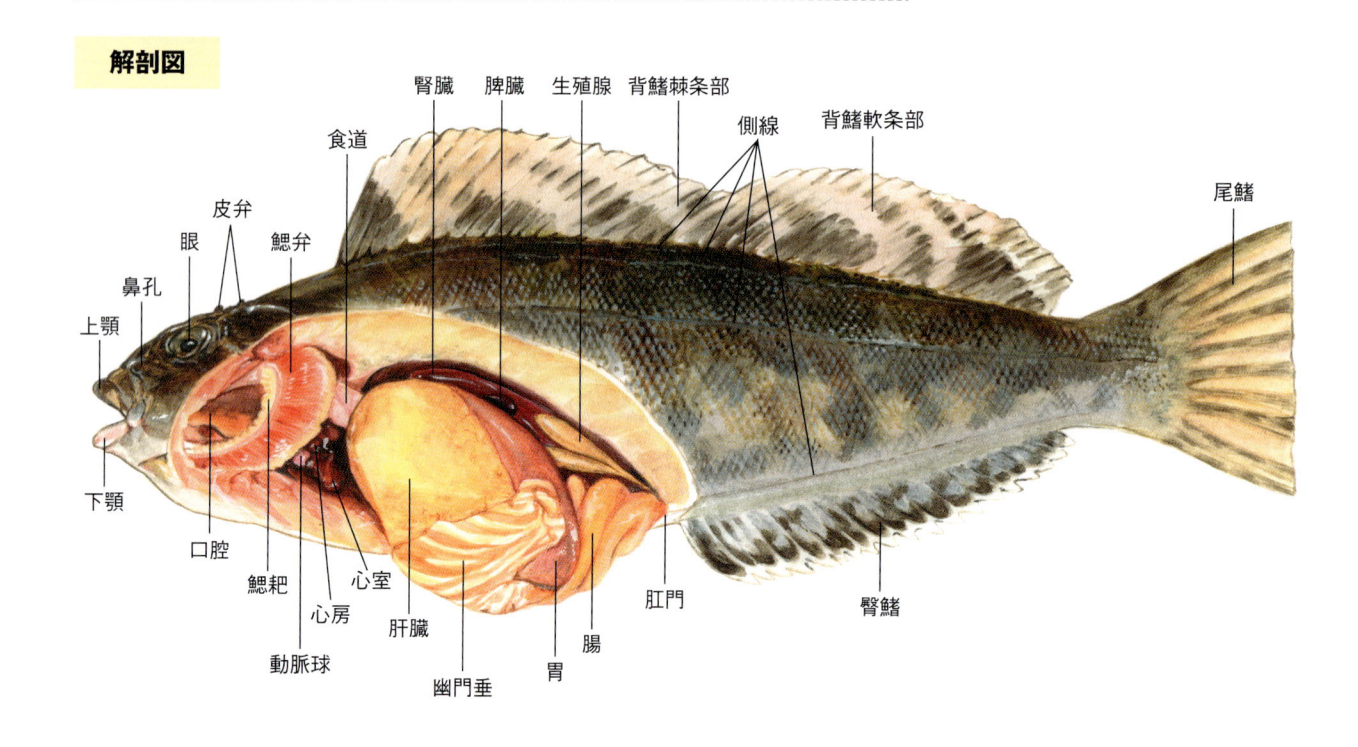

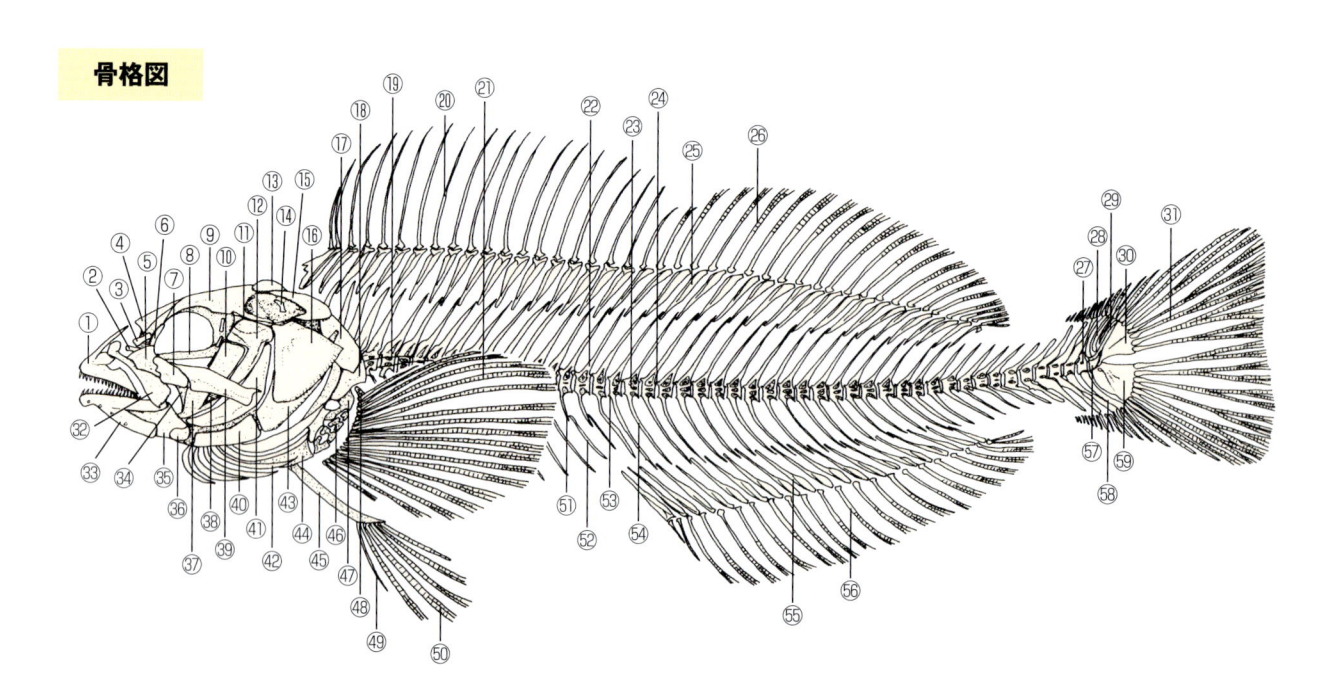

解剖図

（図中ラベル：鼻孔、上顎、下顎、眼、皮弁、鰓弁、食道、腎臓、脾臓、生殖腺、背鰭棘条部、側線、背鰭軟条部、尾鰭、口腔、鰓耙、心房、心室、動脈球、肝臓、幽門垂、胃、腸、肛門、臀鰭）

骨格図

① 前上顎骨　② 口蓋骨　③ 鼻骨　④ 篩骨　⑤ 涙骨　⑥ 側篩骨　⑦ 第1眼下骨　⑧ 副蝶形骨　⑨ 前頭骨　⑩ 後翼状骨　⑪ 翼耳骨　⑫ 舌顎骨　⑬ 上後頭骨　⑭ 上側頭骨　⑮ 後側頭骨　⑯ 主鰓蓋骨　⑰ 上擬鎖骨　⑱ 擬鎖骨　⑲ 上椎体骨　⑳ 背鰭棘　㉑ 胸鰭条　㉒ 神経棘　㉓ 椎体　㉔ 前神経関節突起　㉕ 背鰭近位担鰭骨　㉖ 背鰭軟条　㉗ 第2尾鰭椎前椎体　㉘ 上尾骨　㉙ 尾神経骨　㉚ 第3下尾骨＋第4下尾骨＋第5下尾骨　㉛ 尾鰭条　㉜ 主上顎骨　㉝ 歯骨　㉞ 外翼状骨　㉟ 角骨　㊱ 後関節骨　㊲ 方形骨　㊳ 接続骨　㊴ 第2眼下骨　㊵ 間鰓蓋骨　㊶ 前鰓蓋骨　㊷ 鰓条骨　㊸ 下鰓蓋骨　㊹ 烏口骨　㊺ 腰帯　㊻ 輻射骨　㊼ 肩甲骨　㊽ 後擬鎖骨　㊾ 腹鰭棘　㊿ 腹鰭軟条　51 横突起　52 肋骨　53 前血管関節突起　54 血管棘　55 臀鰭近位担鰭骨　56 臀鰭軟条　57 尾部棒状骨　58 第2尾鰓椎前椎体血管棘　59 準下尾骨＋第1下尾骨＋第2下尾骨

解　説

◆呼名
アブラウオ（和歌山，熊野灘沿岸），アブラコ（北海道），アブラメ（近畿，中国，四国，九州），シジュウ（日本海沿岸），ネウ（東北），ネウオ（東北），ホッケ（関東）．

◆外見の特徴
体は紡錘型でやや側扁している．尾柄部は側扁し比較的細長い．体および鰓蓋部と頬の大部分，背鰭，胸鰭の基底部付近は鱗で覆われる．体表の鱗は小型の櫛鱗で，鱗上の小棘はよく発達する．鼻孔は1対．眼上および後頭部にそれぞれ1対の小皮弁がある．背鰭は連続し，棘条部と軟条部間に1欠刻がある．背鰭は19〜21棘，21〜23軟条，背鰭棘は柔軟である．臀鰭は21〜23軟条からなる．尾鰭は截形かわずかに湾入する．

側線は5本．第1側線（最上のもの）は項部から背鰭基底直下を縦走し，背鰭軟条部基底下まで達する．第2側線は第1側線の直下にあり，項部から尾柄部背側面を通り，尾鰭基底直前まで伸びる．第3側線は鰓蓋部の後方から体を縦走し，尾柄部側中線に沿って尾鰭上まで達する．第4側線は鰓蓋部後下方から胸鰭基底直上ならびに腹鰭基底上方を通り，腹鰭基底と肛門の中間点から肛門上方の腹側面まで達する．第5側線は鰓蓋部後方から腹中線に沿って腹鰭基底後方まで達し，ここで左右に分岐して臀鰭基底直上から尾柄部腹側面を通って，尾鰭基底直前まで達する．これらの側線の分布状態にはある程度の個体変異が見られる．体色は灰褐色から黄褐色，紫褐色，緑褐色と変化に富み，暗褐色の複雑な斑紋がある．全長30〜50cmになる．

◆分布・生息
北海道南部から九州にいたる本邦各地のほか，朝鮮半島や黄海，東シナ海の中国大陸沿岸に分布する．通常，沿岸の砂礫底や岩礁域に生息する．稚魚は全長5〜7cm程度になるまで浮遊生活をする．

◆成熟・産卵
雌雄ともに早いものでは満1歳から成熟すると考えられるが，大部分が成熟に達するのは体長20cm，満2歳以上である．産卵期は秋から初冬で，東北では10〜11月，西日本では11〜12月である．産卵水温は概ね12〜19℃である．卵は球形の沈性粘着卵で，通常，中空の卵塊を形成し，海藻や海底の岩などに付着している．卵径は1.8〜2.2mm程度で，淡緑色から淡黄色を呈する．多数の油球がある．

◆発育・成長
卵は水温13〜15℃では1カ月程度でふ化する．ふ化仔魚の体長は7〜8mmで，口は開いているが，比較的大きな卵黄嚢と油球がある．水温約10℃ではふ化後5日で卵黄が吸収される．ふ化後40〜50日で体長2cm程度となり，各鰭が完成して稚魚になる．

天然魚では4〜5月ごろには全長5cm程度になり，底生生活を開始する．満1年で11〜15cm，2年で17〜22cm，3年で24〜29cm程度に成長する．

◆食性
仔魚期には橈脚類などの動物プランクトンを，浮遊期の稚魚ではこれに加えて，他の稚魚や幼魚も捕食する．底生生活に移行すると，ヨコエビ類やエビ・カニ類，小型のハゼなどを食べるようになる．成魚ではハゼ類などの小型魚類やエビ・カニ類が主要な餌料となり，このほか端脚類や等脚類，ゴカイ類，貝類なども捕食する．

◆解剖上の特徴
〔口部〕
口はやや小さく，上顎の先端は下顎よりも突出する．口腔はやや大きい．舌は大きく，口腔床部から離れる．両顎歯はやや小さな円錐歯で，歯帯を形成する．最外縁の歯は比較的大きい．前鋤骨には歯があるが，口蓋骨には歯がない．

〔脳〕
嗅球は小さく，大型の嗅葉に密着する．視葉は中庸大で，小脳は小さい．

〔鰓〕
鰓弓は4対．鰓弁は中庸大．鰓耙は短く，三角形の板状で，小棘がある．鰓耙数は少なく，4〜5＋12〜14本．鰓蓋内面に偽鰓がある．咽頭歯は小型円錐歯で，歯帯を形成する．

〔腹腔〕
やや大きく，腹膜は白色．

〔消化管〕
胃はやや大きく，盲嚢がいくぶん発達したY型で，噴門部は長く，幽門部は短い．胃壁は厚い．幽門垂は細長く，40〜50本程度ある．腸は長くN字形，肛門の前上方と胃の幽門部付近で反転する．冬季には腸間膜に沿って多量の脂肪体が蓄積される．

〔肝臓〕
淡黄褐色で，比較的大きい．左右両葉からなり，左葉

は右葉より大きい.
〔胆嚢〕
　淡黄緑色の細長い盲嚢状．胃の噴門部近くに位置する．
〔脾臓〕
　暗赤色の偏平な三角形で，胃の右方に位置する．
〔鰾〕
　ない．
〔生殖腺〕
　腎臓の下方に位置し，左右両葉からなる．
〔心臓〕
　心室は赤色の三角形を呈し，その上前方に心房，前方に白色の動脈球がある．
〔腎臓〕
　暗赤色を呈し，腹腔の背面に沿って前後に長く伸びる．頭腎部は左右両葉に分かれる．
〔膀胱〕
　細長い盲嚢状で，よく発達する．腹腔後端に位置する．

〔体側筋〕
　白身，表面血合筋は体側中線の皮膚直下にわずかに見られるが，真正血合筋はほとんどない．
〔骨格〕
　頭蓋骨はやや側扁する．前頭骨の隆起縁はあまり発達しない．咽舌骨の前縁は截形．尾舌骨は側扁する．鰓条骨は角舌骨上に4本，角舌骨－上舌骨接合部に1本，上舌骨上に1本ある．涙骨，第1，第2眼下骨は接合する．第2眼下骨は前鰓蓋骨後縁まで達して，眼下骨棚を形成する．眼の後縁に小さな膜状の眼下骨がある．肩甲骨と烏口骨はそれぞれ離れて位置し，この間に4個の輻射骨がある．
　腰帯は軟骨で擬鎖骨と間接する．脊椎骨数は50～52個，横突起は第4脊椎骨からある．神経棘，血管棘は細長い．準下尾骨と第1，第2下尾骨，および第3，第4，第5下尾骨はそれぞれ癒合し，板状となる．下尾骨側突起はない．

全形

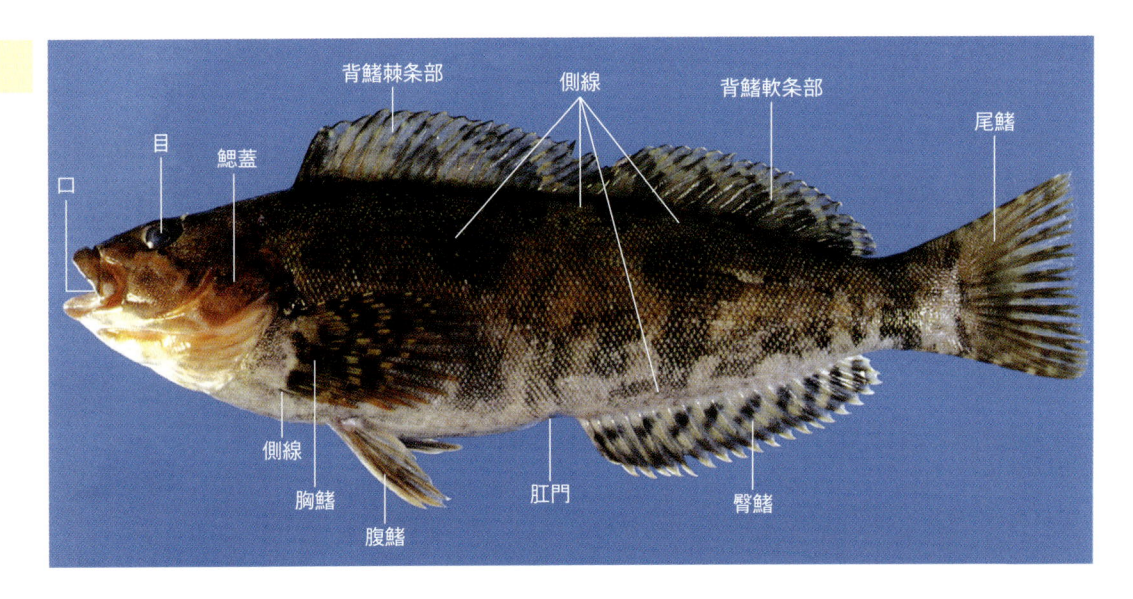

頭部側面

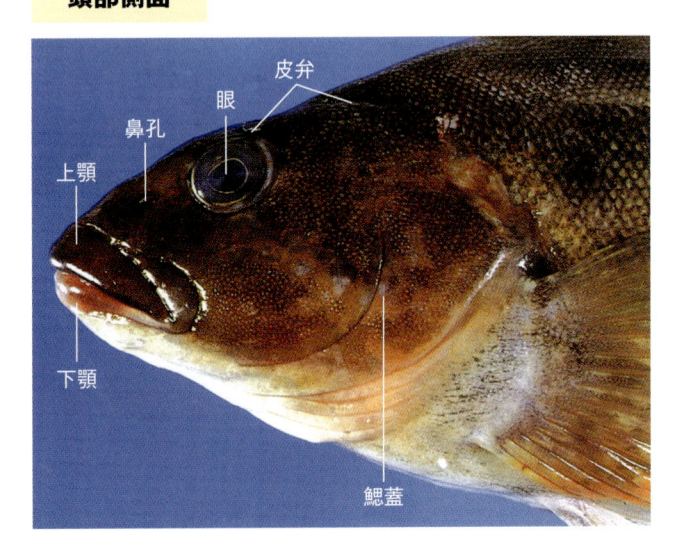

心臓

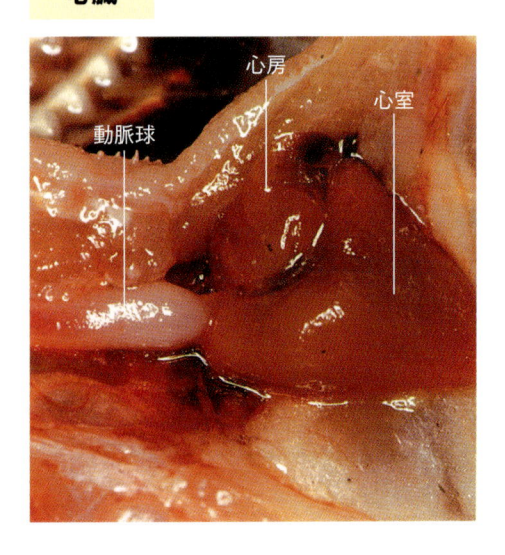

アイナメ　Ⅱ-19

脳
- 嗅球
- 嗅葉
- 視葉
- 小脳
- 延髄

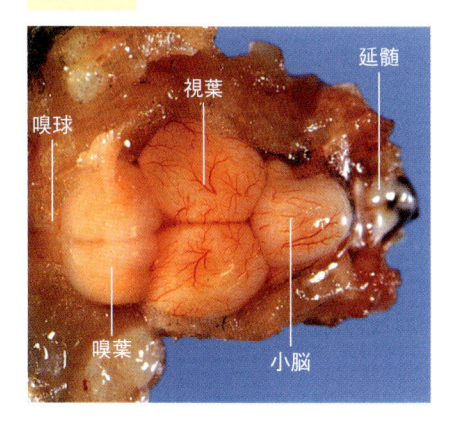

消化器系
- 肝臓
- 脾臓
- 腸
- 食道
- 胆嚢
- 幽門垂
- 胃

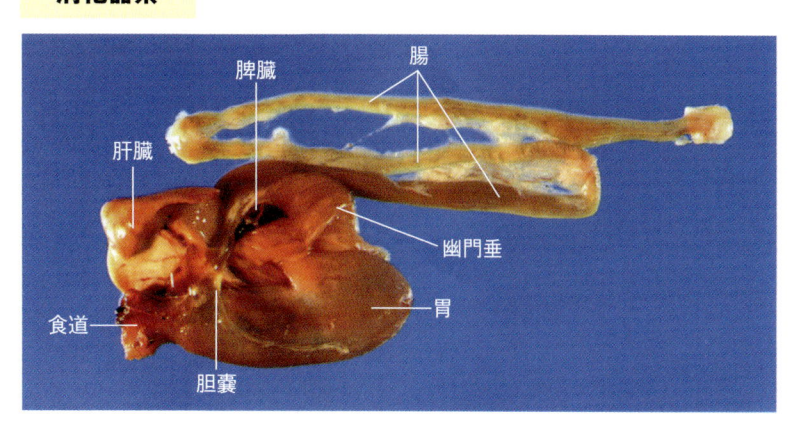

腎臓と生殖腺
- 頭腎
- 体腎
- 生殖腺
- 膀胱
- 肛門

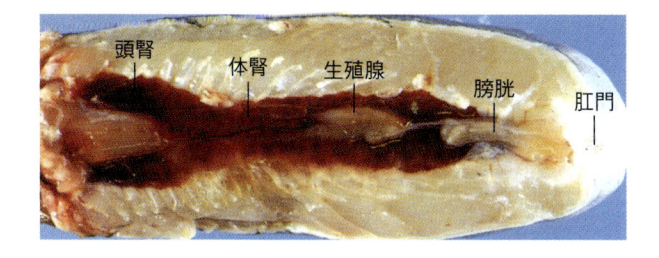

鰓と偽鰓
- 偽鰓
- 鰓蓋内面
- 鰓耙
- 鰓弓
- 鰓弁
- Ⅰ　Ⅱ　Ⅲ　Ⅳ

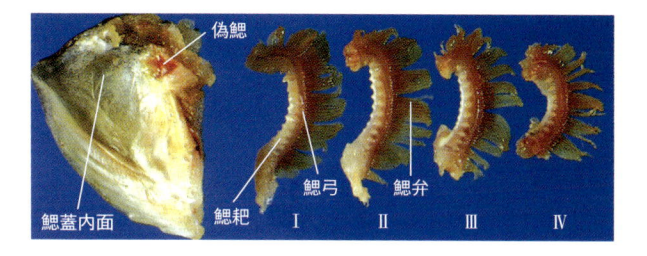

鰓と内臓
- 口腔
- 肝臓
- 腎臓
- 生殖腺
- 胃
- 鰓耙
- 鰓弁
- 心臓
- 幽門垂
- 腸
- 肛門

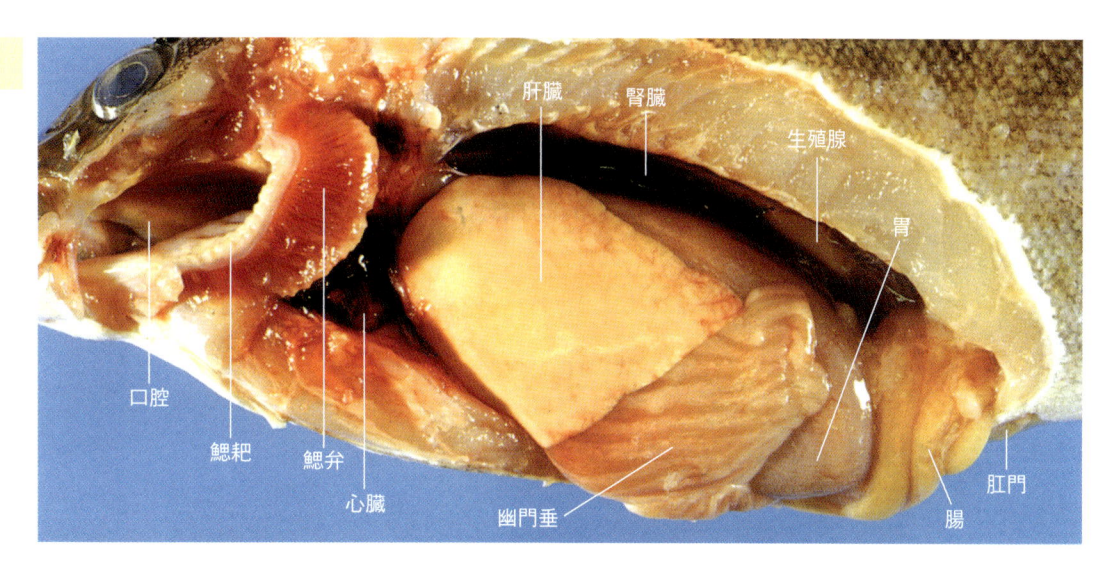

内臓（肝臓を除去したもの）
- 上咽頭歯
- 頭腎
- 胃
- 体腎
- 脾臓
- 生殖腺
- 食道
- 下咽頭歯
- 心臓
- 幽門垂
- 腸
- 肛門

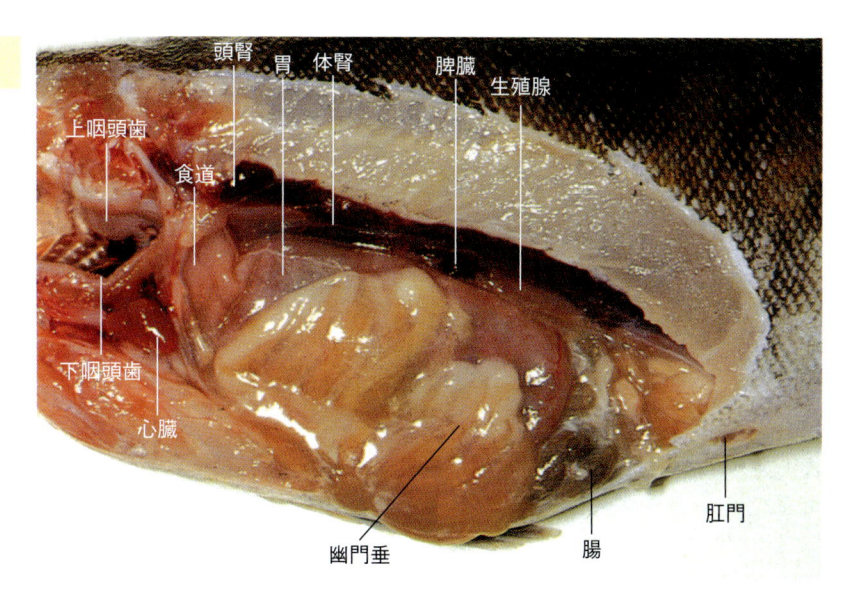

ブリ

Seriola quinqueradiata Temminck & Schlegel
スズキ目アジ科ブリ属

楳田晋・木村清志

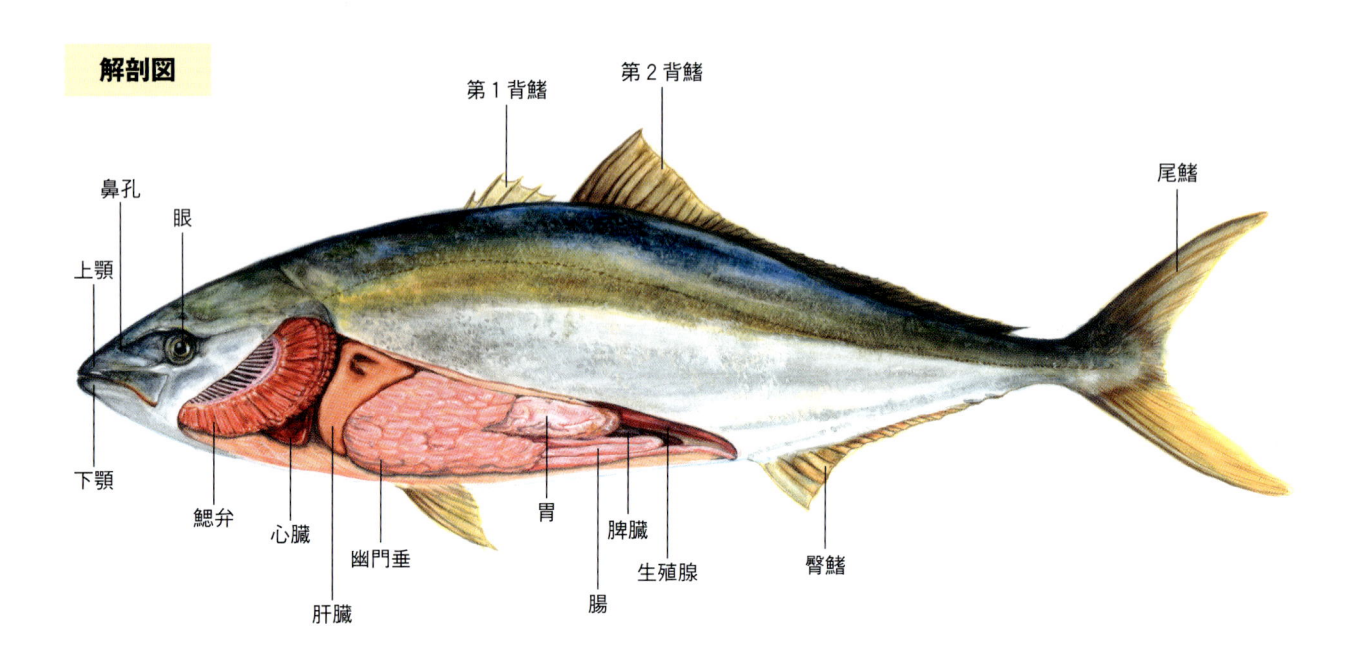

解剖図

（第1背鰭、第2背鰭、尾鰭、鼻孔、眼、上顎、下顎、鰓弁、心臓、肝臓、幽門垂、胃、腸、脾臓、生殖腺、臀鰭）

骨格図

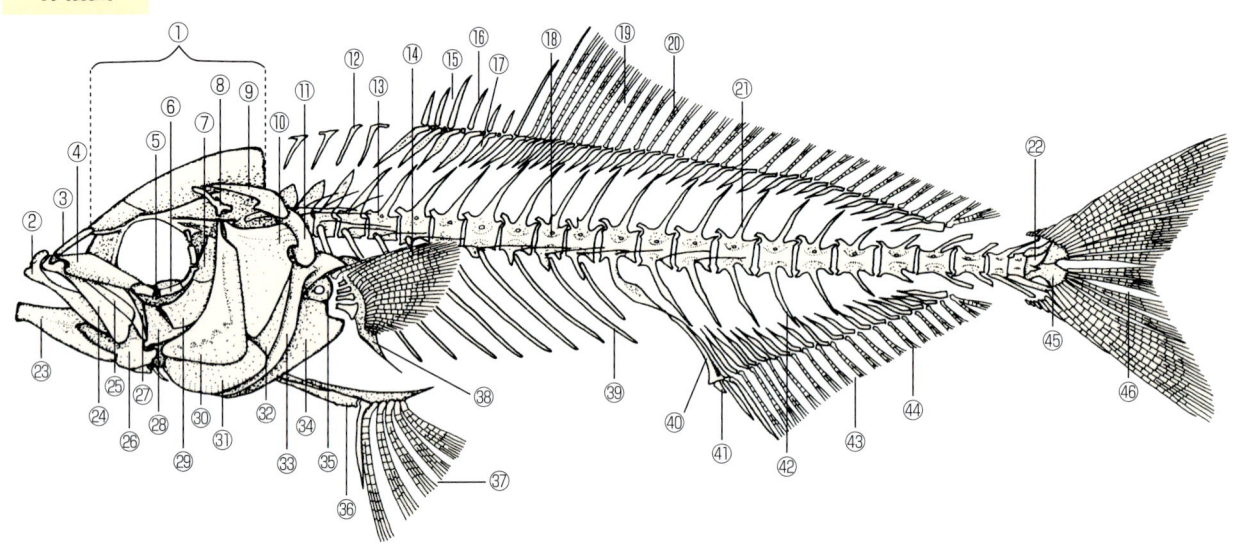

① 頭蓋骨　② 前上顎骨　③ 鼻骨　④ 涙骨　⑤ 内翼状骨　⑥ 眼下骨　⑦ 舌顎骨　⑧ 上側頭骨　⑨ 後側頭骨　⑩ 主鰓蓋骨　⑪ 上擬鎖骨　⑫ 上神経棘　⑬ 上椎体骨　⑭ 胸鰭条　⑮ 第1背鰭　⑯ 背鰭棘　⑰ 背鰭近位担鰭骨　⑱ 椎体　⑲ 第2背鰭　⑳ 背鰭条　㉑ 神経棘　㉒ 尾部棒状骨　㉓ 歯骨　㉔ 主上顎骨　㉕ 上主上顎骨　㉖ 角骨　㉗ 外翼状骨　㉘ 方形骨　㉙ 後翼状骨　㉚ 前鰓蓋骨　㉛ 間鰓蓋骨　㉜ 下鰓蓋骨　㉝ 擬鎖骨　㉞ 烏口骨　㉟ 肩甲骨　㊱ 腰帯　㊲ 腹鰭条　㊳ 後擬鎖骨　㊴ 肋骨　㊵ 臀鰭近位担鰭骨　㊶ 臀鰭棘　㊷ 血管棘　㊸ 臀鰭　㊹ 臀鰭軟条　㊺ 下尾骨　㊻ 尾鰭棘

解　説

◆呼名

　アオブリ，キブリ．出世魚で成長段階によりモジャコ（3～7cm），ツバス（10cm前後），ワカシまたはワカナゴ（15cm前後），ワカナ（20cm前後），フクラギ（20～30cm），メジロ（30～40cm以上），イナダ（40cm前後），ハマチ（40～60cm前後），ワラサ（60cm前後），ブリ（60cm以上），オオブリまたはオオイオ（75cm以上）と呼ぶ．太平洋側ではモジャコ，ワカナゴ，イナダ，ワラサ，ブリ，日本海側ではフクラギ（ツバス），イナダ（ヤズ），ハマチ，ブリとなる．

◆外見の特徴

　上顎の後端が眼の前縁下にあり，その後縁上部が角ばり，下部が円味を帯びる．臀鰭の2棘は互いに遊離する．吻端から尾柄端にかけて幅広い1黄色帯がある．体長は115cm，体重17kgになる．

◆分布・生息

　カムチャッカ半島南部から台湾に至る沿岸域に分布し，日本・朝鮮半島・沿海州南部が主な生息域である．表層に生息し，水温範囲13～23℃，適水温は16～18℃，塩分は17‰以上である．

　1歳以上は4～9月に餌を求めて北上し，10～3月に越冬のために南下する．3歳のはじめまでは東北地方の魚群は，東海以南の群と独自に回遊し，高齢魚は東北から南海まで広く回遊する．日本海では2～3歳から回遊距離が大きくなり，4歳以上は南下回遊では五島列島・対馬・朝鮮東岸へ，北上回遊では北海道西岸に達する．

◆成熟・産卵

　天然ブリでは雌雄とも3歳，尾叉長65cm前後，体重4kgぐらいから，養殖ブリは雌雄とも2歳から成熟する．抱卵数は75cm前後で約61万粒，80cm前後で100万～145万粒，85cm前後で約150万粒である．

　産卵場は房総地方・能登半島以南にあり，特に東シナ海が主産卵場である．産卵期は南西海域や東シナ海では2～3月，五島沖・土佐湾で4～5月，九州西岸～日本海西部で5～7月である．産卵の適水温は18～22℃である．水温を18～20℃にし，ゴナドトロピンなどを注入して人工催熟させると10万～40万粒が採卵できる．熟卵は直径1.18～1.34mmの球形分離浮性卵で，卵黄内に径0.3mm前後の淡黄色の1個の油球がある．卵黄は無色透明で，その表面に不規則状に泡状亀裂がある．

◆発育・成長

　受精後水温20℃前後では48時間前後でふ化する．ふ化仔魚は全長3.4mm，卵黄は前腹方にあって長楕円形をし，その前端に1個の油球がある．肛門は第16体側筋下に開く．ふ化後3日で約4mmになり，卵黄を吸収して後期仔魚となる．5mmごろから前鰓蓋骨に小棘が，6mmごろに両顎歯が出現する．8mmごろに椎体が骨化しだし，11mm前後に2個の背鰭が出現し，胃腺や幽門垂原基が分化する．15mmで稚魚となり，鱗や横縞模様は20mm前後に現れる．7.5cm以上で若魚となる．モジャコは18.2～25.4℃に出現し，特に22℃に多い．

　天然ブリは1歳で約32cm，2歳で50cm，3歳で65～70cm，4歳で75cm，5歳で80cm余りになる．養成ブリは成長が良く1歳で約40cm，2歳で55cm，3歳で65cm，4歳で74cm前後になる．成長の適水温は0歳魚で20～29℃，1～3歳で15～20℃で，14℃以下では成長しない．

◆食性

　全長10mmまでは小型のコペポーダ幼生を，以後6cmまでは小型橈脚類や枝角類を，その後8cmまでは大きさ2～3mmの大型プランクトンを主に食べる．一方，3cmぐらいからカタクチイワシやサンマなどの幼魚を食べ始め，13cmで完全な魚食性となる．若魚はイワシ類，アジ類，サバ類，イカ類，アミ類を，成魚はそれらのほかにタイ類，イサキ，ヒイラギなどの底魚も食べる．

◆解剖上の特徴

〔口部〕

　口腔は広くて長く，筒状を呈する．舌は細長くてへら状であり，先端部は口床から離れる．口腔の内側面と奥部は白い．両顎には絨毛状歯帯がある．口蓋骨，前鋤骨および舌上にも同形の歯が歯帯を形成する．

〔脳〕

　多少の脂肪様物質で包まれる．嗅球は小さい．嗅葉はやや大きく，背面に割目がある．視葉は特に大きくてよく膨出する．小脳は大きくて，前方・後方へよく突出する．延髄は発達している．

〔鰓〕

　鰓弓は4対ある．第1鰓弓の外縁にのみ長くて先端の尖った薄片状の鰓耙が相接し，上枝で4本あまり，下枝で20本前後ある．鰓弁は短く，長いものでも最長の鰓耙ぐらいであり，数も多くない．偽鰓はよく発達している．

〔腹腔〕

　かなり広く，腹膜はピンク色を呈す．

〔消化管〕

　胃は大型で，盲嚢部が長くて太い．胃壁は厚い．幽門

垂は200～300本．腸始部の幽門垂開口部はらせん状に配列し，1開孔部から20～30本の盲管が分出する．咽頭歯は短く密生し，上咽頭歯は3歯帯，下咽頭歯は1歯帯を形成する．腸は2回湾曲しN字形である．

〔肝臓〕

大型で，左右両葉に分れる．

〔胆囊〕

細長い袋状である．

〔脾臓〕

長卵円形を呈する．

〔鰾〕

鰾の膜は薄く，長い紡錘形を呈する．

〔体側筋〕

白身であるが，多少とも淡赤色を帯びる．表面血合筋はよく発達するが，真正血合筋はわずかにある程度である．

〔骨格〕

頭蓋骨の背面に縦走する5隆起縁があり，腹縁は直線的で，副蝶形骨前部の腹面は広くて平たい．翼耳骨の後突起は長い．脊椎骨数は11＋13＝24個．前方の4本の神経棘と第1血管棘は平たくて幅広い．

◆天然魚と養殖魚の相違

養殖ブリは天然ブリに比し，体側の黄色帯が鮮明でなく，体が肥満している．

全形

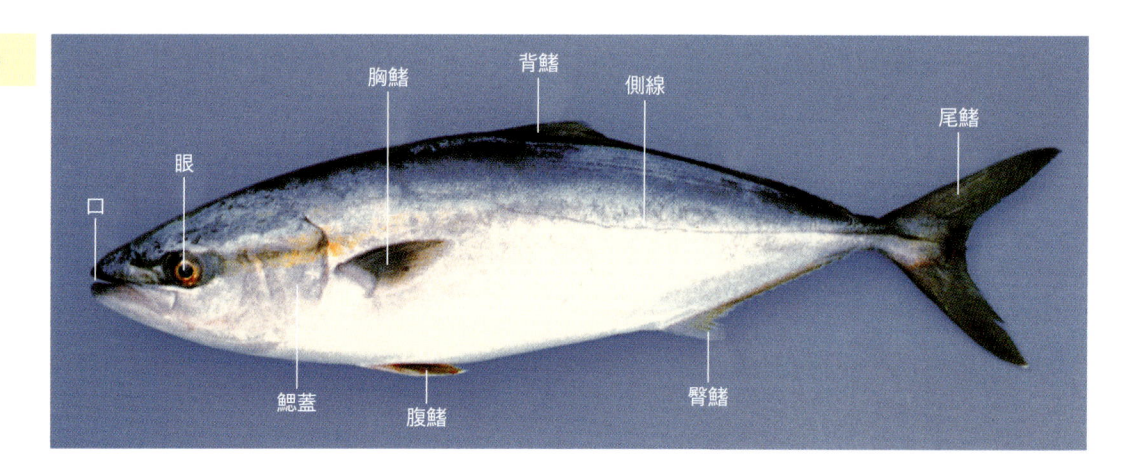

頭部

脳

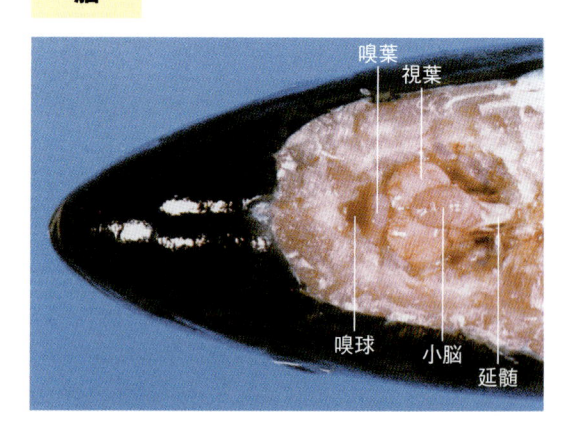

鰓

ブリ　Ⅱ-20

鰓と内臓（下側）

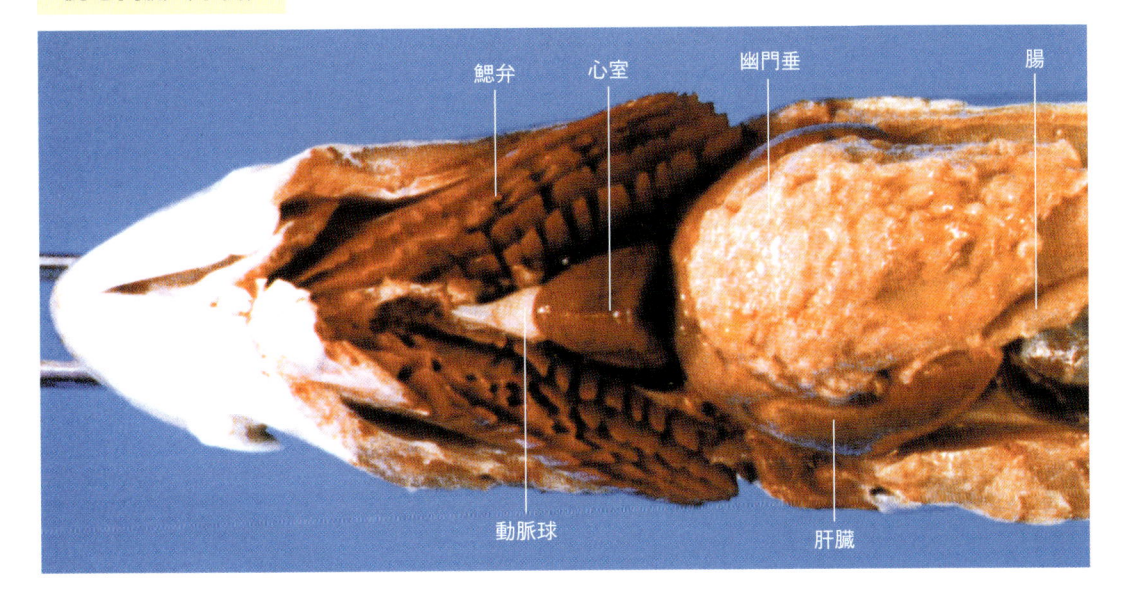

鰓弁／心室／幽門垂／腸
動脈球／肝臓

鰓と内臓

眼／鰓弓／肝臓／幽門垂
鰓弁／心室／胃／肛門

鰓と内臓（幽門垂の一部を除去したもの）

鰓弓／肝臓／胃
鰓弁／心室／幽門垂／脾臓／腸／生殖腺

151

シマガツオ

Brama japonica Hilgendorf
スズキ目シマガツオ科シマガツオ属
長澤和也

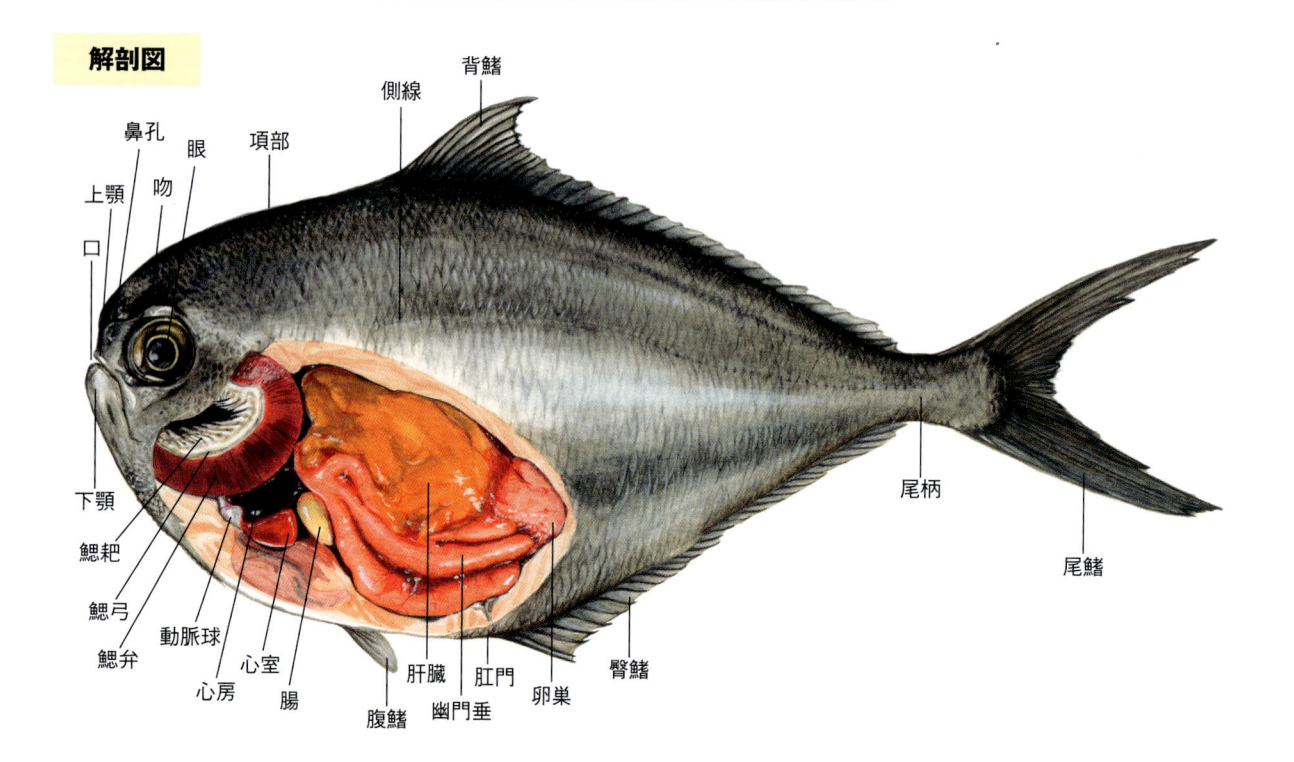

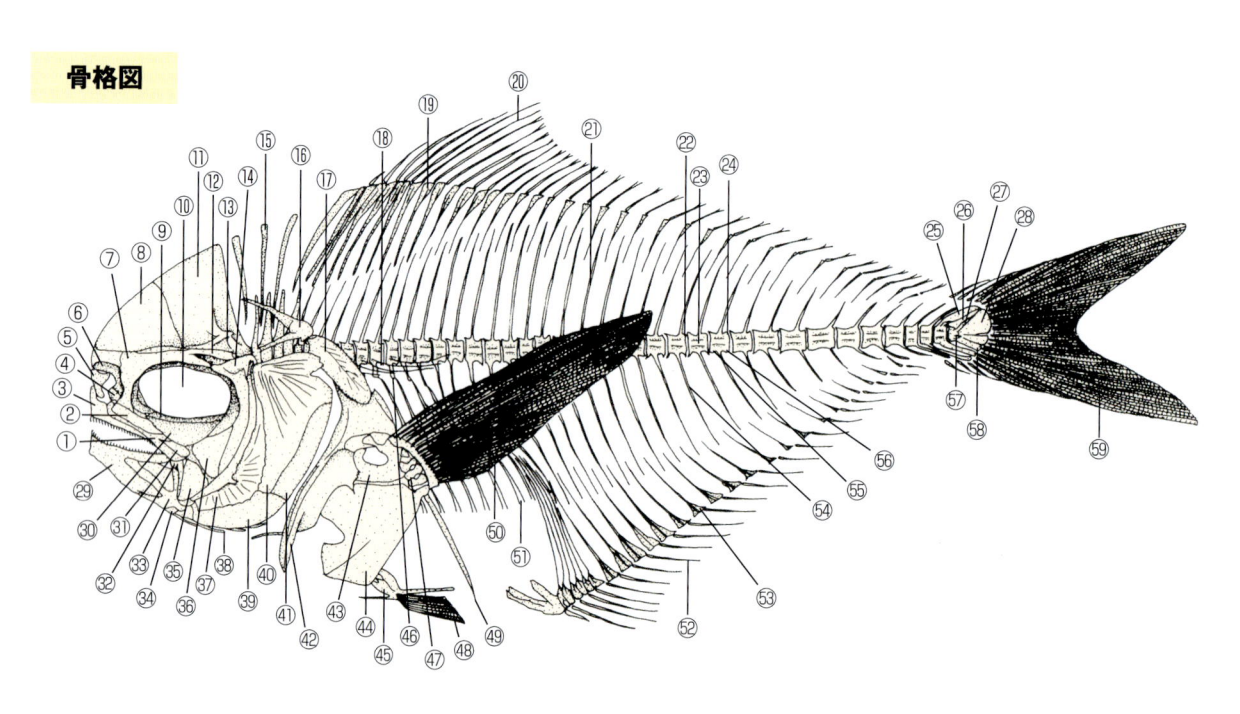

解剖図

(図中の名称：鼻孔、眼、項部、側線、背鰭、上顎、吻、口、下顎、鰓耙、鰓弓、鰓弁、動脈球、心室、心房、腸、肝臓、腹鰭、幽門垂、肛門、卵巣、臀鰭、尾柄、尾鰭)

骨格図

① 主上顎骨　② 涙骨　③ 前上顎骨　④ 鋤骨　⑤ 鼻骨　⑥ 篩骨　⑦ 側篩骨　⑧ 前頭骨　⑨ 副蝶形骨　⑩ 眼窩　⑪ 上後頭骨　⑫ 翼耳骨　⑬ 上耳骨　⑭ 舌顎骨　⑮ 上神経棘　⑯ 後側頭骨　⑰ 上擬鎖骨　⑱ 上椎体骨　⑲ 背鰭近位担鰭骨　⑳ 背鰭条　㉑ 神経棘　㉒ 前神経関節突起　㉓ 椎体　㉔ 後神経関節突起　㉕ 上尾骨　㉖ 尾神経骨　㉗ 尾部棒状骨　㉘ 下尾骨　㉙ 歯骨　㉚ 内翼状骨　㉛ 上主上顎骨　㉜ 外翼状骨　㉝ 角骨　㉞ 後関節骨　㉟ 方形骨　㊱ 後翼状骨　㊲ 前鰓蓋骨　㊳ 鰓条骨　㊴ 間鰓蓋骨　㊵ 主鰓蓋骨　㊶ 下鰓蓋骨　㊷ 擬鎖骨　㊸ 肩甲骨　㊹ 烏口骨　㊺ 腰帯　㊻ 横突起　㊼ 射出骨　㊽ 腹鰭条　㊾ 後擬鎖骨　㊿ 胸鰭条　51 肋骨　52 臀鰭条　53 臀鰭近位担鰭骨　54 血管棘　55 前血管関節突起　56 後血管関節突起　57 下尾骨側突起　58 準下尾骨　59 尾鰭条

解 説

◆呼名
　ハマシマガツオ，エチオピア（東京，神奈川，沖縄，北海道，東北），クロカジ（秋田），クロマナガツオ，クロマナ，テツビン，ビヤ，ピア（東京），ヒラブタ，マナガツオ，モモヒキ（神奈川）．

◆外見の特徴
　漁獲時の体色は銀黒色か黒色（生時は銀白色）．体は高く，よく側扁する．尾柄は低い．吻から額にかけて強く張り出し，弓状に湾曲する．体は大きな鱗で覆われる．背鰭と臀鰭にも鱗があり，両鰭の基底部は長い．尾鰭の外縁は直線的である．側線の前半部は体の上部を走るが，後半部は中軸近くを通って尾柄端で終わる．最大尾叉長は55cmになる．

◆分布・生息
　北太平洋の亜熱帯海域から亜寒帯海域に広く分布し，季節的に南北移動をする．生息域の水温は9～21℃．
　冬に北太平洋流域に生息し，春に水温が上昇すると亜寒帯境界を乗り越えて北上し，亜寒帯海域に分布する．大型魚ほど先行して北上するため，北方海域に大型魚が多い．夏の間，北方海域で盛んに餌を食べ，栄養を体内に蓄積する．このため，春から夏の亜寒帯海域への北上移動は，索餌回遊とみられる．
　秋になると，亜寒帯海域の水温の低下とともに南下移動し，暖かい亜熱帯海域で冬を過ごす．そして，この時期に生殖腺が最も発達するため，亜熱帯海域への南下は産卵の回遊と考えられる．
　今のところ，系群が存在するかは不明．北太平洋のほか，日本海やベーリング海でもまれに漁獲された記録がある．
　表面近くから水深400m付近まで分布し，夜間に表層に移動してくる．昼間は深みを遊泳する．しかし水温によって生息水深は影響を受け，下層に低水温帯が発達するような北洋では，深みまで遊泳しない．

◆成熟・産卵
　亜寒帯海域に分布する夏から初秋には未成熟であるが，亜熱帯海域への南下移動時から，卵黄形成が始まる．生殖腺が最も発達するのは冬で，シマガツオの多くはこの時期に亜熱帯海域で産卵すると考えられている．また，春から初夏にかけて亜寒帯境界近くで産卵するのもあるらしい．産卵期には卵黄形成が継続的に進んで卵巣卵が完熟するごとに産卵するので，産卵期間は長い．
　成熟卵は半透明で，動物極側に油球群を有し，直径1.2～1.7mm．産出卵は分離浮性卵と推定されている．

◆発育・成長
　ふ化後，仔魚は体長10mmで鱗が現われ，12mmですべての鰭が完成して稚魚となる．日本近海では，仔稚魚は2月下旬～5月中旬に採集される．耳石や鱗による年齢査定の可能性があるが，今のところ，まだ信頼できる年齢形質は見つかっていない．このため，年齢と成長との関係は不明である．しかし，流し網を用いて，中央太平洋で夏に漁獲試験を行ったところ，大型魚（尾叉長49～55cm），中型魚（35～46cm），小型魚（16～30cm）に分けられたという．肥満度は季節によって変化し，索餌期の夏には高く，産卵期の冬には低い．

◆食性
　主要な餌は，小型のイカ類や魚類（ハダカイワシ類やアイナメ類）である．オキアミ類やヨコエビ類などの甲殻類を食べることもある．

◆解剖上の特徴
〔口部〕
　口裂は斜め上方に向かう．舌は短く，先端が鈍円である．前上顎骨の歯は鋭い鉤状の犬歯．外側1列の歯は大きいが内側の歯ほど小さい．口端で密生し口角で1列となる．下顎歯も鉤状の犬歯で上顎歯より大きい．口端で3～4列，口角で2列となる．
〔脳〕
　視葉が極めて大きい．小脳は球状に膨出する．小脳の後方下部に顆粒突起が発達し，延髄を経て脊髄に続く．
〔鰓〕
　鰓弓は4対．第1鰓弓外側の鰓耙は間隔がまばらで長く，その数は17～18本．ほかの鰓弓の鰓耙は短い．鰓耙の上面には細棘が密生する．擬鰓がある．咽頭骨歯は鋭い鉤状の犬歯で，上咽頭骨で3歯帯，下咽頭骨で1歯帯を形成する．上咽頭骨第2帯の歯が大きい．
〔腹腔〕
　あまり広くなく，腹膜は無色透明．
〔消化管〕
　胃はト型で，盲嚢の発達が良い．幽門垂は指状を呈し，その数は5本で，うち3本が大きい．
〔肝臓〕
　大きく，左右不相称な2葉に分かれる．
〔脾臓〕
　暗赤色．比較的大きく，幽門垂の周辺に付着する．

〔鰾〕
　細長く，壁は薄い．
〔腎臓〕
　腹腔の背面に密着しており，細長い．
〔生殖腺〕
　左右1対の卵巣は外観からは1個の袋状器管に見える．腹腔の後背部に位置し，三角形状を呈する．
〔心臓〕
　心室は4面体で，背面に心房，前方に動脈球がある．
〔体側筋〕
　白身で微紅色．脂肪が多い．

〔骨格〕
　頭蓋骨は細長い．前頭骨と上後頭骨の正中線に高い1隆起がある．側筋骨はよく肥厚し，正中線でほとんど合体する．鋤骨も肥厚するが歯はない．上耳骨と翼耳骨には後方突起がある．
　脊椎骨数は39～41個．前神経関節突起は前上方に伸びる．前後の血管関節突起もよく発達する．横突起は第4脊椎から始まる．肩帯はよく発達し，特に後擬鎖骨と烏口骨は大きい．臀鰭の前方数軟条に連なる臀鰭近位担鰭骨は密集する．

全形

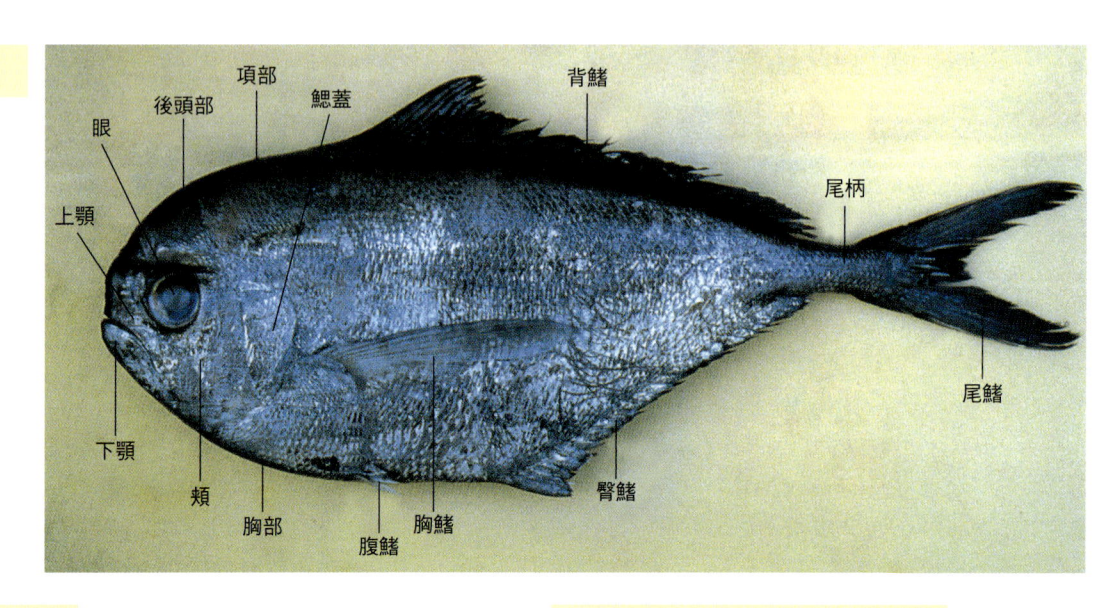

頭部側面

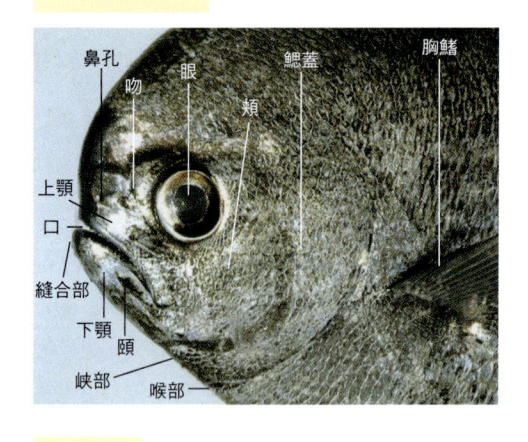

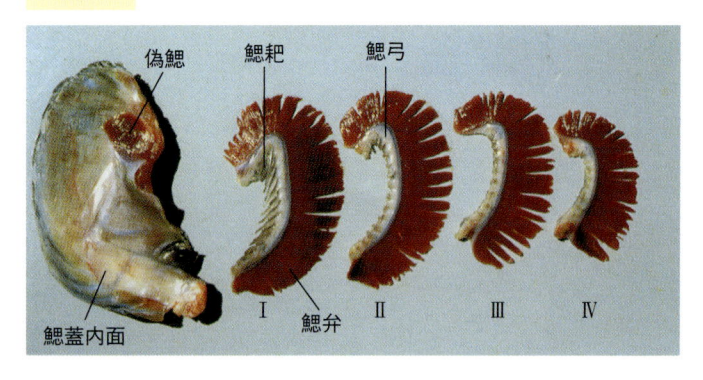

頭部側面（鰓蓋を除いたもの）

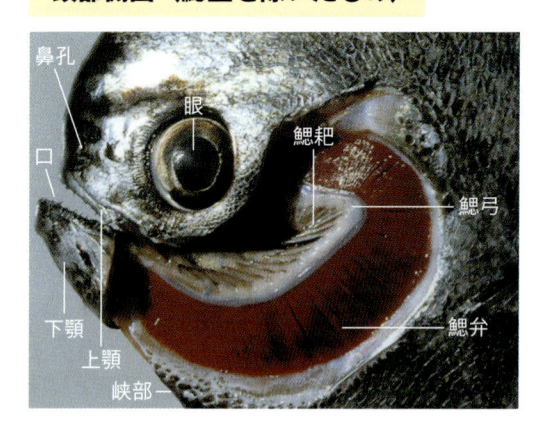

鰓

心臓（左側面）

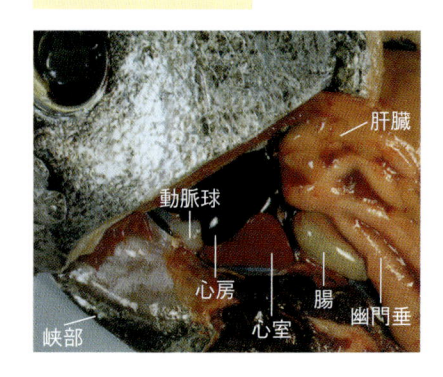

シマガツオ　Ⅱ-21

脳

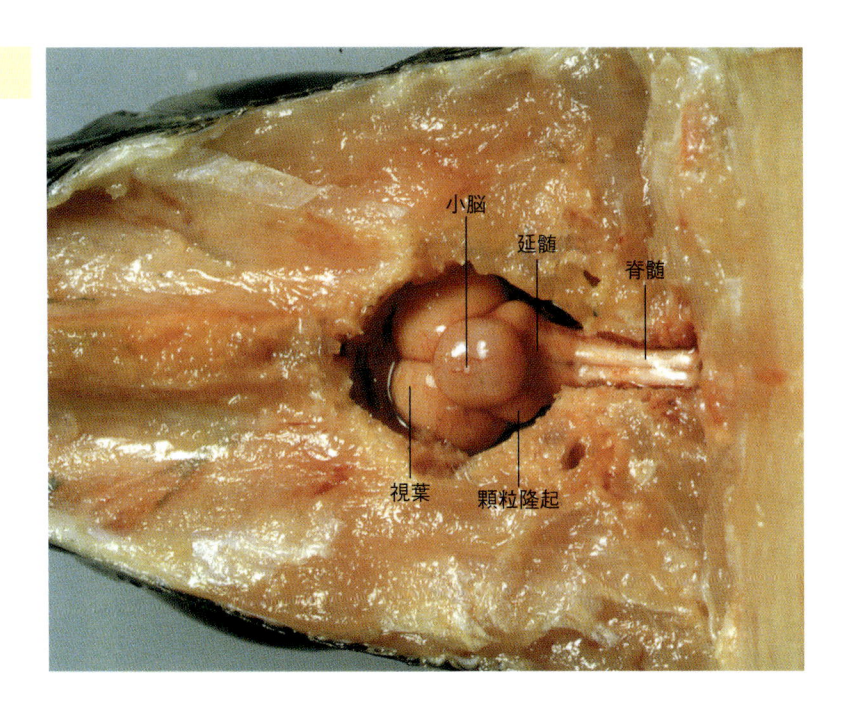

- 小脳
- 延髄
- 脊髄
- 視葉
- 顆粒隆起

内臓（左側面）

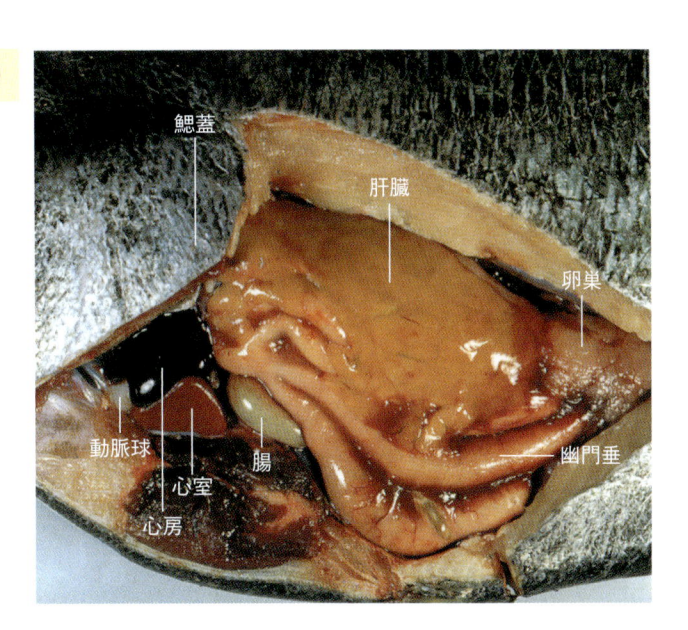

- 鰓蓋
- 肝臓
- 卵巣
- 動脈球
- 心室
- 心房
- 腸
- 幽門垂

内臓（肝臓を除去したもの）

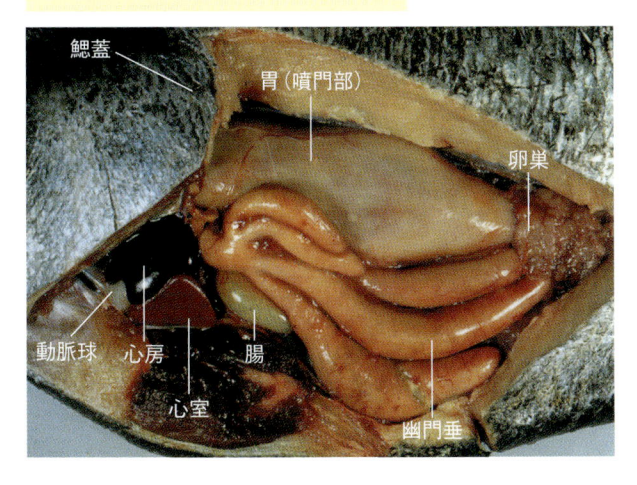

- 鰓蓋
- 胃（噴門部）
- 卵巣
- 動脈球
- 心房
- 心室
- 腸
- 幽門垂

内臓（右側面）

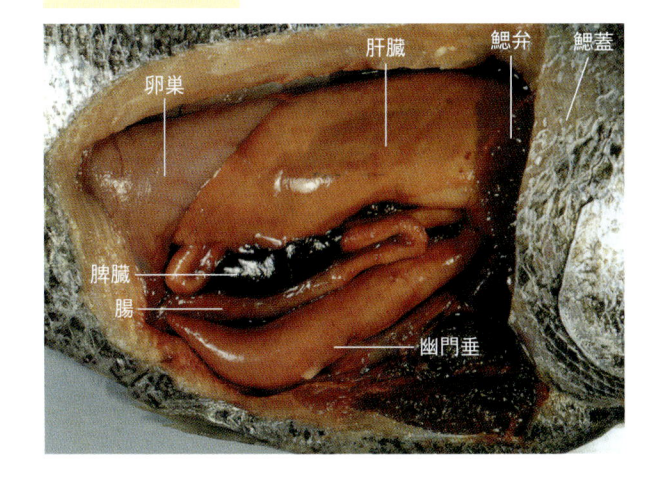

- 卵巣
- 肝臓
- 鰓弁
- 鰓蓋
- 脾臓
- 腸
- 幽門垂

マダイ

Pagrus major（Temminck & Schlegel）
スズキ目タイ科マダイ属
楳田晋・赤崎正人

解剖図

眼　鼻孔　上顎　下顎　鰓耙　鰓弁　幽門垂　腸　胆嚢　腹鰭　胃　生殖腺　肛門　肝臓　背鰭　尾鰭　臀鰭

骨格図

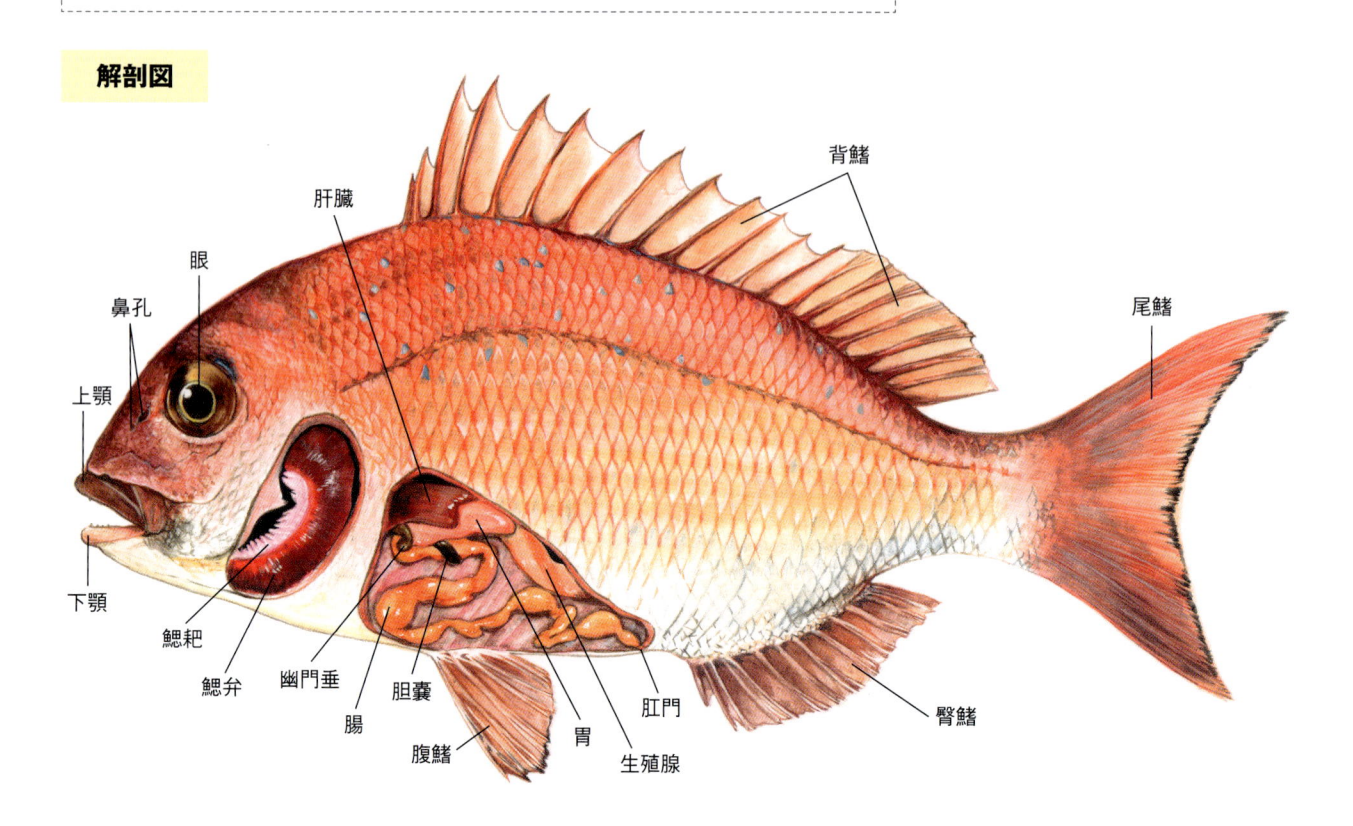

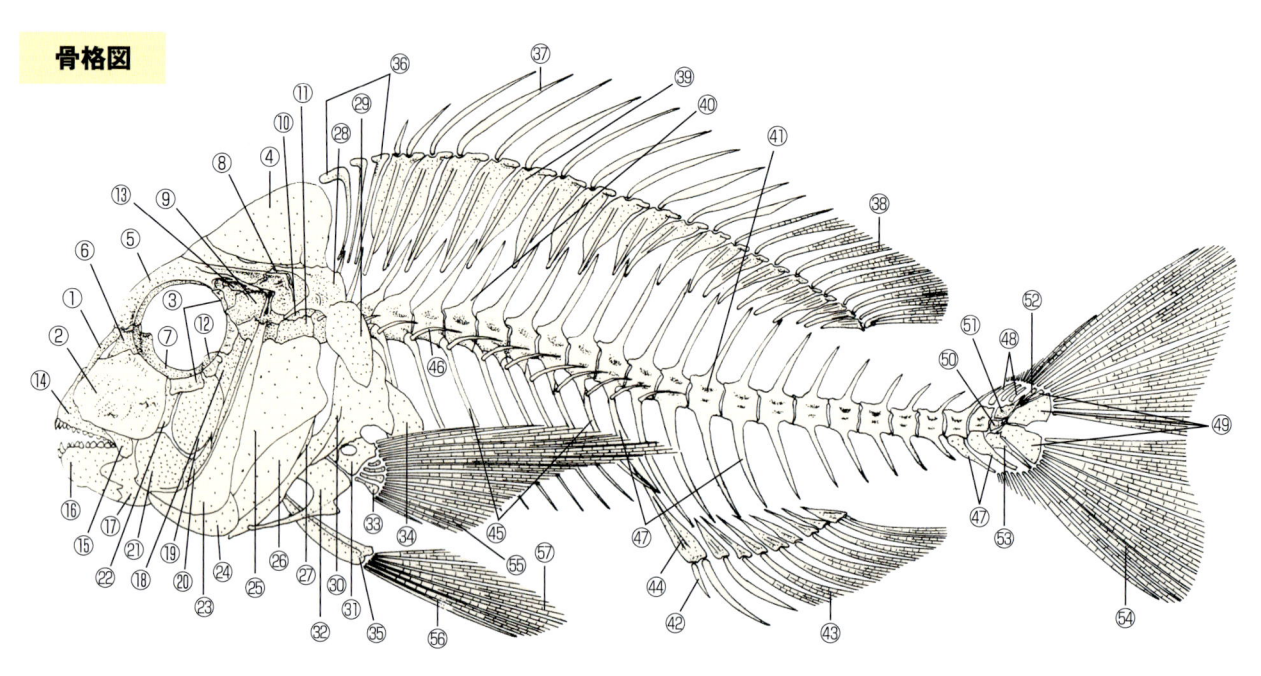

① 鼻骨　② 涙骨　③ 眼下骨　④ 上後頭骨　⑤ 前頭骨　⑥ 篩骨　⑦ 側篩骨　⑧ 上耳骨　⑨ 翼耳骨　⑩ 外後頭骨
⑪ 基後頭骨　⑫ 基蝶形骨　⑬ 頭頂骨　⑭ 前上顎骨　⑮ 主上顎骨　⑯ 歯骨　⑰ 角骨　⑱ 舌顎骨　⑲ 後翼状骨　⑳ 接続骨
㉑ 方形骨　㉒ 内翼状骨　㉓ 前鰓蓋骨　㉔ 間鰓蓋骨　㉕ 主鰓蓋骨　㉖ 下鰓蓋骨　㉗ 鰓条骨　㉘ 後側頭骨　㉙ 上擬鎖骨　㉚ 擬鎖骨
㉛ 肩甲骨　㉜ 烏口骨　㉝ 射出骨　㉞ 後擬鎖骨　㉟ 腰帯　㊱ 上神経棘　㊲ 背鰭棘　㊳ 背鰭条　㊴ 背鰭近位担鰭骨　㊵ 神経棘
㊶ 椎体　㊷ 臀鰭棘　㊸ 臀鰭条　㊹ 臀鰭近位担鰭骨　㊺ 肋骨　㊻ 上椎体骨　㊼ 血管棘　㊽ 上尾骨　㊾ 下尾骨　㊿ 尾部棒状骨
㉛ 第1尾神経骨　㉜ 第2尾神経骨　㉝ 準下尾骨　㉞ 尾鰭条　㉟ 胸鰭条　㊱ 腹鰭棘　㊲ 腹鰭条

解　説

◆呼名
タイ（各地），ホンダイ（大阪，高知，広島）．

◆外見の特徴
両顎によく発達した臼歯が2列に並ぶ．背鰭棘はいずれも強固である．尾鰭後縁が黒く縁どられるのが著しい特徴である．体長は80cm余りになる．

◆分布・生息
北海道北部を除く日本各地，朝鮮半島，台湾，東シナ海，南シナ海に分布する．水深200m以浅の砂礫質または岩礁の底層に生息する．潮の流れがよく，水温8～18℃，塩分19‰の水域に生息する．

稚仔魚は春夏に50m以浅の海底におり，秋に沖合へ移り，冬に深さ50～60mで越冬する．3歳までこのような季節移動をした後，4歳以上では水平方向へ移動して産卵・越冬のため相当な規模の回遊をする．

◆成熟・産卵
雌は3歳，尾叉体長33cm，雄は2歳，22cmぐらいでよく成熟する．

抱卵数は体重1kgで30万～40万粒，4kgで100万粒前後．採卵数は1kgのもので250万粒，2kgのもので1,000万粒．

産卵期は1～6月，盛期は九州で3～4月，瀬戸内海で5月，北日本で6月である．産卵に先だち群遊して接岸し，水深30～100mの比較的起伏に富んだ岩礁で産卵する．産卵の水温は16℃，塩分は19‰前後である．産卵は日没前後を中心に，連夜にわたってなされる．

完熟卵は球形で，直径0.82～1.13mm，分離浮性卵で，直径0.22mm前後の油球がある．

◆発育・成長
受精卵は水温14℃で約90時間，24℃で25時間前後でふ化する．卵発生は塩分変動にはほとんど影響されない．

ふ化仔魚は全長2.3mm前後であり，ふ化3～4日目に卵黄を吸収して後期仔魚となる．体長6mm前後から変態を始め，ふ化後35日あまり全長12～15mmで浮遊生活から底生生活へ移行する．稚魚は水深10m前後の浅海底で生活する．

成長状態は水温や生息密度などにより相当に異なり，1歳で12cm，2歳で20cm，3歳で25cm，4歳で30cm余りである．養成マダイは天然ものよりも成長が良く，各年齢とも5cm余り大きい．最高年齢は15歳である．

◆食性
浮遊生活期の仔魚は橈脚類のノープリウスやコペポダイト，尾虫類，枝角類を食べる．底生生活に入った後は，ヨコエビ類，アミ類であり，1歳以上はカニ・エビ類，クモヒトデ類などを食べる．

食欲は18℃で活発であり，17℃以下では減退し，12℃ではほとんど食べなくなる．

◆解剖上の特徴
〔口部〕

口腔は狭くて長く筒状を呈する．舌は幅広いへら状で，先端部は口床から離れていない．口腔の内側面と奥部は白い．両顎の前端に強くて太短い円錐歯が各2本ある．鋤骨・口蓋骨および舌上に歯はない．

〔脳〕

多少の脂肪様組織に包まれる．嗅球は小さい．嗅葉は大きく，背面には割目がない．視葉は大きくて膨出する．小脳は中型である．延髄はよく発達する．

〔鰓〕

鰓弓は4対ある．各鰓弓の外線に短い犬歯状の鰓耙が並ぶ．第1鰓弓の鰓耙はやや長く，その数は6～8＋10～11個である．鰓弁は短くて数も多くない．偽鰓はよく発達する．

〔腹腔〕

やや広く腹膜は銀白色を呈する．

〔消化管〕

胃は中型で噴門部が太短く，胃壁は厚い．幽門垂は4本で分岐しない．腸は大きく4回湾曲する．

〔肝臓〕

大型で左右両葉に分れ，左葉が大きい．肝臓内に膵臓が入り込む．

〔胆嚢〕

黒褐色で，短い袋状を呈する．咽頭歯は短くて密生し，上咽頭歯は3歯帯，下咽頭歯は1歯帯を形成する．

〔脾臓〕

小さく，長卵円形である．

〔鰾〕

大きく，長卵円形を呈す．

〔体側筋〕

白身であり，表面血合筋は少なく，真正血合筋はわずかにある．

〔骨格〕

頭蓋骨には正三角形をした1枚の大きな薄板状の上後頭骨突起があり，著しく高い．後耳骨がなく，上耳骨の

後端は2分枝する．脊椎骨数は10＋14＝24個．神経棘，血管棘は強大である．第1・2神経間棘は第2・3神経棘の間にある．上神経棘は3本である．

◆**天然魚と養殖魚の相違**

養殖すると体色が黒ずむので，アスタキサンチンを含む餌料を与えて天然ものに近づけるよう工夫されている．

全形

口／鼻孔／眼／鰓蓋／背鰭／側線／尾鰭／胸鰭／腹鰭／肛門／臀鰭

頭部

上顎／眼／胸鰭／下顎／鰓蓋

脳

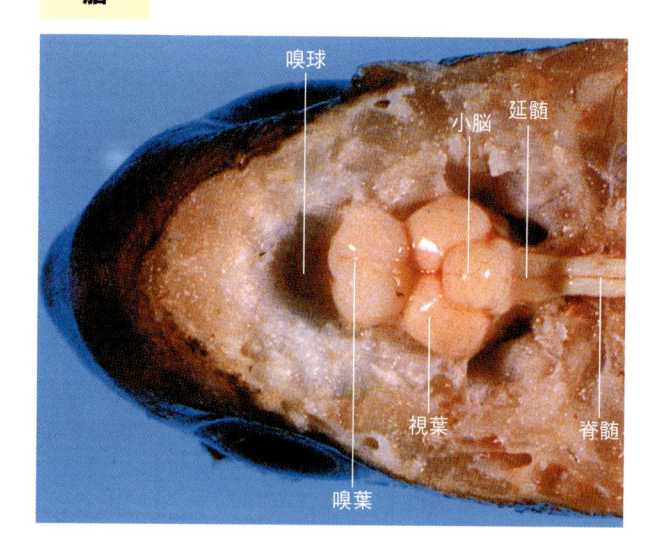

嗅球／小脳／延髄／視葉／嗅葉／脊髄

鰓と内臓

心室／静脈洞／腸／鰓弁／肝臓／胆嚢

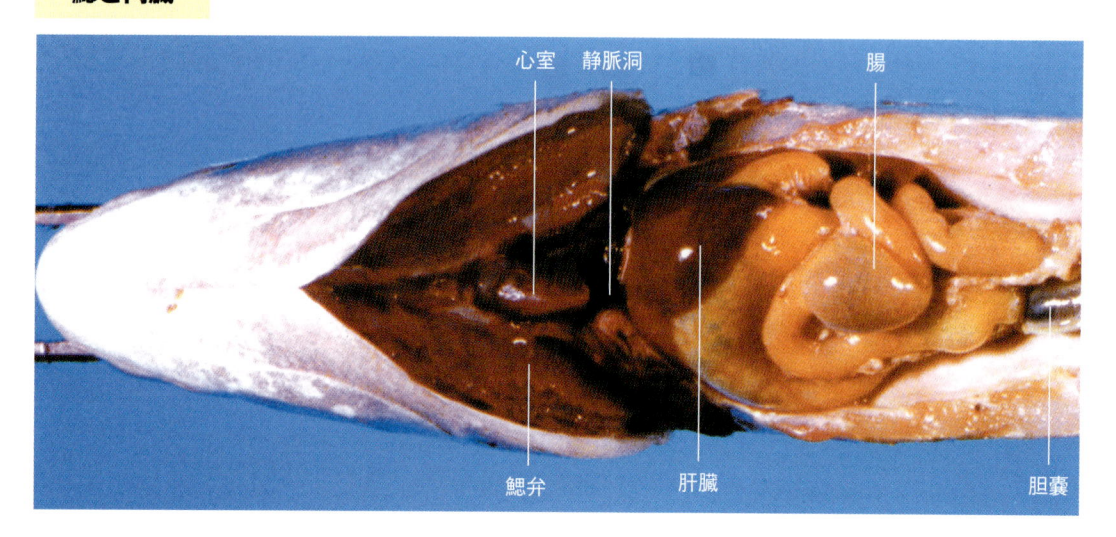

マダイ　II-22

鰓
- 鰓蓋内面 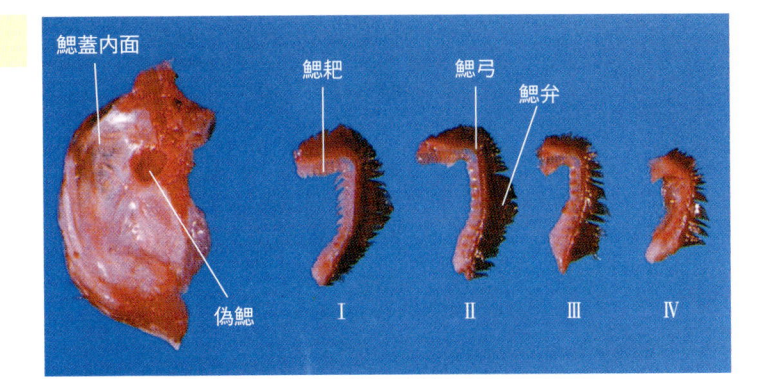
- 鰓耙
- 鰓弓
- 鰓弁
- 偽鰓
- I, II, III, IV

鰓と内臓
- 眼
- 鰓耙
- 鰓弓
- 口
- 鰓弁
- 肝臓
- 胃
- 卵巣
- 脂肪体
- 腸
- 肛門

鰓と内臓
- 眼
- 鰓耙
- 鰓弓
- 口
- 鰓弁
- 幽門垂
- 肝臓
- 胆嚢
- 胃
- 腸
- 卵巣
- 肛門

159

シログチ

Pennahia argentata（Houttuyn）
スズキ目ニベ科シログチ属
佐々木邦夫

解剖図

（解剖図ラベル）第1背鰭、鰾（側枝）、第2背鰭、鰓耙、側線、尾鰭、眼、鼻孔、上顎、下顎、鰓弁、心臓、肝臓、幽門垂、脾臓、胆嚢、胃、腹鰭、生殖腺、腸、肛門、臀鰭

骨格図

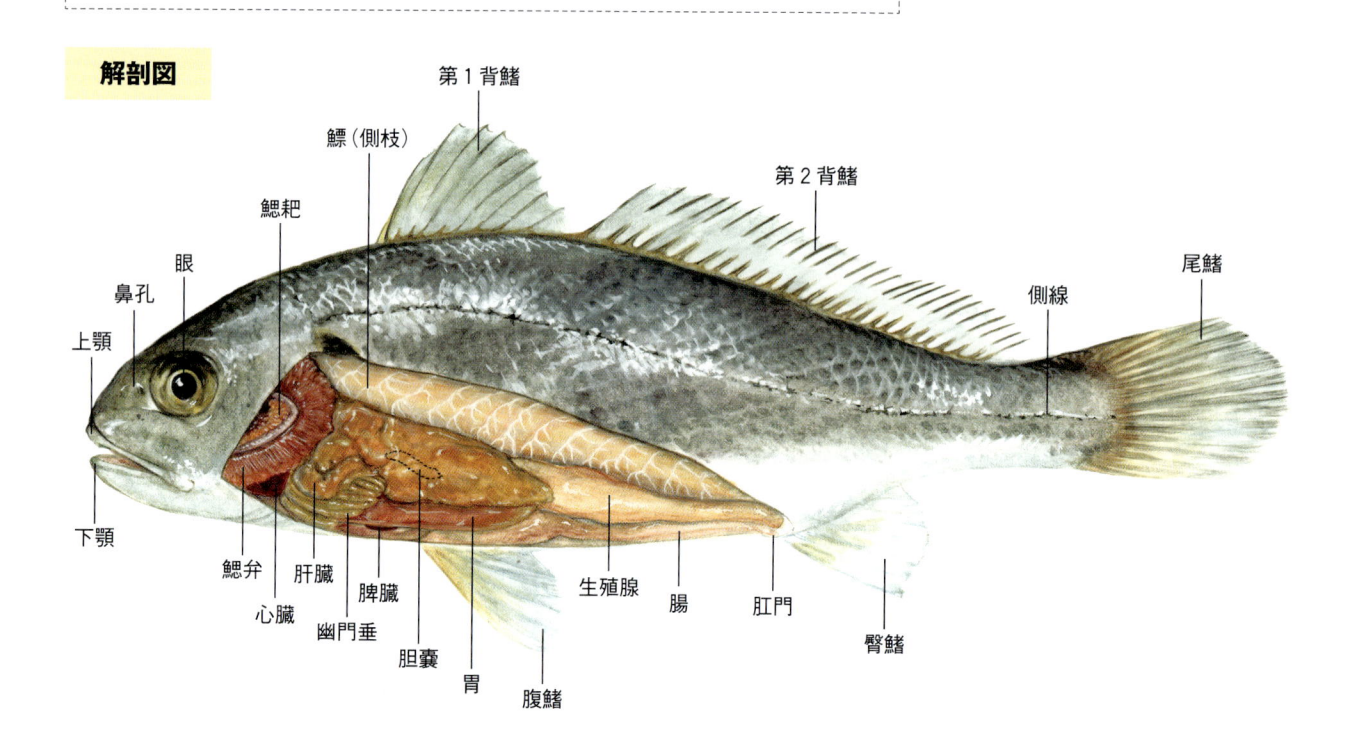

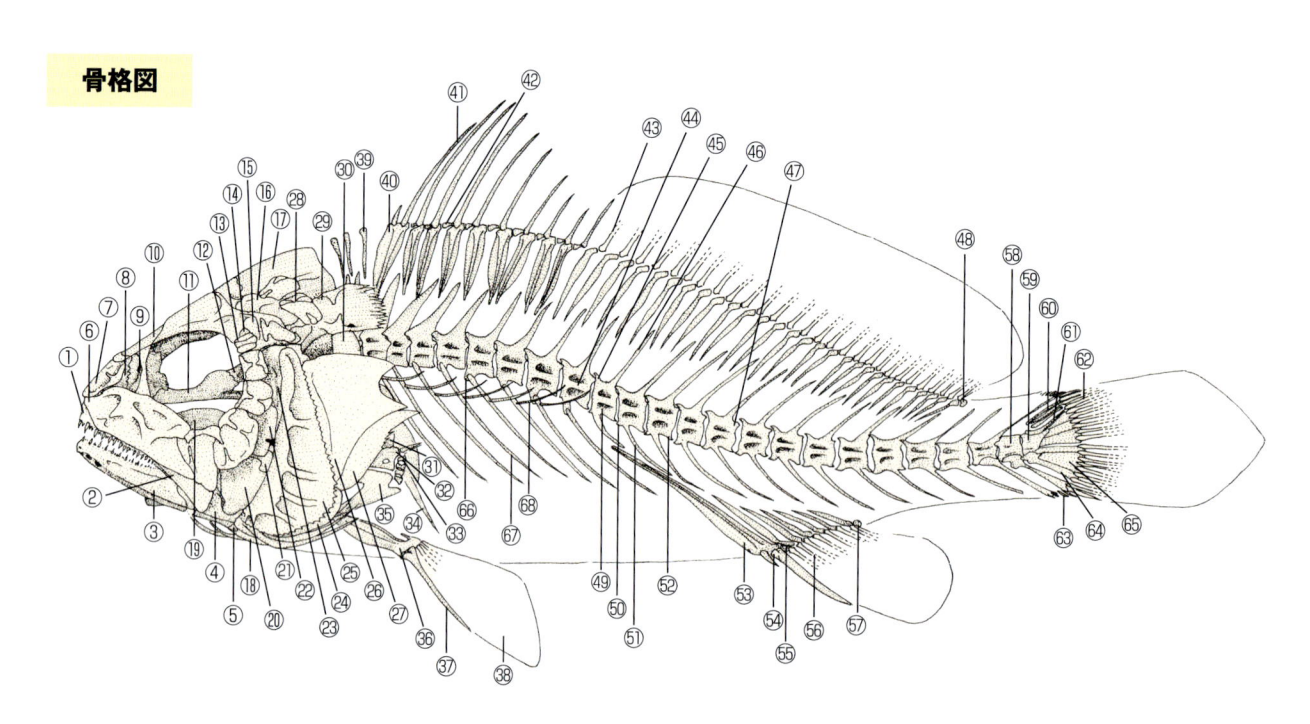

① 前上顎骨　② 主上顎骨　③ 歯骨　④ 角骨　⑤ 後関節骨　⑥ 涙骨　⑦ 鼻骨　⑧ 篩骨　⑨ 側篩骨　⑩ 前頭骨　⑪ 副蝶形骨　⑫ 基蝶形骨　⑬ 第6眼下骨　⑭ 蝶耳骨　⑮ 翼耳骨　⑯ 頭頂骨　⑰ 上後頭骨　⑱ 鰓条骨　⑲ 内翼状骨　⑳ 方形骨　㉑ 接続骨　㉒ 後翼状骨　㉓ 舌顎骨　㉔ 間鰓蓋骨　㉕ 前鰓蓋骨　㉖ 主鰓蓋骨　㉗ 下鰓蓋骨　㉘ 上側頭骨　㉙ 後側頭骨　㉚ 上擬鎖骨　㉛ 擬鎖骨　㉜ 肩甲骨　㉝ 射出骨　㉞ 後擬鎖骨　㉟ 烏口骨　㊱ 腰帯　㊲ 腹鰭棘　㊳ 腹鰭　㊴ 上神経棘　㊵ 背鰭近位担鰭骨　㊶ 背鰭棘　㊷ 背鰭遠位担鰭骨　㊸ 背鰭条　㊹ 脊椎骨　㊺ 前神経関節突起　㊻ 神経棘　㊼ 後神経関節突起　㊽ 背鰭終端骨　㊾ 第1尾椎骨　㊿ 前血管関節突起　51 血管棘　52 後血管関節突起　53 臀鰭近位担鰭骨　54 臀鰭棘　55 臀鰭遠位担鰭骨　56 臀鰭条　57 臀鰭終端骨　58 第2尾鰭椎前椎体　59 尾部棒状骨　60 上尾骨　61 尾神経骨　62 尾鰭条　63 尾鰭前部鰭条　64 準下尾骨　65 下尾骨　66 横突起　67 肋骨　68 上椎体骨

解　説

◆呼名

イシモチ（東北～紀州），グチ（関東～九州），クチ（関西），ニベ（福島，愛媛，島根），ガマジャカ（紀州），シラブ（三重，高知，長崎），シラグチ（北九州），アカグチ（長崎）．

◆外見の特徴

尾鰭の後縁は後方に突出する．側線は尾鰭の後端にまで達する．臀鰭の棘は2本で，第2棘長はほぼ眼径に等しい．下顎の縫合部付近には6個の小孔がある．体は銀白色で，主鰓蓋骨上に1黒色斑がある．口腔内は白色．

◆分布・生息

宮城県以南から朝鮮半島・中国の沿岸に分布する．河川の影響を受ける浅海の砂泥底上に多く存在し，大陸棚を越えた外洋には存在しない．

◆成熟・産卵

生後1～2年，全長15～20cmで成熟する．産卵は沿岸水域で5～8月になされる．産卵期には盛んに発音をする．1歳魚の成熟個体は約30％で，産卵は産卵期間中に1回（約2万粒）であるが，2歳魚以上では大部分が成熟し，多回産卵を行う．産卵数は，2歳で約6万粒，3歳で12万粒，4歳で18万粒である．卵は球形の分離浮性卵で，直径0.7～0.8mmである．直径約0.2mmの油球が1個ある．卵膜は無構造である．

◆発育・成長

受精卵は水温22～24℃で約22時間でふ化する．ふ化仔魚は全長約1.5mmで，筋節数は10＋17＝27個である．球形で大きな卵黄をもつ．ふ化後約72時間で全長2.4mmとなり，卵黄はすべて吸収される．体長5.9mmでは腹部と尾部に2～3個の黒色素胞が認められるにすぎない．体長8.3mmでは背鰭第4～5棘下方の体側背方に黒色素胞がある．体長15mmでは体側に多数の黒色素胞が現れ，斑紋を形成する．1年で全長15～16cm，2年で23cm，3年で27cm，4年で29～30cm，5年で31cm，6年で32cmとなる．寿命は10歳前後で，体長50cmぐらいになる．

◆食性

魚類とエビ類（エビジャコ，テッポウエビなど），カニ類，多毛類などを捕食する．小型魚は甲殻類を主餌とするが，体長17cm以上では魚類を主餌とする．

◆解剖上の特徴

〔口部〕

口は端位で，大きい．舌は三角形状で，先端部は口床から離れる．上顎の外列歯と下顎の内列歯は肥厚する．鋤骨と口蓋骨には歯がない．

〔脳〕

やや多量の脂肪様物質で包まれる．全形は棍棒状で，やや側扁する．嗅球は大きく，嗅葉に密着する．嗅葉は長楕円形で，上下2層に分割する．視葉は比較的小さい．小脳はよく発達し，背方に伸長する．

〔鰓〕

鰓弓は4対．鰓耙は細くて短く，先端はやや鈍い．鰓耙は鰓弁よりも短い．上・下枝の総鰓耙数は17～23本である．偽鰓はよく発達する．咽頭歯は円錐状で，上咽頭歯は4歯帯，下咽頭歯は1歯帯である．

〔腹腔〕

広く，腹膜には大小の黒色素胞が散在する．腹腔壁には鰾を側方から包み込むようにシート状の発音筋が付着している．発音筋の発達は雄の方が雌よりも良い．

〔消化管〕

胃はト型を呈し，中型で胃壁は厚い．本種ではしばしば採捕時に胃が反転する．幽門垂は太短く，先端は鋭い．腸は短く，腸壁は薄い．胃の後部下方で2回湾曲しN字形を呈するが，その前方と後方は直線状である．

〔肝臓〕

やや大型で，左右両葉に分れる．後方ではよく尖る．左葉は右葉より大きい．

〔胆嚢〕

細長い袋状である．

〔脾臓〕

長円形を呈する．

〔鰾〕

前後によく延長し，その後端は腹腔を越え臀鰭第2棘の上方にまで達する．壁は非常に厚い．鰾の側方には樹状に分枝した約25対の側枝が，前後に連なる．側枝は生鮮時では白色の，固定標本ではオレンジ色の脂肪様物質で包まれる．

〔骨格〕

頭蓋骨は幅広く，高い．その背面の前頭骨上には縦断・横断する橋状の骨質隆起が発達する．眼窩は大きい．眼窩の後方にある聴房は丸くふくらみ，大きくて厚い耳石（イシモチの名の由来）を収めている．

眼下骨は幅広い．第1～第2眼下骨は上顎を覆う．眼下骨と前鰓蓋骨には橋状の骨質隆起が発達する．

脊椎骨は25個（腹椎＋尾椎＝10＋15個）．神経棘と血管棘は細長い．3～10番目の椎体には助骨が，1～9番

目の椎体には上助骨が付属する．上神経棘は3本で，前方から頭蓋骨と第1神経棘間，第1～第2神経棘間，第2～第3神経棘間にそれぞれ1本ずつ挿入する．

尾部骨格は尾部棒状骨1個，上尾骨3個，尾神経骨2個，下尾骨5個，準下尾骨1個からなる．

全形

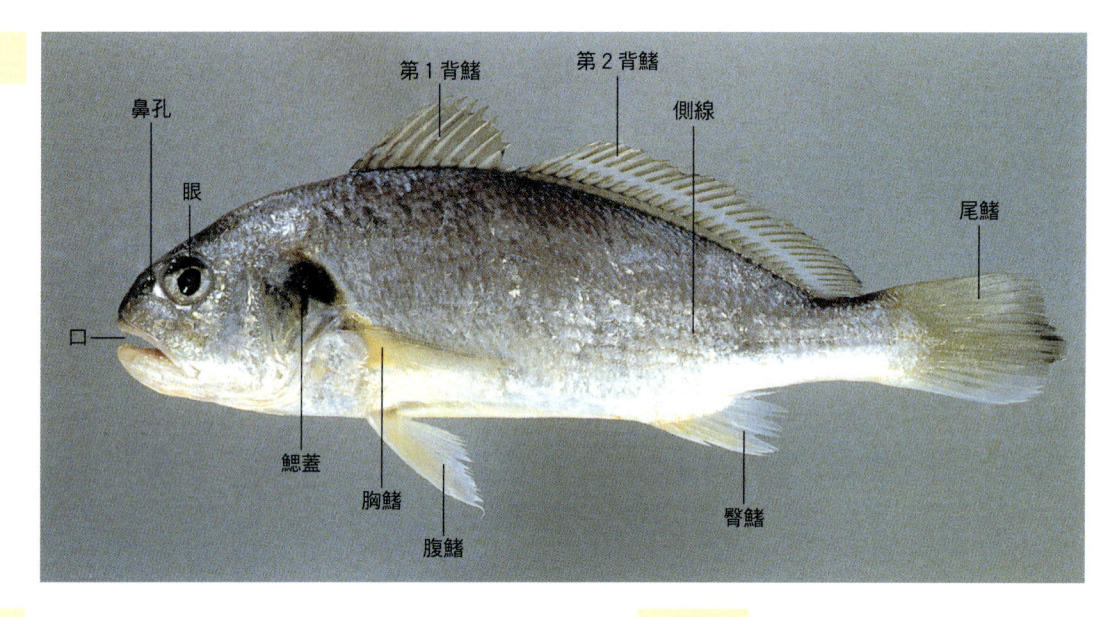

鼻孔／眼／口／第1背鰭／第2背鰭／側線／尾鰭／鰓蓋／胸鰭／腹鰭／臀鰭

頭部

前鼻孔／後鼻孔／眼／上顎／下顎／第1背鰭／鰓蓋／腹鰭／胸鰭

脳

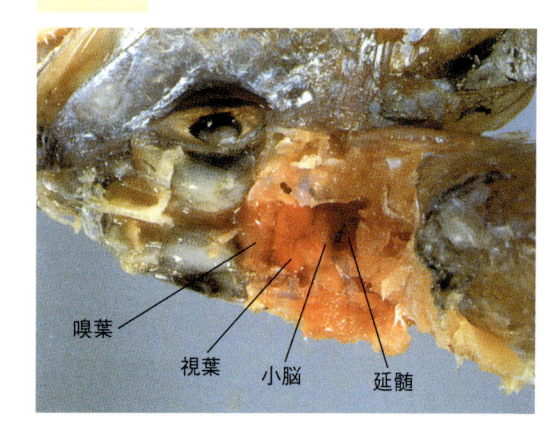

嗅葉／視葉／小脳／延髄

鰓と内臓

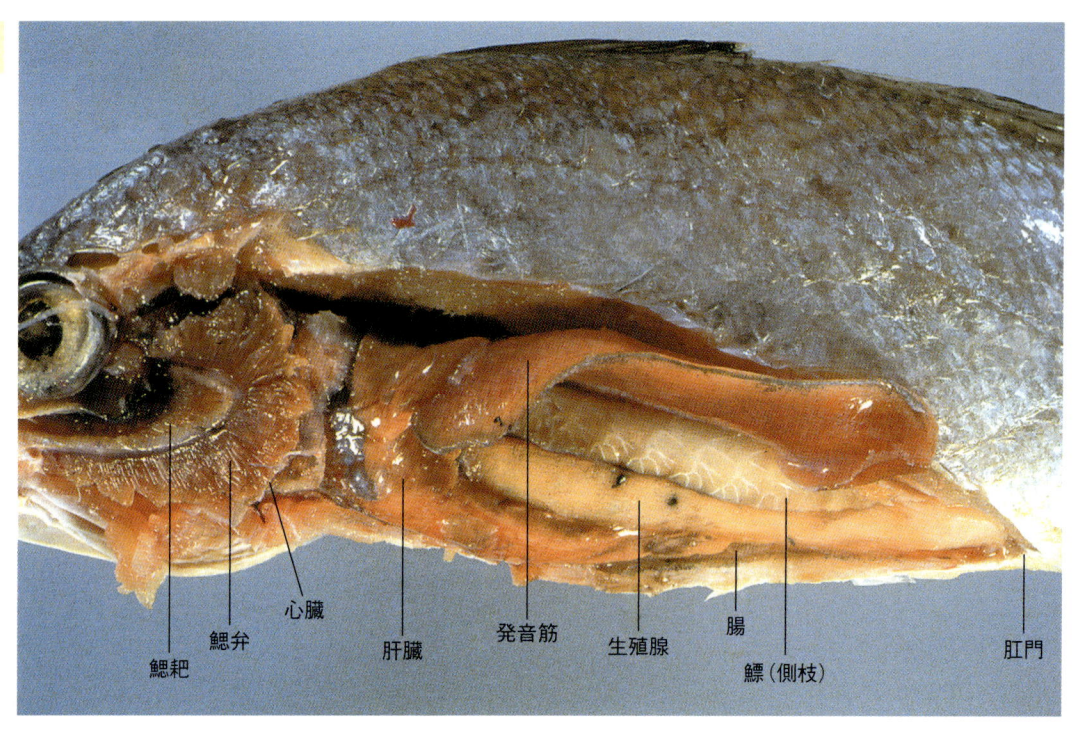

鰓耙／鰓弁／心臓／肝臓／発音筋／生殖腺／腸／鰾（側枝）／肛門

シログチ　Ⅱ-23

鰓

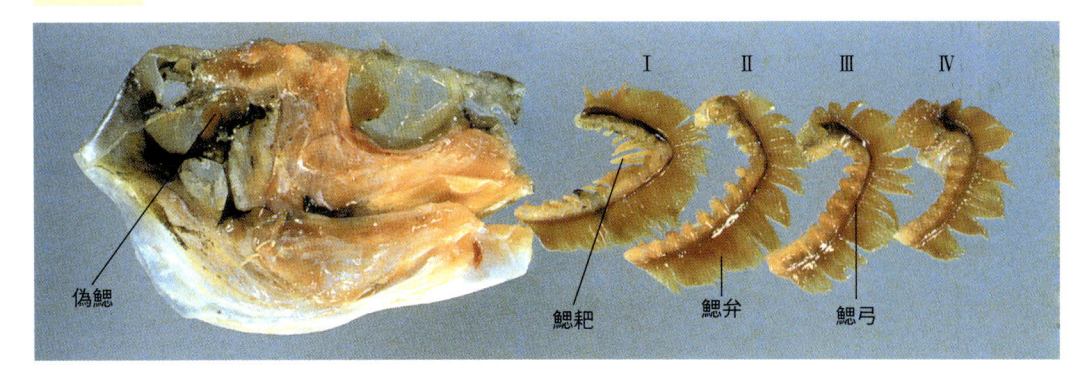

偽鰓　鰓耙　鰓弁　鰓弓
Ⅰ　Ⅱ　Ⅲ　Ⅳ

消化器官

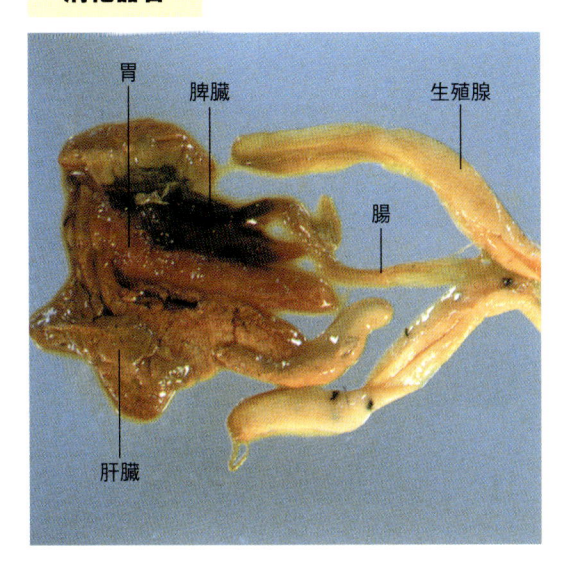

胃　脾臓　生殖腺　腸　肝臓

消化器官

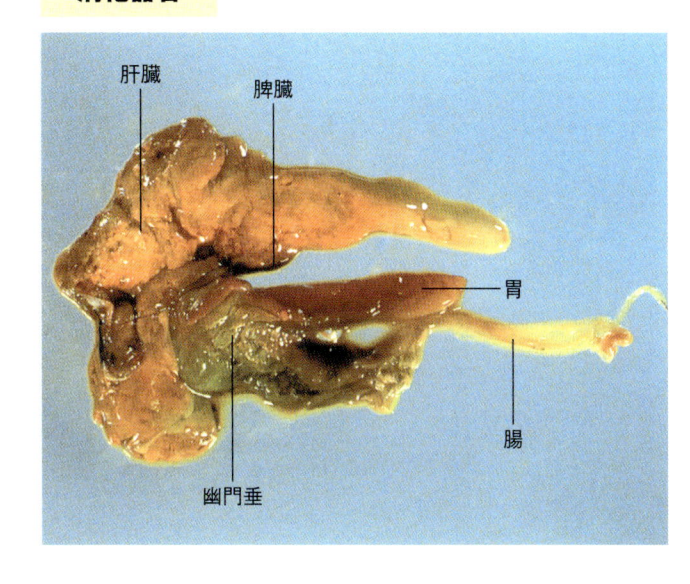

肝臓　脾臓　胃　腸　幽門垂

鰾

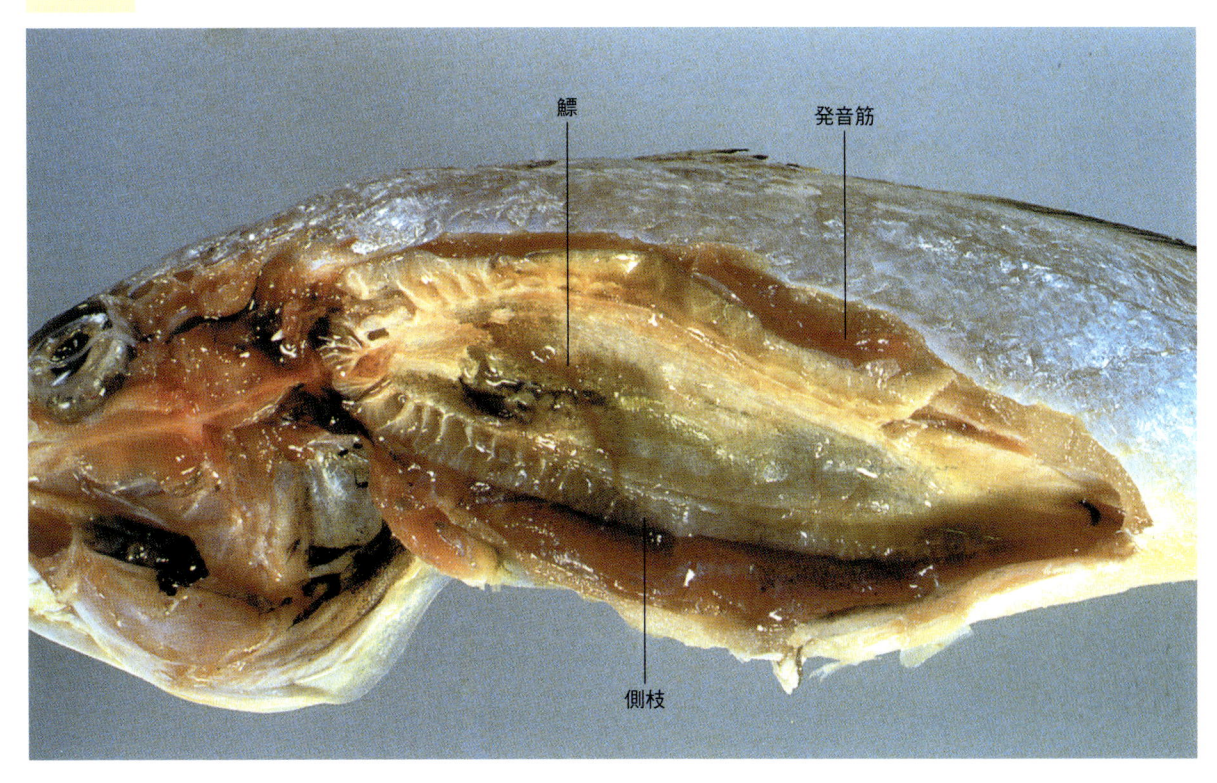

鰾　発音筋　側枝

ナイルティラピア

Oreochromis niloticus（Linnaeus）
スズキ目カワスズメ科オレオクロミス属
城泰彦・木戸芳

解剖図

胆嚢　鰾　腎臓
鰓耙　鰓弁　心房　動脈球　心室　肝臓　脾臓　胃　腸　生殖巣

骨格図

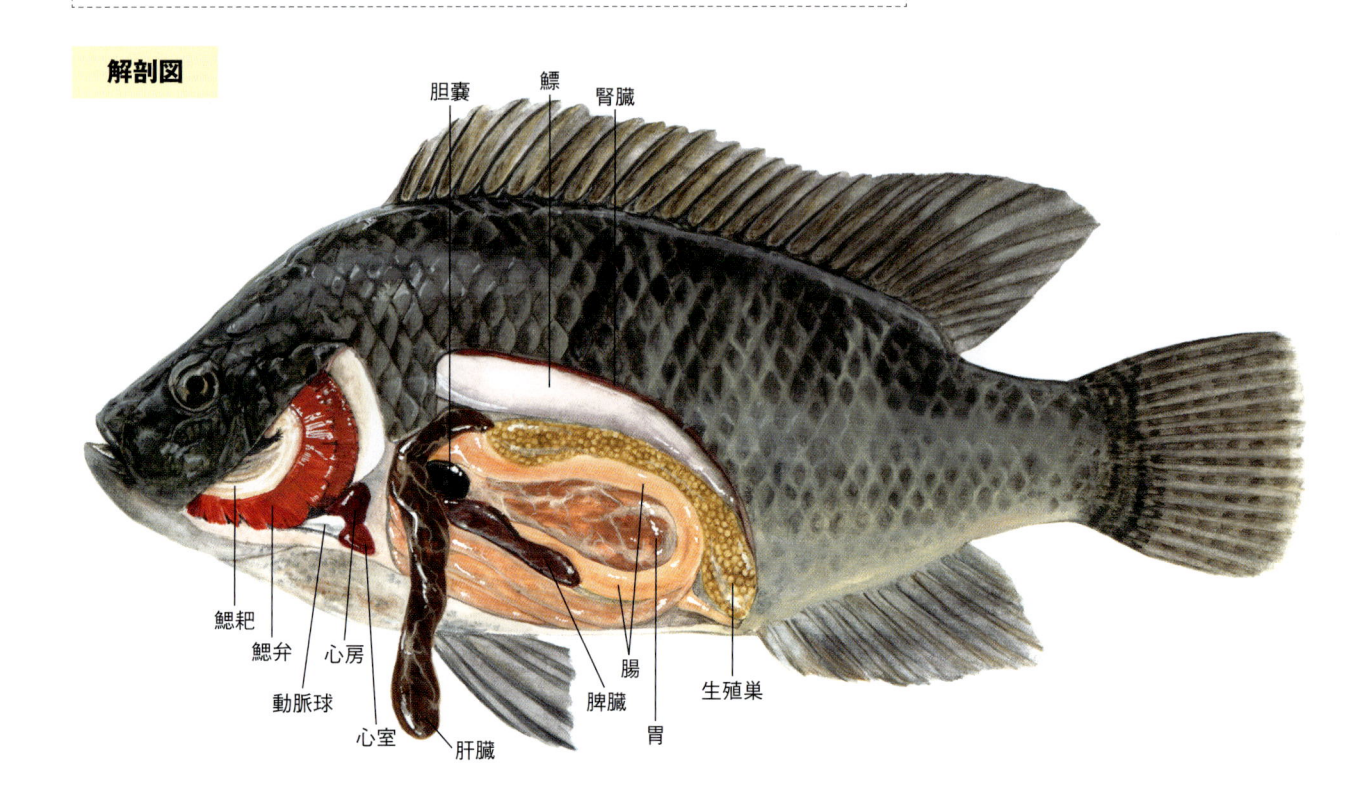

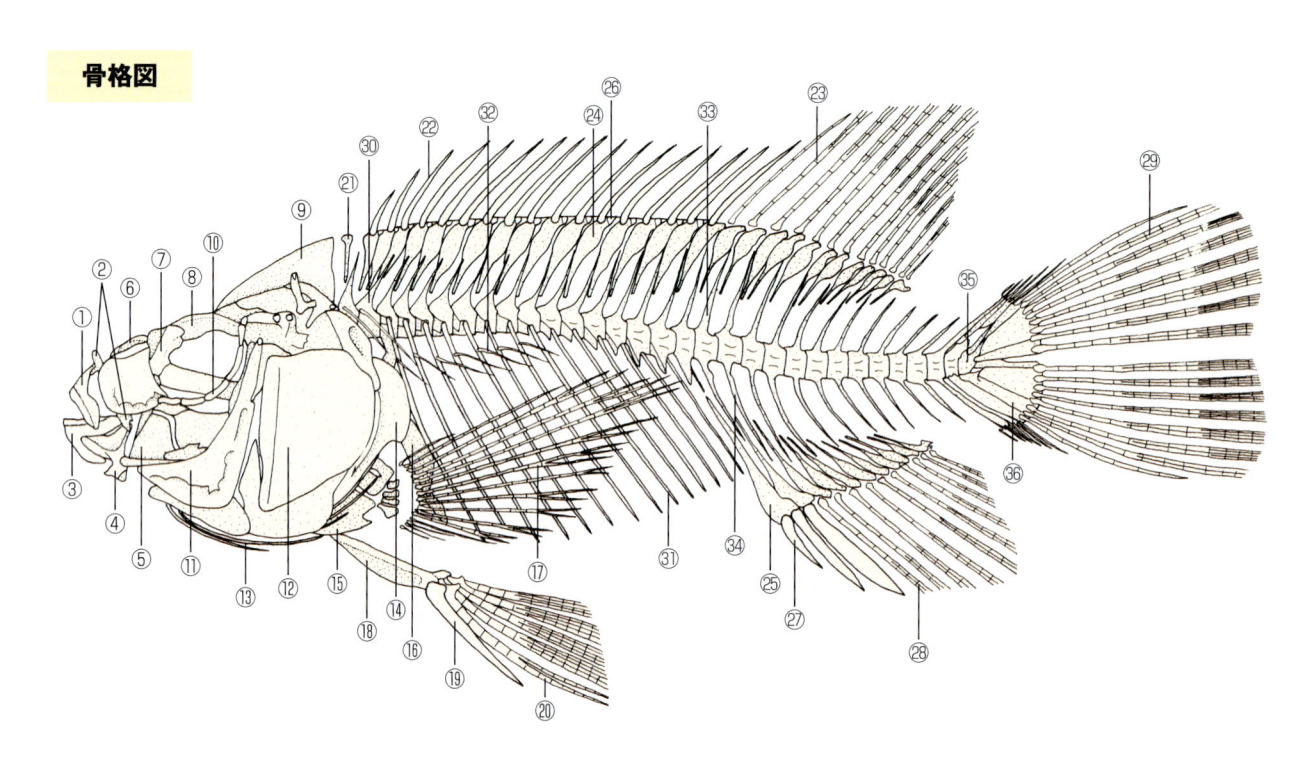

① 前上顎骨　② 上顎骨　③ 歯骨　④ 角骨　⑤ 方形骨　⑥ 鼻骨　⑦ 側篩骨　⑧ 前頭骨　⑨ 上後頭骨　⑩ 眼下骨　⑪ 前鰓蓋骨
⑫ 主鰓蓋骨　⑬ 鰓条骨　⑭ 擬鎖骨　⑮ 烏口骨　⑯ 後擬鎖骨　⑰ 胸鰭条　⑱ 腰帯　⑲ 腹鰭棘　⑳ 腹鰭条　㉑ 上神経棘　㉒ 背鰭棘
㉓ 背鰭条　㉔ 背鰭近位担鰭骨　㉕ 臀鰭近位担鰭骨　㉖ 遠位担鰭骨　㉗ 臀鰭棘　㉘ 臀鰭条　㉙ 尾鰭条　㉚ 脊椎骨　㉛ 肋骨
㉜ 上椎体骨　㉝ 神経棘　㉞ 血管棘　㉟ 尾部棒状骨　㊱ 下尾骨

ナイルティラピア　II-24

解説

◆呼名
イズミダイ，チカダイ．

◆外見の特徴
体はよく側扁してタイ型．下顎の長さは頭長の29〜35%．背鰭は1基で基底が長く，棘条数は16〜18本と多い．腹面の鱗は脇部の鱗より小さく，側線鱗数は30〜34枚．鼻孔は1対．尾鰭に狭い垂直色帯がある．最大全長は50cm．

◆分布・生息
シリアからエジプト，東アフリカからザイール，西アフリカに至る淡水域，汽水域に分布する．養殖のためアフリカ各地，東南アジア，日本などに広く移植された．水温12℃以下，40℃以上で死亡し，生息の適水温は24〜30℃である．よく水温に馴らすと10〜48℃の間は生存できる．広塩性で淡水から30‰前後まで生存する．

◆成熟・産卵
天然では普通2歳，20cmぐらいから成熟するが，10cm前後で熟するものもある．産卵期間中に雌は50日前後の間隔で年間に3回以上も産卵する．産卵総数は25cm級で800粒，35cm級で1,900粒前後である．成熟は22〜24℃で促進される．

産卵期は日本では5月下旬から10月までであるが，赤道域では周年にわたる．産卵の水温は20〜38℃であり，24〜32℃で最も活発である．水温21℃以上にすると年中産卵する．雄は水底に直径60〜120cm，深さ15〜30cmの摺鉢型の産卵床を掘り，雌をこの中へ誘導して対となって産卵する．成熟卵は黄色で真珠形をし，長径3.2mm前後，短径2.4mm前後である．

◆発育・成長
産卵後雌は受精卵を口腔に収めて口内保育する．受精卵は黄褐色で，卵形または西洋ナシ形である．水温25℃前後で1週間余りでふ化する．ふ化仔魚は全長5mm前後．ふ化10日目前後で7mm余りになり，卵黄はほとんど吸収される．

ふ化後，10日前後で口内保育を終わって，水中で独立の生活をする．口内にいる仔魚の最大長は13.5mmでふ化後20日以上のものもある．ふ化1ヵ月後に5cm前後，初年末に10cm，2年末に20cm，3年末に25〜30cm，4年末に35cm，5年末に40〜50cmになる．成長は雌が口内保育をするため雄よりも著しく劣る．

◆食性
幼魚は珪藻や橈脚類などのプランクトンや地上または水中の昆虫，デトライタスなど雑多な餌を食べる．5cm以上で草食性となり，主に植物プランクトンと浮草を食べ，底生生物も混食する．摂餌量は水温20℃以下で減少する．

◆解剖上の特徴
〔口部〕
口は小さく，両顎は前方へやや突出する．舌は中央部が隆起し，三角形でその先端は口床から離れる．口腔の下部は黒色素で覆われる．両顎の歯は3〜4列に並び，後方では通常3尖頭であるが，最前列では2尖頭である．鋤骨・口蓋骨および舌上に歯はない．

〔脳〕
全体は棍棒状．嗅球は小さく，極めて大きな嗅葉に密着する．嗅葉は上・下2部に分けられる．下葉はよく発達する．視葉の大きさは中程度．小脳の発達は中位である．

〔鰓〕
鰓弓は4対．鰓耙は短く，その先端は尖る．鰓耙数は27〜33本で，上枝では7本，下枝では23本程度．偽鰓はない．咽頭骨歯は短くて密生し，上咽頭歯は2対の歯帯を，下咽頭歯は1歯帯を形成する．

〔腹腔〕
広く，腹膜は薄黒い．

〔消化管〕
胃は盲嚢部がよく発達し，ト型である．幽門垂は存在するが，小さくて確認しにくい．腸は複雑に巻き，非常に長い．

〔肝臓〕
ほぼ左側のみにあり，右側は極端に短い．

〔胆嚢〕
長円形で袋状．

〔脾臓〕
細長い．

〔鰾〕
紡錘形で大きく，腹腔の上部の大半を占める．

〔骨格〕
頭蓋骨背面には3本の隆起線があり，中央のものは後方でよく発達する．腹縁は眼窩後下部で著しく曲がる．脊椎骨数は31個で，腹椎骨は17個．最初の血管棘と血道弓門は同一脊椎骨に起こる．肋骨は15本で，最後方の1本以外は長い．横突起は第3脊椎骨以降にある．第1血

管棘はわずかに湾曲しながら後下方へ向かう．

背鰭第1棘の近位担鰭骨は第1神経棘と第2神経棘の間に，また，背鰭第1軟条は第17神経棘と第18神経棘の間にある．

◆天然魚と養殖魚の相違

養殖上は成長の良い雄がよく，単性品種が好まれる．狭い水域で増殖すると繁殖力が旺盛なため，次第に小型化して減収となる．

全形

腹面

頭部（側面）

頭部（鰓蓋を除去したもの）

頭部（前面）

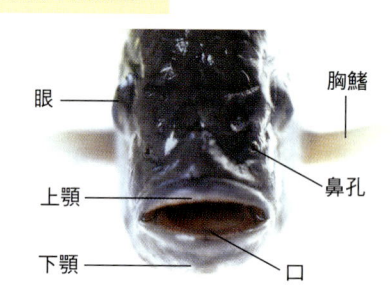

脳

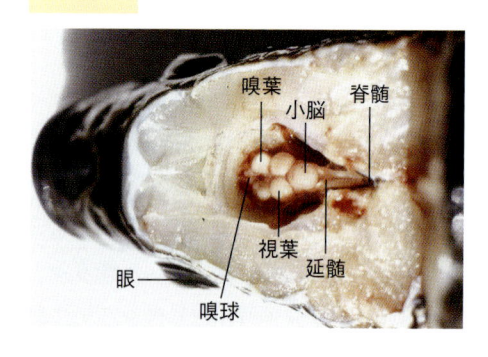

肛門と生殖孔

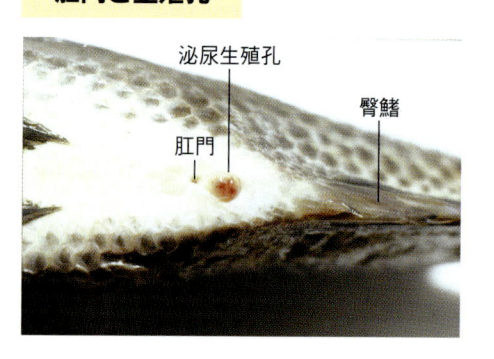

ナイルティラピア II-24

腹面（内臓諸器官を除去）
- 腎臓

消化器系
- 肝臓
- 胆嚢
- 右側卵巣
- 左側卵巣
- 食道
- 胃
- 脾臓
- 肝臓
- 腸

鰓
- 鰓弓
- 鰓弁
- 鰓耙

I　II　III　IV

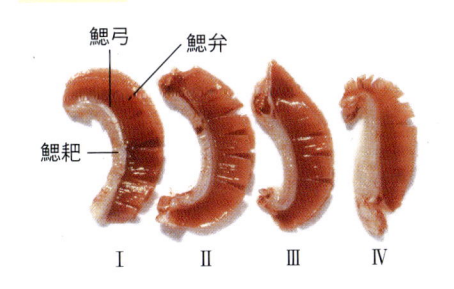

内臓（左側）
- 脂肪体
- 胆嚢
- 肝臓
- 腸
- 卵巣

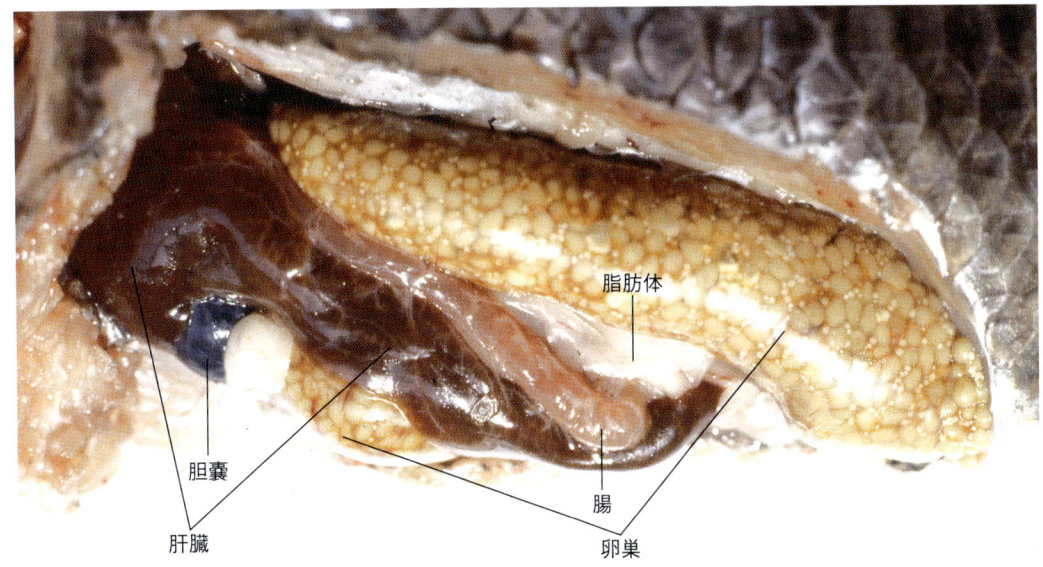

内臓（腹面）
- 胆嚢
- 腸
- 左側卵巣
- 泌尿生殖孔
- 肝臓
- 脂肪体
- 右側卵巣
- 腹腔内壁
- 肛門

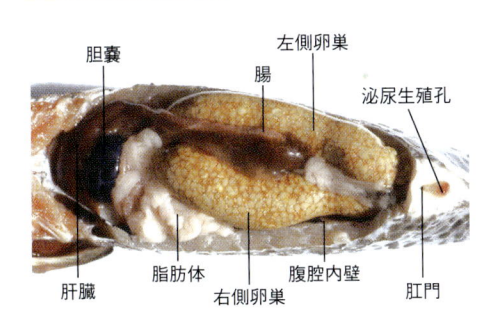

内臓（拡大図）
- 左側卵巣
- 右側卵巣
- 肝臓
- 肛門
- 胆嚢
- 脾臓
- 腸

167

マハゼ

Acanthogobius flavimanus（Temminck & Schlegel）
スズキ目ハゼ科マハゼ属
木村清志

解剖図

鼻孔、上顎、下顎、眼、口腔、鰓弁、鰓耙、第1背鰭、鰾、生殖腺（卵巣）、第2背鰭、尾鰭、心房、心室、動脈球、肝臓、胃、腸、肛門、臀鰭

骨格図

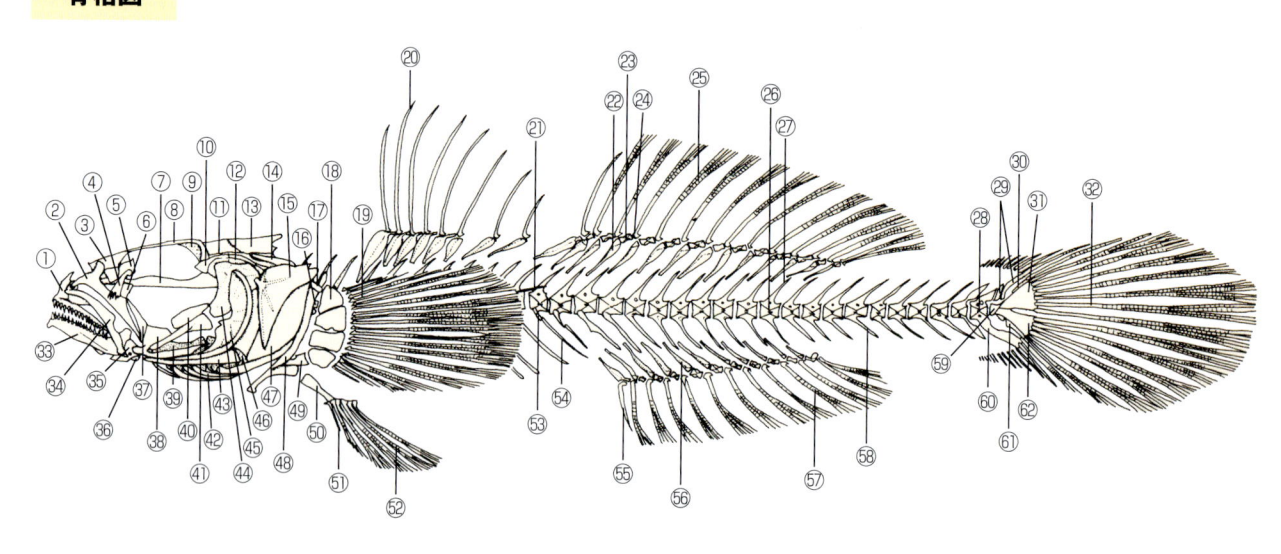

① 前上顎骨　② 口蓋骨　③ 篩骨　④ 涙骨　⑤ 側篩骨　⑥ 内翼状骨　⑦ 副蝶形骨　⑧ 前頭骨　⑨ 翼蝶形骨　⑩ 蝶耳骨
⑪ 頭頂骨　⑫ 翼耳骨　⑬ 上後頭骨　⑭ 後側頭骨　⑮ 主鰓蓋骨　⑯ 肩甲骨　⑰ 上擬鎖骨　⑱ 輻射骨　⑲ 胸鰭条　⑳ 背鰭棘
㉑ 上肋骨　㉒ 背鰭近位担鰭骨　㉓ 間担鰭骨　㉔ 遠位担鰭骨　㉕ 背鰭軟条　㉖ 椎体　㉗ 神経棘　㉘ 第2尾鰭椎前椎体　㉙ 上尾骨
㉚ 第5下尾骨　㉛ 第3下尾骨＋第4下尾骨　㉜ 尾鰭条　㉝ 歯骨　㉞ 主上顎骨　㉟ 角骨　㊱ 後関節骨　㊲ 外翼状骨　㊳ 方形骨
㊴ 角舌骨　㊵ 後翼状骨　㊶ 接続骨　㊷ 鰓条骨　㊸ 間鰓蓋骨　㊹ 舌顎骨　㊺ 前鰓蓋骨　㊻ 上舌骨　㊼ 下鰓蓋骨　㊽ 擬鎖骨
㊾ 烏口骨　㊿ 腰帯　51 腹鰭棘　52 腹鰭軟条　53 横突起　54 肋骨　55 臀鰭棘　56 臀鰭近位担鰭骨　57 臀鰭軟条　58 血管棘
59 尾部棒状骨　60 第2尾鰭椎前椎体血管棘　61 準下尾骨　62 第1下尾骨＋第2下尾骨

解 説

◆呼名
カジカ（宮城），カワギス（北陸），ゴズ（鳥取），ハゼ（全国）．

◆外見の特徴
体は細長く，頭部躯幹部では円筒形であるが，尾部では側扁する．体表の大部分は鱗で覆われる．頭部では後頭部，鰓蓋上半部，頬に鱗がある．鱗は躯幹部と尾部で櫛鱗，頭部で円鱗である．鼻孔は2対で，前鼻孔は管状となる．背鰭は2基．第1背鰭は8棘で各棘は柔軟．第2背鰭は1棘13軟条．臀鰭は1棘11軟条．尾鰭は中央部が後方に伸び，丸みを帯びた尖形である．腹鰭は吸盤を形成している．腹鰭膜蓋の縁片は鋸歯状を呈する．体は腹部を除いて，褐色で暗色点がある．また，体側には黒色斑列がある．背鰭と尾鰭にはやや明瞭な黒色斑列がある．全長25cm程度になる．

◆分布・生息
北海道南部から九州までの本邦各地や，朝鮮半島沿岸，中国大陸の渤海や黄海沿岸に分布する．また近年人為的な影響で，カリフォルニアやシドニーでも生息が認められた．通常，内湾や河口域，河川下流部の砂泥底に生息する．

◆成熟・産卵
満1歳あるいは満2歳で成熟する．最小の成熟体長は7～8cm．産卵期は冬から春で，西日本では1～3月，関東以北では2月あるいは3～5月である．産卵は通常内湾の砂泥底に作られた坑道状の産卵室内で雌雄一対によって行われ，卵は産卵室の壁面に産みつけられる．卵は棍棒状の沈性付着卵で，基部に付着糸がある．卵の長径は5～6mm，短径は1mm程度である．

◆発育・成長
受精卵は水温13℃で約28日間でふ化する．ふ化仔魚の全長は5mm程度である．全長約17mmで鰭が完成して稚魚になる．全長18mm前後で浮遊生活から底生生活に移行する．ふ化した年の8月には45mm程度，12月には93mm程度に成長する．産卵後は大部分が死ぬ．満1年で産卵しなかった個体は翌年秋には13cm程度まで成長する．

◆食性
浮遊期には橈脚類などの小型動物プランクトンを捕食する．底生生活に移ると雑食性となり，ゴカイ類や甲殻類，海藻などを捕食する．

◆解剖上の特徴
〔口部〕
口はやや大きく，上顎は下顎よりもわずかに突出する．口腔は中庸大．両顎歯はやや細長い円錐歯で，歯帯を形成する．鋤骨や口蓋骨に歯はない．舌は大きく，先端は截形で口腔床部から離れる．

〔脳〕
嗅球は小さく発達した嗅葉に密着する．視葉は大きく，小脳は小さい．延髄はよく発達する．

〔鰓〕
鰓弓は4対．鰓弁は短い．鰓耙数は少なく，4＋10本前後である．鰓耙は上枝では短い棍棒状，下枝では短い板状である．鰓耙上の小棘はない．鰓蓋内面に偽鰓がある．咽頭歯は小型円錐歯で，歯帯を形成する．

〔腹腔〕
やや細長い．腹膜は背部が黒色で腹部は銀白色である．

〔消化管〕
胃は短い直線形で，盲嚢部はない．胃壁は厚い．幽門垂はない．腸は太短いN字形である．

〔肝臓〕
大型の単葉で，淡黄褐色を呈する．

〔胆嚢〕
比較的大型の球形で，淡黄緑色を呈する．胃の右側に位置する．

〔脾臓〕
長細い楕円形で，暗赤色を呈する．腸管屈曲部の右側に位置する．

〔鰾〕
大きく，壁は半透明で薄い．腹腔の中央部背方に位置する．

〔生殖腺〕
細長い棒状で，左右両葉からなる．

〔心臓〕
心室は赤色の三角形を呈し，その上方に心房，前方に白色の動脈球がある．

〔腎臓〕
赤桃色で，腹腔の背面に沿って前後に長く伸びる．

〔体側筋〕
白身．真正血合筋，表面血合筋ともにほとんど発達しない．

〔骨格〕
頭蓋骨は偏平で，後頭部は幅広いが，眼隔部は極めて幅狭い．咽舌骨は幅広い扇形で，前縁は截形．尾舌骨は

側扁形．鰓条骨は角舌骨上に4本，上舌骨上に1本あり，第1鰓条骨は細くて短く，第5鰓条骨は幅広い．眼下骨はない．輻射骨は大きく，4枚の板状骨からなる．肩甲骨と烏口骨は小さく，それぞれ離れて位置する．腰帯は軟骨で擬鎖骨とつながる．脊椎骨数は13＋20個．横突起は第2〜13脊椎骨上，肋骨は第3〜13脊椎上，上椎体骨は第1〜10脊椎骨上にそれぞれある．神経棘は細い．血管棘は神経棘よりもわずかに幅広い．第1下尾骨と第2下尾骨，第3下尾骨と第4下尾骨はそれぞれ癒合し，板状をなしている．尾部神経骨や下尾骨側突起はない．

全形

口／眼／鰓蓋／第1背鰭／第2背鰭／尾鰭／胸鰭／腹鰭／肛門／臀鰭

頭部側面

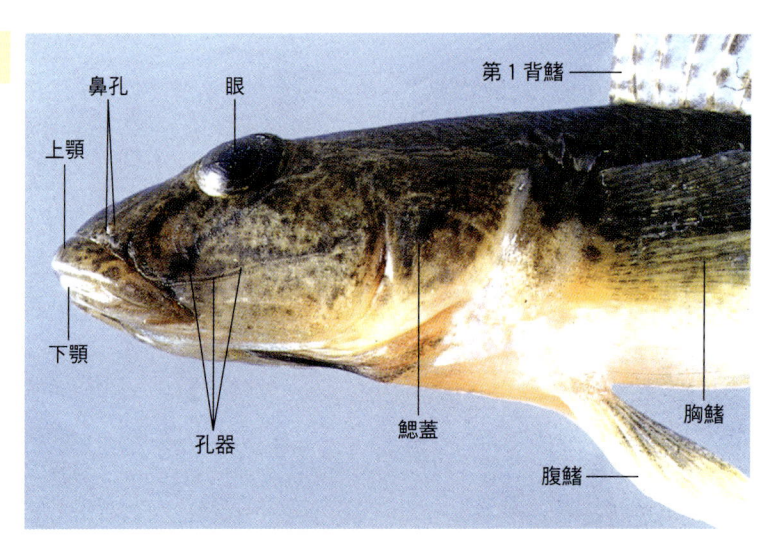

鼻孔／眼／第1背鰭／上顎／下顎／孔器／鰓蓋／腹鰭／胸鰭

脳

嗅球／嗅葉／視葉／小脳／延髄／脊髄

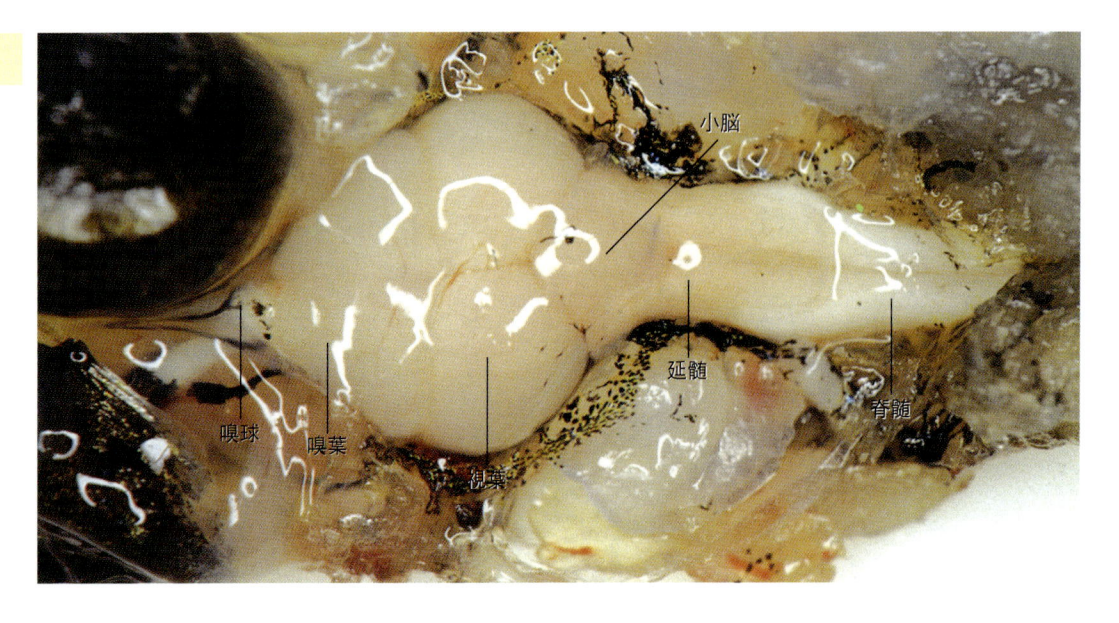

マハゼ

心臓
- 動脈球
- 心房
- 心室

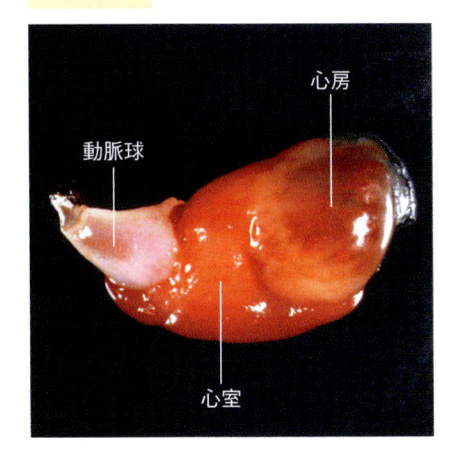

消化器系
- 胃
- 胆嚢
- 肝臓
- 脾臓
- 腸
- 肛門

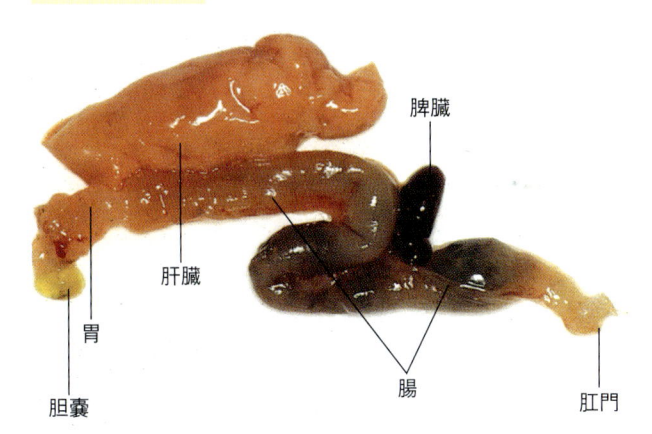

腎臓
- 腎臓
- 肛門

鰓と偽鰓
- 偽鰓
- 鰓弁
- 鰓耙
- 鰓弓
- 鰓蓋内面
- Ⅰ・Ⅱ・Ⅲ・Ⅳ

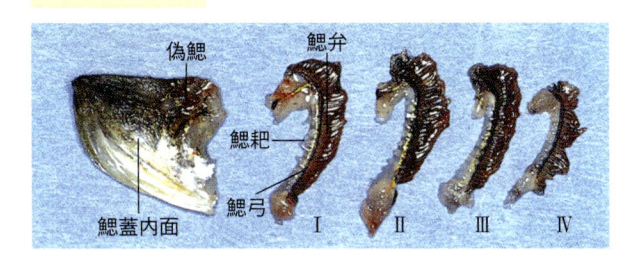

鰓と内臓
- 口腔
- 鰓弁
- 肝臓
- 鰾
- 鰓耙
- 心臓
- 生殖腺（卵巣）
- 脂肪体
- 腸
- 肛門

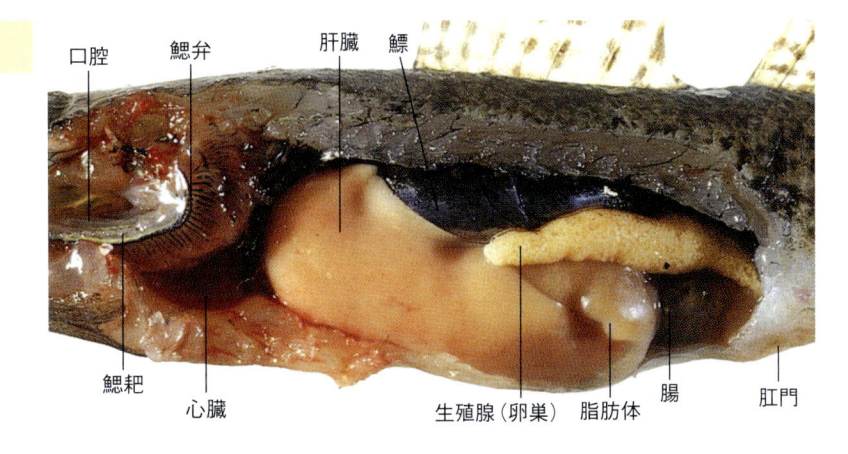

内臓（肝臓を除去したもの）
- 鰾
- 生殖腺（卵巣）
- 脾臓
- 胃
- 腸
- 肛門

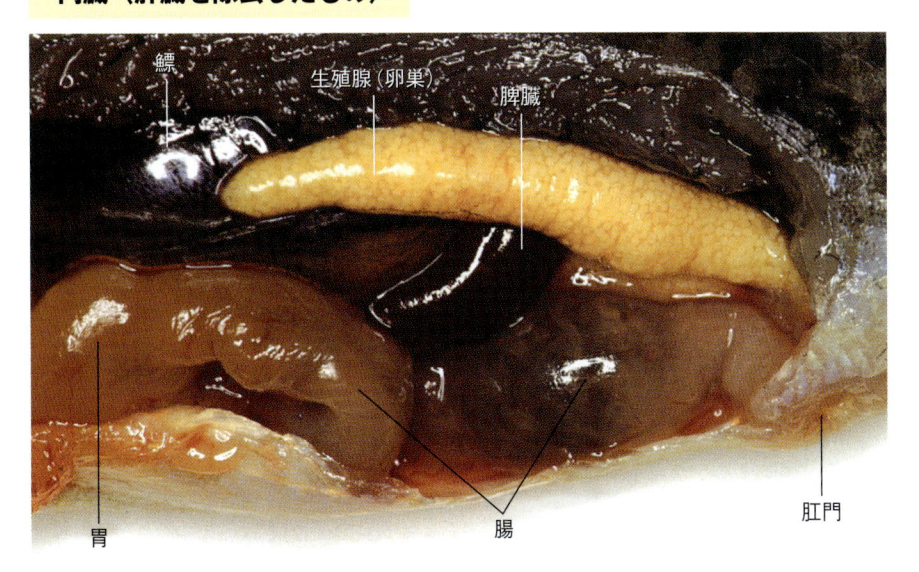

アイゴ

Siganus fuscescens（Houttuyn）

スズキ目アイゴ科アイゴ属

木村清志

解剖図

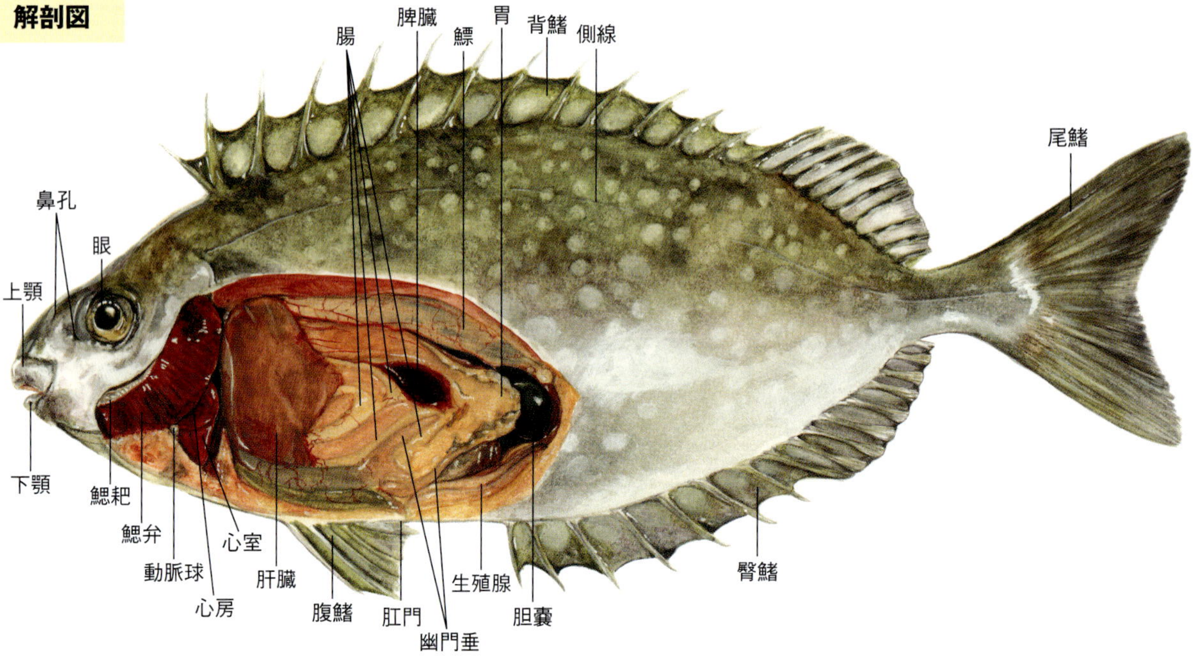
腸
脾臓
鰾
胃
背鰭
側線
尾鰭
鼻孔
眼
上顎
下顎
鰓耙
鰓弁
心室
動脈球
肝臓
心房
腹鰭
肛門
幽門垂
生殖腺
胆嚢
臀鰭

骨格図

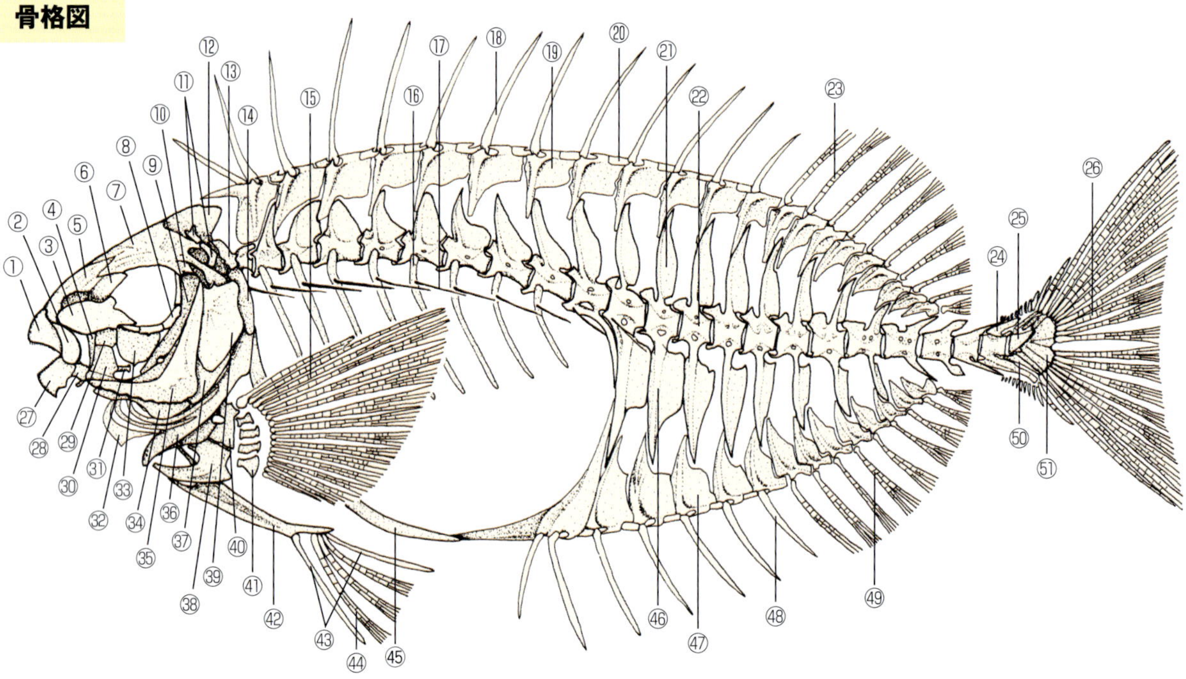

① 前上顎骨　② 主上顎骨　③ 涙骨　④ 外翼状骨　⑤ 篩骨　⑥ 側篩骨　⑦ 前頭骨　⑧ 眼下骨　⑨ 舌顎骨　⑩ 蝶耳骨
⑪ 上側頭骨　⑫ 上後頭骨　⑬ 後側頭骨　⑭ 上擬鎖骨　⑮ 胸鰭条　⑯ 肋骨　⑰ 上肋骨　⑱ 背鰭棘　⑲ 背鰭近位担鰭骨
⑳ 遠位担鰭骨　㉑ 神経棘　㉒ 椎体　㉓ 背鰭条　㉔ 上尾骨　㉕ 尾部棒状骨　㉖ 尾鰭条　㉗ 歯骨　㉘ 角骨　㉙ 内翼状骨　㉚ 方形骨
㉛ 接続骨　㉜ 鰓条骨　㉝ 後翼状骨　㉞ 間鰓蓋骨　㉟ 前鰓蓋骨　㊱ 擬鎖骨　㊲ 下鰓蓋骨　㊳ 烏口骨　㊴ 主鰓蓋骨　㊵ 肩甲骨
㊶ 射出骨　㊷ 腰帯　㊸ 腹鰭棘　㊹ 腹鰭条　㊺ 後擬鎖骨　㊻ 血管棘　㊼ 臀鰭近位担鰭骨　㊽ 臀鰭棘　㊾ 臀鰭条　㊿ 準下尾骨
(51) 下尾骨

解　説

◆呼名

アイ（関西，四国），アイノバリ（紀伊半島），アエ（高知），イバリ（九州北部），エノウオ（九州），バリ（中部地方以西），バリコ（稚幼魚），モアイ（広島），ヤイ（四国）．

◆外見の特徴

体は楕円形で，体高が高く，よく側扁する．吻は丸く，口は小さい．尾柄は細い．体表は一面に微少な楕円形の円鱗で覆われるが，側線鱗は細長い長方形である．腹鰭は特異的で，前後にそれぞれ1棘がありその間に3軟条がある．背鰭には13本，臀鰭には7本の棘がある．これらの棘は毒腺をもち，刺されると激しく痛む．尾鰭は浅く2叉する．

体色は変異に富むが，一般に黄褐色のまだら模様を呈し，不定形の暗色斑や円形の小白斑が散在する．鰓蓋後方上部に比較的明瞭な暗色斑がある．通常は全長35cm程度であるが，まれに全長40cm，体重1kgに達するものもある．

◆分布・生息

本州以南から琉球列島，中国南部，東南アジア，オーストラリア北部，アンダマン海に分布する．全長2～3cmの稚魚は流れ藻に付随する性質がある．幼魚は内湾や藻場で生活し，成魚は海藻が繁茂した外海の磯に生息する．

◆成熟・産卵

1年あるいは2年で成熟するとされている．産卵は7～8月に沿岸の岩礁域や藻場で行われる．産卵水温は21～27℃程度である．完熟卵は無色透明で，直径0.62～0.66mm，4～7個の大油球と数個の小油球がある．卵は沈性粘着性で，岩礁や海藻に産みつけられる．

◆発育・成長

水温23.5～26℃では受精後約27時間でふ化する．ふ化仔魚は全長2.1mm程度，油球は単一となり卵黄の前部に位置する．ふ化後2日で約3mmに成長し，眼に黒色素胞が出現する．また，卵黄がほぼ完全に吸収され，口が開く．3.3mmで背鰭棘が出現し，その後に腹鰭外棘が形成される．9.5mm程度で各鰭の鰭条数が定数に達し，稚魚になる．

飼育下における成長過程はふ化後10日で全長4.6mm，20日で12.2mm，25日で19.0mm，30日で27.4mm，43日で43.2mmとなる．

◆食性

浮遊期の仔稚魚は主に橈脚類などのプランクトン甲殻類を捕食し，その後藻場で生活するようになると付着珪藻類などを摂取するようになる．全長5cm程度から海藻類を食べ始め，成魚は海藻類やエビ・カニ類などの小動物を主飼料としている．

◆解剖上の特徴

〔口部〕

口は小さく，上顎はほとんど伸出しない．口腔はやや大きい．舌は短く，口腔床部からわずかに離れる．両顎歯は小さく，2尖頭あるいは3尖頭の門歯状歯が一列に並ぶ．前鋤骨や口蓋骨に歯はない．

〔脳〕

嗅球は小さく，嗅葉はやや大きい．視葉は特に大きく，小脳は小さい．

〔鰓〕

鰓弓は4対．鰓弁は普通大．第1鰓弓側の鰓耙は小さく，鎌状を呈する．鰓耙の先端は尖り，2叉あるいは3叉する．鰓耙数は上枝5～6本，下枝17～18本．偽鰓はよく発達する．上下両咽頭歯は細長い小型円錐歯で，小歯帯を形成する．

〔腹腔〕

広く，腹膜は白色で光沢がある．

〔消化管〕

胃は盲嚢が発達しないV型で，噴門部が長く，幽門部は短い．胃壁は厚い．幽門垂は指状で2～3本．腸は長く，幽門部から前上方に向かい腹腔内を大きく2.5周旋回した後反転し，逆回りに1.5周する．この間に小さな褶曲がある．肛門は左右の腹鰭間に開口する．大型魚では腸の外面に多量の脂肪体が蓄積する．

〔肝臓〕

黄褐色または赤褐色で比較的小さい．左右両葉からなり，右葉は左葉よりもかなり小さい．

〔胆嚢〕

濃緑色の球形で，比較的大きく，腹腔の後方に位置する．

〔脾臓〕

暗赤色の長卵形で，腹腔中央部に位置する．

〔鰾〕

比較的大きく，背側部は腹膜と固着する．鰾の壁は薄い．

〔生殖線〕

左右両葉からなり，肛門より後方の腹腔下縁および後

縁に沿って位置する．

〔心臓〕

心室は赤色の4面体で，その上方に暗赤色の心房，前上方に白色の動脈球がある．

〔腎臓〕

時赤色を呈し，脊椎骨腹面に沿って前後に長く伸びる．

〔体側筋〕

白身．表面血合筋は体側中線に沿った皮膚直下に認められるが，真正血合筋はほとんどない．

〔骨格〕

頭蓋骨は幅広く，やや偏平．前頭骨背面の各隆起線は低い．尾舌骨の腹縁は偏平で，左右に水平に広がる．鰓条骨は5本．第1鰓条骨は偏平で幅広い．後擬鎖骨の下半部は体腹縁に沿って後方に伸長し，臀鰭第1担鰭骨の前向棘に接する．脊椎骨数は9＋14＝23個．横突起は第1脊椎骨では比較的大きいが，第2脊椎骨以後では小さい．肋骨は第2～第9脊椎骨上にあり，上椎体骨は第1～第11脊椎骨（第2尾椎骨）上にある．神経棘や血管棘はかなり幅広い．尾神経骨は尾部棒状骨と完全に癒合している．下尾骨側突起は不明瞭．背鰭，臀鰭の近位担鰭骨は幅広く，前後に強固に連結する．背鰭第1担鰭骨の前部は通常皮下に埋没する1前向棘を形成している．

全形

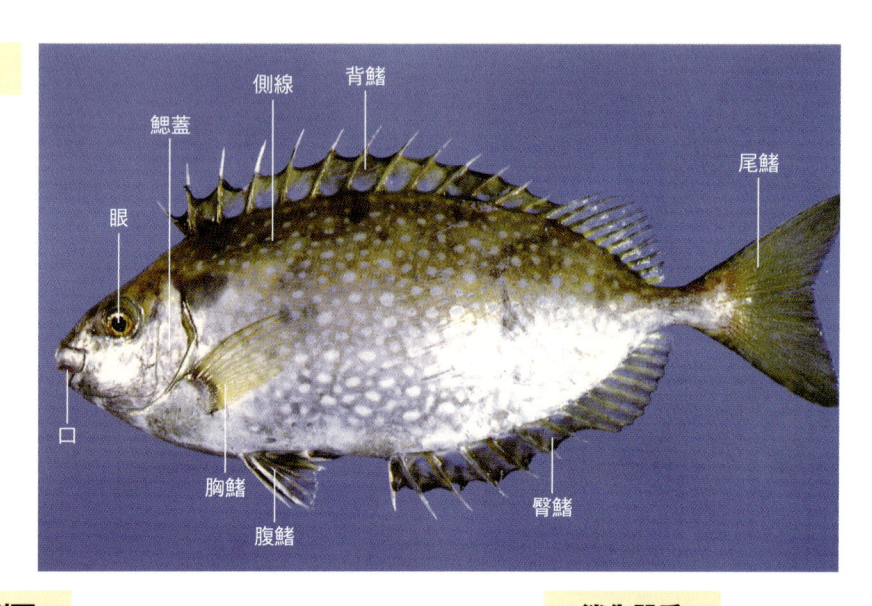

頭部側面

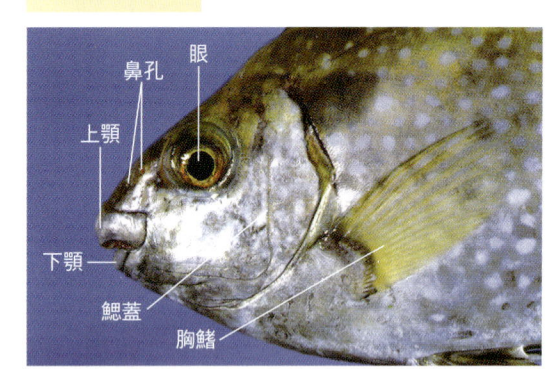

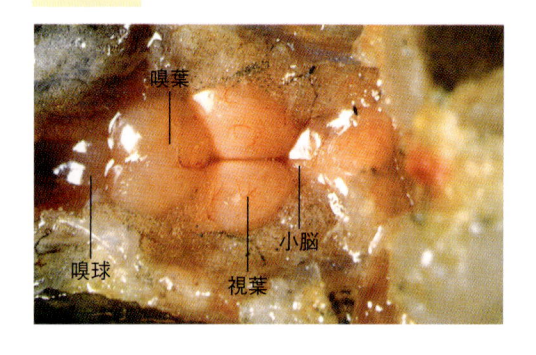

消化器系

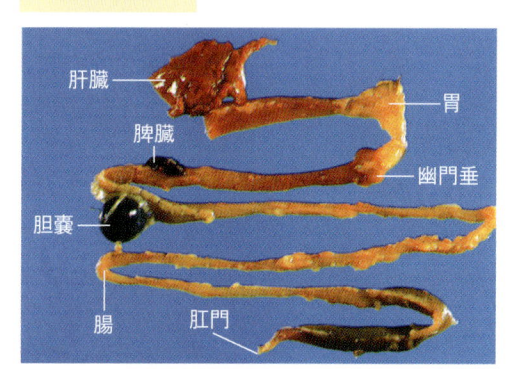

脳

鰓と偽鰓

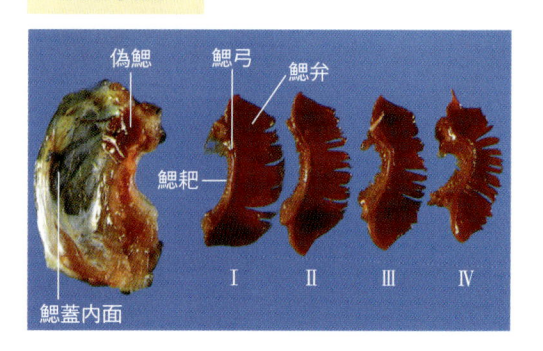

アイゴ　Ⅱ-26

鰓と内臓

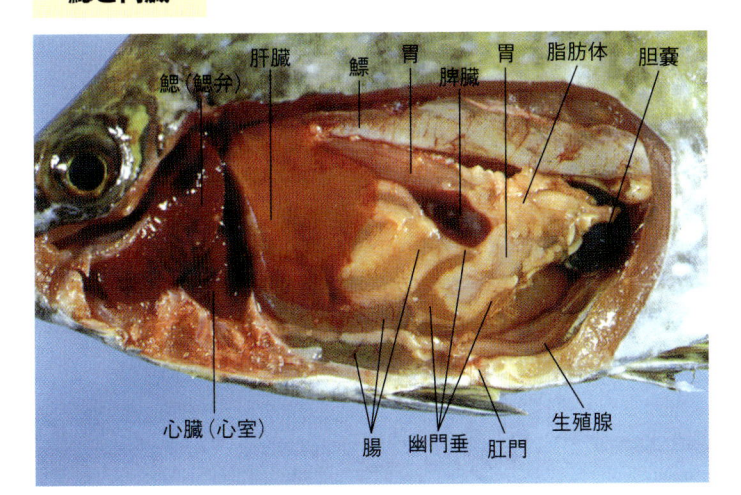

鰓（鰓弁）・肝臓・鰾・胃・脾臓・胃・脂肪体・胆嚢
心臓（心室）・腸・幽門垂・肛門・生殖腺

心臓

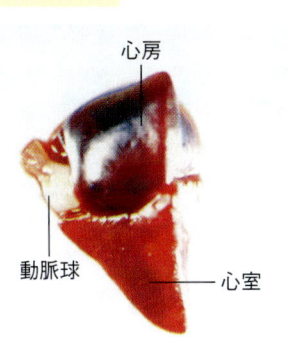

心房・動脈球・心室

内臓（肝臓を除去したもの）

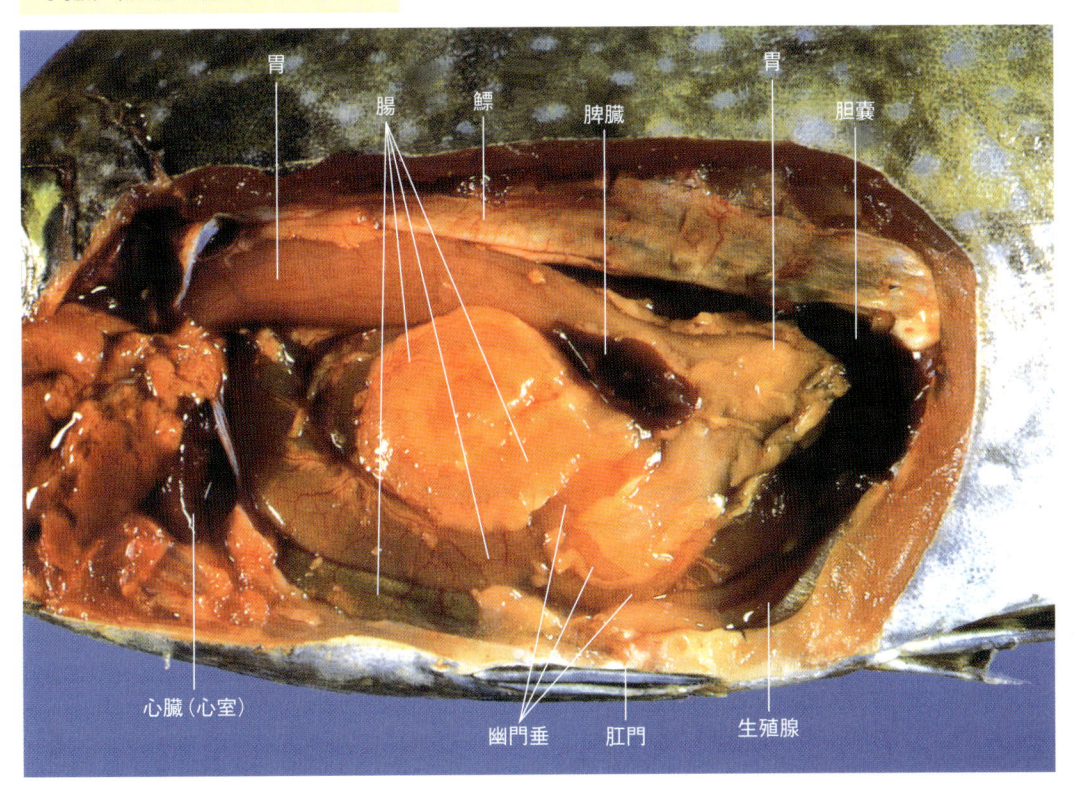

胃・腸・鰾・脾臓・胃・胆嚢
心臓（心室）・幽門垂・肛門・生殖腺

腎臓

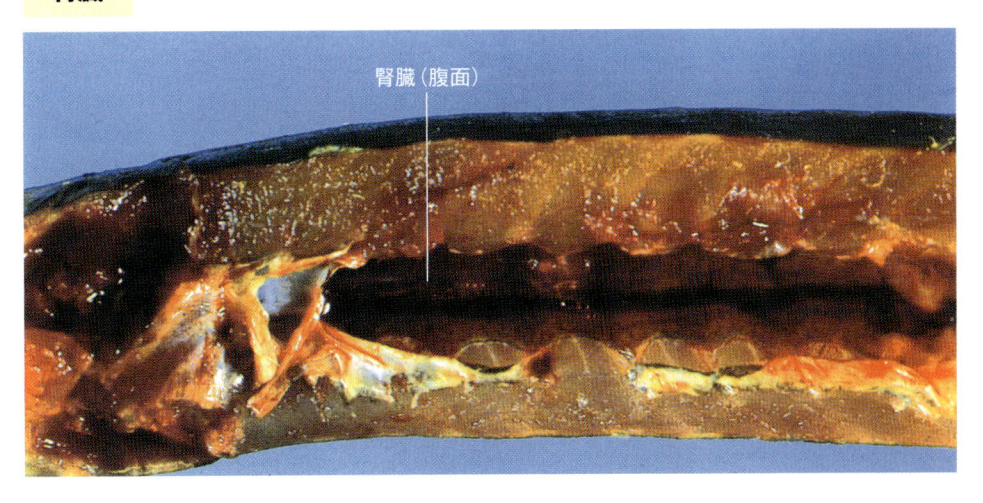

腎臓（腹面）

タチウオ

Trichiurus japonicus Temminck & Schlegel
スズキ目タチウオ科タチウオ属
木村清志

解剖図

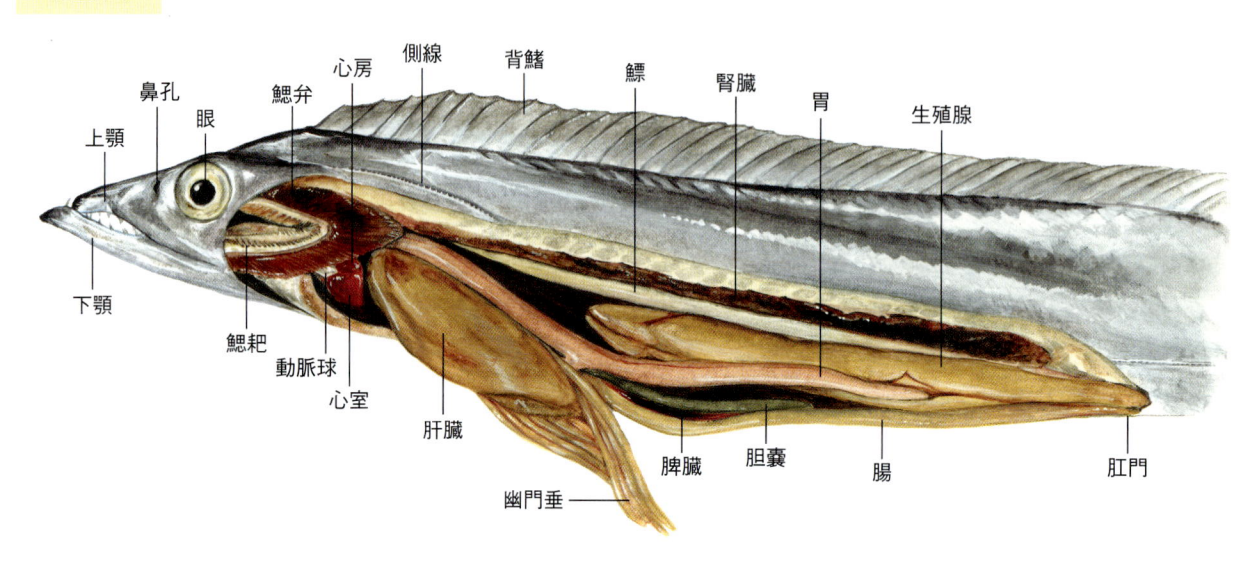

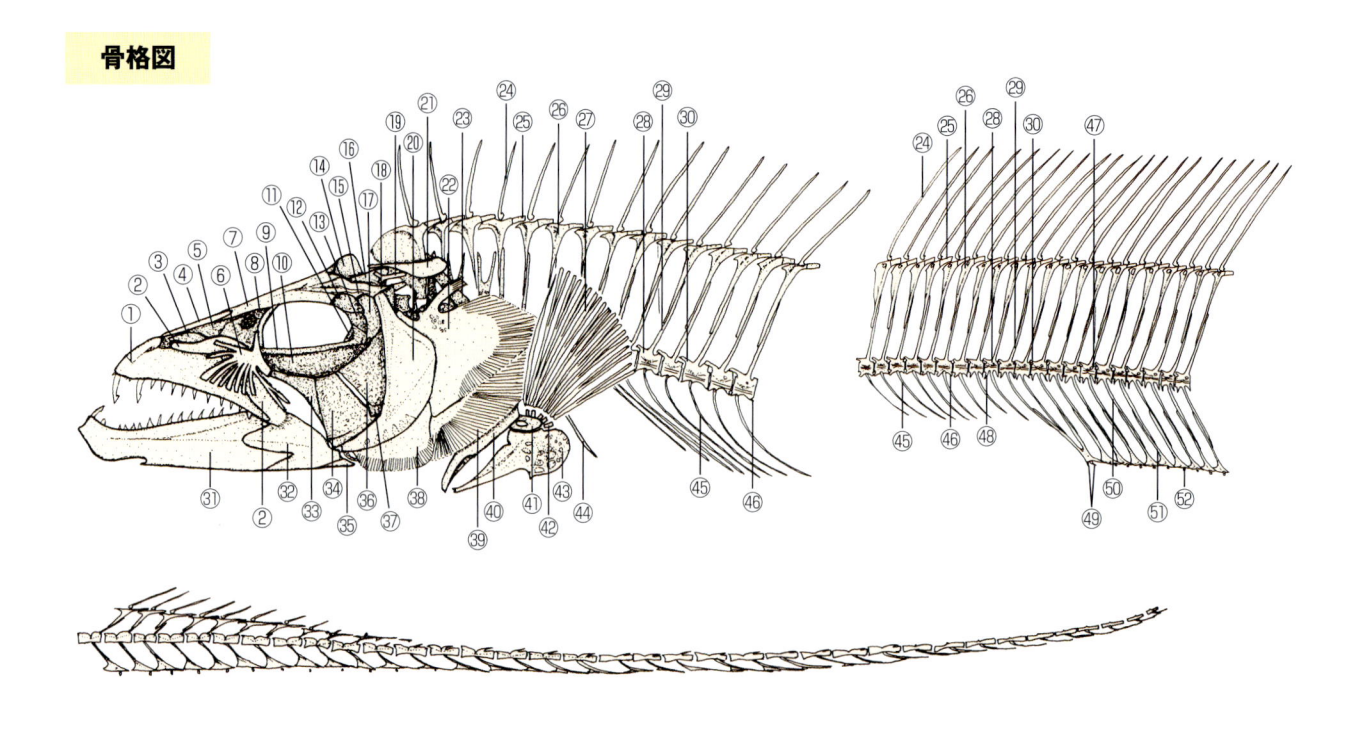

（解剖図の名称）上顎、鼻孔、眼、鰓弁、心房、側線、背鰭、鰾、腎臓、胃、生殖腺、下顎、鰓耙、動脈球、心室、肝臓、幽門垂、脾臓、胆嚢、腸、肛門

骨格図

① 前上顎骨　② 主上顎骨　③ 口蓋骨　④ 鼻骨　⑤ 篩骨　⑥ 涙骨　⑦ 前頭骨　⑧ 側篩骨　⑨ 副蝶形骨　⑩ 内翼状骨
⑪ 基蝶形骨　⑫ 翼蝶形骨　⑬ 前耳骨　⑭ 上後頭骨　⑮ 蝶耳骨　⑯ 上耳骨　⑰ 舌顎骨　⑱ 翼耳骨　⑲ 上側頭骨　⑳ 前鰓蓋骨
㉑ 後側頭骨　㉒ 主鰓蓋骨　㉓ 上擬鎖骨　㉔ 背鰭条　㉕ 遠位担鰭骨　㉖ 背鰭近位担鰭骨　㉗ 胸鰭条　㉘ 椎体　㉙ 神経棘
㉚ 前神経関節突起　㉛ 歯骨　㉜ 角骨　㉝ 外翼状骨　㉞ 方形骨　㉟ 後関節骨　㊱ 後翼状骨　㊲ 接続骨　㊳ 間鰓蓋骨　㊴ 下鰓蓋骨
㊵ 擬鎖骨　㊶ 肩甲骨　㊷ 射出骨　㊸ 烏口骨　㊹ 後擬鎖骨　㊺ 肋骨　㊻ 後血管関節突起　㊼ 後神経関節突起　㊽ 前血管関節突起
㊾ 臀鰭棘　㊿ 血管棘　51 臀鰭近位担鰭骨　52 臀鰭条

解　説

◆呼名
カタナ（北陸），タチ（各地），タテイオ（四国），タチオ（関西，四国，新潟），ハクイオ（鳥取），ハクウオ（宮城），ハクナギ（宮城），ハクヨ（鳥取）．

◆外見の特徴
体はリボン状で，よく延長する．尾部は長く，全長の1/2以上を占める．口は大きく，下顎は上顎よりも前方に突出する．体表に鱗はない．側線は鰓蓋後方から胸鰭後方にかけて急下降し，その後はほぼ直走する．

背鰭基底は長く，背鰭鰭条数は130〜140本．臀鰭鰭条は極めて短く，ほぼ完全に皮下に埋没する．腹鰭と尾鰭はない．尾部後端は紐状．体はほぼ一様に銀白色を呈するが，尾部後端や吻端および胸鰭はやや黒い．全長1.5mに達する．

◆分布・生息
北海道以南の日本各地のほか，朝鮮半島や中国大陸沿岸，台湾に分布する．通常大陸棚上あるいは沿岸の300m以浅の海域に生息する．小型魚は昼間底層で生活し，夜間には中層まで浮上する．一方大型魚は昼間は中表層に浮上し，夜間は底層で生活する．稚魚は水深50m程度に多い．

◆成熟・産卵
雌雄ともに満1歳から成熟し，最小成熟体長（肛門前長）は雌で21〜22cm，雄で19〜21cm程度である．

産卵は比較的長期間にわたってなされ，紀伊水道や熊野灘では5〜11月，駿河湾では7〜11月，日本海中部海域では6〜10月，東シナ海や黄海では4〜8月である．紀伊水道や熊野灘では黒潮の流路によって産卵の盛期が変化し，産卵が春季に集中する場合や盛期が春と秋の2回に分れる場合，あるいは盛期が顕著でなく春から秋にかけてほぼ一様に産卵する場合などがある．産卵場は水深200m以浅の海域で，産卵水深は50〜75mの中・底層である．

卵巣内の成熟卵数は肛門前長30cmで35,000〜42,000粒，40cmで86,000〜92,000粒である．東シナ海・黄海や日本海では産卵は年1回と考えられているが，太平洋沿岸では2回またはそれ以上産卵の可能性がある．

卵は直径1.59〜1.88mmの球形で，1個の油球がある．卵は分離浮遊性であるが，表層には少なく，20m程度の水深に多い．

◆発育・成長
水温16℃では受精後約4日でふ化する．ふ化仔魚は全長5.75mm程度，腹鰭に特徴的な黒色素胞がある．背索長7〜8mmでは背鰭前端に前縁に鋸歯を有する強大な3棘がある．この棘はその後退化し，棘と軟条の区別が不明瞭になる．臀鰭は背索長10mm程度から発達する．40mm程度では明瞭であるが，その後退縮して皮下に埋没する．

本種の成長は海域によって差が見られるが，通常満1歳で肛門前長20〜24cm，2歳で28〜30cm，3歳で31〜36cm，4歳で33〜38cm，5歳で34〜41cm，6歳で35〜42cm程度である．一般に雌は雄よりも成長が良く，また春季発生群は秋季発生群よりも成長が良い．

◆食性
稚魚は通常橈脚類などの動物プランクトンを，肛門前長20cmまでの未成魚はオキアミ類やアミ類，エビ類などを主飼料としている．成魚は魚食性の傾向が強く，特にイワシ類，サバ類，アジ類，サイウオ類などを多く捕食している．また海域によっては共食い現象もよく見られる．

◆解剖上の特徴
〔口部〕

口は大きく，下顎は突出する．上顎は伸出しない．口腔は中庸大．舌はやや大きく，先端は膜で口腔床部と連続する．両顎歯は大きく，側扁し，鋭利である．特に両顎の前方には1〜2対の強大な牙状歯があり，この歯の先端は成長すると鉤状になる．口蓋骨には微小な鋸歯があるが，鋤骨には歯はない．

〔脳〕

嗅球は小さく，嗅葉や視葉は大きい．小脳は小さい．延髄の顆粒隆起や迷走葉は大きく発達する．

〔鰓〕

鰓弓は4対．鰓弁は相対的に短い．鰓耙は多数の小棘と1〜3本の長い歯状突起から構成され，鰓弓上に1列に並ぶ．ただし，基鰓骨上および上顎骨上部の鰓耙は小棘のみで，歯状突起を欠く場合がある．歯状突起を有する鰓耙数は11〜29本，小棘のみの鰓耙も含めると32〜52本程度である．鰓蓋内面に偽鰓がある．咽頭歯は細長い小型円錐歯で，歯帯を形成する．

〔腹腔〕

細長く，腹膜は黒い．

〔消化管〕

胃はト型で，盲嚢は著しく発達する．空胃状態では胃壁は厚い．幽門垂は細長い房状で，その数は18〜25本程度．腸は短く，幽門部から直線状に肛門に達する．腸壁

は比較的厚い．

〔肝臓〕

黄褐色で比較的大きい．左右両葉からなる．

〔胆嚢〕

淡緑色を呈する半透明の細長い袋状で，腸に沿って位置する．

〔脾臓〕

暗赤色を呈し，細長く，胃盲嚢部の右側面に位置する．

〔鰾〕

著しく細長く，腎臓の腹面に沿って位置する．鰾の壁は銀白色を呈し，比較的厚い．

〔生殖線〕

細長い棒状で，左右両葉からなり，右葉は左葉よりも大きい．

〔心臓〕

心室は赤色の4面体で，その上後方に心房，前上方に白色の動脈球がある．

〔腎臓〕

暗赤灰色を呈し，脊椎骨腹面に沿って前後に長く伸びる．

〔体側筋〕

白身．表面血合筋，真正血合筋ともにほとんど見られない．

〔骨格〕

頭蓋骨は細長い．前頭骨背面の隆起線は低い．鼻骨は薄い膜状である．前上顎骨や歯骨は強固で鋭い歯を備えている．涙骨は膜状．主鰓蓋骨の縁辺は刷毛状を呈している．鰓条骨は7本で，最後の2本の先端は2叉している．烏口骨の後縁は膨出し，膨出部には多数の小孔がある．射出骨は肩甲骨に固着している．後擬鎖骨は細長く，糸状に伸長する．

脊椎骨は160～180個程度で170～175個の個体が多い．ただし，尾部後端が欠損し，脊椎骨数がかなり少ない個体も多い．上椎体骨は第1～第4脊椎骨上にある．肋骨は細く，第3脊椎骨以降の腹椎骨にある．第1背鰭近位担鰭骨は幅広い．背鰭，腎鰭の近位担鰭骨はそれぞれ神経棘，血管棘と固着している．尾骨はない．

全形

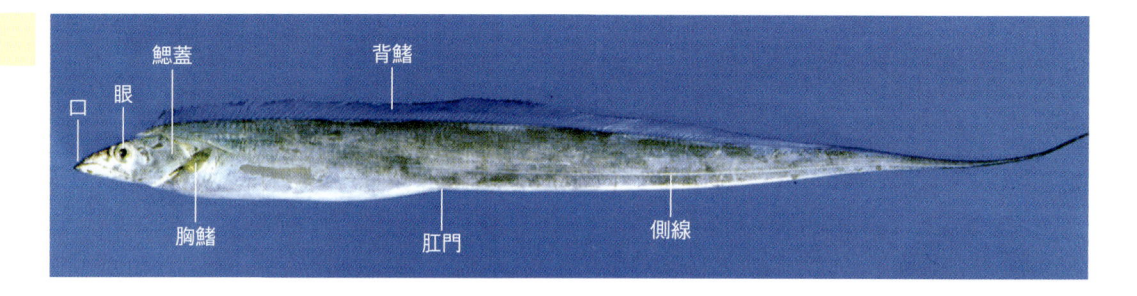

頭部と躯幹部

鰓と偽鰓

消化器系

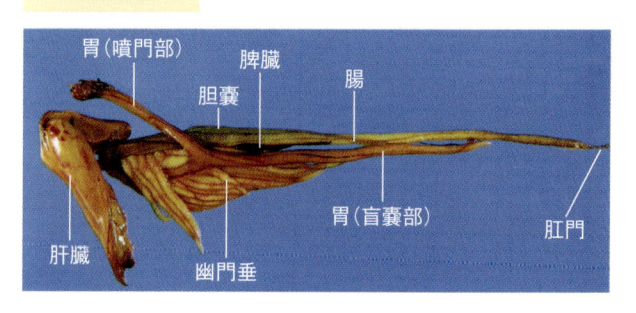

178

タチウオ　Ⅱ-27

心臓
- 動脈球
- 心房
- 心室

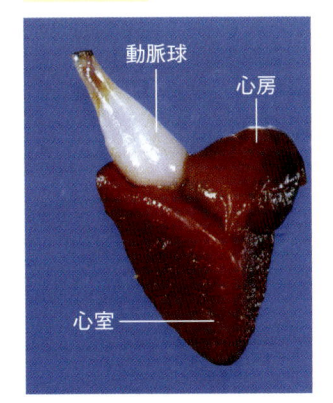

脳
- 顆粒隆起
- 延髄
- 嗅球
- 嗅葉
- 視葉
- 小脳
- 迷走葉
- 脊髄

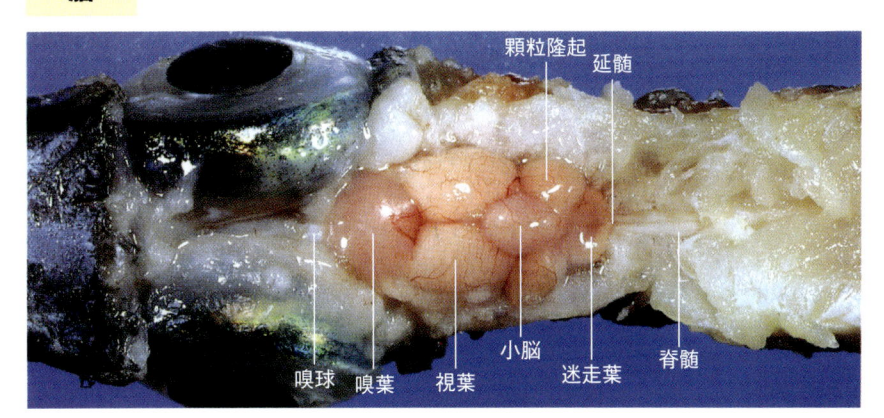

前頭部
- 鼻孔
- 眼
- 上顎
- 上顎歯
- 下顎歯
- 下顎

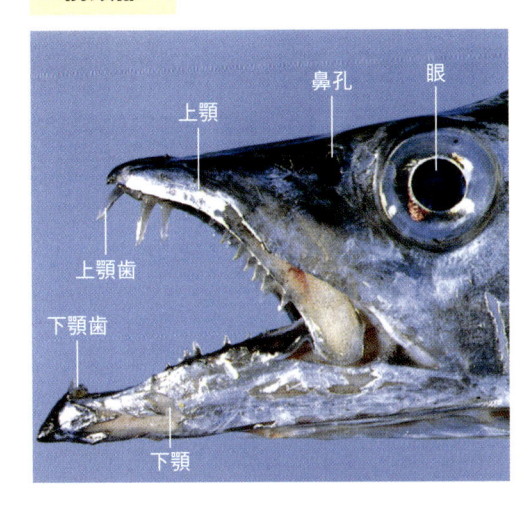

鰓と心臓
- 上咽頭歯
- 第1鰓弓（上枝）
- 鰓弁
- 鰓耙
- 心房
- 動脈球
- 心室
- 第1鰓弓（下枝）

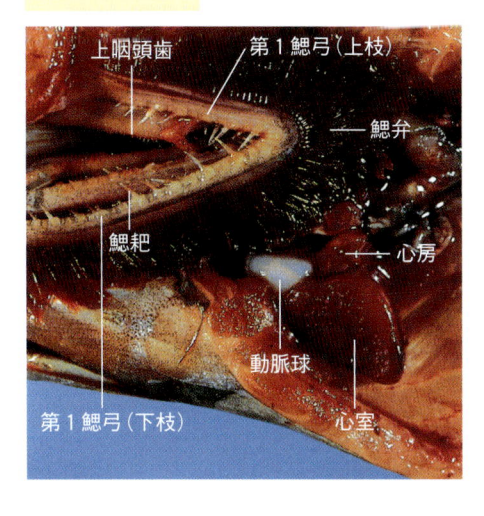

鰓と内臓
- 胃（噴門部）
- 胆嚢
- 鰾
- 腎臓
- 生殖腺
- 鰓（鰓弁）
- 心臓（心室）
- 肝臓
- 幽門垂
- 脾臓
- 胃（盲嚢部）
- 腸
- 肛門

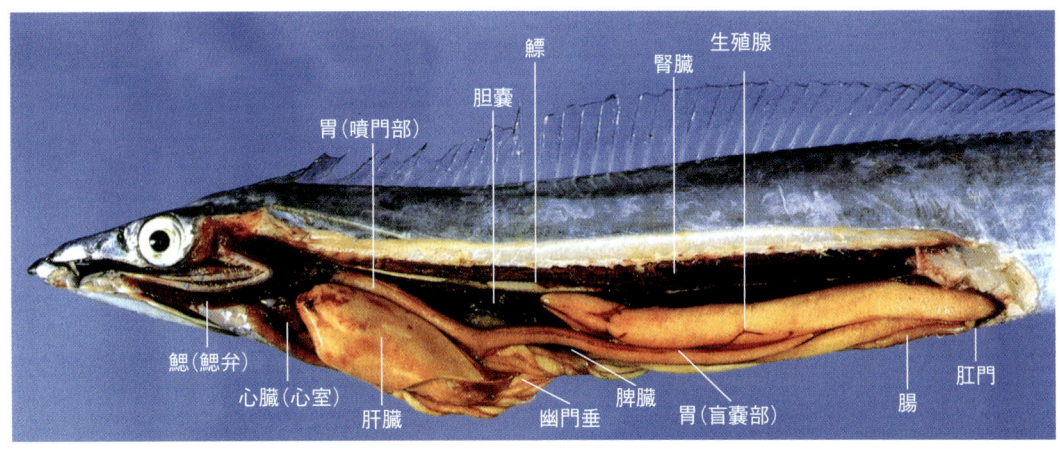

鰾と腎臓
- 鰾
- 腎臓

179

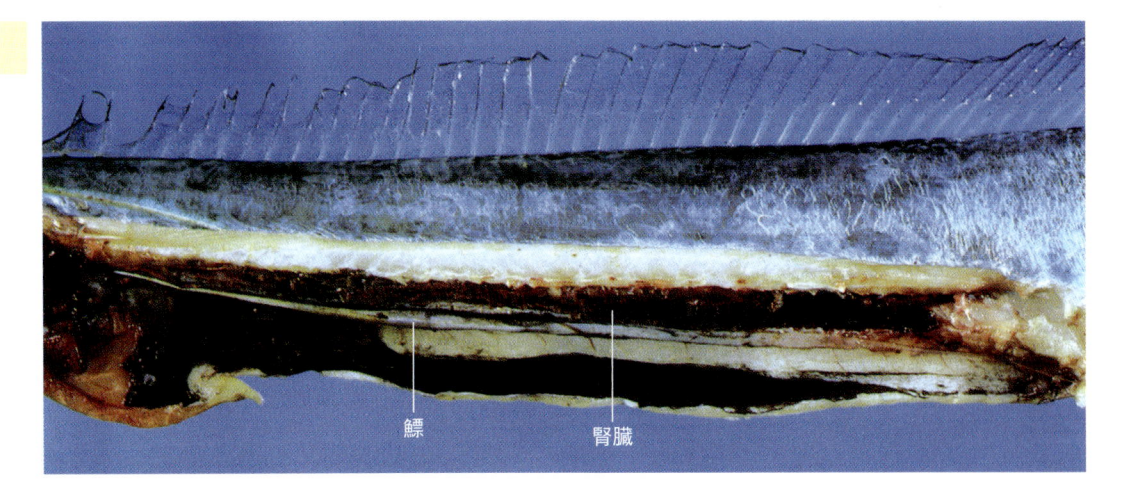

ヒラメ

Paralichthys olivaceus（Temminck & Schlegel）

カレイ目ヒラメ科ヒラメ属

塩満捷夫・内藤一明

解剖図

骨格図

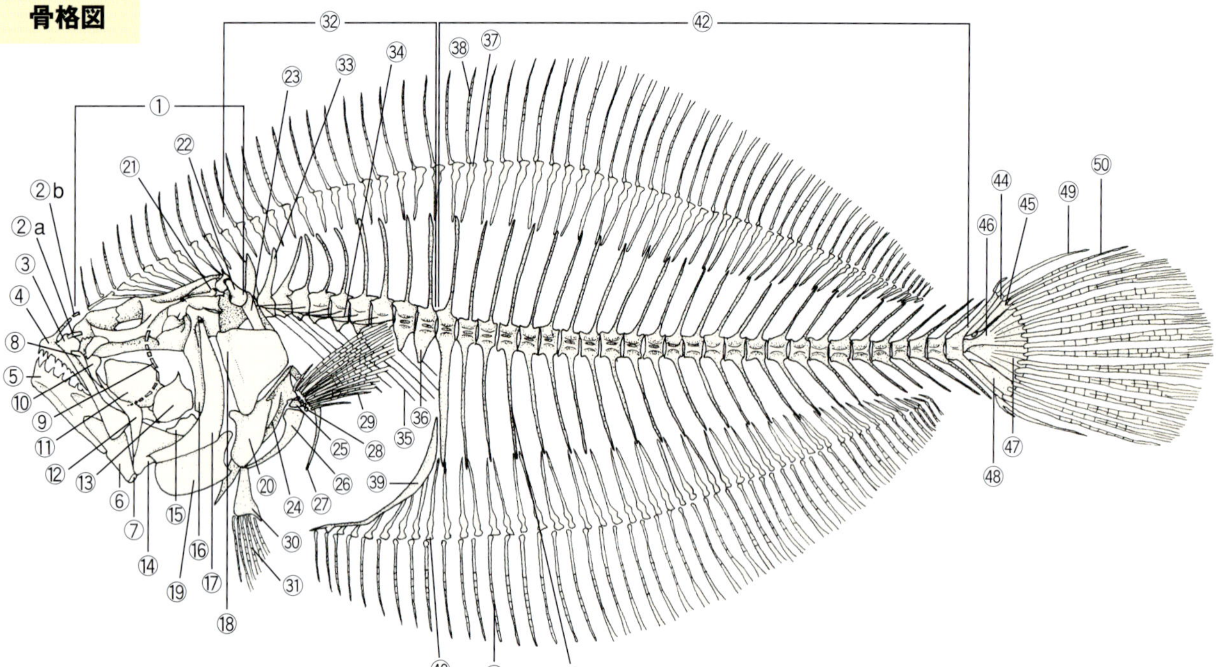

① 頭蓋骨　②a：鼻骨（有眼側）　②b：鼻骨（無眼側）　③ 主上顎骨　④ 前上顎骨　⑤ 歯骨　⑥ 角骨　⑦ 後関節骨　⑧ 涙骨　⑨ 眼下骨　⑩ 口蓋骨　⑪ 内翼状骨　⑫ 外翼状骨　⑬ 後翼状骨　⑭ 方形骨　⑮ 接続骨　⑯ 舌顎骨　⑰ 前鰓蓋骨　⑱ 主鰓蓋骨　⑲ 間鰓蓋骨　⑳ 下鰓蓋骨　㉑ 上側頭骨　㉒ 後側頭骨　㉓ 上擬鎖骨　㉔ 擬鎖骨　㉕ 肩甲骨　㉖ 烏口骨　㉗ 後擬鎖骨　㉘ 射出骨　㉙ 胸鰭条　㉚ 腰帯　㉛ 腹鰭条　㉜ 腹椎　㉝ 神経棘　㉞ 上椎体骨　㉟ 肋骨　㊱ 血道突起　㊲ 背鰭近位担鰭骨　㊳ 背鰭条　㊴ 臀鰭第1担鰭骨　㊵ 臀鰭近位担鰭骨　㊶ 臀鰭条　㊷ 尾椎　㊸ 血管棘　㊹ 上尾骨　㊺ 第5下尾骨　㊻ 第3＋4下尾骨　㊼ 第1＋2下尾骨　㊽ 準下尾骨　㊾ 尾鰭条（不分節）　㊿ 尾鰭条（分節）

解　説

◆呼名
オオグチガレイ（東北，関西），オオクチ（西日本）．

◆外見の特徴
両眼は頭の左側にある．口は著しく大きく，犬歯状歯が1列に並ぶ．鱗は小さく，有眼側で櫛鱗，無眼側で円鱗．全長は80cm余り．

◆分布・生息
サハリン以南，日本各地，渤海～南シナ海に広く分布し，ごく岸辺から水深200m前後の砂泥底に生息する．冬春の間は産卵のために浅所へ移動し，水温が上がりだすとやや沖合へ向かい，晩秋から越冬のため深所または南の方へ回遊する．生息の適水温は15～25℃である．塩分範囲は広いが18‰前後が好適である．

◆成熟・産卵
雌は体長約40cm，雄は30cmで成熟しだす．抱卵数は40万～50万粒．産卵は，日本の中部以西で2～5月，北日本で5～7月の間，岸近くの水深20～50m，潮通しのよいところでなされる．1産卵期中に雌は何回でも産卵し，1日に1尾が平均して100万粒，1産卵期中に3,000万粒も産むものがある．産卵水温は12～20℃である．

完熟卵は直径0.9mmの球形で，直径0.13mmの油球1個があり，卵の表面に微細な黒点が散在する．

◆発育・成長
受精卵は水温15～18℃で約50時間，20℃で40時間でふ化する．ふ化可能な水温は10～24℃で，15℃が最適である．塩分は原海水から3/2海水がふ化に好ましい．ふ化仔魚は全長2.4～2.9cmで，体表や卵黄などに樹枝状の黒色素胞が散在する．右眼は11mm前後で移動し，約13mmで左側に定位する．ふ化から変態が完了するまでの日数は普通30～40日である．

ふ化から変態前までは岸から離れた表・中層で浮遊生活をする．その時の水温は12～20℃，塩分は18‰前後である．右眼が頭の背部まで移動したころに内湾に入って底生生活を始める．稚魚は10m以浅の河口域に集まる．

ふ化後3カ月で6cm，秋には20cmになり，1歳で約30cm，250g，2歳で40cm，700g，3歳で50cm，1.4kg，5歳で65cm，3.3kgに成長する．成長の適水温は15～25℃である．

◆食性
稚魚はアミ類を主とし，ケンミジンコや他の稚魚を食べる．体長10cmぐらいから魚食性が高まりだし，15cmを超えると完全な魚食性となり，カタクチイワシ・イカナゴ・マアジ・マサバ・ヒイラギ・カジカ・カレイ類などを食べる．このほか春から秋にはイカ類，周年にわたって甲殻類も摂餌する．

摂餌量は10～25℃の間では水温が高いほど多いが，26℃前後で急に減少し，27℃以上では絶食状態になる．

◆解剖上の特徴
〔口部〕
口は斜位．口裂は大きく，無眼側に比し，有眼側ではやや短い．舌は三角柱状で，先端は口床から離れる．口腔内面は白色．両顎歯は犬歯状で疎に1列に並び，後方のものほど小さい．鋤骨および口蓋骨に歯はない．

〔脳〕
全体に棒状を呈する．嗅球は小さく，やや大きな嗅葉に密着する．下葉は平たい．視葉は大きく，両側に裂け目がある．小脳は小さい．

〔鰓〕
鰓弓は4対ある．各鰓弓の外側には細長く先の尖った鰓耙があり，それらには多数の小棘がある．第1鰓弓の鰓耙は上枝で5～6本，下枝で15～16本．第2咽鰓骨には微小歯からなる歯帯があり，第3・第4咽鰓骨には2～3列の歯がある．第5角鰓骨および第3上鰓骨にも微小歯からなる歯帯がある．

〔腹腔〕
側扁する．腹膜は白いが，背部はやや黒色を帯びる．

〔消化管〕
胃はト型を呈し，胃壁は厚い．幽門垂は，太短くて4本あり，3本は輪状に，他の1本はそれらよりやや後方に付着する．腸は前方で1回転し，直腸の直前で屈曲する．直腸部はよく肥厚する．

〔肝臓〕
2葉からなり，有眼側の方が大きい．

〔胆嚢〕
球状を呈する．

〔脾臓〕
長卵形．

〔鰾〕
幼生にあり，成魚にはない．

〔体側筋〕
白色筋．背鰭と臀鰭の屈筋・起筋・伏筋が体側筋の背方または腹方に発達する．

〔骨格〕

頭蓋骨は左右不相称．眼窩は左側のみにあって右眼を収める．両眼の間には棒状部が発達する．頭蓋骨の腹縁はほぼ直線状．脊椎骨数は腹椎が11個，尾椎部が27個．横突起は5番目の腹椎から発達する．8番目以降の腹椎では横突起は左右合して血道突起を形成する．肋骨は3番目以降の腹椎にある．最前部の尾椎の血管棘は他のものより著しく太い．前部の背鰭近位担鰭骨は頭蓋骨上にあり，先端に2軟条を支える．第1臀鰭近位担鰭骨は強大で，前方に延長し，先端に2軟条がある．

頭部側面

頭部無眼側

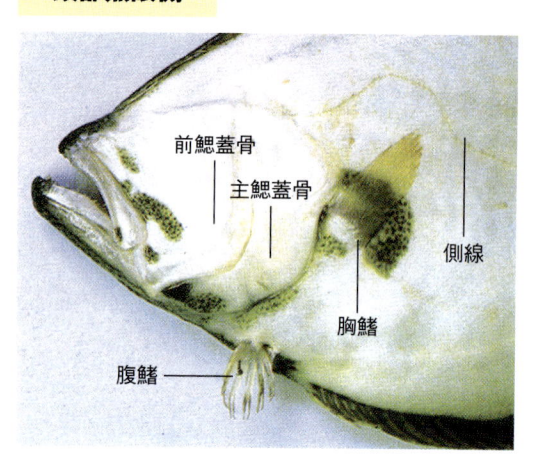

口腔・心臓・内臓

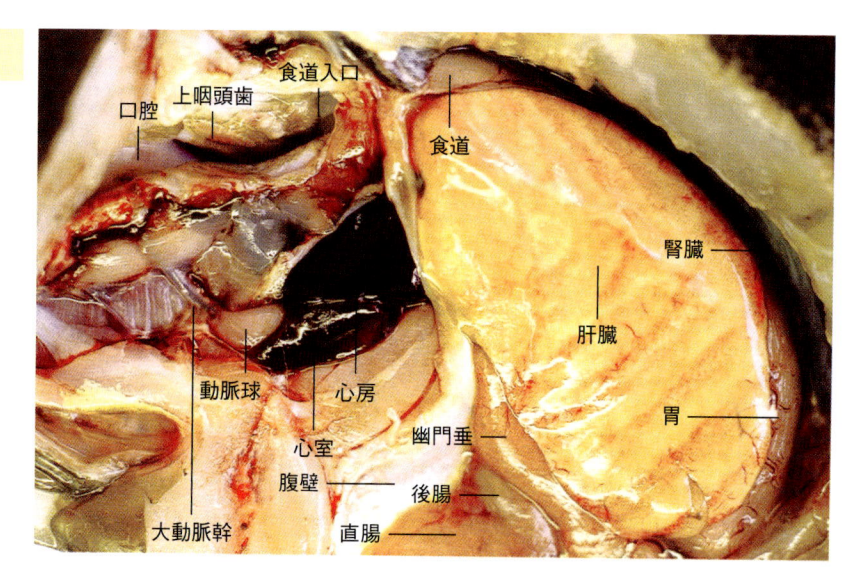

内臓（肝臓を除去した消化管系）

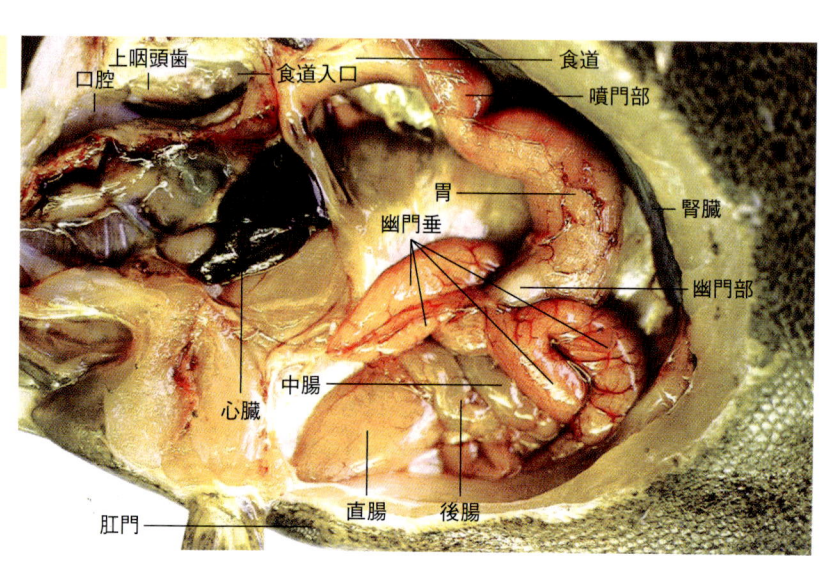

ヒラメ　Ⅱ-28

腎臓と卵巣

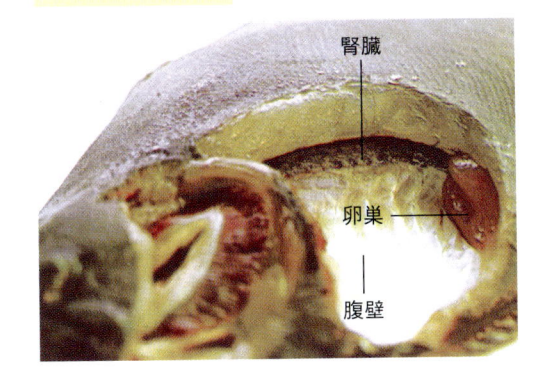

腎臓／卵巣／腹壁

鰓と偽鰓

偽鰓／鰓耙／鰓弓／鰓弁／鰓蓋内面
Ⅳ　Ⅲ　Ⅱ　Ⅰ

鰓

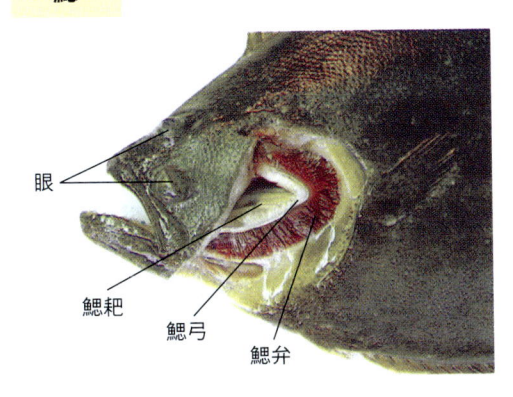

眼／鰓耙／鰓弓／鰓弁

鰓と内臓

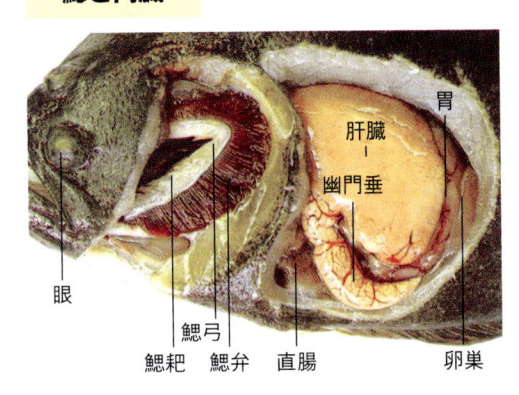

眼／肝臓／胃／幽門垂／鰓耙／鰓弓／鰓弁／直腸／卵巣

内臓

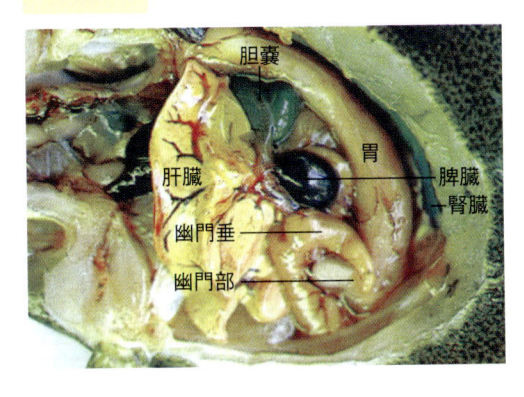

胆嚢／胃／脾臓／腎臓／肝臓／幽門垂／幽門部

消化管系

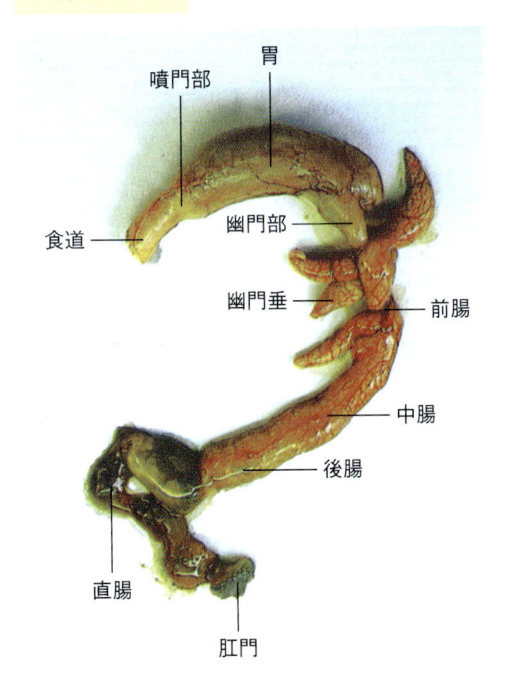

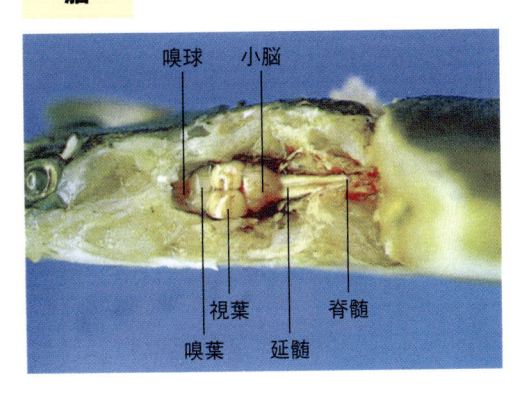

噴門部／胃／食道／幽門部／幽門垂／前腸／中腸／後腸／直腸／肛門

脳

嗅球／小脳／視葉／脊髄／嗅葉／延髄

183

マガレイ

Pleuronectes herzensteini　Jordan & Snyder

カレイ目カレイ科ツノガレイ属

西内修一

解剖図

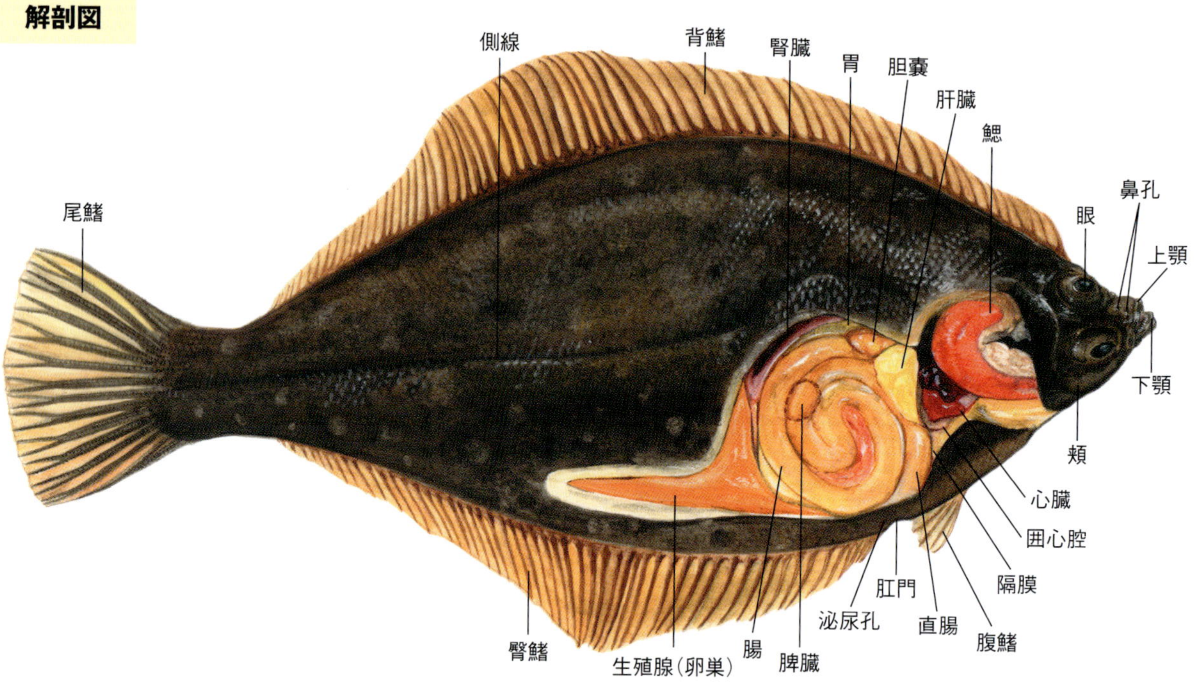
側線
背鰭
腎臓
胃
胆嚢
肝臓
鰓
鼻孔
眼
上顎
尾鰭
下顎
頬
心臓
囲心腔
隔膜
肛門
泌尿孔
直腸
腹鰭
臀鰭
生殖腺（卵巣）
腸
脾臓

骨格図

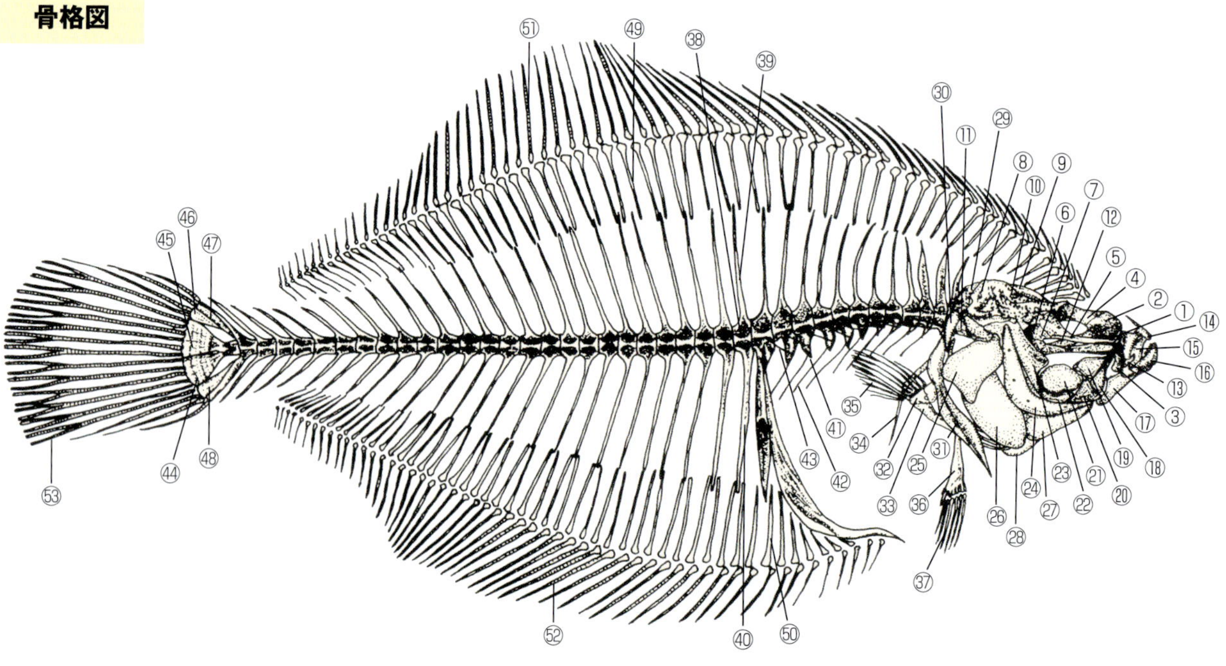

① 中篩骨　② 左側側篩骨　③ 右側側篩骨　④ 左側前頭骨　⑤ 右側前頭骨　⑥ 蝶耳骨　⑦ 翼蝶形骨　⑧ 上耳骨　⑨ 上後頭骨　⑩ 頭頂骨　⑪ 基後頭骨　⑫ 副蝶形骨　⑬ 涙骨　⑭ 前上顎骨　⑮ 主上顎骨　⑯ 歯骨　⑰ 角骨　⑱ 外翼状骨　⑲ 内翼状骨　⑳ 方形骨　㉑ 後翼状骨　㉒ 接続骨　㉓ 舌顎骨　㉔ 前鰓蓋骨　㉕ 主鰓蓋骨　㉖ 下鰓蓋骨　㉗ 間鰓蓋骨　㉘ 尾舌骨　㉙ 後側頭骨　㉚ 上擬鎖骨　㉛ 擬鎖骨　㉜ 肩甲骨　㉝ 烏口骨　㉞ 後擬鎖骨　㉟ 胸鰭条　㊱ 腰帯　㊲ 腹鰭条　㊳ 椎体　㊴ 神経棘　㊵ 血管棘　㊶ 横突起　㊷ 肋骨　㊸ 上椎体骨　㊹ 第１＋２下尾骨　㊺ 第３＋４下尾骨　㊻ 第５下尾骨　㊼ 上尾骨　㊽ 準下尾骨　㊾ 背鰭近位担鰭骨　㊿ 臀鰭近位担鰭骨　(51) 背鰭条　(52) 臀鰭条　(53) 尾鰭条

解　説

◆呼名
オタルマガレイ（函館），アカガシラ（青森），アカジ（宮城，福島），クチボソ（新潟，秋田）．

◆外見の特徴
体は楕円形で体長は体高の2倍より大きい．眼は右体側にあって小さい．無眼側の歯は上顎，下顎ともそれぞれ20本余りある．側線は胸鰭の上方で半円状に曲がる．無眼側の体の後半部の背腹両縁に沿って淡黄色の一縦帯がある．

雌は全長40cm，雄は30cm余りになる．

◆分布・生息
朝鮮海峡からタタール海峡北部までの日本海沿岸各地，オホーツク海の北海道沿岸，南千島海域およびサハリン南東岸，太平洋岸の南千島浅海帯から北海道と本州東岸沿いに南へ広がって九州南部まで分布する．周年，大陸棚範囲内の砂質あるいは砂泥質の海底に生息し，春季には沿岸の浅海帯に入り水深40～60mに濃密群を形成する．北海道北部のものはオホーツク海から宗谷海峡を通過し，日本海へ産卵回遊する．

◆成熟・産卵
雌は満3歳あるいは4歳で，雄は満2歳あるいは3歳で多くの個体が成熟する．生物学的最小型は雌12.3cm，雄10.4cmである．抱卵数は体長20cmで60万粒，30cmで270万粒余りである．成熟卵は淡い黄色を呈し，球形で直形0.78～0.92mmである．受精卵は直径0.81～1.01mm，分離浮遊性で油球はない．

産卵は水深15～70m（中心は40～60m）の浅海で行われる．産卵期は北ほど遅く，若狭湾では2月，新潟では3～4月，陸奥湾では5月，北海道北部では5～6月である．産卵場の底層水温は3～15℃である．

◆発育・成長
受精卵は水温7.8～10.0℃では148時間，10.2～12.2℃では107時間でふ化する．ふ化仔魚は全長2.0～2.9mmで長楕円形の大型の卵黄を持っている．ふ化後5～10日で卵黄を吸収し後期仔魚となる（体長3.6～4.2mm）．体長6.3～7.4mmで眼が移動しだし，鰭が出現する．体長9mm前後で着底し，10mmを超えると変態を完了して稚魚となる．浮遊期間は35日前後である．

成長は雌の方が良く，地域による差が見られる．本邦沿岸では，オホーツク海産と太平洋産のものは，日本海産のものに比べ成長が良い．体長は1歳で雌4～8cm，雄4～7cm，2歳で雌12～14cm，雄11～13cm，3歳で雌16～20cm，雄15～17cmとなる．高齢魚は10歳以上になる．

◆食性
稚魚はカイアシ類，多毛類，端脚類等を摂餌する．未成魚および成魚は多毛類，二枚貝類，等脚類，端脚類を主食とする．摂餌は日中に行われ，夏から秋は正午前から夕方，冬から春は9時前後と午後3時に活発である．

◆解剖上の特徴
〔鼻孔〕
有眼側の鼻孔は両眼の前中間に，無眼側の鼻孔は背鰭の前部に位置する．

〔口部〕
多少前方へ伸出し，下顎がやや突出する．口腔は狭く，口腔内は白い．舌は細長く，先端は口床から離れる．口蓋骨・鋤骨には歯がない．両顎の歯は門歯状で側扁し，1列に並び，ときには共通切縁を形成する．両顎とも無眼側の歯が発達している．

〔脳〕
多少の脂肪様物質で包まれ，前部は有眼側へよじれる．嗅球は小さいが，嗅葉は比較的大きい．視葉は中程度に発達し，視神経は太い．間脳は膨化して大きい．小脳は小さく，後方へ膨出する．延髄は発達し，その側面は肥大する．脳下垂体は薄い円盤状である．

〔鰓〕
鰓弓は4対ある．第1鰓弓の鰓耙数は上枝2～5本，下枝6～8本である．鰓耙は長くなく，その先端は尖る．偽鰓は鰓蓋内面の上部に位置する．咽頭歯は円錐形で，上咽頭骨に3対，下咽頭骨に1対の歯帯がある．

〔腹腔〕
狭く，腹膜は有眼側で黒いが，無眼側で白い．ただ，雌では卵巣が肥大伸長すると尾部まで腹腔が伸びる．

〔消化管〕
胃は円筒状で湾曲しない．腸は長く，3つの回転部がある．幽門垂は太く指状で4本あり，3本は幽門部近くの腸管に，1本は幽門部からやや離れた腸管に開く．

〔肝臓〕
大きく，主に無眼側に偏在する．

〔胆囊〕
卵形で黄色あるいは黄緑色を呈する．

〔脾臓〕
卵形で暗赤色を呈する．

〔鰾〕
　成魚では退化消失する．
〔生殖腺〕
　卵巣は細長い三角形状，精巣は半月状である．精巣は左右ほぼ同じ大きさであるが，卵巣は左側がやや大きい．
〔腎臓〕
　細長く，頭腎は多少肥大している．
〔膀胱〕
　発達し大きく，左右の生殖腺の間に位置する．
〔泌尿生殖孔〕
　雄の泌尿生殖孔と雌の泌尿孔は肛門のわずかに後方の有眼側に開く．雌の生殖孔は臀鰭の前方に開く．
〔体側筋〕
　典型的な白身で，表面血合筋はわずかにあるが，真正血合筋は発達しない．
〔骨格〕
　頭蓋骨の前半部は右側によじれ，眼窩は右側にある．各側の前頭骨，頭頂骨および，翼耳骨には歯状突起が群生する．上耳骨の隆起線はよく発達する．背鰭近位担鰭骨のうち，前方の7本余りは頭蓋骨上にある．
　脊椎骨数は37～40個（腹椎10～12，尾椎27～28）で，多くは39個である．尾椎骨，特にその前半部の椎体側面には顕著な骨性突起がある．横突起は第2脊椎からあり，漸次その長さを増す．肋骨，上椎体骨はいずれも細くて短い．臀鰭第1近位担鰭骨は非常に強大で，その先端は臀鰭の直前に突出する．

頭部側面（有眼側）
鼻孔，上顎，下顎，主鰓蓋骨，前鰓蓋骨，眼

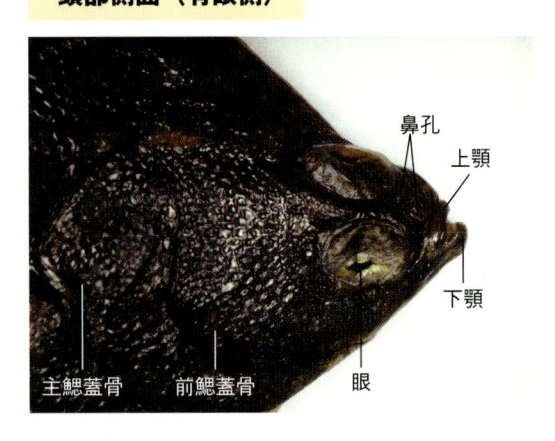

頭部側面（無眼側）
背鰭，鼻孔，上顎，歯，下顎，前鰓蓋骨，主鰓蓋骨，側線，胸鰭，生殖孔，肛門，腹鰭，臀鰭

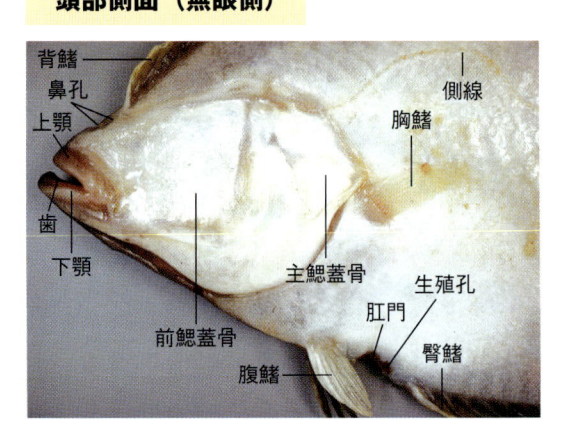

鰓と内臓
腎臓，胃，胆嚢，肝臓，鰓耙，鰓弁，鰓弓，腸，直腸，生殖腺（卵巣）

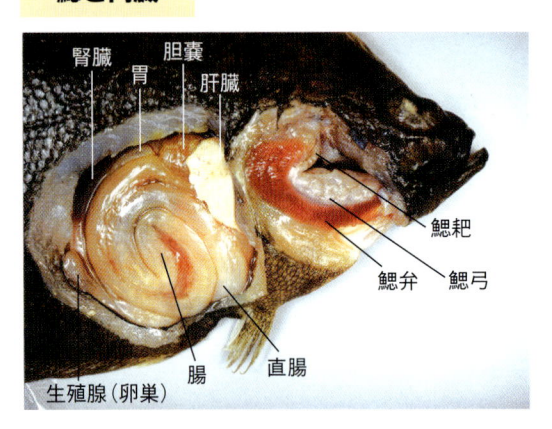

心臓と咽頭歯
静脈洞，上咽頭歯，下咽頭歯，肝臓，心房，心室，動脈球，腹大動脈 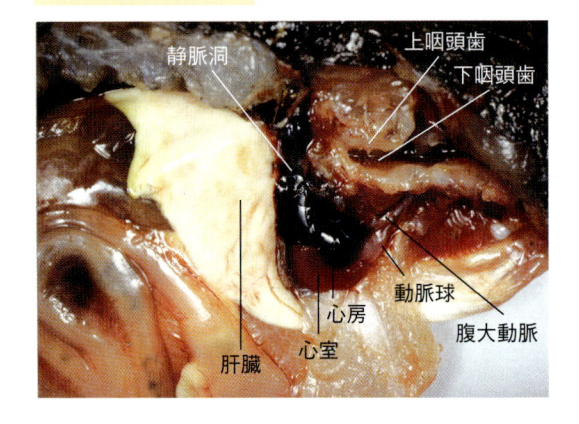

鰓と偽鰓
鰓弁，鰓耙，鰓弓，偽鰓

消化管
胃，噴門部，食道，幽門部，幽門垂，腸，直腸，肛門

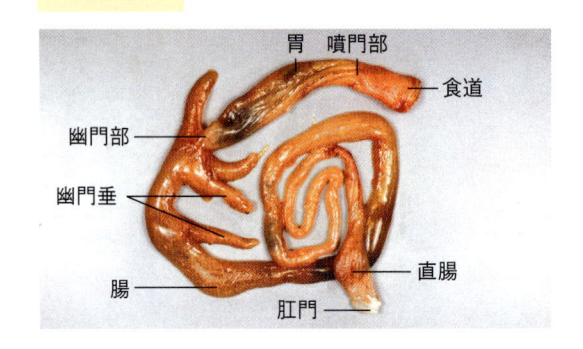

マガレイ

心臓と内臓

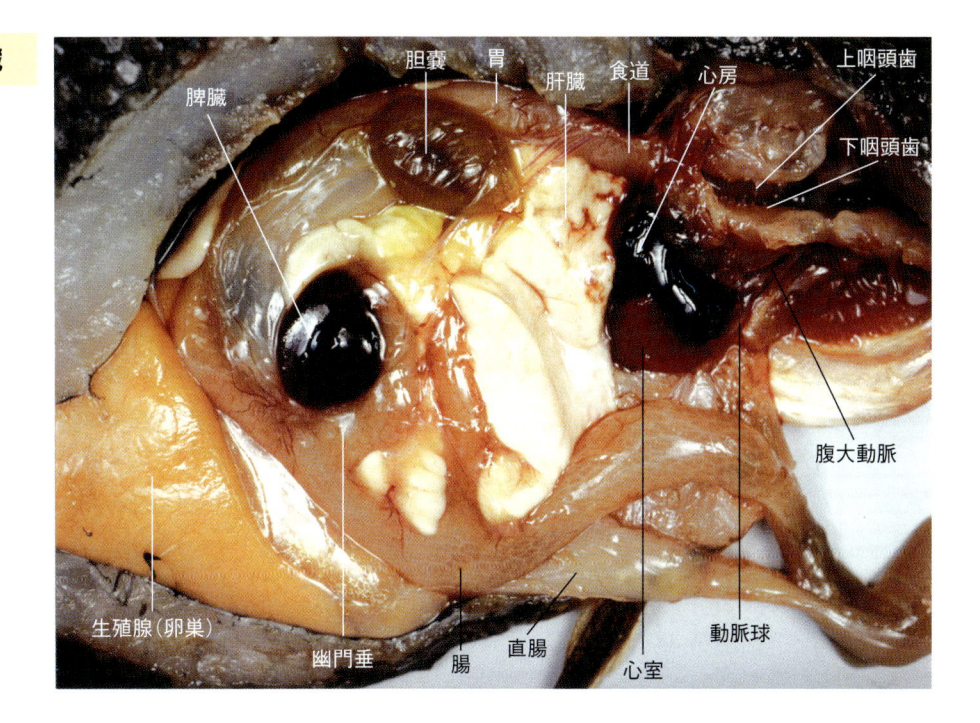

脾臓／胆嚢／胃／肝臓／食道／心房／上咽頭歯／下咽頭歯／腹大動脈／生殖腺（卵巣）／幽門垂／腸／直腸／心室／動脈球

腎臓および生殖腺

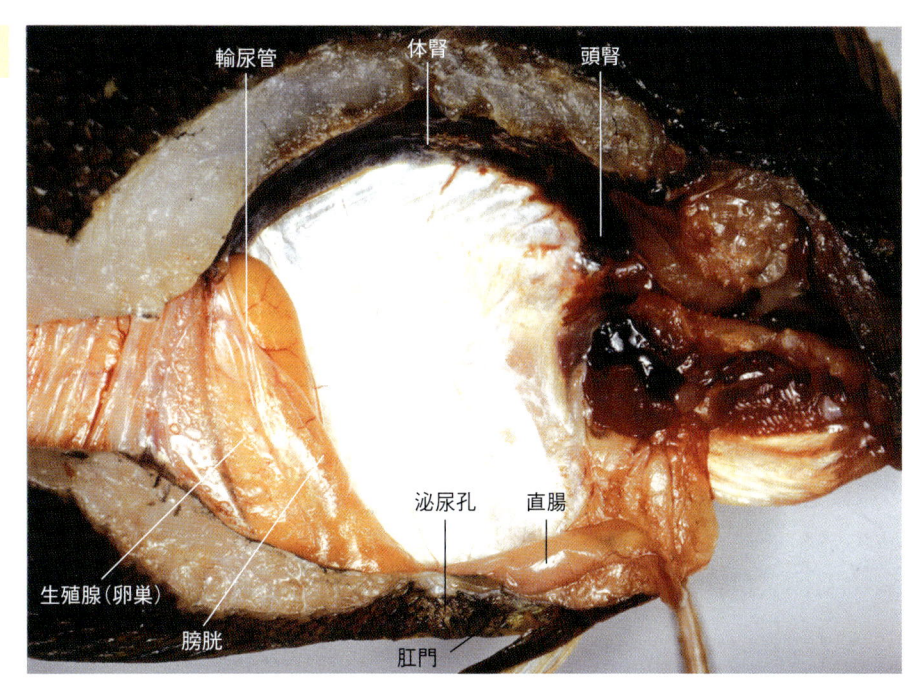

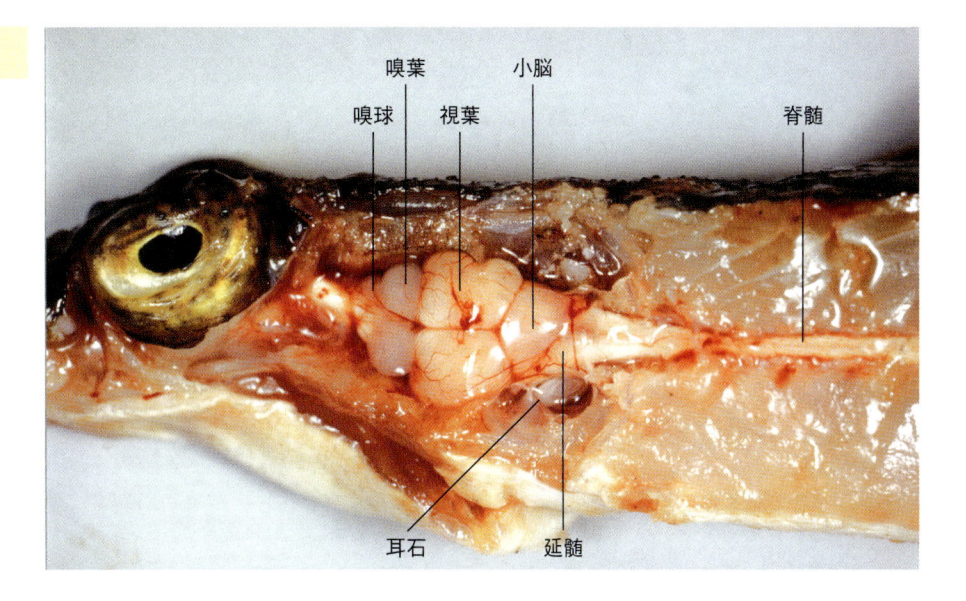

輸尿管／体腎／頭腎／生殖腺（卵巣）／膀胱／泌尿孔／直腸／肛門

脳

嗅球／嗅葉／視葉／小脳／脊髄／耳石／延髄

アカシタビラメ

Cynoglossus joyneri Günther
カレイ目ウシノシタ科イヌノシタ属
木村清志

解剖図

(ラベル: 前鼻孔、眼（上眼）、後鼻孔、胃、背鰭、背側線、尾鰭、上顎、下顎、鰓弓、鰓弁、肝臓、腸、脾臓、生殖腺、臀鰭、中央側線、腹側線)

骨格図

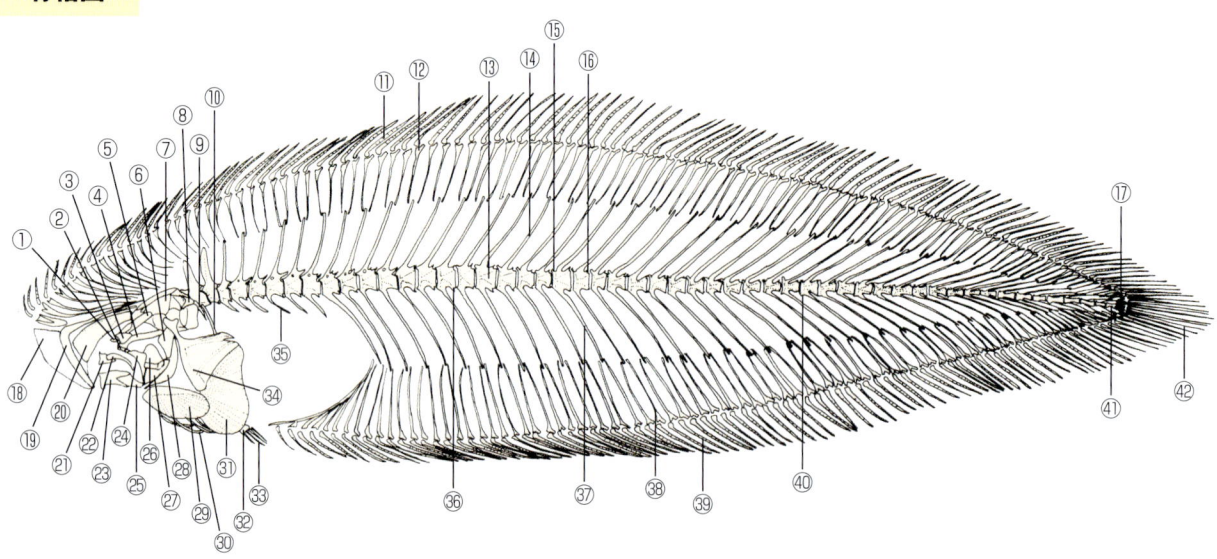

① 鼻骨　② 口蓋骨　③ 側篩骨　④ 副蝶形骨　⑤ 前頭骨　⑥ 舌顎骨　⑦ 蝶耳骨　⑧ 後側頭骨　⑨ 上擬鎖骨　⑩ 擬鎖骨　⑪ 背鰭条
⑫ 背鰭近位担鰭骨　⑬ 椎体　⑭ 神経棘　⑮ 前神経関節突起　⑯ 後神経関節突起　⑰ 下尾骨　⑱ 吻軟骨　⑲ 変形神経間棘
⑳ 前擬神経間棘　㉑ 前上顎骨　㉒ 主上顎骨　㉓ 歯骨　㉔ 外翼状骨　㉕ 角骨　㉖ 後翼状骨　㉗ 方形骨　㉘ 前鰓蓋骨　㉙ 間鰓蓋骨
㉚ 鰓条骨　㉛ 下鰓蓋骨　㉜ 腰帯　㉝ 腹鰭条　㉞ 主鰓蓋骨　㉟ 横突起　㊱ 後血管関節突起　㊲ 血管棘　㊳ 臀鰭近位担鰭骨
㊴ 臀鰭条　㊵ 前血管関節突起　㊶ 尾部棒状骨　㊷ 尾鰭

解　説

◆ **呼名**

アカウシノシタ（愛知，三重，和歌山ほか），アカシタ（各地），アカネズリ（北陸），アカベタ（高知），デンベエ（有明海）．

◆ **外見の特徴**

体は比較的細長く，著しく側扁する．吻は垂れ下がる．眼は小さく体の左側に位置する．口裂の後端は下眼の後縁より後方に達する．鼻孔は2対あり，前鼻孔は管状．後鼻孔は有眼側では両眼の間にある．鱗は両体側とも通常櫛鱗であるが，無眼側では円鱗も混じる．有眼側の側線は3本で，中央の側線と背側の側線間の鱗列数は11〜12枚．背鰭は99〜116軟条，臀鰭は80〜90軟条，腹鰭は4軟条．成魚には胸鰭がない．有眼側は赤褐色で，紫色の細い縦線が鱗列に沿って走る．最大で体長25cm程度になる．

◆ **分布・生息**

岩手県以南の本州，四国，九州各地や渤海湾，黄海，南シナ海に分布する．日本沿岸では比較的内湾の砂泥底に多く，東シナ海では水深70m以浅の砂泥底に多い．

◆ **成熟・産卵**

最小成熟体長は2歳，14.5cmで，産卵期は7月〜9月．卵は球形の分離浮性卵で卵径0.75mm程度である．

◆ **発育・成長**

体長12mmの仔魚では前頭部が鈎状に曲がり吻嘴が形成され始めるが，右眼はまだ移動せず，胸鰭も膜状のまま残っている．変態が完了し，成魚と同様な体型になるのは体長14.2mm以上．1歳で9.8cm，2歳で14.2cm，3歳で16.6cm，4歳で21cm程度に成長する．

◆ **食性**

仔稚魚は橈脚類などの動物プランクトンを主食とし，幼魚は端脚類やクマ類を捕食する．成魚は多毛類や小型のエビ・カニ類，端脚類，二枚貝などを主餌料とする．

◆ **解剖上の特徴**

〔口部〕

口は小さく湾曲する．口腔は小さい．舌は中庸大で，先端は丸く口腔床部から離れる．無眼側の両顎歯は小型の細長い円錐歯で，幅狭い歯帯を形成する．有眼側の両顎や前鋤骨，口蓋骨には歯がない．

〔脳〕

嗅球はやや小さく，比較的大型の嗅葉に密着する．視葉は比較的小さく，小脳も小さい．

〔鰓〕

鰓弓は4対．鰓弁は比較的大きい．鰓耙や偽鰓はない．咽頭歯は両顎歯よりも大きな円錐歯で，歯帯を形成する．

〔腹腔〕

小さく側扁する．腹膜は白色〜透明．

〔消化管〕

胃は太短く直線状．幽門垂はない．腸はやや長く，胃の後方から腹方に曲がり，1回転した後ジグザグに湾曲する．直腸部は幅広い．肛門は体の右側に開く．

〔肝臓〕

茶褐色で2葉からなるが，右葉は左葉に比較して著しく小さい．

〔胆嚢〕

淡黄緑色の卵形を呈する．胃の右側に位置する．

〔脾臓〕

暗赤色で大きい．腹腔中央部の左側にある．

〔鰾〕

ない．

〔生殖腺〕

細長く，腹腔の後方に位置し，担鰭骨と血管棘をはさんで左右分かれて存在する．

〔心臓〕

心室は赤色の四面体で，その上方に心房，前上方に白色の動脈球がある．

〔腎臓〕

赤色を呈し，腹腔の背面に沿って存在する．

〔体側筋〕

白身．表面血合筋は体側中線上の皮下にあるが，真正血合筋はない．

〔骨格〕

頭蓋骨の前半は左によじれ，前頭骨や側篩骨は著しく左右不相称．頭部の担鰭骨を支える変形神経間棘は大きく鎌状．その前方に吻軟骨があり吻端を補強する．前擬神経間棘は大きく板状で，前頭骨と密着する．尾舌骨は長くて側扁し，後方は上下に広がる．下鰓蓋骨や間鰓蓋骨は膜状．鰓条骨数は6本．腰帯は細長く，腹鰭条との関節部は三角形に広がる．第1，第2神経棘は幅広く強大．横突起は第3椎体から存在する．肋骨や上椎体骨はない．下尾骨は細い棒状で5本あり，第1〜第4下尾骨は基部が尾部棒状骨と癒合する．第5下尾骨は離れ，上尾骨と癒合している．準下尾骨も棒状で，尾部棒状骨から離れる．脊椎骨数は50〜55個．

全形

- 吻
- 眼
- 口
- 後鼻孔
- 腹鰭
- 鰓蓋
- 背鰭
- 背側線
- 尾鰭
- 腹側線
- 中央側線
- 臀鰭

頭部側面（左側）

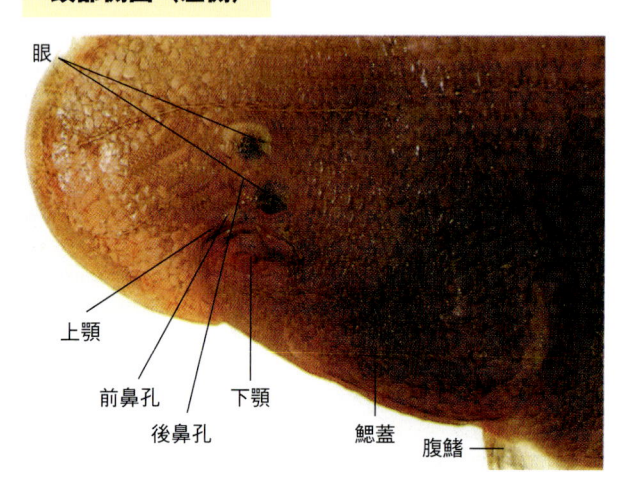

- 眼
- 上顎
- 前鼻孔
- 後鼻孔
- 下顎
- 鰓蓋
- 腹鰭

頭部側面（右側）

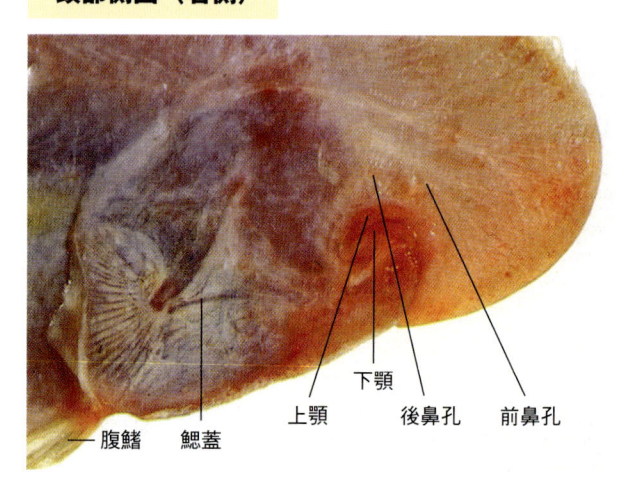

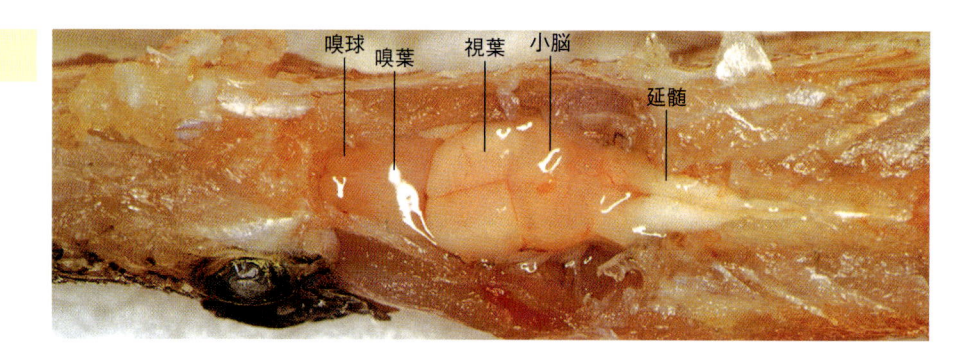

- 腹鰭
- 鰓蓋
- 上顎
- 下顎
- 後鼻孔
- 前鼻孔

脳

- 嗅球
- 嗅葉
- 視葉
- 小脳
- 延髄

鰓と内臓（左側）

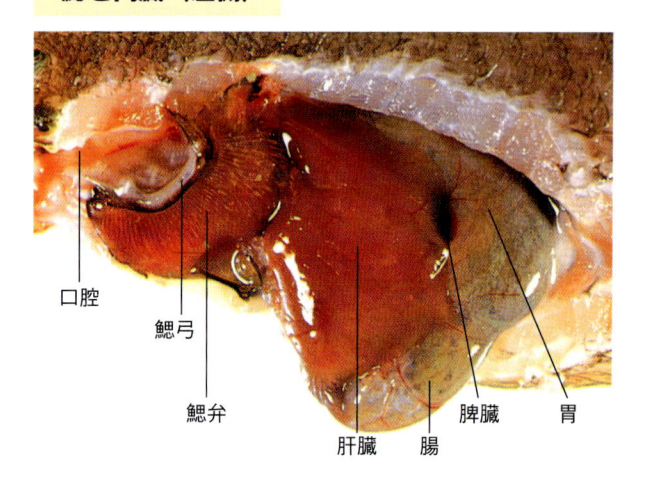

- 口腔
- 鰓弓
- 鰓弁
- 肝臓
- 腸
- 脾臓
- 胃

鰓と内臓（右側）

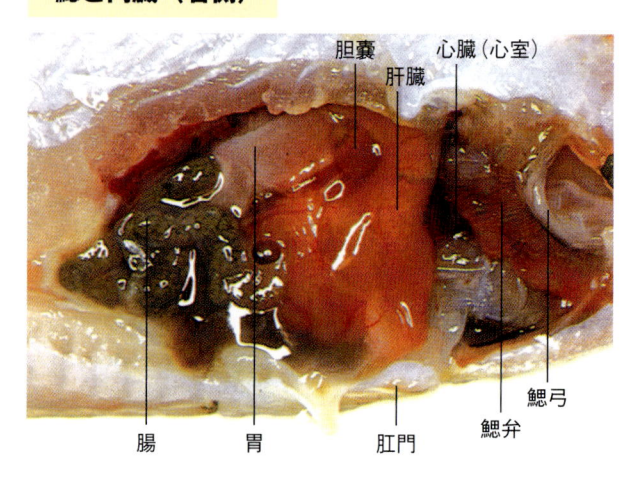

- 胆嚢
- 肝臓
- 心臓（心室）
- 腸
- 胃
- 肛門
- 鰓弓
- 鰓弁

アカシタビラメ II-30

鰓
- 鰓弓
- 鰓弁
- 鰓蓋内面

内臓（肝臓を除去）
- 心室
- 心房
- 動脈球
- 腸
- 胃
- 生殖腺

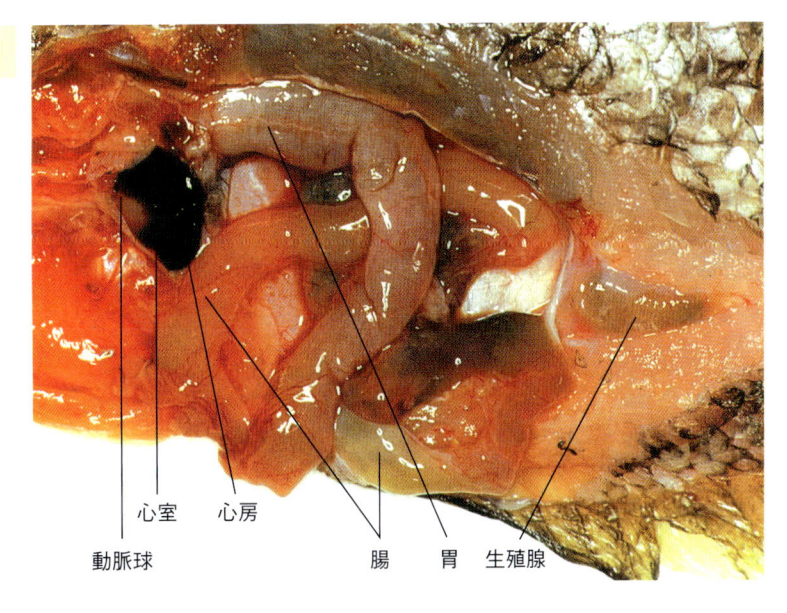

咽頭歯と心臓
- 上咽頭歯
- 下咽頭歯
- 心房
- 動脈球
- 心室

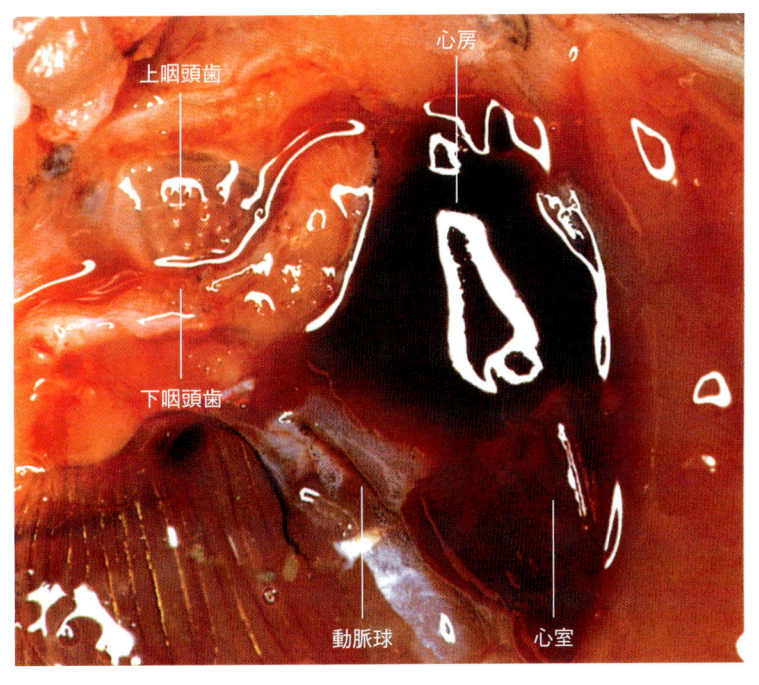

腎臓と生殖腺
- 腎臓
- 生殖腺
- 心臓（心室）

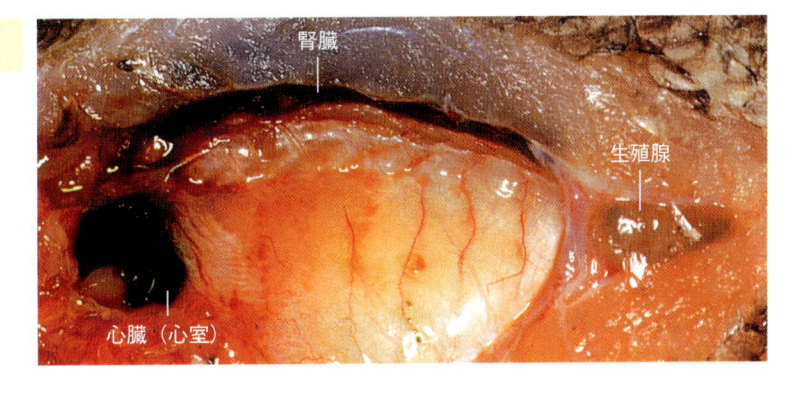

ウマヅラハギ

Thamnaconus modestus（Günther）
フグ目カワハギ科ウマヅラハギ属
松岡学・西田清徳

解剖図

骨格図

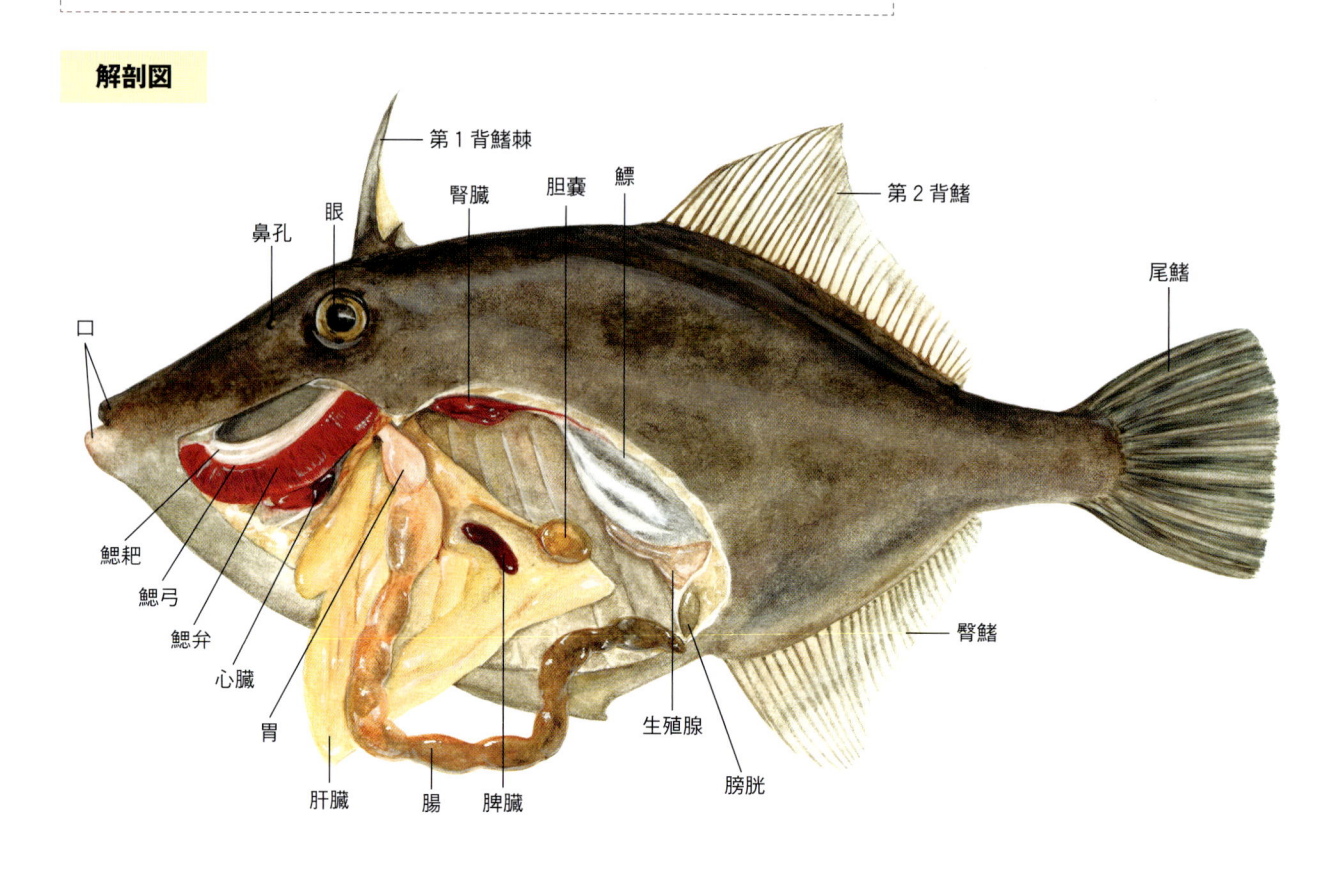

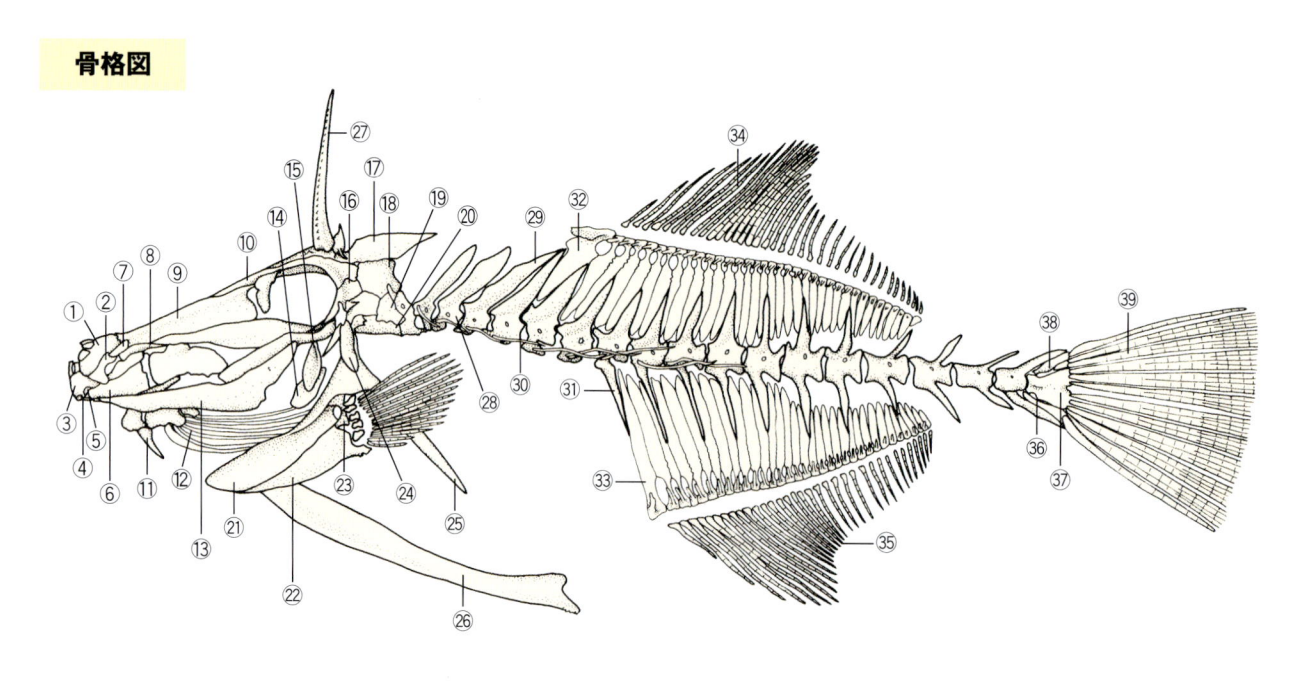

① 前上顎骨　② 主上顎骨　③ 歯骨　④ 角骨　⑤ 後関節骨　⑥ 方形骨　⑦ 口蓋骨　⑧ 鋤骨　⑨ 篩骨　⑩ 前頭骨　⑪ 尾舌骨
⑫ 鰓条骨　⑬ 前鰓蓋骨　⑭ 下鰓蓋骨　⑮ 主鰓蓋骨　⑯ 蝶耳骨　⑰ 背鰭棘条の担鰭骨　⑱ 上耳骨　⑲ 外後頭骨　⑳ 基後頭骨
㉑ 擬鎖骨　㉒ 烏口骨　㉓ 肩甲骨　㉔ 上擬鎖骨　㉕ 後擬鎖骨　㉖ 腰帯　㉗ 背鰭第1棘　㉘ 脊椎骨　㉙ 神経棘　㉚ 上椎体骨
㉛ 血管棘　㉜ 背鰭近位担鰭骨　㉝ 臀鰭近位担鰭骨　㉞ 背鰭条　㉟ 臀鰭条　㊱ 準下尾骨　㊲ 下尾骨　㊳ 上尾骨　㊴ 尾鰭条

解　説

◆呼名
チュンチュン（北海道），ハゲ（広島，高知）.

◆外見の特徴
体はよく側扁し，体高は体長の半分かそれよりもやや低い．背鰭棘は眼の中心部上より後方にあり，吻長よりも著しく短い．体は雌で灰褐色，雄で青味を帯び斑絞が明らかである．全長は35cm余り．

◆分布・生息
日本各地，韓国の沿岸に生息し，4～7月に著しく接岸する．

◆成熟・産卵
雌雄とも1歳で成熟し，最小の成熟体長は約19cmである．抱卵数は21cmの大きさで約150万粒，25cmで約300万粒である．何回にも分け，1日に7万粒ずつ産卵する．4～7月にガラモ場などで産卵する．

産卵水温は20～25℃である．熟卵は球形で粘着性，卵黄は無色透明であり，5～10個の大型油球と10数個の小油球がある．

◆発育・成長
受精卵は水温24℃で受精後40時間からふ化する．ふ化仔魚は全長1.8mmである．ふ化3日後に2.6mmになり，卵黄をほとんど吸収する．10mm前後で各鰭の条数が定数となる．

4cm前後の稚魚は流れ藻に付いて生活し，5cmぐらいから藻を離れて水深10m以浅の岩礁で生活する．1歳で雌雄とも平均して18cm，2歳で22cm，3歳で25cmに成長する．

◆食性
大型の浮遊性橈脚類を主食にするが，ヒドロ虫類・貝類・珪藻・紅藻などの付着生物や底生生物も食べる．

◆解剖上の特徴

〔口部〕
口は小さく，突出した吻の先端にある．両顎は嘴状を呈する．口腔は狭く，舌は細い．上顎には口端に先端が截形の3本の歯が，そして口角に大形で切縁状の1対の歯がある．下顎には口端に3対の小形の歯がある．鋤骨および口蓋骨上に歯はない．

〔脳〕
全体に棍棒状で，縦扁の度合は中位である．嗅球は非常に小さく，短い嗅神経路により，よく発達した嗅葉と連結する．視葉は中程度に発達し，あまり膨出しない．下葉は極めて大きく，その背方の視蓋は側方に膨出する．小脳は長卵円形で大きく，背面にくびれがある．延髄はよく発達し，側方に肥大する．

〔鰓〕
鰓弓は4対で，第4鰓弓の直後に1裂孔がある．鰓耙は細く，その先端は尖る．第1鰓弓の鰓耙は下枝に約35本あるが，上枝にはない．第2および第3咽鰓骨には櫛状の上咽頭歯がある．

〔腹腔〕
やや広い．

〔消化管〕
胃および腸は細く，腸は腹腔内で8回湾曲する．

〔肝臓〕
大形で，左右両葉に分かれ，左側の方が大きい．

〔鰾〕
紡錘型で大きく，前方ではやや細長い．鰾の膜は薄い．

〔骨格〕
頭蓋骨は側扁し，前方に延長する．後頭部背面には癒合した背鰭棘条の神経間棘があり，後方へ突出し，第2脊椎骨上に達する．その背面の眼窩後縁の直上部にはくぼみがあり，背鰭第1棘を支持する．脊椎骨数は19個，腹椎骨数は7個．

神経棘は側扁し，特に前方のものは板状を呈して大きい．第1腹椎の神経棘は左右に広く離れて短い．上椎体骨は第2腹椎から始まる．尾椎骨の前神経関節突起はよく発達する．

血道突起の先端は後方に曲がり，椎体と平行して走る．尾椎骨の神経棘および血管棘は細長く，その先端は尖る．背鰭棘の担鰭骨は頭蓋骨上に，背鰭第1軟条の近位担鰭骨は第5・6神経棘間に位置する．腰帯は著しく長い．

頭部と内臓

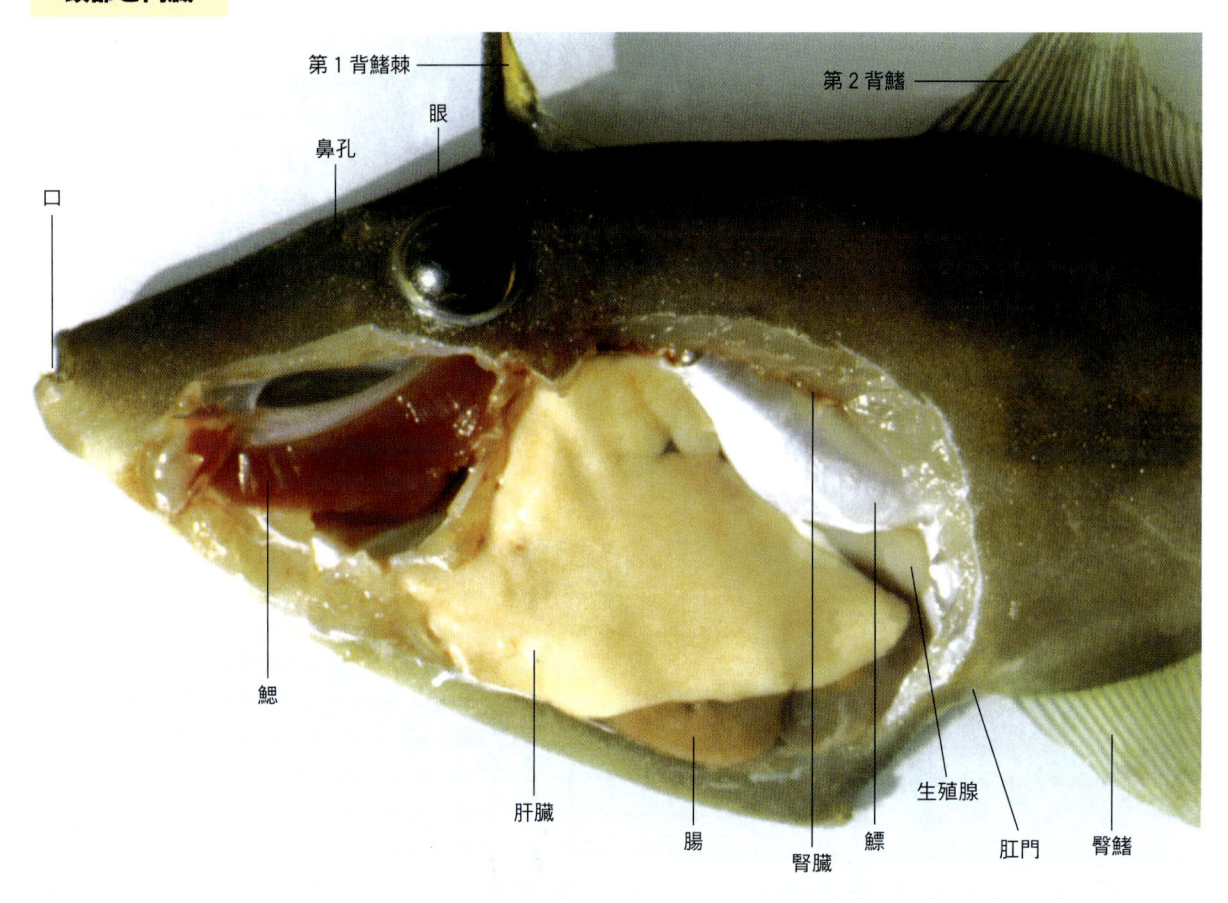

- 口
- 鼻孔
- 第1背鰭棘
- 眼
- 第2背鰭
- 鰓
- 肝臓
- 腸
- 腎臓
- 鰾
- 生殖腺
- 肛門
- 臀鰭

口部

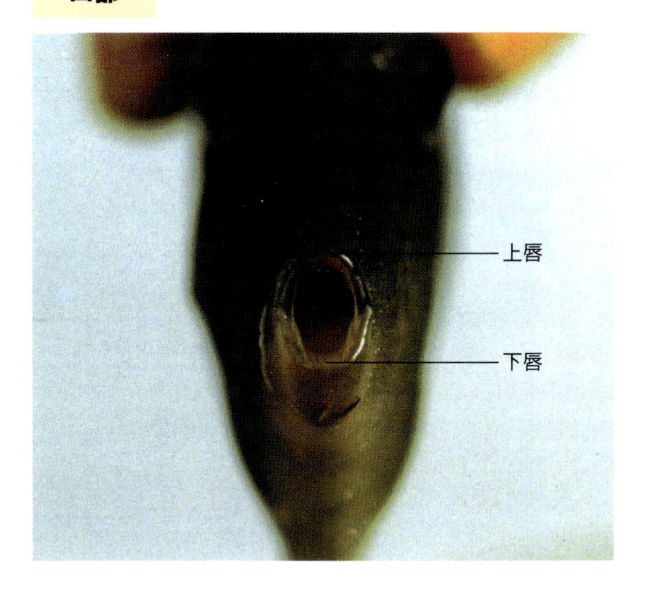

- 上唇
- 下唇

鰓と偽鰓

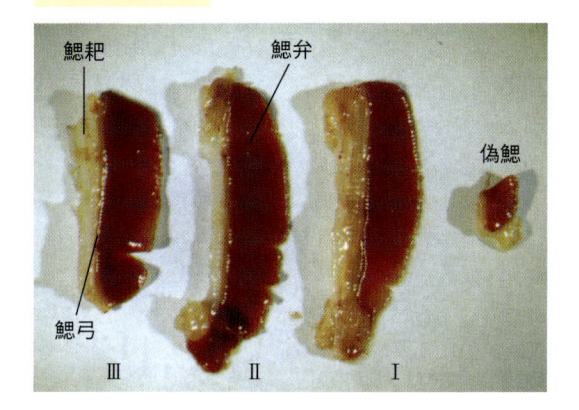

- 鰓耙
- 鰓弁
- 偽鰓
- 鰓弓
- Ⅲ　Ⅱ　Ⅰ

心臓

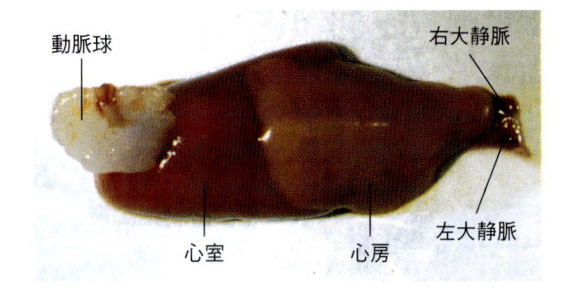

- 動脈球
- 右大静脈
- 心室
- 心房
- 左大静脈

内臓

- 鰓
- 腎臓
- 鰾
- 胆嚢
- 膀胱
- 肝臓
- 胃
- 脾臓
- 腸間膜
- 直腸
- 腸
- 生殖腺

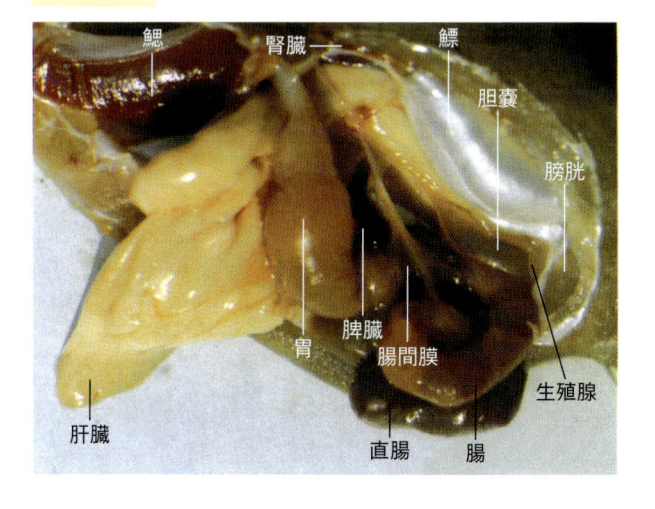

ウマヅラハギ　II-31

胆嚢と脾臓

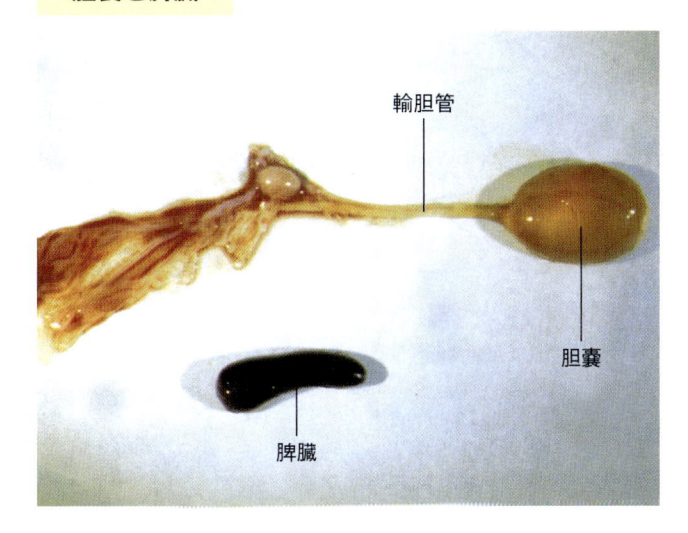

輸胆管／胆嚢／脾臓

排出器官系

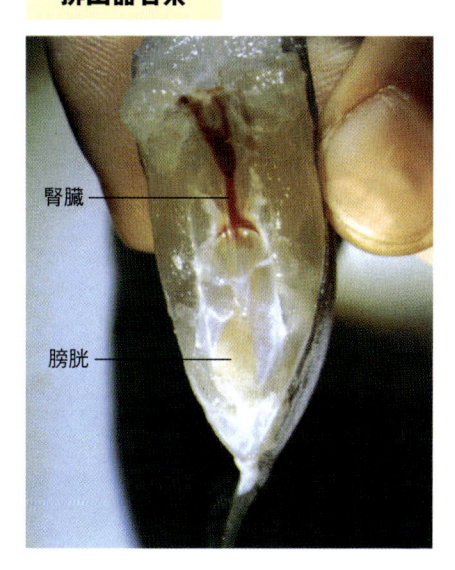

腎臓／膀胱

腎臓

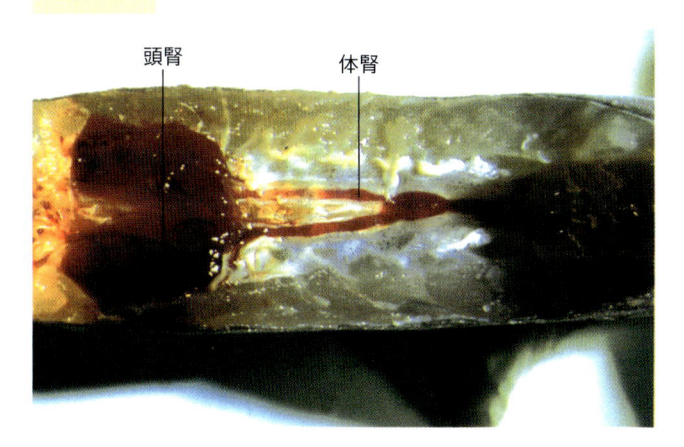

頭腎／体腎

精巣

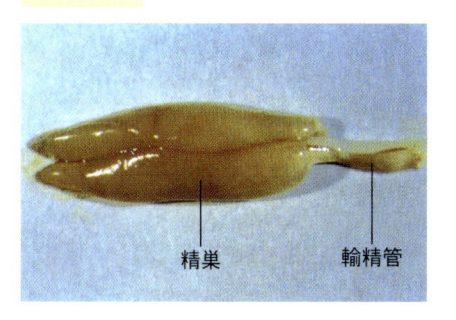

精巣／輸精管

脳

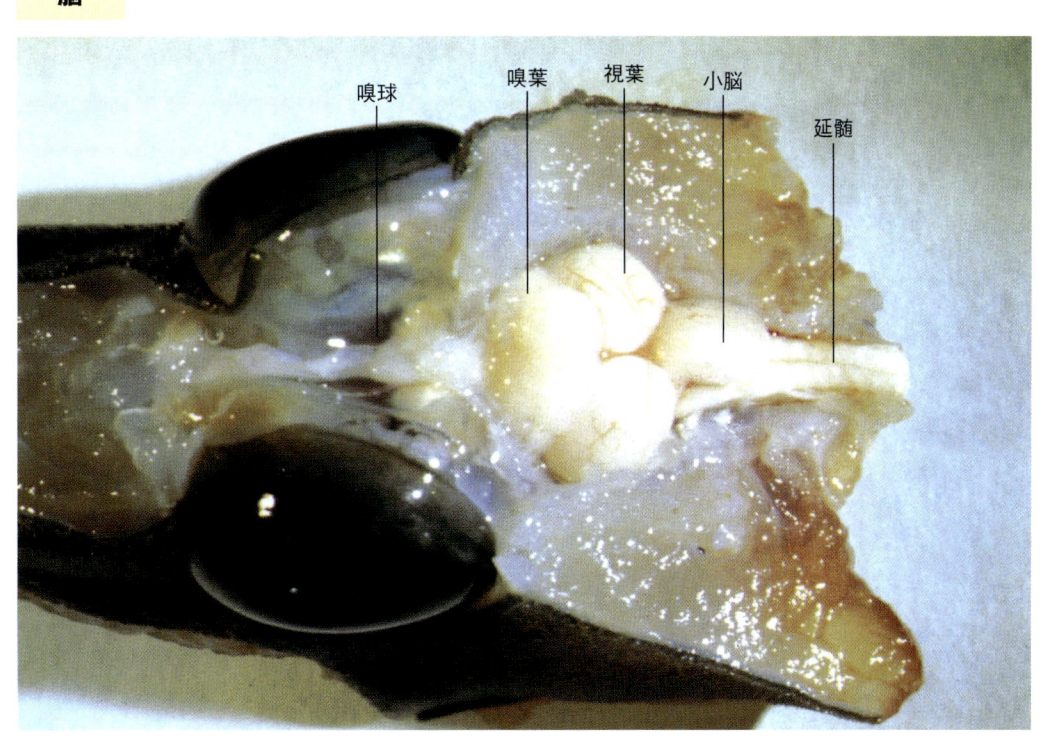

嗅球／嗅葉／視葉／小脳／延髄

トラフグ

Takifugu rubripes（Temminck & Schlegel）
フグ目フグ科トラフグ属
塩満捷夫・瀬崎啓次郎・西田清徳

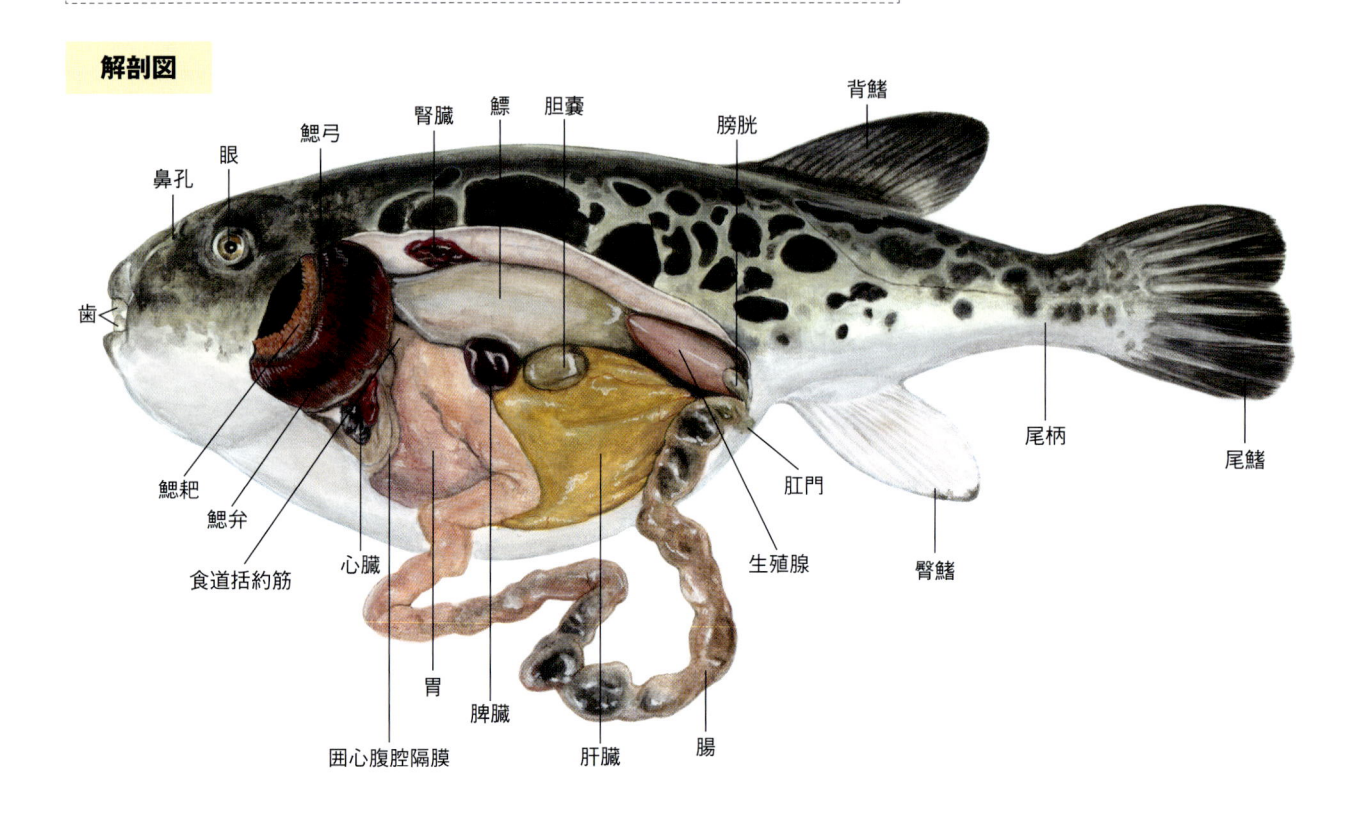

解剖図

（図中の名称）鼻孔、眼、鰓弓、腎臓、鰾、胆嚢、膀胱、背鰭、歯、鰓耙、鰓弁、食道括約筋、心臓、胃、脾臓、囲心腹腔隔膜、肝臓、腸、生殖腺、肛門、臀鰭、尾柄、尾鰭

骨格図

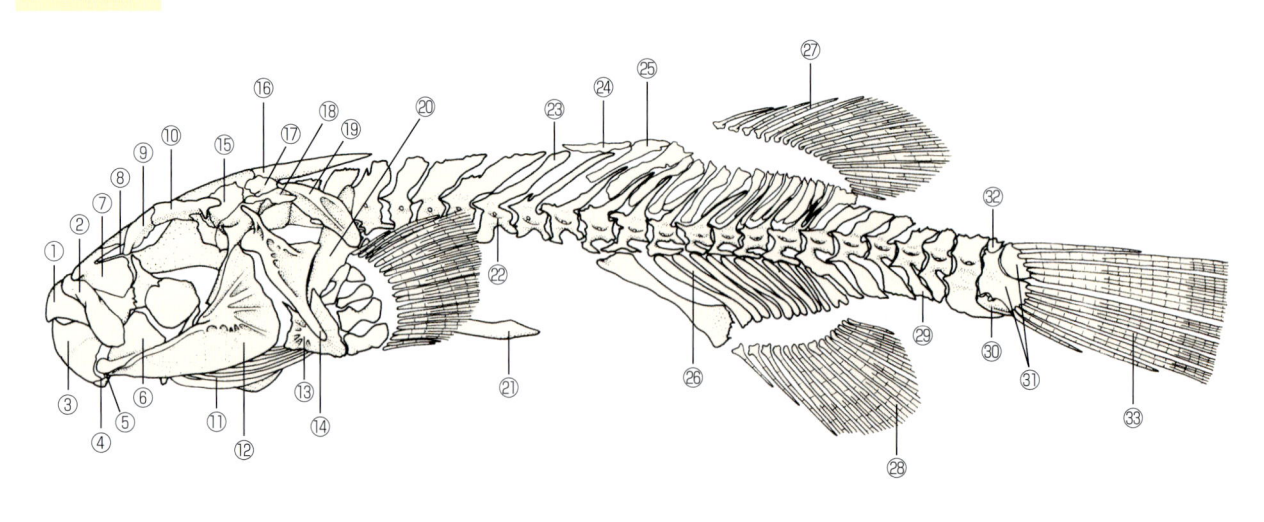

① 前上顎骨　② 主上顎骨　③ 歯骨　④ 後関節骨　⑤ 角骨　⑥ 方形骨　⑦ 口蓋骨　⑧ 鋤骨　⑨ 側篩骨　⑩ 前頭骨　⑪ 鰓条骨
⑫ 前鰓蓋骨　⑬ 下鰓蓋骨　⑭ 主鰓蓋骨　⑮ 蝶耳骨　⑯ 上後頭骨　⑰ 上耳骨　⑱ 翼耳骨　⑲ 上擬鎖骨　⑳ 擬鎖骨　㉑ 後擬鎖骨
㉒ 脊椎骨　㉓ 神経棘　㉔ 上神経棘　㉕ 背鰭近位担鰭骨　㉖ 臀鰭近位担鰭骨　㉗ 背鰭条　㉘ 臀鰭条　㉙ 血管棘　㉚ 準下尾骨
㉛ 下尾骨　㉜ 上尾骨　㉝ 尾鰭条

解　説

◆呼名
シロ（各地），オオフグ（岡山，香川），ホンフグ（山口，島根），モンフグ（高知），ダイマル（福岡）．

◆外見の特徴
体の背面・腹面に小棘が密生する．胸鰭の付け根の後方体側に白く縁どられた大きな1対の円形黒斑があり，臀鰭は白い．全長は70cm余り．

◆分布・生息
日本の各地，黄海～東シナ海に分布し，沿岸に生息する．全長10cmまでは遠浅または干潟に，以後成長とともに沖合へ移り，冬には外海に出る．生息の水温範囲は5～25℃である．

◆成熟・産卵
雌は3歳，全長44cmで，雄は2歳，36cmぐらいから成熟する．

抱卵数は47～67cmで51万～295万粒である．産卵は3月下旬から6月上旬に湾口や島の間で，潮流の早い水深20m前後の海底でなされる．産卵通水温は17～20℃である．完熟卵は直径1.3mmの球形沈性粘着卵で，多数の小油球が0.5～0.9mmの塊となる．

◆発育・成長
受精後水温16～19℃では9日6時間でふ化する．ふ化仔魚は全長2.7mm，数時間後に口が開き，1日で3.0mmとなる．1週間後に卵黄を吸収して3.5mm，10日目に腹面に小棘が出現する．全長9.5mmで稚魚となる．

天然では1歳で約25cm，2歳で32cm，3歳で42cm，5歳で52cm前後になる．養殖では満1.5歳で体重800g前後となり，市場に出荷できる最小の大きさになる．成長の適水温は16～23℃である．

◆食性
稚魚は底生性の小甲殻類を，未成魚はイワシ類そのほかの幼魚，エビ・カニ類を，成魚はエビ・カニ類，魚類などを食べる．

養殖ではイワシ類，マアジ，サバ，イカナゴ，サンマなどを与え，10cm以下はミンチにし，それより大きなものは適当の大きさに切って与える．

水温15℃以下で摂餌活動は低下し，14℃以下で摂餌しなくなる．

◆解剖上の特徴

〔口部〕

口は小さく，吻部の先端にある．上顎は前方へ突出しない．口腔はやや広い．舌は大きくて厚く，表面に色素はないが縦に走る皮褶がある．両顎の歯は強固に癒合して嘴状を呈する．鋤骨および口蓋骨上に歯はない．

〔脳〕

全形は棍棒状で，著しく縦扁する．嗅球は小さく，その直後にある大きな嗅葉に密着する．嗅葉の背面後部に上生体がある．視葉は中位の大きさで，ほとんど膨出しない．下葉は大きく，腹方に膨出する．下葉の背方にある視蓋は極めてよく発達し，側方に膨出する．小脳は卵形で，それほど大きくはない．延髄はよく発達し，その側面は肥大する．

〔鰓〕

鰓弓は4対．鰓耙は棍棒状で，短くて太く，第1鰓弓の下枝には7～8本あるが，上枝には見られない．偽鰓はあるが，あまり発達しない．

〔腹腔〕

やや広い．

〔消化管〕

胃は短くて太く，胃壁は厚い．胃には膨張嚢があり，水または空気を吸いこんで，腹部を膨らませることができる．腸は太くて長く，腸壁は厚い．消化管は腹腔内で4回湾曲する．

〔肝臓〕

非常に大形で，黄白色の1葉からなる．肝臓は主に体の右側に位置する．

〔胆嚢〕

長卵円形で袋状．

〔脾臓〕

長卵円形．

〔鰾〕

長卵円形で大きく，その後端は細長く伸びる．鰾の膜はやや厚い．

〔骨格〕

頭蓋骨は縦扁し，幅広くて強固．上後頭骨隆起は低く，後方に長く伸びる．脊椎骨数は22～23個．

神経棘は側扁して板状を呈する．神経棘の先端は，前方の5～6個では幅広いが，後方のものでは細く尖る．第1～4脊椎骨の神経棘は，短く，左右に離れる．血道突起は後方に曲がり，椎体と平行に走る．後方の尾椎骨の神経棘および血管棘は側扁して板状を呈し，その先端も幅広い．背鰭第1軟条の神経間棘は第7および第8神経棘上に，また，臀鰭第1軟条の血管間棘は11番目の椎体の血道突起下に位置する．

◆天然魚と養殖魚の相違
養殖魚は季節を問わずどの器官も無毒とされている．

頭部背面

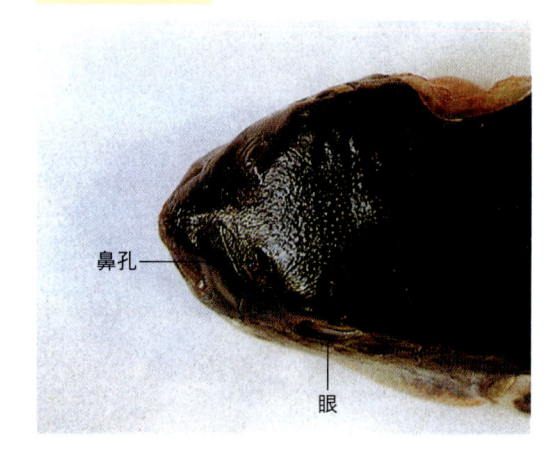

鼻孔
眼

口部

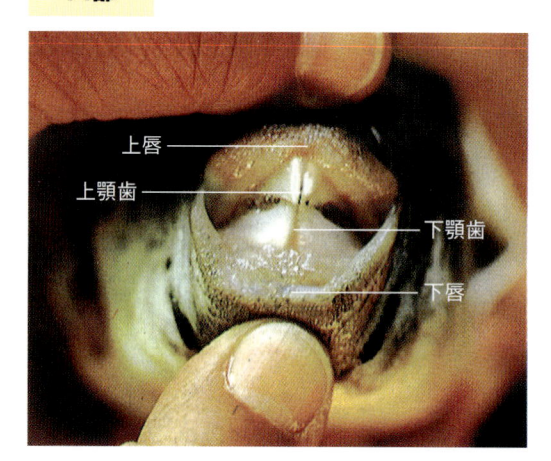

上唇
上顎歯
下顎歯
下唇

上下とも左右一対の歯板からなる．

脳

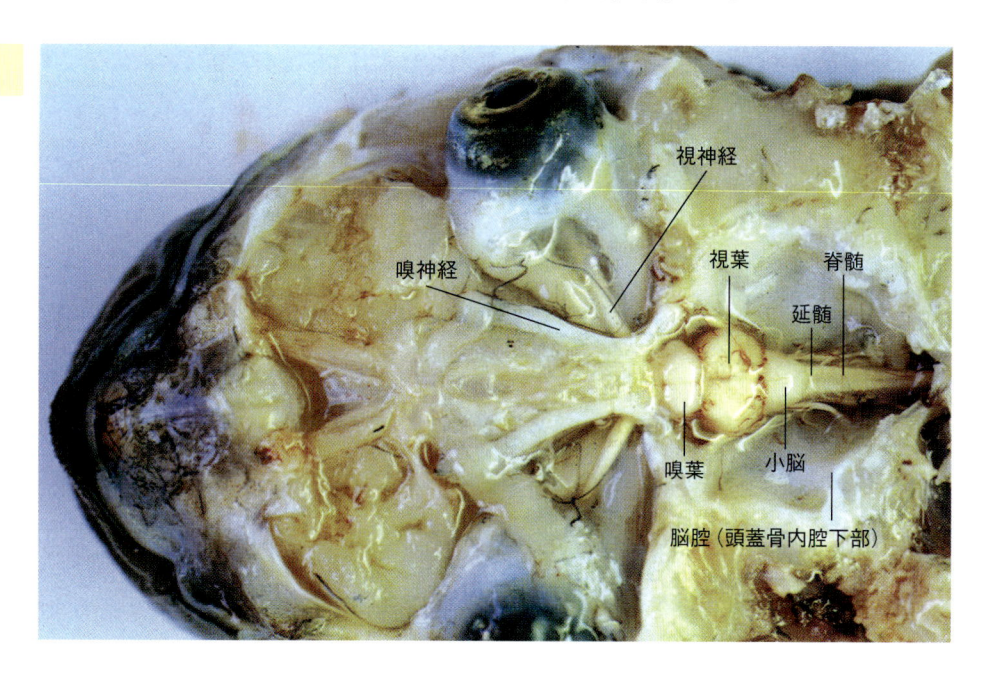

嗅神経
視神経
視葉
脊髄
延髄
嗅葉
小脳
脳腔（頭蓋骨内腔下部）

心臓

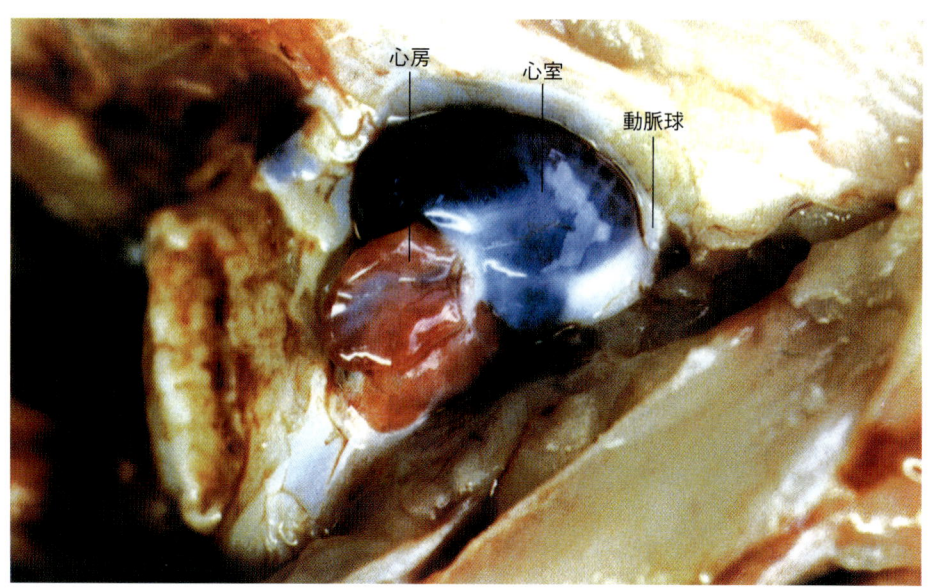

心房
心室
動脈球

トラフグ　Ⅱ-32

頭部と内臓

口、鼻孔、眼、腎臓、体側筋、鰾、胆嚢、直腸、卵巣、鰓、胃、脾臓、腸、肝臓

腎臓

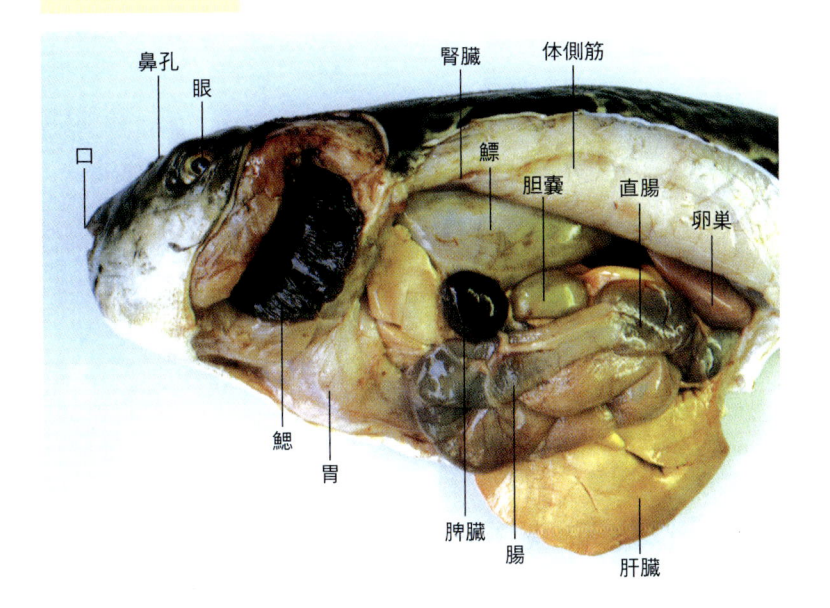

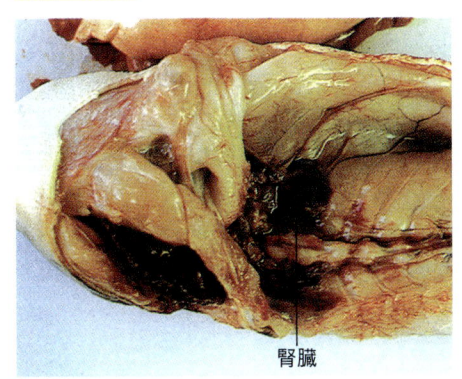

腎臓

脊椎骨に沿い，左右対の形で見られる．

内臓（接写像）

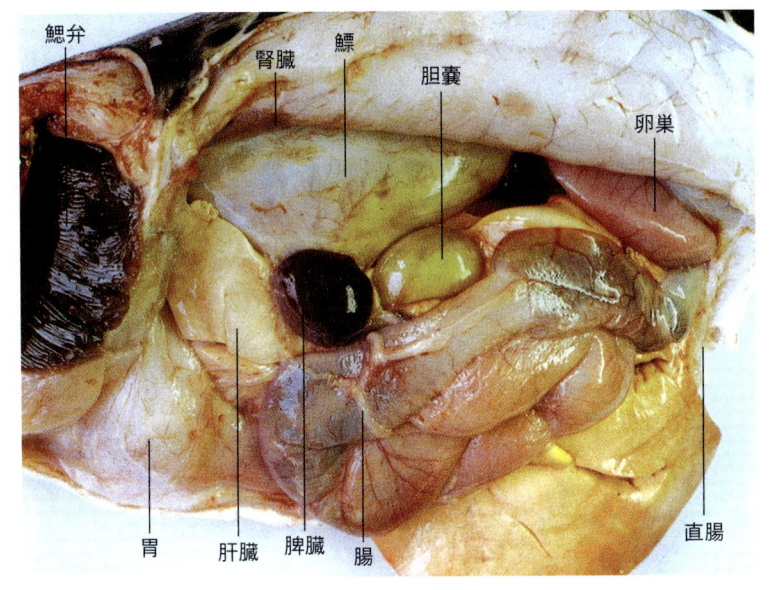

鰓弁、腎臓、鰾、胆嚢、卵巣、胃、肝臓、脾臓、腸、直腸

脊椎骨に沿い，左右対の形で見られる．

内臓

胆嚢、肝臓、腎臓、脾臓

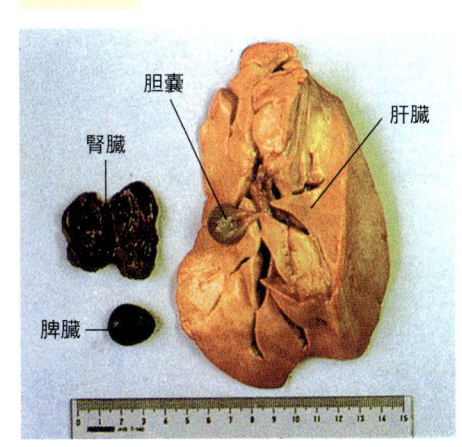

スケールで見るとその大きさの違いが分かる．

鰓

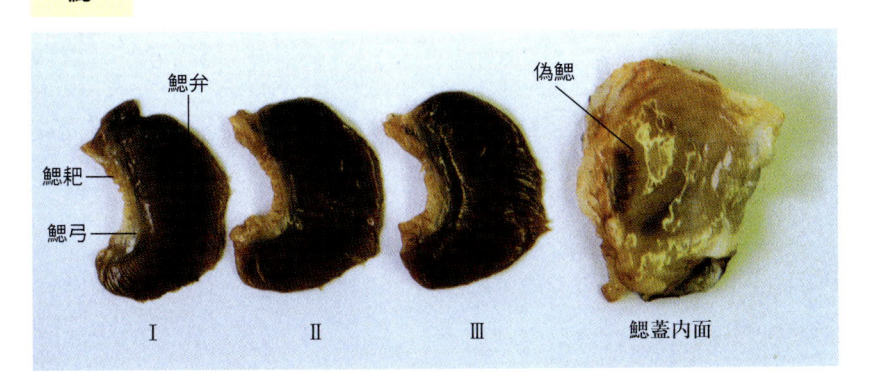

鰓耙、鰓弁、鰓弓、偽鰓、Ⅰ、Ⅱ、Ⅲ、鰓蓋内面

生殖腺（ヒガンフグ）

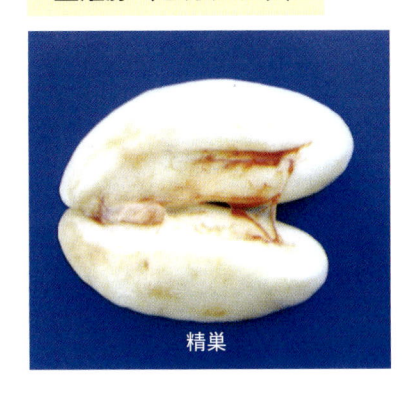

精巣

索引（和文）

【あ】

顎 29, 34, 46, 47
アスタキサンチン型 67
頭 11
亜端位 46
脂鰭 15, 39, 109, 113
脂鰭軟骨 39
暗細胞 66

【い】

胃 46, 53, 54, 55, 62
囲心腔 60, 130
胃腺 54, 149
イソペディン層 21
異尾 16
咽鰓骨 36, 113, 181, 193
咽鰓軟骨 29
咽舌軟骨 29
咽頭 48, 53, 73, 129
咽頭顎 48
咽頭歯 36, 46, 48, 93, 97, 109, 137, 145, 150, 157, 161, 169, 177, 185, 189

【う】

ウェーバー器官 57, 68, 98, 102
鰾 56, 57, 68
烏口骨 37, 98, 102, 142, 146, 154, 170, 178
烏口軟骨 31
ウナギ型 10, 101
鱗 19, 20, 21, 22, 23, 34, 50

【え】

エナメル層 20, 21, 48
f 細胞 66
エリスロソーム 24
遠位担鰭骨 37
延髄 58, 59, 69
円錐歯 50, 113, 141, 145, 157, 169, 173, 177, 189
円鱗 20, 21, 22, 89, 93, 117, 169, 173, 181, 189

【お】

尾 11, 81, 82
追星 19

【か】

黄色素胞 24
横突起 40, 87, 122, 130, 134, 146, 154, 165, 170, 174, 182, 186, 189
横紋筋 44
頤 13
尾鰭 9, 10, 11, 13, 15, 16, 27, 28, 33, 40, 45, 73

【か】

下位 8, 46, 73, 77
外後頭骨 39, 134
外鰓軟骨 29, 74, 78
灰白質 58, 59
外皮 18, 34
外部骨格 34
海綿層 19
外翼状骨 34
外リンパ窓 26
下咽頭骨 36, 121, 133, 137, 153, 185
下顎 11, 29, 34, 36, 46, 48, 50
下顎側線 69
下顎軟骨 29, 34
顎弓 29
角骨 34, 36, 118
角鰓骨 36, 53, 181
角鰓軟骨 29
角質鰭条 15
角質歯 48
角舌骨 36, 146, 170
角舌軟骨 29
角膜 66
下鰓蓋骨 36, 102, 189
下鰓骨 36, 53
下鰓軟骨 29
下索軟骨 33
牙状歯 50, 177
下唇褶軟骨 29
ガス腺 57
下制筋 44
下舌骨 36
ガノイン層 21
下尾骨 11, 15, 16, 40, 43, 94, 98, 122, 137, 146, 162, 170, 174, 189
ガラス体 66
顆粒状 24, 141
顆粒隆起 58, 177

眼窩	26, 73, 77, 78, 125, 137, 141, 161, 165, 182, 193
眼下管	61
眼窩冠状隆起	26
眼窩間壁	26
眼隔域	13, 90
感覚細胞	69
感覚毛	69
眼窩後壁	26
眼下骨	34, 93, 137, 146, 161, 170
眼下骨棚	34, 141, 146
眼窩床	27
眼窩接型	29
眼窩前壁	26, 29
眼下側線	69
眼窩蝶形骨	39, 98, 114
眼窩突起	27, 29
眼窩突起溝	26, 29
眼窩内関節	29
眼下部	13
管器感丘	69
感丘	18, 69
眼後部	13
間鰓蓋骨	36, 189
間在骨	39, 141
眼上管	69
眼上側線	69
眼上部	13
眼神経	59
肝膵臓	56, 97, 141
関節骨	34
間舌骨	36
関節突起	40, 78, 114
完全同時発生型	65
肝臓	46, 55, 56, 64
桿体	67
間担鰭骨	37
間脳	58, 73, 77, 185
顔面葉	58

【き】

基後頭骨	39
偽鰓	62
基鰓骨	36, 48, 177
基鰓軟骨	29, 74, 78, 82
擬鎖骨	37, 142, 146, 170
鰭条	15, 16, 19, 34, 37, 39, 44, 45
基舌骨	36, 48, 142
基舌軟骨	29, 82
基蝶形骨	39, 114, 142
基底	15
基底細胞	66
基底軟骨	31, 33
基底板	20
基底膜	18
気道	57, 85, 93, 105, 110
基板	26, 27
基腹椎	28
鰭膜	15
嗅球	26, 58, 59
球形囊	67, 68
嗅細胞	66
嗅索	58, 73, 77, 105, 121
臼歯	48, 50, 157
臼歯状円錐歯	50
休止帯	22
嗅上皮	59, 66
嗅神経	26, 58, 59, 193
吸水	48, 65, 97
嗅囊	59, 66
嗅板	66
嗅房	58, 59, 66
胸鰭	13, 15, 19, 31, 34, 39, 44, 45
橋尾	16
峡部	13
胸部	13, 37
頬部	13, 44
強膜	66, 67
鞏膜骨	39
棘	15, 16, 19, 20, 23, 37
棘状軟条	15
起立筋	44
近位担鰭骨	37, 106, 110, 114, 122, 134, 137, 154, 166, 178, 182, 186, 193
筋隔	44
筋原繊維	44
筋骨竿	40, 94
筋節	44, 73, 77, 89, 93, 141, 161
筋繊維	44

【く】

グアニン型	67
躯幹	9, 11, 13, 15, 40, 125, 169
躯幹側線	69
口	13, 46, 47, 48
クプラ	68, 69

【け】

- 傾斜筋 …… 44
- 頸動脈孔 …… 27, 74, 77
- 血管弓門 …… 28
- 血管棘 …… 16, 40, 43
- 血管突起 …… 28, 74, 77
- 血道弓門 …… 28, 33, 40, 74, 78, 90, 114, 165
- ケラチン質 …… 19, 48
- 肩甲骨 …… 37, 98, 102, 142, 146, 170, 178
- 肩甲突起 …… 31
- 肩甲軟骨 …… 31, 78
- 犬歯状歯 …… 50, 113, 181
- 懸垂骨 …… 34, 36
- 懸垂靱帯 …… 66
- 肩帯 …… 31, 34, 37, 39, 78, 82, 86, 98, 102, 106, 110, 113, 114, 122, 130, 134, 154

【こ】

- 口蓋 …… 48
- 口蓋骨 …… 34, 36, 48
- 口蓋方形軟骨 …… 29, 34
- 後角 …… 59
- 後眼窩関節 …… 29
- 後眼窩突起 …… 26, 27, 29
- 交感神経系 …… 59
- 後関節骨 …… 34
- 孔器 …… 69
- 後擬鎖骨 …… 37, 114, 118, 154, 174, 178
- 口腔 …… 34, 36, 46, 48
- 口腔床部 …… 36, 48, 145, 169, 173, 177, 189
- 口腔弁 …… 48
- 硬骨 …… 34
- 虹彩 …… 66, 141
- 硬歯質 …… 21
- 後耳側線 …… 69
- 溝条 …… 22, 117
- 後上唇褶軟骨 …… 29
- 後側線神経 …… 59
- 後側頭骨 …… 37
- 後担鰭軟骨 …… 31, 82
- 後頭部 …… 13, 26, 27
- 交尾器 …… 33, 81, 82
- 後鼻孔 …… 11, 66, 189
- 喉部 …… 13, 37, 93
- 項部 …… 13, 145
- 肛門 …… 11, 55
- 後翼状骨 …… 34
- 硬鱗 …… 21
- 黒色素胞 …… 24, 125, 161, 173, 177, 181

- コズミン層 …… 21
- コズミン鱗 …… 20, 21
- 骨格筋 …… 44
- 骨質層 …… 21, 22
- 壺囊 …… 67, 68
- 棍棒状細胞 …… 19

【さ】

- 鰓蓋 …… 11, 13, 62
- 鰓蓋軟骨 …… 31
- 鰓蓋部 …… 13, 34, 36, 44, 145
- 鰓蓋膜 …… 13, 36
- 鰓隔膜 …… 61, 62, 77
- 鰓弓 …… 29, 31, 36, 44, 48, 52, 61, 62
- 鰓弓下枝 …… 36
- 鰓弓上枝 …… 36
- 鰓腔 …… 48, 62
- 鰓条骨 …… 13, 36, 86, 98, 102, 114, 137, 141, 146, 170, 174, 178, 189
- 鰓条軟骨 …… 29
- 鰓把 …… 46, 52, 53, 60, 61, 66
- 鰓弁 …… 52, 61, 62
- 鰓葉 …… 61
- 鰓裂 …… 11
- 鎖骨 …… 37
- 砂囊 …… 54
- ザンソソーム …… 24
- 三半規管 …… 27

【し】

- 視蓋 …… 58, 59, 193, 197
- 耳殻 …… 26, 27, 39, 57, 73, 77
- 色素胞 …… 18, 19, 24, 25
- 糸球体 …… 63
- 脂瞼 …… 67, 89, 93, 129
- 歯骨 …… 13, 34, 85, 113, 117, 178
- 篩骨 …… 39, 73, 85, 134
- 耳砂 …… 68
- 嘴鰓軟骨 …… 29
- 糸細胞 …… 18
- 視細胞 …… 67
- 支持細胞 …… 66, 69
- 歯質層 …… 20
- 視床下部 …… 58
- 視神経節細胞 …… 67
- 歯髄 …… 48
- 耳石 …… 68, 153, 161
- 耳石器 …… 68
- 耳側線 …… 69

耳側線神経	59	小皮縁	18
櫛状歯	50, 113	上尾骨	16, 40, 94, 98, 137, 162, 189
櫛鱗	20, 21, 145, 169, 181, 189	静脈洞	60
射出骨	37, 39, 142, 178	小離鰭	15, 37, 133, 134
縦走堤	58	上肋骨	40
十二指腸	55, 113	食性	46, 50, 52, 55
終脳	58, 59	食道	46, 52, 55, 73, 77, 109, 113
縦扁型	9	鋤骨	39
周辺仁後期	64	臀鰭	15, 16, 33, 37, 44
周辺仁前期	64	深外転筋	45
主鰓蓋骨	36, 161, 178	心筋	44
樹枝状	24, 62, 121, 181	神経弓門	27, 28, 33, 40, 78
主上顎骨	34, 36, 85, 89, 98, 117, 118	神経棘	16, 40
準下尾骨	16, 43, 94, 137, 146, 162, 189	神経頭蓋	26, 27, 29, 31, 36, 37, 39, 40
瞬膜	67, 73, 77	神経突起	28
楯鱗	20, 21, 73, 77, 82	心鰓軟骨	29
上位	46	心室	60
上咽頭骨	36, 113, 121, 133, 137, 153, 185	唇褶軟骨	29
消化管	46, 48, 53, 56, 57, 62	腎小体	63
上顎	11, 26, 29, 34, 47, 48, 50	真正血合筋	45, 73, 77, 122, 125, 130, 146, 150, 157, 169, 174, 178, 186, 189
消化系	46	真舌接型	29
消化腺	46	腎臓	56, 59, 62, 82, 178
松果体	67	心臓球	60
松果体窓	67	深内転筋	45
上擬鎖骨	37, 142	真皮	18, 19, 20, 21, 24
小棘	20, 22, 125, 137, 141, 145, 149, 169, 177, 181, 197	心房	60
上後頭骨	39, 122, 130, 134, 154, 157, 197		
上鰓骨	36, 53, 93, 181	**【す】**	
上鰓軟骨	29, 31	髄	20
上索軟骨	33	水晶体	66
上篩骨	39	水晶体筋	66
上耳骨	37, 39, 122, 130, 134, 154, 157, 186	膵臓	46, 56
上主上顎骨	34, 93, 115, 118	錐体	67
上神経棘	39, 90, 94, 98, 110, 114, 118, 130, 137, 158, 162	膵島	56
上神経骨	40, 86, 90, 94, 102	水平隔壁	44
上生孔	26	水平細胞	67
上舌骨	36, 146, 170		
上舌軟骨	29	**【せ】**	
上側頭骨	37	精原細胞	63
上側頭側線	69	精細胞	63
上側頭側線神経	59	精子	63, 64
上椎体骨	40, 90, 94, 102, 114, 137, 170, 174, 178, 186, 189, 193	精子形成	63
小脳	58	成熟卵	64, 65, 85, 153, 165, 177, 185
小囊	67	星状	24, 74
小脳体	58	星状細胞	48
小脳弁	58	星状石	68
		生殖輸管	63
		精巣	63, 64

精巣間膜	63, 64
正尾	16
脊索	29, 34, 40
赤色素胞	24
脊髄神経背根孔	28
脊髄神経腹根孔	28
脊髄部自律神経系	59
脊柱	16, 27, 29, 34, 37, 40, 62
脊椎骨	16, 27, 28, 33, 39, 40, 43
舌咽神経孔	27
舌顎関節窩	27
舌顎骨	34, 36
舌顎軟骨	27, 29
舌弓	29, 73, 74, 77, 78
摂餌器官	11, 46
切歯状歯	50
舌接型	29
接続骨	34, 36
背鰭	15, 16, 19, 33, 37, 39, 44
セルトリ細胞	63
繊維板層	21
浅外転筋	45
前角	58
前鰓蓋骨	34, 36, 93, 137, 141, 142, 146, 149, 161
前鰓蓋側線	69
前篩骨	39
前耳骨	39
前上顎骨	34, 39, 85, 89, 113, 125, 153, 178
潜伏細胞	66
前上唇褶軟骨	29
染色仁期	64
前腎	62
全接型	29
前担鰭軟骨	31, 82
前頭骨	39, 86, 90, 122, 134, 146, 154, 161, 174, 178, 186, 189
前頭部	13, 189
浅内転筋	45
腺粘液細胞	18
前背側側線神経	59
前鼻孔	11, 66, 169, 189
前方泉門	26
繊毛	69
繊毛細胞	66

【そ】

双極細胞	67
象牙質	48

総胆管	56
総排泄腔	11, 55
側篩骨	39, 189
側線	13, 23, 69
側線管	20, 23, 69
側線系	69
側線孔	23
側線神経	59, 69
側線鱗	23, 69, 165, 173
側頭部	13
側尾棒骨	43, 94, 98
側扁型	8, 9
咀嚼台	48

【た】

体	8, 9, 10, 11, 13, 15, 23, 25, 34, 39, 44, 45, 58, 59
第1次精母細胞	63
第1次卵黄球期	64
第1尾鰭椎前椎体	40, 94
大孔	27
第3次卵黄球期	65
体腎	63, 105
体側筋	40, 44, 45, 59, 149, 181
体側面	13
第2次精母細胞	63
第2次卵黄球期	64
体盤	15, 81, 82
タペータム	67
端位	46, 93, 161
胆液	55, 56
担鰭骨	34, 37, 189, 193
胆細管	55
単椎性脊椎骨	28
胆嚢	46, 55, 56, 73, 77, 82

【ち】

恥座側方突起	33
恥座中央突起	33
恥座軟骨	33
緻密層	19
中烏口骨	37, 98, 114, 118
中央溝	26
中央側線神経	59
中軸骨格	27, 34
中心	22
中腎	62, 63, 64, 77
中心管	58
中担鰭軟骨	31

中腸	55
中脳	58
腸	46, 54, 55
蝶耳骨	39, 86, 141
聴胞器	68
直腸	55, 73, 77, 82, 90, 181, 189
直腸腺	55, 73, 77, 82

【つ】

対鰭	15
椎体	26, 28, 39, 40
椎体癒合体	29, 31
通囊	67

【て】

t細胞	66
臀鰭	15, 16, 33, 37, 44

【と】

胴	11, 101, 105
頭鰭	15
瞳孔	66, 101
頭骨	34, 67
頭腎	62, 105, 122, 146, 186
頭頂骨	39, 125, 186
同尾	16
頭部感覚管	11
頭部自律神経系	59
頭部側線系	69
洞房弁	60
動脈球	60, 146, 154, 169, 174, 178, 189
動毛	69
毒腺	19

【な】

内耳	11, 27, 39, 57, 67, 68
内耳側線野	58
内臓頭蓋	34, 36
内部骨格	34
内翼状骨	34, 36, 48, 113
内リンパ孔	26
軟骨	26, 27, 29, 31, 34
軟骨性硬骨	34
軟骨性頭蓋	26
軟条	15, 16, 93, 145, 154, 166, 169, 173, 177, 182, 189, 193, 197

【に】

肉間骨	40, 94

2次鰓弁	61
虹色素胞	24
尿細管	63
尿酸型	67

【ね】

粘液管	23
粘液細胞	18, 19, 48
粘液腺	18, 19
年輪	22

【の】

脳	11, 34, 39, 58, 67, 68, 69
脳下垂体	58, 63, 64, 65, 185
脳函天蓋	26
囊状型	64, 65

【は】

歯	20, 36, 46, 47, 48, 50
背鰭	15, 16, 19, 33, 37, 39, 44
背根	59
背側介在板	28
背側筋	44
背側面	13, 73, 77, 137
背側立筋	45
胚胞移動期	65
排卵	64, 65
白色素胞	24, 25
白質	58, 59
発音筋	57, 137, 161
発光器	19
腹鰭	11, 15, 19, 33, 34, 37, 39, 44, 45
板骨層	21
板状鱗	21

【ひ】

鼻殻	26, 27, 29, 39, 73, 77
尾鰭	9, 10, 11, 13, 15, 16, 27, 28, 33, 40, 45, 73
尾鰭前脊椎骨	28
尾鰭椎	40, 43, 94, 114, 118, 137
鼻孔	11, 66, 73, 77, 81, 97, 145, 165, 169, 185, 189
鼻腔	66, 105
皮骨	24, 34
鼻骨	39, 134, 178
尾骨	40, 86, 178
皮歯	20
微絨毛細胞	66

微小隆起縁	18
尾神経骨	16, 40, 43, 98, 162, 174
尾舌骨	13, 36, 146, 169, 174, 189
脾臓	62, 73, 77, 82
尾椎骨	40, 43, 90, 114, 174, 186, 193, 197
ビテロゲニン	64
非同時発生型	65
泌尿生殖孔	64, 186
皮膚	15, 18, 19, 24, 59, 67, 125, 146, 174
被覆部	21, 117
尾部棒状骨	40, 43, 162, 174, 189
尾柄	10, 13, 15, 16, 44
尾柄隆起縁	13
表在感丘	69
表層血合筋	44, 45
表皮	18, 19, 20, 24, 69, 101
表面感丘	69
鰭	11, 15, 16, 31, 44, 66
びん	67, 68

【ふ】

フグ型	10
副交感神経	59
腹根	59
輻射軟骨	31, 33, 74, 78, 82
腹側介在板	28
腹側筋	44
腹側面	13, 73, 77, 145
腹側立筋	45
腹大動脈	60
副蝶形骨	36, 39, 90, 141, 142, 150
腹椎骨	40, 43, 90, 110, 122, 134, 165, 178, 193
複椎性脊椎骨	28
腹部	9, 10, 13, 25, 28, 37
付属骨格	34
付属突起	56, 57
不対鰭	15
腹鰭	11, 15, 19, 33, 34, 37, 39, 44, 45
腹鰭基底軟骨	33
プテリジン型	67
不動毛	69
不分岐軟条	15, 16
部分同時発生型	65, 81
吻	13, 26, 27, 66
分岐軟条	15
吻軟骨	26, 73, 77, 82, 189
吻部	26, 69, 197
吻棒状軟骨	27
噴門部	54, 73, 90, 93, 110, 113, 121, 125, 129, 145, 146, 157, 173

【へ】

平滑筋	44
平衡斑	68
扁平石	68

【ほ】

方形骨	34, 36, 118
膀胱	63, 105
縫合部	13, 161
房室弁	60
紡錘型	10, 109, 145, 193
膨大部	67
ボーマン嚢	63

【ま】

| 膜骨 | 34, 102 |
| マスト細胞 | 19 |

【み】

脈絡膜	66, 67
脈絡膜タペータム	67
味蕾	18, 48, 66

【む】

| 無気管鰾 | 57 |
| 胸鰭 | 13, 15, 19, 31, 34, 39, 44, 45 |

【め】

眼	9, 11, 13, 66, 67
明細胞	66
迷走神経孔	27
迷走葉	58, 85, 177
メッケル軟骨	29
メラノイド型	67
メラノソーム	24

【も】

盲囊部	54, 93, 109, 129, 149, 165, 169, 178
網膜	59, 66, 67
網膜タペータム	67
モルミロマスト	69

【ゆ】

有気管鰾	57
有孔側線鱗	23
有毛細胞	68, 69
幽門垂	54, 56

幽門部 …………………………………………… 54
遊離感丘 ………………………………………… 69
輸精管 ……………………………… 63，64，73，77
輸精小管 ………………………………… 63，64
輸尿管 …………………………………… 63，64，105

【よ】
葉形尾 …………………………………………… 16
腰骨 ………………………………………… 15，37，39
葉状鱗 …………………………………………… 21
腰帯 ………………………………………… 33，34，37
翼耳骨 ………………… 36，37，39，122，150，154，186
翼蝶形骨 ………………………………………… 39

【ら】
裸状型 …………………………………………… 64，65
卵 ………………………………………… 63，64，65
卵円体 …………………………………………… 57
卵黄球 …………………………………………… 64，65
卵黄胞 …………………………………………… 64，65
卵黄胞期 ………………………………………… 64
卵黄膜 …………………………………………… 65
卵形成 …………………………………………… 64
卵形嚢 …………………………………………… 67，68
ランゲルハンス島 ……………………………… 56
卵原細胞 ………………………………………… 64
卵巣 ………………………………………… 63，64，65
卵巣膜 …………………………………………… 64
卵母細胞 ………………………………………… 64，65
卵膜 …………………… 65，89，105，121，141，161

【り】
リピッド型 ……………………………………… 67
リボン型 ………………………………………… 9
略式異尾 ………………………………………… 16
隆起線 …………… 22，81，93，122，165，178，186
両接型 …………………………………………… 29
両尾 ……………………………………………… 16
稜鱗 ………………………………………… 23，89，93，95

【る】
涙骨 ……………………………… 34，125，130，146，178

【れ】
礫石 ……………………………………………… 68

【ろ】
露出部 …………………………………………… 22，117
肋骨 ……………………………………………… 28，40

索引（欧文）

【A】

abbreviated heterocecal tail	16
abdominal vertebra	40
abductor profundus	45
abductor superficialis	44, 45
actinost	37
adductor profundus	45
adductor superficialis	45
adipose eyelid	67
adipose fin	15
adipose fin cartilage	39
air bladder	56
alimentary canal	46
amphistyly	29
ampulla	67
anal fin	15
angular	34
annulus	22
anterior fontanelle	26
anterior nostril	11
anterodorsal labial cartilage	29
anterodorsal lateral line nerve	59
anus	11
appendage	56
appendicular skeleton	34
area octavolateralis	58
arrector dorsalis	45
arrector ventralis	44, 45
articular	34
astaxanthin type	67
asteriscus	68
atrium	60
A－V valve	60
axial skeleton	34

【B】

basal cartilage	31
basal cell	66
basal membrane	18
basal plate	20, 26
basibranchial	36
basibranchial cartilage	29
basihyal	36
basihyal cartilage	29
basioccipital	39
basipterygium	31, 33
basisphenoid	39
basiventral	28
belly	13
bile	55
bile canaliculus	55
bile duct	56
bipolar cell	67
blind sac	54
body	13
body kidney	62
bone	34
bony layer	21
Bouman's capsule	63
brachiostegal ray	13
brain	58
branched	24
branched soft ray	15
branchial arch	29
branchial cavity	48
branchial ray cartilage	29
branchiostegal ray	36
breast	13
buccal cavity	46
bulbus arteriosus	60

【C】

canal neuromast	69
caninelike tooth	50
cardiac muscle	44
cardiac portion	54
cardiobranchial cartilage	29
carotid foramen	27
cartilage	34
cartilage bone	34
caudal fin	15
caudal keel	13
caudal peduncle	13
caudal skeleton	40
caudal vertebra	28, 40
central canal	58
centrum	28, 39
cephalic fin	15
cephalic lateral line system	69
cephalic sensory canal	11
ceratobranchial	36
ceratobranchial cartilage	29

ceratohyal	36
ceratohyal cartilage	29
ceratotrichia	15
cerebellum	58
cheek	13
chewing pad	48
chin	13
chondrocranium	26
chorion	65
choroid	66
choroidal tapetum	67
chromatin nucleolus stage	64
chromatophore	18
ciliated cell	66
clasper	33
clavicle	37
cleithrum	37
cloaca	11
club cell	19
comblike teeth	50
compressed form	8
cone	67
conical tooth	50
conus arteriosus	60
coracoid	37
coracoid cartilage	31
cornea	66
corpus cerebelli	58
cosmine layer	21
cosmoid scale	20
cranial autonomic nervous system	59
cranial roof	26
crypt cell	66
cteni	22
ctenoid scale	20
cupula	68
cycloid scale	20
cystovarium	64

【D】

dark cell	66
dental pulp	48
dentary	34
dentine	20, 48
depressed form	9
depressores	44
dermal bone	20, 34
dermal skeleton	20, 34
dermal tooth	20

dermis	18
diencephalon	58
digestive gland	46
digestive system	46
digestive tract	46
diphicercal tail	16
diplospondylous vertebra	28
disk	15
distal pterygiophore	37
dorsal fin	15
dorsal horn	59
dorsal intercalary plate	28
dorsal root	59
dorsal root foramen	28
drumming muscle	57
duodenum	55

【E】

early perinucleolus stage	64
early yolk stage	64
ectopterygoid	34
eel-like form	10
egg	63
elasmoid scale	21
embedded part	21
eminentia granularis	58
enamel layer	20, 48
endolymphatic foramen	26
endopterygoid	34
endoskeleton	34
epaxialis	44, 45
ephihyal	36
epibranchial	36
epibranchial cartilage	29
epicentral	40
epichordal ray	33
epidermis	18
epihyal cartilage	29
epineural	40
epiotic	39
epiphysial foramen	26
epipleural	40
epural bone	40
erectores	44
erythrophore	24
erythrosome	24
esophagus	46
ethmoid	39
euhyostyly	29

exoccipital	39
exoskeleton	34
exposed part	22
extrabranchial cartilage	29
eye	11, 66

【F】

facial lobe	58
fanglike tooth	50
feeding apparatus	46
feeding habit	46
feeding organ	46
fibrillary layer	21
fin	11
fin base	15
fin membrane	15
fin ray	15
finlet	15
focus	22
foramen magnum	27
free neuromast	69
frontal	39
frontal region	13
fusiform	10

【G】

gall bladder	46
ganglion cell	67
ganoid scale	20
ganoine layer	21
gas bladder	56
gas gland	57
gastric gland	54
gephyrocercal tail	16
gill arch	36, 60
gill filament	61
gill lamella	61
gill pickax	29
gill raker	46, 60
gill ray cartilage	29
gill slit	11
gizzard	54
glomerulus	63
glossopharyngeal foramen	27
gonoduct	63
gray matter	58
groove	22
groove of orbital process	26
group synchronism	65

guanine type	67
gymnovarium	64

【H】

hair cell	69
head	11
head kidney	62
hemal arch	28
hemal spine	28
hemapophysis	28
hepatopancreas	56
heterocercal tail	16
holostyly	29
homocercal tail	16
horizontal cell	67
horizontal septum	44
horny tooth	48
hydration	65
hyoid arch	29, 36
hyomandibular	34
hyomandibular cartilage	29
hyomandibular facet	27
hyostyly	29
hypaxialis	44
hypobranchial	36
hypobranchial cartilage	29
hypochordal ray	33
hypohyal	36
hypophysis	58
hypothalamus	58
hypural bone	40

【I】

incisorlike tooth	50
inclinatores	44
inferior	46
infraorbital	34
infraorbital canal	69
infraorbital line	69
inner ear	27, 67
insula pancreatica	56
integument	18
interbranchial septum	61
intercalar	39
interhyal	36
intermuscular bones	40
interopercle	36
interorbital space	13
interorbital wall	26

intestine	46
iridophore	24
iris	66
islet of Langerhans	56
isocercal tail	16
isopedine	21
isthmus	13

【J】
jaw	46
jugular	13

【K】
kidney	62
kinocilium	69

【L】
labial cartilage	29
lachrymal	34
lagena	67
lamellar bony layer	21
lapillus	68
late perinucleoulus stage	64
late yolk stage	65
lateral line	13
lateral line canal	69
lateral line nerve	59
lateral-line scale	23, 69
lateral line system	69
lateral muscle	44
lateral prepubic process	33
lateralis superficialis	44
lens	66
leptocercal tail	16
leptoid scale	21
leucophore	24
light cell	66
lipid type	67
liver	46
lower arch	36
lower jaw	11, 34, 46
lower pharyngeal	36
luminescent organ	19

【M】
macula	68
madibular cartilage	34
mandibular arch	29
mandibular cartilage	29
mandibular line	69
mast cell	19
maxillary	34
Meckel's cartilage	29
medial prepubic process	33
medial rostral rod	27
median pterygiophore	37
medulla oblongata	58
melanoid type	67
melanophore	24
melanosome	24
membrane bone	34
mesencephalon	58
mesocoracoid	37
mesonephros	62
mesopterygium	31
mesorchium	63
metachrone	65
metapterygium	31
metapterygoid	34
microvillar cell	66
microvilli	18
mid lateral line nerve	59
middle yolk stage	64
midgut	55
migratory nucleus stage	65
molar tooth	50
molarlike conical tooth	50
monospondylous vertebra	28
mormyromasts	69
mouth	46
mucous cell	18
mucous gland	18
mucous tube	23
myomer	44
myorabdoi	40
myoseptum	44

【N】
nape	13
nasal	39
nasal capsule	26
nasal cavity	66
neural arch	27, 40
neural spine	40
neurapophysis	28
neurocranium	26, 34
neuromast	18, 69
nictiating membrane	67

nostril ··· 11, 66
notochord ·· 29, 34
nuptial tubercle ·· 19

【O】
obliquus inferioris ·· 44
obliquus superioris ·· 44
occiput ·· 13, 26
olfactory bulb ·· 58
olfactory cell ·· 66
olfactory epithelium ·· 66
olfactory lamella ·· 66
olfactory nerve ·· 58
olfactory rosette ·· 58, 66
olfactory sac ···able 59, 66
olfactory tract ·· 58
oocyte ·· 64
oogenesis ··· 64
oogonium ··· 64
opercle ··· 36
opercular cartilage ··· 31
opercular membrane ··· 13, 36
opercular region ··· 13
operculum ··· 11
ophthalmic nerve ··· 59
optic tectum ·· 58
oral cavity ··· 46
oral floor ··· 48
oral valve ·· 48
orbit ·· 26
orbital articulation ·· 29
orbital process ··· 29
orbitosphenoid ··· 39
orbitostyly ··· 29
otic bulla ··· 68
otic capsule ··· 26
otic lateral line nerve ··· 59
otic line ··· 69
otoconia ·· 68
otolith ··· 68
ova ··· 63
oval body ·· 57
ovarian membrane ·· 64
ovary ·· 63
ovulation ··· 65
ovum ·· 63

【P】
paired fin ··· 15

palate ··· 48
palatine ··· 34
palatoquadrate cartilage ··· 29
pancreas ··· 46
paraethmoid ·· 39
parapophysis ··· 40
parasphenoid ·· 39
parasympathetic system ·· 59
parhypural ·· 43
parietal fossa ··· 26
pearl organ ·· 19
pectoral fin ·· 15
pectoral girdle ··· 31
pelvic bone ·· 37
pelvic fin ··· 15
pelvic girdle ·· 33, 34
pericardial cavity ··· 60
perilymphatic fenestra ··· 26
pharyngeal jaw ·· 48
pharyngeal tooth ·· 36, 46
pharyngobranchial ··· 36
pharyngobranchial cartilage ······································· 29
pharyngohyal cartilage ·· 29
pharynx ··· 48
physoclistous swimbladder ·· 57
pigment cell ··· 18
pineal body ··· 67
pineal window ··· 67
pit organ ··· 69
placoid scale ··· 20
pleurostyle ·· 43
pneumatic duct ·· 57
pore ·· 23
pored scale ··· 23
postcleithrum ··· 37
posterior lateral line nerve ··· 59
posterior nostril ··· 11
posterodorsal labial cartilage ····································· 29
postorbital articulation ··· 29
postorbital process ·· 26
postorbital region ·· 13
postorbital wall ·· 26
postotic line ··· 69
posttemporal ··· 37
precaudal vertebra ·· 28
preethmoid ·· 39
premaxillary ··· 34
preopercle ··· 36
preopercular line ··· 69

preorbital wall	26
preural centrum	40
prietal	39
primary spermatocyte	63
pronephros	62
prootic	39
propterygium	31
proximal pterygiophore	37
pseudobranch	62
pteridine type	67
pterosphenoid	39
pterotic	39
pterygiophore	34
pubic bar	33
puboischiadic bar	33
puffer-like form	10
pulp	20
punctate	24
pupil	66
pyloric caecum	54
pyloric portion	54

[Q]

quadrate	34

[R]

radial cartilage	31
rectal gland	55
rectum	55
renal corpuscle	63
renal tubule	63
resting zone	22
retina	66
retinal tapetum	67
retractor lentis	66
retroarticular	34
rib	28, 40
ribbon-like form	9
ridge	22
ripe egg	65
rod	67
rostral cartilage	26
rostrum	26

[S]

S-A valve	60
sacculus	67
sagitta	68
scale	20
scapula	37
scapular cartilage	31
scapular process	31
sclera	66
sclerotic	39
scute	23
secondary gill lamella	61
secondary spermatocyte	63
semicircular canal	27
sensory hair	69
Sertoli cell	63
shoulder girdle	31, 34
sinus venosus	60
skeletal muscle	44
skin	18
skull	34
smooth muscle	44
snout	13
soft ray	15
sonic muscle	57
spermatid	63
spermatogenesis	63
spermatogonium	63
spermatozoa	63
spermatozoon	63
sphenotic	39
spinal autonomic nervous system	59
spine	15
spiny soft ray	15
splanchnocranium	34
spleen	62
spongy layer	21
stellate	24
stereocilia	69
stomach	46
stratum compactum	19
stratum spongiosum	19
striated muscle	44
subopercle	36
suborbital bone	34
suborbital region	13
suborbital shelf	27
suborbital stay	34
subterminal	46
superficial neuromast	69
superficial red muscle	44
superior	46
supporting cell	66, 69
supracleithrum	37

supraethmoid	39
supramaxillary	34
supraneural	39
supraoccipital	39
supraorbital canal	69
supraorbital crest	26
supraorbital line	69
supraorbital region	13
supratemporal	37
supratemporal lateral line nerve	59
supratemporal line	69
suspensorium	34
suspensory ligament	66
swim bladder	56
sympathetic nervous system	59
symphysis	13
sympletic	34
synarcual	29

【T】

tail	11
tapetum lucidum	67
taste bud	18, 66
telencephalon	58
temporal	13
terminal	46, 59
testis	63
thread cell	18
tooth	46
torus longitudinalis	58
total synchronism	65
true red muscle	45
trunk	11
trunk lateral line	69

【U】

unbranched soft ray	15
uninary bladder	63
unpaired fin	15
upper arch	36
upper jaw	11, 34, 46
upper pharyngeal	36
ural vertebra	40
ureter	63
uric acid type	67
urinogenital pore	64
urohyal	36
uroneural bone	40
urostyle	40

utriculus	67

【V】

vagal lobe	58
vagus foramen	27
valvula cerebelli	58
vas deferens	63
vasa efferentia	63
venom gland	19
ventral aorta	60
ventral horn	59
ventral intercalary plate	28
ventral labial cartilage	29
ventral root	59
ventral root foramen	28
ventricle	60
vertebra	39
vertebrae	27, 39
vertebral column	27, 34
visual cell	67
vitelline membrane	65
vitellogenin	64
viterodentine	21
vitreous body	66
vomer	39

【W】

Weberian apparatus	57
white matter	58

【X】

xanthophore	24
xanthosome	24

【Y】

year ring	22
yolk globule	64
yolk vesicle	64
yolk vesicle stage	64

【Z】

zygapophysis	40

■ 監修者

木村清志 （きむら　せいし）

三重大学大学院生物資源学研究科　水産実験所教授／所長

1953年，京都市に生まれる．三重大学水産学部卒業後，同大学院水産学研究科修了．1978年，同大学水産実験所助手．1982年，京都大学農学博士．現在三重大学大学院生物資源学研究科附属紀伊・黒潮生命地域フィールドサイエンスセンター附帯施設水産実験所教授，所長．専門は魚類分類・系統学，魚類資源生物学．毎日志摩の魚を見て研究・教育を行っている．主な著書に『日本産稚魚図鑑』（共著，東海大学出版会），『Field Selection 11　海水魚』（共著，北隆館），『魚類解剖大図鑑』（共著，緑書房），『観賞魚解剖図鑑 1』（共著，緑書房），『日本の海水魚』（共著，山と渓谷社），『日本動物大百科 6　魚類』（共著，平凡社），『稚魚の自然史』（共著，北海道大学図書刊行会），『地球環境調査計測事典　第 3 巻　沿岸域編』（共著，フジ・テクノシステム），『随筆で楽しむ日本の魚事典　海水魚編 1 ～ 4』（監修，河出書房新社）などがある．趣味はギター弾き語りと創作無国籍料理．

■ 執筆者一覧

赤崎正人	故人
荒井　眞	NPO 法人水産業・漁村活性化推進機構
石田　実	㈱水産総合研究センター　瀬戸内海区水産研究所（現：（国研）水産研究・教育機構）
石原　元	㈱W&I アソシエーツ
梶田　晋	
河合俊郎	北海道大学総合博物館
神田　優	NPO 法人黒潮実感センター
木戸　芳	青森県大間町役場
Chavalit Vidthayanon	WWF Thailand
小原昌和	長野県水産試験場
佐々木邦夫	高知大学理学部
塩満捷夫	
城　泰彦	㈳日本水産資源保護協会
白井　滋	東京農業大学生物産業学部
鈴木　栄	
須田健太	北海道大学水産科学院
瀬崎啓次郎	㈶新日本検定協会　横浜分析センター
谷口順彦	福山大学生命工学部附属内海生物資源研究所
内藤一明	㈱北海道立総合研究機構　さけます・内水面水産試験場
中江雅典	国立科学博物館
長澤和也	広島大学大学院生物圏科学研究科（現：広島大学大学院統合生命科学研究科）
中坊徹次	京都大学総合博物館
仲谷一宏	北海道大学大学院水産科学研究院
西内修一	㈶北海道立総合研究機構　栽培水産試験場
西田清徳	大阪ウォーターフロント開発㈱　大阪・海遊館（現：㈱海遊館）
藤田　清	
松岡　学	愛媛県中予地方局水産課
丸山秀佳	㈶北海道立総合研究機構　中央水産試験場
宮　正樹	千葉県立中央博物館
村井貴史	大阪ウォーターフロント開発㈱　大阪・海遊館（現：㈱海遊館）
山岡耕作	高知大学大学院黒潮圏海洋科学研究科
山本賢治	

■ 資料提供者・協力者

岩井　保		平賀英樹	三重大学練習船勢水丸
大野　誠	北海道大学水産科学院	町　敬介	北海道大学水産科学院
大橋慎平	北海道大学水産科学院	本村浩之	鹿児島大学総合研究博物館
落合　明		淀　太我	三重大学大学院生物資源学研究科
小林靖尚	琉球大学		

2010 年 6 月現在

新魚類解剖図鑑

2010年6月10日　第1刷発行
2024年4月30日　第3刷発行©

監 修 者　木村　清志
発 行 者　森田　浩平
発 行 所　株式会社 緑書房
　　　　　〒103-0004　東京都中央区東日本橋3丁目4番14号
　　　　　TEL　03-6833-0560
　　　　　https://www.midorishobo.co.jp
デザイン　浪漫堂，メルシング
解剖図着色　大須賀　友一
印 刷 所　三美印刷

ISBN978-4-89531-018-5　Printed in Japan

落丁，乱丁本は弊社送料負担にてお取り替えいたします。

本書の複写にかかる複製，上映，譲渡，公衆送信（送信可能化を含む）の各権利は株式会社緑書房が管理の委託を受けています。

[JCOPY]〈(一社)出版者著作権管理機構　委託出版物〉
本書を無断で複写複製（電子化を含む）することは，著作権法上での例外を除き，禁じられています。本書を複写される場合は，そのつど事前に，(一社)出版者著作権管理機構（電話03-5244-5088，FAX03-5244-5089，e-mail：info@jcopy.or.jp）の許諾を得てください。
また本書を代行業者等の第三者に依頼してスキャンやデジタル化することは，たとえ個人や家庭内の利用であっても一切認められておりません。